L. D. Landau · E. M. Lifschitz

Lehrbuch der Theoretischen Physik

Band VII

**L. D. Landau · E. M. Lifschitz**

## Lehrbuch der Theoretischen Physik

Der Klassiker der gesamten Theoretischen Physik für den Studenten und Wissenschaftler.

Band 1:
**Mechanik**
unveränderter Nachdruck der 14., korrigierten Auflage 1997, 2022, 231 Seiten, 56 Abbildungen, gebunden,
ISBN 978-3-8085-5612-2

Band 2:
**Klassische Feldtheorie**
unveränderter Nachdruck der 12. Auflage 1992, 2022, 496 Seiten, 25 Abbildungen, gebunden,
ISBN 978-3-8085-5562-0

Band 3:
**Quantenmechanik**
unveränderter Nachdruck der 9. Auflage 1986, 2021, 660 Seiten, 57 Abbildungen, 11 Tabellen, gebunden,
ISBN 978-3-8085-5636-8

Band 4:
**Quantenelektrodynamik**
unveränderter Nachdruck der 7., berichtigten Auflage 1991, 2020, 628 Seiten, 25 Abbildungen, gebunden,
ISBN 978-3-8085-5632-0

Band 5:
**Statistische Physik Teil 1**
unveränderter Nachdruck der 8., berichtigten Auflage 1991, 2025, 535 Seiten, 78 Abbildungen, gebunden,
ISBN 978-3-8085-5654-2

Band 6:
**Hydrodynamik**
unveränderter Nachdruck der 5., überarbeiteten Auflage 1991, 2025, 705 Seiten, 136 Abbildungen, gebunden,
ISBN 978-3-8085-5554-5

Band 7:
**Elastizitätstheorie**
unveränderter Nachdruck der 7. Auflage 1991, 2025, 223 Seiten, 32 Abbildungen, gebunden,
ISBN 978-3-8085-5498-2

Band 8:
**Elektrodynamik der Kontinua**
unveränderter Nachdruck der 5., ergänzten Auflage 1990, 2020, 565 Seiten, 65 Abbildungen, gebunden,
ISBN 978-3-8085-5500-2

Band 9:
**Statistische Physik Teil 2**
unveränderter Nachdruck der 4., berichtigten Auflage 1992, 2025, 404 Seiten, 18 Abbildungen, gebunden,
ISBN 978-3-8085-5656-6

Band 10:
**Physikalische Kinetik**
unveränderter Nachdruck der 2. Auflage 1990, 2025, 480 Seiten, 35 Abbildungen, gebunden,
ISBN 978-3-8085-5624-5

Das **Gesamtwerk** ist auch zum günstigen Satzpreis erhältlich:
L. D. Landau · E. M. Lifschitz, **Lehrbuch der Theoretischen Physik**
ISBN 978-3-8085-5588-0

L. D. Landau • E. M. Lifschitz

# Elastizitätstheorie

VERLAG EUROPA-LEHRMITTEL · Nourney, Vollmer GmbH & Co. KG
Düsselberger Straße 23 · 42781 Haan-Gruiten

**Europa-Nr.: 54982**

Titel der Originalausgabe:
Л. Д. Ландау и Е. М. Лифшицу
Теория упругости

Erschienen im Verlag NAUKA, Moskau 1987 (4., berichtigte und ergänzte Auflage)

In deutscher Sprache herausgegeben von Prof. Dr. habil. Hans-Georg Schöpf, Dresden und Prof. Dr. habil. Paul Ziesche, Dresden; übersetzt aus dem Russischen von Prof. Dr. Benjamin Kozik, Chemnitz und Dr. Wolfgang Göhler, Dresden.

Unveränderter Nachdruck der 7. Auflage 1991, 2025
Druck 5 4 3

**ISBN 978-3-8085-5498-2**



Umschlaggestaltung: Medienwerkstatt Dreimaster / www.3master.de, 63546 Hammersbach
Druck: Totem, 88–100 Inowroclaw (Polen)

## VORWORT ZUR VIERTEN RUSSISCHEN AUFLAGE

Der wesentliche Inhalt dieses Buches (Kapitel I bis III und V) blieb im Vergleich zu den ersten beiden Auflagen (1944, 1953) unverändert. Damals wurden Elastizitätstheorie und Hydrodynamik gemeinsam als „Kontinuumsmechanik“ behandelt. Ein solches Herangehen ergab sich aus der Tatsache, daß die grundlegenden Gleichungen und wichtigen Resultate der Elastizitätstheorie schon lange bekannt waren.

In die dritte Auflage (1965) wurde ein Kapitel über die Versetzungstheorie in Kristallen (gemeinsam mit A. S. Kosewitsch verfaßt) aufgenommen. Dieses Kapitel ist in dieser Auflage geringfügig verändert worden.

Neu in der vorliegenden Auflage ist das Kapitel zur Mechanik flüssiger Kristalle, welches gemeinsam mit L. P. Pitajewski verfaßt wurde. Dieser neue Zweig der Kontinuumsmechanik vereinigt in sich wesentliche Seiten der Mechanik der Fluide mit der Elastizitätstheorie fester Körper. Deshalb scheint es angebracht, ihn in diesen Kurs nach der Darstellung der Hydrodynamik und der Elastizitätstheorie einzufügen.

Wie stets waren mir die Diskussionen mit meinen Freunden und Arbeitskollegen über die in diesem Buch behandelten Fragen sehr nützlich. In diesem Zusammenhang möchte ich G. E. Wolowik, W. L. Ginsburg, W. L. Indenbom, E. I. Katz, J. A. Kosewitsch, W. W. Lebedew und W. P. Minejew für eine Reihe wertvoller Hinweise danken.

Institut für physikalische Probleme der AdW der UdSSR, Januar 1985 — E. M. Lifschitz

## AUS DEM VORWORT ZUR ERSTEN RUSSISCHEN AUFLAGE

... In dem Buch, das von Physikern und in erster Linie für Physiker geschrieben wurde, interessierten uns natürlich die Fragen, die gewöhnlich nicht in den Lehrbüchern der Elastizitätstheorie behandelt werden, so z. B. die Fragen der Wärmeleitung und Viskosität der Festkörper sowie eine Reihe von Fragen zur Theorie der elastischen Schwingungen und Wellen.

Andererseits wird eine Reihe spezieller Probleme (z. B. komplizierte mathematische Methoden der Elastizitätstheorie, der Schalentheorie und ähnliches), auf die die Autoren nicht bis ins einzelne spezialisiert sind, nur kurz berührt.

Moskau 1953

L. Landau
E. Lifschitz

# VORWORT DER HERAUSGEBER ZUR DEUTSCHEN AUSGABE

Der siebente Band dieser bekannten Lehrbuchreihe zeichnet sich wie das gesamte Werk durch Originalität in der Auswahl und der Darstellung des Stoffes aus. Die Verfasser entwickeln eingangs die Grundgleichungen der linearen Elastizitätstheorie und widmen sodann dem Gleichgewicht von Stäben und Platten umfangreiche Darlegungen, wie sie gemeinhin in einem Lehrbuch der Theoretischen Physik nicht zu erwarten sind. Nach der Behandlung elastischer Wellen folgt dann als eine relativ moderne, aber praktisch wichtige Anwendung der Elastizitätstheorie eine Einführung in die Theorie der Versetzungen. Mit dem Kapitel über Wärmeleitung und Zähigkeit fester Körper sowie mit dem in der vierten russischen Auflage neu hinzugekommenen Kapitel über flüssige Kristalle werden die Grenzen der konventionellen Elastizitätstheorie weit überschritten.

Der vorliegenden deutschen Auflage liegt die erwähnte russische Neuauflage von 1987 zugrunde. Wir haben sie zum Anlaß genommen, den gesamten deutschen Text gründlich zu überarbeiten.

Dresden, im September 1987

P. Ziesche H.-G. Schöpf

## INHALTSVERZEICHNIS

# EINIGE BEZEICHNUNGEN

Dichte $\varrho$
Verschiebungsvektor $\boldsymbol{u}$
Deformationstensor $u_{ik} = \left(\frac{\partial u_i}{\partial x_k} + \frac{\partial u_k}{\partial x_i}\right)$
Spannungstensor $\sigma_{ik}$
Kompressionsmodul $K$
Schubmodul $\mu$
Elastizitätsmodul (YOUNGscher Modul) $E$
Querkontraktionszahl (POISSONscher Modul) $\sigma$
longitudinale und transversale Schallgeschwindigkeit $c_l$ und $c_t$ (ausgedrückt durch $K$, $\mu$ oder $E$, $\sigma$ — s. S. 109). Die Größen $K$, $\mu$ und $E$, $\sigma$ sind durch folgende Formeln verknüpft:

$$E = \frac{9K}{3K + \mu}, \qquad \sigma = \frac{3K - 2\mu}{2(3K + \mu)},$$

$$K = \frac{E}{3(1 - 2\sigma)}, \quad \mu = \frac{E}{2(1 + \sigma)}.$$

Im gesamten Buch wird die bekannte Summationsvereinbarung für Vektor- und Tensorindizes angewendet: Ein doppelt auftretender Index verlangt die Summation über die Werte 1, 2, 3.

In Kapitel VI wird für den räumlichen Differentialoperator das Symbol $\partial_i = \partial/\partial x_i$ verwendet. Das Zeichen $\sim$ bedeutet größenordnungsmäßig gleich, und $\propto$ bedeutet proportional. Hinweise auf die Nummer der Paragraphen und der Formeln in anderen Bänden dieses Lehrbuches sind mit römischen Ziffern versehen: II — „Klassische Feldtheorie" (1973); V — „Statistische Physik, Teil 1" (1976); VI — „Hydrodynamik" (1985); VIII — „Elektrodynamik der Kontinua" (1982).

Die in den Hinweisen genannten Paragraphen- und Formelnummern beziehen sich auf die angegebenen Auflagen und stimmen mit älteren Auflagen u. U. nicht überein.

# I GRUNDGLEICHUNGEN

## § 1. Der Verzerrungstensor

Die Mechanik der als Kontinua aufgefaßten festen Körper bildet den Inhalt der *Elastizitätstheorie.*[1])

Unter der Einwirkung äußerer Kräfte werden feste Körper bis zu einem gewissen Grade deformiert, d. h., sie ändern sowohl ihre Form als auch ihr Volumen. Die mathematische Beschreibung der Deformation gestaltet sich folgendermaßen: Die Lage eines jeden Körperpunktes wird durch einen Radiusvektor $\boldsymbol{r}$ (mit den Komponenten $x_1 = x$, $x_2 = y$, $x_3 = z$) im vorgegebenen Koordinatensystem beschrieben. Bei einer Deformation des Körpers werden im allgemeinen seine sämtlichen Punkte ihre Lage ändern. Wir betrachten einen bestimmten Punkt, der vor der Deformation durch den Radiusvektor $\boldsymbol{r}$ beschrieben wurde. Nach der Deformation hat der Radiusvektor dieses Körperpunktes den neuen Wert $\boldsymbol{r}'$ (mit den Komponenten $x_i'$). Die Verschiebung des Körperpunktes durch die Deformation wird dann durch den Vektor $\boldsymbol{r}' - \boldsymbol{r}$ dargestellt. Wir bezeichnen ihn mit $\boldsymbol{u}$:

$$u_i = x_i' - x_i \,. \tag{1,1}$$

Gewöhnlich wird $\boldsymbol{u}$ *Verschiebungsvektor* genannt. Die Koordinaten $x_i'$ des verschobenen Punktes sind natürlich Funktionen seiner Koordinaten vor der Verschiebung. Daher ist der Verschiebungsvektor $u_i$ ebenfalls eine Funktion der Koordinaten $x_i$. Die Vorgabe des Vektors $\boldsymbol{u}$ als Funktion der $x_i$ bestimmt vollständig die Deformation des festen Körpers.

Während der Deformation ändern sich die Abstände zwischen den Punkten des Körpers. Wir betrachten zwei beliebige, infinitesimal benachbarte Punkte. Der Abstandsvektor zwischen ihnen war vor der Deformation $\mathrm{d}x_i$, nach der Deformation hat er den Wert $\mathrm{d}x_i' = \mathrm{d}x_i + \mathrm{d}u_i$. Der Abstand zwischen den Punkten war vor der Deformation

$$\mathrm{d}l = \sqrt{\mathrm{d}x_1^2 + \mathrm{d}x_2^2 + \mathrm{d}x_3^2}\,,$$

und nach der Deformation ist er

$$\mathrm{d}l' = \sqrt{\mathrm{d}x_1'^2 + \mathrm{d}x_2'^2 + \mathrm{d}x_3'^2}\,.$$

Nach der allgemeinen Regel zur Abkürzung von Summen[2]) können wir

$$\mathrm{d}l^2 = \mathrm{d}x_i^2\,, \qquad \mathrm{d}l'^2 = \mathrm{d}x_i'^2 = (\mathrm{d}x_i + \mathrm{d}u_i)^2$$

---

[1]) Die Grundlagen der Elastizitätstheorie wurden von CAUCHY und POISSON in den 20er Jahren des neunzehnten Jahrhunderts aufgestellt.

[2]) Wie gewöhnlich, werden die Symbole für die Summation über Vektor- und Tensorindizes fortgelassen; die zweifach (im gegebenen Ausdruck) auftretenden Indizes bedeuten überall eine Summation über die Werte 1, 2, 3.

schreiben. Vermöge der Substitution $\mathrm{d}u_i = (\partial u_i/\partial x_k)\,\mathrm{d}x_k$ ergibt sich für $\mathrm{d}l'^2$ der Ausdruck

$$\mathrm{d}l'^2 = \mathrm{d}l^2 + 2\frac{\partial u_i}{\partial x_k}\mathrm{d}x_i\,\mathrm{d}x_k + \frac{\partial u_i}{\partial x_k}\frac{\partial u_i}{\partial x_l}\mathrm{d}x_k\,\mathrm{d}x_l\,.$$

Da im zweiten Glied auf der rechten Seite über die beiden Indizes $i$ und $k$ unabhängig voneinander summiert wird, können wir sie vertauschen und dieses Glied in folgender symmetrischer Form schreiben:

$$\left(\frac{\partial u_i}{\partial x_k} + \frac{\partial u_k}{\partial x_i}\right)\mathrm{d}x_i\,\mathrm{d}x_k\,.$$

Ferner vertauschen wir im dritten Glied die Indizes $i$ und $l$. Wir erhalten dann $\mathrm{d}l'^2$ in der endgültigen Form

$$\mathrm{d}l'^2 = \mathrm{d}l^2 + 2u_{ik}\,\mathrm{d}x_i\,\mathrm{d}x_k\,, \tag{1,2}$$

wobei der Tensor $u_{ik}$ durch die Gleichung

$$u_{ik} = \frac{1}{2}\left(\frac{\partial u_i}{\partial x_k} + \frac{\partial u_k}{\partial x_i} + \frac{\partial u_l}{\partial x_i}\frac{\partial u_l}{\partial x_k}\right) \tag{1,3}$$

definiert ist. Der Ausdruck (1,2) liefert die Änderung des Längenelements bei der Deformation.

Der Tensor $u_{ik}$ heißt *Verzerrungstensor*. Aus seiner Definition ist ersichtlich, daß er symmetrisch ist, d. h., es gilt die Beziehung

$$u_{ik} = u_{ki}\,. \tag{1,4}$$

Wie jeden symmetrischen Tensor kann man den Tensor $u_{ik}$ in einem beliebig vorgegebenen Punkt auf *Diagonalform* bringen. Das heißt, zu jedem Punkt gibt es ein Koordinatensystem (Hauptachsen des Tensors), in welchem von den $u_{ik}$ nur die „Diagonalkomponenten" $u_{11}$, $u_{22}$, $u_{33}$ von Null verschieden sind. Wir bezeichnen diese Komponenten (Eigenwerte des Tensors) mit $u^{(1)}$, $u^{(2)}$, $u^{(3)}$. Man muß natürlich im Auge behalten, daß der in einem vorgegebenen Punkt diagonalisierte Tensor in allen übrigen Punkten des Körpers im allgemeinen nicht diagonal ist.

Wenn der Verzerrungstensor im gegebenen Punkt diagonalisiert ist, dann hat das Längenelement (1,2) in der Umgebung des Punktes folgende Form:

$$\begin{aligned} dl'^2 &= (\delta_{ik} + 2u_{ik})\,\mathrm{d}x_i\,\mathrm{d}x_k \\ &= (1 + 2u^{(1)})\,\mathrm{d}x_1^2 + (1 + 2u^{(2)})\,\mathrm{d}x_2^2 + (1 + 2u^{(3)})\,\mathrm{d}x_3^2\,. \end{aligned}$$

Wie man sieht, zerfällt dieser Ausdruck in drei voneinander unabhängige Terme. Das bedeutet, daß man die Deformation in jedem Volumenelement des Körpers als Überlagerung dreier voneinander unabhängiger Deformationen in drei zueinander orthogonalen Richtungen, den Hauptachsen des Verzerrungstensors, betrachten kann. Jede dieser Deformationen stellt eine einfache Dehnung oder Kompression in der entsprechenden Richtung dar: die Länge $\mathrm{d}x_1$ in Richtung der ersten Hauptachse geht über in die Länge $\mathrm{d}x_1' = \sqrt{(1 + 2u^{(1)})}\,\mathrm{d}x_1$. Entsprechendes gilt für die anderen beiden Hauptachsen. Die Ausdrücke $\sqrt{(1 + 2u^{(i)})} - 1$ stellen daher die relativen Längenänderungen entlang dieser Achsen dar: $(\mathrm{d}x_i' - \mathrm{d}x_i)/\mathrm{d}x_i$.

Die Deformationen des Körpers sind praktisch fast in allen Fällen klein. Das heißt, die Änderung eines beliebigen Abstandes im Körper bleibt im Vergleich zum Abstand selbst stets klein. Oder anders ausgedrückt: Die relativen Längenänderungen sind, verglichen mit Eins, klein. Im folgenden werden wir alle Deformationen als klein betrachten.

Wenn ein fester Körper einer kleinen Deformation unterzogen wird, sind sämtliche Komponenten des Verzerrungstensors, der ja die relativen Längenänderungen im Körper charakterisiert, kleine Größen. Dagegen kann der Verschiebungsvektor $u_i$ in einigen Fällen trotz kleiner Deformationen große Werte annehmen. Als Beispiel betrachten wir einen langen, dünnen Stab. Sogar bei einer starken Biegung, wenn die Stabenden eine wesentliche räumliche Verschiebung erfahren, bleiben die Dehnungen und Kompressionen im Innern des Stabes klein.

Wenn man von solchen Spezialfällen[1]) absieht, bleibt der Verschiebungsvektor bei kleinen Deformationen ebenfalls klein. Denn offensichtlich kann ein „dreidimensionaler" Körper (d. h. ein solcher Körper, dessen Maße in keiner Richtung besonders klein sind) im allgemeinen nicht so deformiert werden, daß Teile von ihm starke räumliche Verschiebungen erfahren, ohne daß im Körper starke Dehnungen und Kompressionen auftreten.

Dünne Stäbe werden wir gesondert in Kapitel II betrachten. In allen übrigen Fällen sind bei kleinen Deformationen die Verschiebungen $u_i$ und deren Ableitungen nach den Koordinaten klein, und wir können das letzte Glied im allgemeinen Ausdruck (1,3) als kleine Größe zweiter Ordnung vernachlässigen. Somit ist der Verzerrungstensor bei kleinen Deformationen durch den Ausdruck

$$u_{ik} = \frac{1}{2}\left(\frac{\partial u_i}{\partial x_k} + \frac{\partial u_k}{\partial x_i}\right) \tag{1,5}$$

gegeben. Die relativen Änderungen der Längenelemente in Richtung der Hauptachsen des Verzerrungstensors (im gegebenen Punkt) sind jetzt, bis auf Glieder höherer Ordnung,

$$\sqrt{1 + 2u^{(i)}} - 1 \approx u^{(i)},$$

d. h., sie sind gleich den Eigenwerten des Tensors $u_{ik}$.

Wir betrachten jetzt ein unendlich kleines Volumenelement $\mathrm{d}V$ und bestimmen seine Größe $\mathrm{d}V'$ nach der Deformation des Körpers. Dazu wählen wir als Koordinatensystem die Hauptachsen des Verzerrungstensors im betrachteten Punkt. Die Längenelemente $\mathrm{d}x_1$, $\mathrm{d}x_2$, $\mathrm{d}x_3$ entlang dieser Achsen gehen nach der Deformation in $\mathrm{d}x_1' = (1 + u^{(1)})\,\mathrm{d}x_1$ usw. über. Das Volumenelement $\mathrm{d}V$ ist durch das Produkt $\mathrm{d}x_1\,\mathrm{d}x_2\,\mathrm{d}x_3$ und $\mathrm{d}V'$ durch $\mathrm{d}x_1'\,\mathrm{d}x_2'\,\mathrm{d}x_3'$ gegeben. Somit erhalten wir für $\mathrm{d}V'$

$$\mathrm{d}V' = \mathrm{d}V(1 + u^{(1)})\,(1 + u^{(2)})\,(1 + u^{(3)})\,.$$

Bei Vernachlässigung der Glieder höherer Ordnung folgt hieraus

$$\mathrm{d}V' = \mathrm{d}V(1 + u^{(1)} + u^{(2)} + u^{(3)})\,.$$

---

[1]) Neben den Deformationen dünner Stäbe gehören hierzu die Biegungen dünner Platten in zylindrischen Flächen. Man muß außerdem den Fall ausschließen, daß ein „dreidimensionaler" Körper außer der Deformation als Ganzes eine Drehung um einen beliebigen Winkel erfährt.

Die Summe $u^{(1)} + u^{(2)} + u^{(3)}$ der Eigenwerte des Tensors ist aber seine erste Invariante und ist gleich der Summe der Diagonalelemente $u_{ii} = u_{11} + u_{22} + u_{33}$, unabhängig vom Koordinatensystem. Wir haben daher

$$dV' = dV(1 + u_{ii}) . \tag{1,6}$$

Man sieht, die Summe der Diagonalelemente des Verzerrungstensors stellt die relative Volumenänderung $(dV' - dV)/dV$ dar. Es ist oft zweckmäßig, die Komponenten des Deformationstensors in Kugel- oder Zylinderkoordinaten zu benutzen. Zur Information geben wir Beziehungen zwischen diesen Komponenten und den Ableitungen der Komponenten des Verschiebungsvektors im gleichen Koordinatensystem an. In Kugelkoordinaten $r, \theta, \varphi$ haben wir

$$\left.\begin{aligned} &u_{rr} = \frac{\partial u_r}{\partial r}, \quad u_{\theta\theta} = \frac{1}{r}\frac{\partial u_\theta}{\partial \theta} + \frac{u_r}{r}, \quad u_{\varphi\varphi} = \frac{1}{r\sin\theta}\frac{\partial u_\varphi}{\partial \varphi} + \frac{u_\theta}{r}\cot\theta + \frac{u_r}{r},\\ &2u_{\theta\varphi} = \frac{1}{r}\left(\frac{\partial u_\varphi}{\partial \theta} - u_\varphi \cot\theta\right) + \frac{1}{r\sin\theta}\frac{\partial u_\theta}{\partial \varphi}, \quad 2u_{r\theta} = \frac{\partial u_\theta}{\partial r} - \frac{u_\theta}{r} + \frac{1}{r}\frac{\partial u_r}{\partial \theta},\\ &2u_{\varphi r} = \frac{1}{r\sin\theta}\frac{\partial u_r}{\partial \varphi} + \frac{\partial u_\varphi}{\partial r} - \frac{u_\varphi}{r}. \end{aligned}\right\} \tag{1,7}$$

In Zylinderkoordinaten $r, \varphi, z$ gilt

$$\left.\begin{aligned} &u_{rr} = \frac{\partial u_r}{\partial r}, \quad u_{\varphi\varphi} = \frac{1}{r}\frac{\partial u_\varphi}{\partial \varphi} + \frac{u_r}{r}, \quad u_{zz} = \frac{\partial u_z}{\partial z},\\ &2u_{r\varphi} = \frac{1}{r}\frac{\partial u_z}{\partial \varphi} + \frac{\partial u_\varphi}{\partial z}, \quad 2u_{rz} = \frac{\partial u_r}{\partial z} + \frac{\partial u_z}{\partial r},\\ &2u_{\varphi z} = \frac{\partial u_\varphi}{\partial r} - \frac{u_\varphi}{r} + \frac{1}{r}\frac{\partial u_r}{\partial \varphi}. \end{aligned}\right\} \tag{1,8}$$

## § 2. Der Spannungstensor

Ist der Körper nicht deformiert, so entspricht die Anordnung der Moleküle seinem thermodynamischen Gleichgewichtszustand. Dabei befinden sich alle Teile untereinander auch im mechanischen Gleichgewicht. Daher haben die auf irgendein herausgegriffenes Teilvolumen im Innern des Körpers von den übrigen Teilen wirkenden Kräfte eine verschwindende Resultierende.

Während der Deformation ändert sich jedoch die Anordnung der Moleküle, und der Körper wird aus seinem ursprünglichen Gleichgewichtszustand gebracht. Im Ergebnis entstehen im Körper Kräfte, die ihn in den Gleichgewichtszustand zurückzuversetzen suchen. Diese bei der Deformation auftretenden inneren Kräfte nennt man *innere Spannungen.* Ein nicht deformierter Körper besitzt keine inneren Spannungen.

Die inneren Spannungen werden durch Molekularkräfte hervorgerufen, d. h. durch die Wechselwirkung der Moleküle des Körpers untereinander. Es ist für die Elastizitätstheorie von großer Bedeutung, daß die Molekularkräfte einen kleinen „Wirkungsradius“ besitzen. Ihr Einfluß macht sich lediglich in Abständen zwischenmolekularer Größenordnung von den sie erzeugenden Teilchen bemerkbar. In der Elastizitätstheorie als einer makroskopischen Theorie betrachtet man jedoch nur solche Abstände, die im Vergleich zu zwischenmolekularen Abständen groß sind. Daher wird in der Elastizitätstheorie ein verschwindender Wirkungsradius der Molekularkräfte angenommen. Man kann sagen, daß die Kräfte, die die inneren Spannungen bewirken, in der Elastizitätstheorie „Nahwirkungskräfte“ sind, d. h. Kräfte, die sich von einem bestimmten Punkt aus nur auf die nächstbenachbarten übertragen. Hieraus folgt, daß die auf einen Teil des Körpers von den benachbarten Teilen gerichteten Kräfte nur mittelbar über die Oberfläche dieses Teils wirken können.

Es ist hierbei notwendig, eine Einschränkung zu machen: Diese Bemerkung gilt nicht, wenn die Deformation des Körpers in Anwesenheit von makroskopischen elektrischen Feldern vonstatten geht. Derartige pyro- und piezoelektrische Körper werden in Band VII untersucht.

Wir betrachten jetzt die auf einen bestimmten Teil des Körpers wirkende resultierende Kraft. Einerseits ist diese Resultierende gleich der Summe aller Kräfte, die auf jedes Element des betrachteten Teilvolumens wirken, d. h., sie kann durch ein Raumintegral

$$\int \boldsymbol{F}\, \mathrm{d}V$$

dargestellt werden, wo $\boldsymbol{F}$ die auf eine Volumeneinheit wirkende Kraft ist, so daß auf das Volumenelement $\mathrm{d}V$ die Kraft $\boldsymbol{F}\,\mathrm{d}V$ einwirkt. Andererseits können die Kräfte, mit denen die verschiedenen Teile innerhalb des Teilvolumens aufeinander wirken, keine von Null verschiedene Resultierende bilden, da sie infolge der Gleichheit von Wirkung und Gegenwirkung sich gegenseitig kompensieren. Man kann daher die gesuchte Gesamtresultierende als Summe nur der Kräfte betrachten, die auf das gegebene Teilvolumen von seiner Umgebung aus einwirken. Wie wir aber gezeigt haben, wirken diese Kräfte auf das betrachtete Teilvolumen über seine Oberfläche; die resultierende Kraft kann daher als die Summe der auf jedes Oberflächenelement wirkenden Kräfte, d. h. als ein Integral über diese Oberfläche, dargestellt werden.

Damit kann jede der drei Komponenten $\int F_i\, \mathrm{d}V$ der Resultierenden aller inneren Kräfte eines beliebigen Volumens in ein Integral über die Oberfläche dieses Volumens umgewandelt werden. Wie aus der Vektoranalysis bekannt ist, kann ein Volumenintegral einer skalaren Funktion dann in ein Oberflächenintegral umgeformt werden, wenn die skalare Funktion sich als Divergenz eines Vektors darstellen läßt. Im vorliegenden Falle haben wir ein Integral einer Vektorfunktion umzuformen. Der Vektor $F_i$ muß daher als Divergenz eines Tensors zweiter Stufe darstellbar sein:

$$F_i = \frac{\partial \sigma_{ik}}{\partial x_k}. \tag{2,1}$$

Dann kann die auf ein Volumen wirkende Kraft durch ein Integral über eine das Volumen umspannende geschlossene Fläche beschrieben werden[1]):

[1]) Der Vektor $\mathrm{d}\boldsymbol{f}$ des Flächenelementes hat die Richtung der äußeren Normalen der das Volumen umhüllenden Fläche. Nach dem Gaussschen Satz wird ein Integral über eine geschlossene Fläche in das entsprechende Volumenintegral überführt, indem man das Flächenelement $\mathrm{d}f_i$ durch den Operator $\mathrm{d}V\, \partial/\partial x_i$ ersetzt.

$$\int F_i \, \mathrm{d}V = \int \frac{\partial \sigma_{ik}}{\partial x_k} \mathrm{d}V = \oint \sigma_{ik} \, \mathrm{d}f_k \,, \tag{2,2}$$

wobei $\mathrm{d}f_i$ die Komponenten des Flächenelements sind.[1])

Der Tensor $\sigma_{ik}$ heißt Spannungstensor. Wie man aus (2,2) ersieht, ist $\sigma_{ik}\,\mathrm{d}f_k$ die $i$-Komponente der auf das Flächenelement $\mathrm{d}f$ wirkenden Kraft. Wenn man die Flächenelemente in die Ebenen $xy$, $yz$, $xz$ hineinlegt, wird die Komponente $\sigma_{ik}$ des Spannungstensors zur $i$-Komponente derjenigen Kraft pro Flächeneinheit, die zur $x_k$-Achse orthogonal ist. So wirken pro Einheit der zur $x$-Achse orthogonalen Fläche die normal gerichtete Kraft $\sigma_{xx}$ und die Tangentialkräfte (in Richtung der Achsen $y$ und $z$) $\sigma_{yx}$ und $\sigma_{zx}$.

Bezüglich des Vorzeichens der Kraft $\sigma_{ik}\,\mathrm{d}f_k$ ist es notwendig, folgendes zu bemerken: Das Oberflächenintegral in (2,2) stellt die Kraft dar, die auf das von dieser Oberfläche umschlossene Volumen von seiner Umgebung aus wirkt. Die Kraft, mit welcher dieses Volumen seinerseits auf seine Umgebung einwirkt, hat das umgekehrte Vorzeichen. Deshalb ist z. B. die von seiten der inneren Spannungen auf die Gesamtoberfläche des Körpers wirkende Kraft

$$-\oint \sigma_{ik}\,\mathrm{d}f_k \,,$$

wo über die Körperoberfläche integriert wird und $\mathrm{d}f$ die Richtung der äußeren Normalen besitzt.

Wir bestimmen jetzt das auf ein bestimmtes Volumen des Körpers wirkende Drehmoment. Das Drehmoment der Kraft $\boldsymbol{F}$ kann bekanntlich in Form eines antisymmetrischen Tensors zweiter Stufe mit den Komponenten $F_i x_k - F_k x_i$ geschrieben werden, wobei $x_i$ die Koordinaten des Angriffspunktes der Kraft sind.[2]) Das Drehmoment der auf das Volumenelement $\mathrm{d}V$ wirkenden Kräfte ist daher $(F_i x_k - F_k x_i)\,\mathrm{d}V$, und auf das Gesamtvolumen wirkt das Drehmoment

$$M_{ik} = \int (F_i x_k - F_k x_i)\,\mathrm{d}V \,.$$

Wie die auf ein beliebiges Volumen wirkende Gesamtkraft muß sich das Drehmoment dieser Kräfte als Integral über die Volumenoberfläche darstellen lassen. Mit $F_i$ in (2,1) haben wir

$$M_{ik} = \int \left( \frac{\partial \sigma_{il}}{\partial x_l} x_k - \frac{\partial \sigma_{kl}}{\partial x_l} x_i \right) \mathrm{d}V$$

$$= \int \frac{\partial(\sigma_{il} x_k - \sigma_{kl} x_i)}{\partial x_l} \mathrm{d}V - \int \left( \sigma_{il} \frac{\partial x_k}{\partial x_l} - \sigma_{kl} \frac{\partial x_i}{\partial x_l} \right) \mathrm{d}V \,.$$

Wir bemerken, daß im zweiten Glied die Ableitungen $\partial x_k / \partial x_l$ mit dem Einheitstensor $\delta_{kl}$ identisch sind. Im ersten Glied steht die Divergenz eines Tensors; nach dem Gaussschen

---

[1]) Bei der Bestimmung der Gesamtkraft, welche auf das deformierte Körpervolumen wirkt, muß streng-genommen über die Koordinaten $x_i'$ der Punkte des deformierten Körpers integriert werden. Dementsprechend müßten auch die Ableitungen (2,1) nach $x_i'$ genommen werden. Da aber die Deformation klein ist, unterscheiden sich die Ableitungen nach $x_i$ und die nach $x_i'$ durch Größen höherer Ordnung, und man kann überall nach $x_i$ differenzieren.

[2]) Das Drehmoment der Kraft $\boldsymbol{F}$ wird als Vektorprodukt $[\boldsymbol{Fr}]$ definiert; die Komponenten eines Vektorprodukts zweier Vektoren stellen bekanntlich einen antisymmetrischen Tensor zweiter Stufe dar, wie er im Text hingeschrieben wurde.

Satz kann dieses Integral in ein Oberflächenintegral überführt werden. Wir haben dann

$$M_{ik} = \oint (\sigma_{il}x_k - \sigma_{kl}x_i)\, \mathrm{d}f_l + \int (\sigma_{ki} - \sigma_{ik})\, \mathrm{d}V . \tag{2,3}$$

Falls der Spannungstensor symmetrisch ist,

$$\sigma_{ik} = \sigma_{ki} , \tag{2,4}$$

entfällt das Volumenintegral, und der Tensor $M_{ik}$ wird nur durch ein Oberflächenintegral dargestellt. Die Begründung der wichtigen Beziehung (2,4) geben wir am Ende dieses Paragraphen. Das Drehmoment der auf ein Volumen wirkenden Kräfte hat jetzt eine einfache Form:

$$M_{ik} = \int (F_i x_k - F_k x_i)\, \mathrm{d}V = \oint (\sigma_{il}x_k - \sigma_{kl}x_i)\, \mathrm{d}f_l . \tag{2,5}$$

Im Falle einer allseitig gleichmäßigen Kompression des Körpers (hydrostatische Kompression) kann der Ausdruck für den Spannungstensor leicht hingeschrieben werden. Bei einer solchen Kompression wirkt auf jede Oberflächeneinheit des Festkörpers dem Betrage nach der gleiche Druck, der entlang der Normalen zur Oberfläche in das Innere des Körpervolumens gerichtet ist. Wenn man diesen Druck mit $p$ bezeichnet, wirkt auf das Oberflächenelement $\mathrm{d}f_i$ die Kraft $-p\,\mathrm{d}f_i$. Andererseits muß diese Kraft, durch den Spannungstensor ausgedrückt, die Form $\sigma_{ik}\,\mathrm{d}f_k$ aufweisen. Wenn wir jetzt $-p\,\mathrm{d}f_i$ in der Form $-p\,\delta_{ik}\,\mathrm{d}f_k$ schreiben, hat der Spannungstensor bei einer hydrostatischen Kompression folgendes Aussehen:

$$\sigma_{ik} = -p\delta_{ik} . \tag{2,6}$$

Alle seine von Null verschiedenen Komponenten sind einfach dem Druck gleich.

Im allgemeinen Falle beliebiger Deformation sind auch die nichtdiagonalen Komponenten des Spannungstensors von Null verschieden. Das bedeutet, daß auf jedes Oberflächenelement im Innern des Körpers neben der Normalkraft noch Tangentialkräfte wirken, die parallele Oberflächenelemente relativ zueinander zu verschieben suchen.

Im Gleichgewichtszustand müssen sich die Kräfte der inneren Spannungen in jedem Volumenelement des Körpers kompensieren, d. h., es muß gelten $F_i = 0$. Die Gleichung für den Gleichgewichtszustand eines deformierten Körpers lautet somit

$$\frac{\partial \sigma_{ik}}{\partial x_k} = 0 . \tag{2,7}$$

Wenn sich der Körper im Schwerefeld befindet, muß die Summe aus den Kräften der inneren Spannungen und der Schwerkraft $\boldsymbol{F} + \varrho \boldsymbol{g}$, bezogen auf die Volumeneinheit, verschwinden; $\varrho$ ist die Dichte[1]) und $\boldsymbol{g}$ der senkrecht nach unten gerichtete Beschleunigungsvektor der Schwerkraft. Die Gleichgewichtsbedingungen haben in diesem Falle die Form

$$\frac{\partial \sigma_{ik}}{\partial x_k} + \varrho g_i = 0 . \tag{2,8}$$

---

[1]) Strenggenommen ändert sich die Dichte des Körpers während der Deformation. Die Berücksichtigung dieser Änderung führt jedoch auf Glieder höherer Ordnung und ist daher unwesentlich.

Was die unmittelbar an der Oberfläche angreifenden äußeren Kräfte anbetrifft (sie sind gewöhnlich die Ursache der Deformation), so gehen sie in die Randbedingungen der Gleichgewichtsbedingungen ein. Es sei $\boldsymbol{P}$ die auf die Oberflächeneinheit des Körpers wirkende äußere Kraft, so daß auf das Oberflächenelement $\mathrm{d}f$ die Kraft $\boldsymbol{P}\,\mathrm{d}f$ wirkt. Im Gleichgewicht muß diese durch die Kraft $-\sigma_{ik}\,\mathrm{d}f_k$, welche auf das gleiche Oberflächenelement infolge der inneren Spannungen wirkt, kompensiert werden. Es muß daher gelten

$$P_i\,\mathrm{d}f - \sigma_{ik}\,\mathrm{d}f_k = 0\,.$$

Hieraus folgt, wenn man für $\mathrm{d}f_k$ den Ausdruck $\mathrm{d}f_k = n_k\,\mathrm{d}f$ einsetzt ($\boldsymbol{n}$ ist der Einheitsvektor der äußeren Normalen zur Oberfläche),

$$\sigma_{ik}n_k = P_i\,. \tag{2,9}$$

Das aber ist die Bedingung, die auf der gesamten Oberfläche des Körpers im Gleichgewichtszustand erfüllt sein muß.

Wir leiten hier noch einen Ausdruck für den Mittelwert des Spannungstensors im deformierten Körper ab. Dazu multiplizieren wir die Gleichung (2,7) mit $x_k$ und integrieren sie über das gesamte Körpervolumen:

$$\int \frac{\partial \sigma_{il}}{\partial x_l}\,x_k\,\mathrm{d}V = \int \frac{\partial(\sigma_{il}x_k)}{\partial x_l}\,\mathrm{d}V - \int \sigma_{il}\,\frac{\partial x_k}{\partial x_l}\,\mathrm{d}V = 0\,.$$

Das erste Integral auf der rechten Seite wird in ein Oberflächenintegral überführt; im zweiten Integral berücksichtigen wir $\partial x_k/\partial x_l = \delta_{kl}$. Das Ergebnis ist

$$\oint \sigma_{il}x_k\,\mathrm{d}f_l - \int \sigma_{ik}\,\mathrm{d}V = 0\,.$$

In das erste Integral setzen wir (2,9) ein und erhalten

$$\oint P_i x_k\,\mathrm{d}f = \int \sigma_{ik}\,\mathrm{d}V = V\bar{\sigma}_{ik}\,,$$

wobei $V$ das Volumen des Körpers und $\bar{\sigma}_{ik}$ der über das Gesamtvolumen gemittelte Spannungstensor ist. Diese Formel kann man in symmetrische Form bringen, wenn man die Gleichung $\sigma_{ik} = \sigma_{ki}$ berücksichtigt:

$$\bar{\sigma}_{ik} = \frac{1}{2V}\oint (P_i x_k + P_k x_i)\,\mathrm{d}f\,. \tag{2,10}$$

Somit kann der Mittelwert des Spannungstensors unmittelbar aus den auf den Körper wirkenden äußeren Kräften bestimmt werden, ohne daß die Grundgleichungen des Gleichgewichts vorher gelöst werden müssen.

Wir geben nun eine genauere Begründung der Symmetrie des Spannungstensors. Die Bedingung, daß der Tensor $M_{ik}$ als Oberflächenintegral dargestellt werden kann, wird nicht nur dann erfüllt, wenn der antisymmetrische Teil des Tensors $\sigma_{ik}$ verschwindet, sondern auch wenn dieser als vollständige Divergenz darstellbar ist, d. h., wenn

$$\sigma_{ik} - \sigma_{ki} = 2\,\frac{\partial}{\partial x_l}\,\varphi_{ikl}\,, \qquad \varphi_{ikl} = -\varphi_{kil} \tag{2,11}$$

gilt. Dabei ist $\varphi_{ikl}$ ein beliebiger im ersten Indexpaar antisymmetrischer Tensor. Im gegebenen Fall muß dieser durch die Ableitungen $\partial u_i/\partial x_k$ ausgedrückt werden, weshalb im Spannungstensor Glieder mit höheren Ableitungen des Verschiebungsvektors auftreten. Im

Rahmen der in diesem Buch betrachteten Elastizitätstheorie kleiner Deformationen können solche Glieder als klein angesehen und vernachlässigt werden.

Es ist jedoch von prinzipieller Bedeutung, daß der Spannungstensor auch ohne diese Einschränkungen in einen symmetrischen Tensor überführt werden kann.[1]) Da seine Definition durch (2,1) nicht eindeutig ist, sind beliebige Transformationen der Art

$$\tilde{\sigma}_{ik} - \sigma_{ik} = \frac{\partial}{\partial x_l} \chi_{ikl}, \qquad \chi_{ikl} = -\chi_{ilk} \tag{2,12}$$

erlaubt, wobei $\chi_{ikl}$ ein beliebiger im letzten Indexpaar antisymmetrischer Tensor ist. Offensichtlich sind die Ableitungen $\partial\sigma_{ik}/\partial x_k$ und $\partial\tilde{\sigma}_{ik}/\partial x_k$, welche die Kraft $\boldsymbol{F}$ definieren, identisch. Wenn der antisymmetrische Teil des Tensors $\sigma_{ik}$ die Form (2,11) hat, so kann ein nichtsymmetrischer Tensor durch eine Transformation dieser Art in einen symmetrischen überführt werden. Der symmetrische Tensor hat die Form

$$\tilde{\sigma}_{ik} = \frac{1}{2}(\sigma_{ik} + \sigma_{ki}) + \frac{\partial}{\partial x_l}(\varphi_{ilk} + \varphi_{kli}). \tag{2,13}$$

Man kann sich leicht davon überzeugen, daß die Differenz $\tilde{\sigma}_{ik} - \sigma_{ik}$ die Gestalt (2,12) hat, wobei

$$\chi_{ikl} = \varphi_{kli} + \varphi_{ilk} - \varphi_{ikl} \tag{2,14}$$

gilt (P. C. Martin, O. Parodi, P. S. Persahn, 1972).

## § 3. Thermodynamik der Deformation

Wir betrachten irgendeinen deformierten Körper und denken uns die Deformation so geändert, daß der Verschiebungsvektor $u_i$ eine kleine Änderung $\delta u_i$ erfährt. Jetzt bestimmen wir die Arbeit, die dabei von den Kräften der inneren Spannungen geleistet wird. Nach Multiplikation der Kraft $F_i = \partial\sigma_{ik}/\partial x_k$ mit $\delta u_i$ und Integration über das Gesamtvolumen des Körpers erhalten wir

$$\int \delta R \, \mathrm{d}V = \int \frac{\partial \sigma_{ik}}{\partial x_k} \delta u_i \, \mathrm{d}V.$$

Mit $\delta R$ wird die Arbeit der inneren Spannungen pro Volumeneinheit bezeichnet. Nach einer partiellen Integration erhalten wir unter Benutzung des Gaussschen Satzes

$$\int \delta R \, \mathrm{d}V = \oint \sigma_{ik}\delta u_i \, \mathrm{d}f_k - \int \sigma_{ik} \frac{\partial \delta u_i}{\partial x_k} \mathrm{d}V.$$

Nunmehr betrachten wir einen unendlich ausgedehnten Körper, der im Unendlichen nicht deformiert ist. Dann kann die Integrationsfläche im ersten Integral ins Unendliche ausgedehnt werden; auf der Fläche ist dann $\sigma_{ik} = 0$, und das Integral verschwindet. Unter Benut-

[1]) In Übereinstimmung mit den allgemeinen Aussagen der mikroskopischen Theorie — s. II, § 32.

zung der Symmetrie des Tensors $\sigma_{ik}$ kann das zweite Integral in folgende Form gebracht werden:

$$\int \delta R \, \mathrm{d}V = -\frac{1}{2}\int \sigma_{ik}\left(\frac{\partial \delta u_i}{\partial x_k} + \frac{\partial \delta u_k}{\partial x_i}\right)\mathrm{d}V$$

$$= -\frac{1}{2}\int \sigma_{ik}\delta\left(\frac{\partial u_i}{\partial x_k} + \frac{\partial u_k}{\partial x_i}\right)\mathrm{d}V = -\int \sigma_{ik}\delta u_{ik} \, \mathrm{d}V .$$

Wir haben dann

$$\delta R = -\sigma_{ik} \, \delta u_{ik} . \tag{3,1}$$

Diese Gleichung drückt die Arbeit $\delta R$ durch die Änderung des Verzerrungstensors aus.

Wenn die äußeren Kräfte, welche die Deformation des Körpers verursachten, aufhören zu wirken, nimmt der Körper bei genügend kleiner Deformation seinen ursprünglichen, nichtdeformierten Zustand wieder an. In solchen Fällen spricht man von *elastischen Deformationen.* Große Deformationen verschwinden dagegen nicht vollständig, wenn die äußeren Kräfte aufhören zu wirken. Es bleibt eine gewisse *Restdeformation*, so daß der Endzustand des Körpers sich von seinem nichtdeformierten Anfangszustand unterscheidet. Solche Deformationen nennt man *plastisch* oder *unelastisch.* Im folgenden betrachten wir nur elastische Deformationen (außer im Kapitel IV).

Weiter nehmen wir an, der Deformationsprozeß verlaufe genügend langsam, so daß sich zu jedem Zeitpunkt im Körper das thermodynamische Gleichgewicht einstellt, entsprechend den äußeren Bedingungen, in denen sich der Körper zum gegebenen Zeitpunkt befindet. (Praktisch wird diese Forderung immer erfüllt.) Der Prozeß ist dann thermodynamisch umkehrbar (reversibler Prozeß).

Solche thermodynamischen Größen wie die Entropie $S$, die innere Energie $\mathscr{E}$ usw. wollen wir stets auf die Volumeneinheit des Körpers beziehen (und nicht auf die Masseneinheit, wie in der Hydrodynamik) und sie mit den entsprechenden großen Buchstaben bezeichnen.

Strenggenommen muß zwischen Volumeneinheit vor und nach der Deformation unterschieden werden; diese Volumina enthalten im allgemeinen verschiedene Stoffmengen. Sämtliche thermodynamischen Größen werden im weiteren außer in Kapitel VI stets auf die Volumeneinheit des nichtdeformierten Körpers bezogen, d. h. auf die darin enthaltene Stoffmenge, welche nach der Deformation ein geringfügig verschiedenes Volumen einnehmen kann. Dementsprechend erhält man z. B. die Gesamtenergie durch Integration von $\mathscr{E}$ über das Volumen des nichtdeformierten Körpers.

Die unendlich kleine Änderung $\mathrm{d}\mathscr{E}$ der inneren Energie ist gleich der Differenz aus der Wärmemenge, welche durch die gegebene Volumeneinheit des Körpers aufgenommen wird, und der durch die Kräfte der inneren Spannungen geleisteten Arbeit $\mathrm{d}R$. Bei reversiblen Prozessen ist die Wärmemenge gleich $T\,\mathrm{d}S$, wo $T$ die Temperatur bezeichnet. Somit ist $\mathrm{d}\mathscr{E} = T\,\mathrm{d}S - \mathrm{d}R$; mit $\mathrm{d}R$ aus (3,1) erhalten wir

$$\mathrm{d}\mathscr{E} = T\,\mathrm{d}S + \sigma_{ik}\,\mathrm{d}u_{ik} . \tag{3,2}$$

Das ist die thermodynamische Grundgleichung für deformierte Körper.

Bei hydrostatischer Kompression ist der Spannungstensor gleich $\sigma_{ik} = -p\delta_{ik}$ (2,6). In diesem Falle ist $\sigma_{ik}\,\mathrm{d}u_{ik} = -p\delta_{ik}\,\mathrm{d}u_{ik} = -p\,\mathrm{d}u_{ii}$. Nun stellt aber die Summe $u_{ii}$ die relative Volumenänderung während der Deformation dar (siehe (1,6)). Wenn man eine Volumeneinheit betrachtet, dann ist $u_{ii}$ einfach die Änderung dieses Volumens, und $\mathrm{d}u_{ii}$

ist das Element dieser Änderung. Die thermodynamische Grundgleichung nimmt dann die übliche Form an:

$$\mathrm{d}\mathscr{E} = T\,\mathrm{d}S - p\,\mathrm{d}V\,. \tag{3,2a}$$

Wenn wir anstelle der Energie $\mathscr{E}$ die freie Energie des Körpers $F = \mathscr{E} - TS$ einführen, erhält das thermodynamische Grundgesetz (3,2) folgendes Aussehen:

$$\mathrm{d}F = -S\,\mathrm{d}T + \sigma_{ik}\,\mathrm{d}u_{ik}\,. \tag{3,3}$$

Schließlich definieren wir die freie Enthalpie des Körpers:

$$\Phi = \mathscr{E} - TS - \sigma_{ik}u_{ik} = F - \sigma_{ik}u_{ik}\,. \tag{3,4}$$

Dieses ist eine Verallgemeinerung des gewöhnlichen Ausdrucks $\Phi = \mathscr{E} - TS + pV$.[1]) Setzt man (3,4) in (3,3) ein, so folgt

$$\mathrm{d}\Phi = -S\,\mathrm{d}T - u_{ik}\,\mathrm{d}\sigma_{ik}\,. \tag{3,5}$$

$S$, $u_{ik}$ bzw. $T$, $u_{ik}$ sind in (3,2) und (3,3) unabhängige Variable. Die Komponenten des Spannungstensors erhält man durch partielle Differentiation von $\mathscr{E}$ oder $F$ nach den Komponenten des Deformationstensors bei konstant gehaltener Entropie bzw. Temperatur:

$$\sigma_{ik} = \left(\frac{\partial \mathscr{E}}{\partial u_{ik}}\right)_S = \left(\frac{\partial F}{\partial u_{ik}}\right)_T. \tag{3,6}$$

Analog erhält man die Komponenten $u_{ik}$ durch Differentiation von $\Phi$ nach den $\sigma_{ik}$:

$$u_{ik} = -\left(\frac{\partial \Phi}{\partial \sigma_{ik}}\right)_T. \tag{3,7}$$

## § 4. Das HOOKEsche Gesetz

Um die allgemeinen thermodynamischen Beziehungen auf konkrete Fälle anzuwenden, muß man einen Ausdruck für die freie Energie $F$ des Körpers als Funktion des Verzerrungstensors besitzen. Wird die Kleinheit der Deformation berücksichtigt, so erhält man leicht einen solchen Ausdruck durch Entwicklung der freien Energie nach Potenzen der $u_{ik}$. Wir betrachten dabei nur isotrope Körper; die entsprechenden Ausdrücke für Kristalle werden in § 10 abgeleitet.

Wenn der deformierte Körper eine bestimmte (in seiner gesamten Ausdehnung konstante) Temperatur hat, dann verstehen wir unter seinem nichtdeformierten Zustand einen solchen ohne Wirkung der äußeren Kräfte bei der gleichen Temperatur. Die Erwähnung dieser Bedingung ist wegen der Wärmeausdehnung notwendig (siehe § 6). Dann müssen bei

[1]) Bei hydrostatischer Kompression geht der Ausdruck (3,4) in

$$\Phi = F + pu_{ii} = F + p(V - V_0)$$

über, wo $V - V_0$ die bei der Deformation auftretende Volumenänderung ist. Man sieht hieraus, daß die hier gebrauchte Definition von $\Phi$ sich von der in der Thermodynamik gebräuchlichen $\Phi = F + pV$ um das Glied $-pV_0$ unterscheidet.

$u_{ik} = 0$ auch die inneren Spannungen verschwinden, d. h., es muß $\sigma_{ik} = 0$ gelten. In der Entwicklung von $F$ nach Potenzen der $u_{ik}$ müssen dann wegen $\sigma_{ik} = \partial F/\partial u_{ik}$ die linearen Glieder verschwinden.

Da die freie Energie eine skalare Größe ist, muß jedes Glied in der Entwicklung von $F$ ebenfalls skalar sein. Aus den Komponenten des symmetrischen Tensors $u_{ik}$ lassen sich zwei unabhängige Skalare zweiten Grades konstruieren, z. B. das Quadrat $u_{ii}^2$ der Summe der diagonalen Komponenten und die Summe $u_{ik}^2$ der Quadrate aller Komponenten des Tensors $u_{ik}$. Wir erhalten daher in der Entwicklung von $F$ nach Potenzen der $u_{ik}$ bis auf Glieder höherer Ordnung den Ausdruck

$$F = F_0 + \frac{\lambda}{2} u_{ii}^2 + \mu u_{ik}^2 \,. \tag{4,1}$$

Das ist der allgemeine Ausdruck für die freie Energie eines deformierten isotropen Körpers. Die Größen $\lambda$ und $\mu$ nennt man LAMÉ-*Koeffizienten.*

In § 1 wurde gezeigt, daß die Volumenänderung bei der Deformation durch die Summe $u_{ii}$ bestimmt wird. Das Verschwinden dieser Summe bedeutet, daß sich während der Deformation des Körpers nur seine Form ändert, nicht aber sein Volumen. Deformationen ohne Volumenänderung nennt man *reine Scherungen.*

Der umgekehrte Fall ist eine mit einer Volumenänderung verbundene Deformation ohne Änderung der Form des Körpers. Jedes Volumenelement bleibt bei einer solchen Deformation sich selbst ähnlich. In § 1 wurde gezeigt, daß der Verzerrungstensor in diesem Falle die Form $u_{ik} = \text{const} \cdot \delta_{ik}$ besitzt. Solche Deformationen nennt man *homogene Dilatationen* oder gegebenenfalls *hydrostatische Kompressionen.*

Jede Deformation kann als Summe einer reinen Scherung und einer homogenen Dilatation dargestellt werden. Um das zu erkennen, genügt es, folgende Identität zu notieren:

$$u_{ik} = \left(u_{ik} - \frac{1}{3}\,\delta_{ik} u_{ll}\right) + \frac{1}{3}\,\delta_{ik} u_{ll} \,. \tag{4,2}$$

Das erste Glied auf der rechten Seite stellt offensichtlich eine reine Scherung dar, da die Summe seiner Diagonalelemente verschwindet ($\delta_{ii} = 3$). Das zweite Glied hängt mit der homogenen Dilatation zusammen.

Es ist zweckmäßig, anstelle des allgemeinen Ausdrucks (4,1) für die freie Energie eines deformierten isotropen Körpers einen anderen zu benutzen, indem man von der erwähnten Zerlegung einer beliebigen Deformation in eine Scherung und eine homogene Dilatation Gebrauch macht. Dazu wählen wir als zwei unabhängige Skalare zweiten Grades die Quadratsummen der Komponenten des ersten bzw. zweiten Gliedes in (4,2), d. h. die Größen $\left(u_{ik} - \frac{1}{3}\,\delta_{ik} u_{ll}\right)^2$ und $u_{ii}^2$. $F$ hat dann die Form[1])

$$F = \mu \left(u_{ik} - \frac{1}{3}\,\delta_{ik} u_{ll}\right)^2 + \frac{K}{2}\, u_{ll}^2 \,. \tag{4,3}$$

[1]) Das konstante Glied $F_0$, die freie Energie des nichtdeformierten Körpers, wird uns im weiteren nicht interessieren. Es wird daher stets fortgelassen, und wir werden unter $F$ nur die uns interessierende freie Energie der Deformation oder, wie man sagt, die elastische freie Energie verstehen.

Die Größen $K$ und $\mu$ nennt man *Kompressionsmodul* bzw. *Torsionsmodul* (*Schubmodul*). $K$ hängt mit den LAMÉ-Koeffizienten über folgende Gleichung zusammen:

$$K = \lambda + \frac{2}{3}\mu . \tag{4,4}$$

Im thermodynamischen Gleichgewicht hat die freie Energie ein Minimum. In Abwesenheit von äußeren Kräften wird das Minimum von $F$ als Funktion der $u_{ik}$ bei $u_{ik} = 0$ realisiert. Das bedeutet, daß die quadratische Form (4,3) positiv ist. Wenn man den Tensor $u_{ik}$ so wählt, daß $u_{ll}$ verschwindet, verbleibt in (4,3) nur das erste Glied; wenn man dagegen den Tensor in der Form $u_{ik} = \text{const}\ \delta_{ik}$ benutzt, bleibt nur das zweite Glied erhalten. Hieraus folgt: Die notwendige (und offensichtlich auch hinreichende) Bedingung für die Positivität der Form (4,3) ist die Positivität der Koeffizienten $K$ und $\mu$ einzeln.

Wir kommen damit zu dem Schluß, daß Kompressionsmodul und Torsionsmodul stets positive Größen sind:

$$K > 0 , \qquad \mu > 0 . \tag{4,5}$$

Nunmehr benutzen wir die allgemeine thermodynamische Beziehung (3,6), um den Spannungstensor zu bestimmen. Zur Berechnung der Ableitungen $\partial F/\partial u_{ik}$ schreiben wir das totale Differential $\mathrm{d}F$ (bei konstanter Temperatur) hin:

$$\mathrm{d}F = K u_{ll}\, \mathrm{d}u_{ll} + 2\mu \left( u_{ik} - \frac{1}{3} u_{ll}\delta_{ik} \right) \mathrm{d} \left( u_{ik} - \frac{1}{3} u_{ll}\delta_{ik} \right).$$

Die Multiplikation der ersten Klammer im zweiten Glied mit $\delta_{ik}$ liefert Null. Es bleibt daher der Ausdruck

$$\mathrm{d}F = K u_{ll}\, \mathrm{d}u_{ll} + 2\mu \left( u_{ik} - \frac{1}{3} u_{ll}\delta_{ik} \right) \mathrm{d}u_{ik}$$

oder, wenn $\mathrm{d}u_{ll}$ in der Form $\delta_{ik}\, \mathrm{d}u_{ik}$ geschrieben wird,

$$\mathrm{d}F = \left[ K u_{ll}\delta_{ik} + 2\mu \left( u_{ik} - \frac{1}{3} u_{ll}\delta_{ik} \right) \right] \mathrm{d}u_{ik} .$$

Hieraus folgt für den Spannungstensor

$$\sigma_{ik} = K u_{ll}\delta_{ik} + 2\mu \left( u_{ik} - \frac{1}{3} \delta_{ik} u_{ll} \right). \tag{4,6}$$

Dieser Ausdruck erlaubt die Bestimmung des Spannungstensors aus dem Verzerrungstensor im Falle isotroper fester Körper. Man sieht u. a., daß bei einer reinen Scherung oder einer reinen homogenen Dilatation die Beziehung zwischen den $\sigma_{ik}$ und $u_{ik}$ allein durch den Torsions- bzw. Kompressionsmodul bestimmt wird.

Es ist auch umgekehrt nicht schwer, die $u_{ik}$ durch die $\sigma_{ik}$ auszudrücken. Dazu müssen wir die Summe der Diagonalelemente $\sigma_{ii}$ bestimmen. Das zweite Glied in (4,6) verschwindet bei der Summation, und wir haben $\sigma_{ii} = 3K u_{ii}$ oder

$$u_{ii} = \frac{1}{3K} \sigma_{ii} . \tag{4,7}$$

Diesen Ausdruck setzen wir in (4,6) ein und bestimmen hieraus die $u_{ik}$:

$$u_{ik} = \frac{1}{9K}\,\delta_{ik}\sigma_{ll} + \frac{1}{2\mu}\left(\sigma_{ik} - \frac{1}{3}\,\delta_{ik}\sigma_{ll}\right). \tag{4,8}$$

Hiermit ist aber der Verzerrungstensor durch den Spannungstensor ausgedrückt.

Aus der Gleichung (4,7) ist ersichtlich, daß die relative Volumenänderung $u_{ii}$ bei beliebiger Deformation eines isotropen Körpers nur von der Summe $\sigma_{ii}$ der Diagonalkomponenten des Spannungstensors abhängt, wobei die Beziehung zwischen $u_{ii}$ und $\sigma_{ii}$ allein durch den Kompressionsmodul bestimmt wird. Bei hydrostatischer Kompression des Körpers hat der Spannungstensor die Form $\sigma_{ik} = -p\delta_{ik}$. In diesem Falle folgt aus (4,7)

$$u_{ii} = -\frac{p}{K}. \tag{4,9}$$

Wegen der Kleinheit der Deformation sind $u_{ii}$ und $p$ ebenfalls kleine Größen, und wir können das Verhältnis von relativer Volumenänderung zum Druck $u_{ii}/p$ in der Differentialform $\frac{1}{V}\left(\frac{\partial V}{\partial p}\right)_T$ schreiben. Somit haben wir

$$\frac{1}{K} = -\frac{1}{V}\left(\frac{\partial V}{\partial p}\right)_T.$$

Die Größe $1/K$ heißt *Kompressibilität.*

Nach (4,8) ist der Verzerrungstensor $u_{ik}$ eine lineare Funktion des Spannungstensors $\sigma_{ik}$. Oder anders ausgedrückt, die Deformation ist den angreifenden Kräften proportional. Dieses bei kleinen Deformationen geltende Gesetz heißt HOOKE*sches Gesetz.*[1])

Wir geben noch eine nützliche Form für die freie Energie eines deformierten Körpers an, die man direkt aus ihrer quadratischen Abhängigkeit vom Verzerrungstensor erhält. Nach dem EULERschen Satz ist

$$u_{ik}\frac{\partial F}{\partial u_{ik}} = 2F\,.$$

Wegen $\partial F/\partial u_{ik} = \sigma_{ik}$ folgt hieraus

$$F = \frac{\sigma_{ik}u_{ik}}{2}\,. \tag{4,10}$$

Wenn man in diesen Ausdruck die $u_{ik}$ in Form linearer Kombinationen der Komponenten $\sigma_{ik}$ einsetzt, dann erhält man die elastische Energie als quadratische Funktion der $\sigma_{ik}$. Widerum mit Hilfe des EULERschen Satzes folgt hieraus

$$\sigma_{ik}\frac{\partial F}{\partial \sigma_{ik}} = 2F\,,$$

---

[1]) Das HOOKEsche Gesetz ist praktisch auf alle elastischen Deformationen anwendbar. Denn bevor die Deformation so groß geworden ist, daß das HOOKEsche Gesetz keine gute Näherung mehr darstellt, ist bereits der Übergang zu Inelastizität erfolgt. Eine Ausnahme bilden Gummikörper und ähnliche.

und der Vergleich mit (4,10) liefert

$$u_{ik} = \frac{\partial F}{\partial \sigma_{ik}} . \tag{4,11}$$

Es muß jedoch unterstrichen werden, daß $\sigma_{ik} = \partial F / \partial u_{ik}$ eine allgemeine thermodynamische Beziehung darstellt, während der umgekehrte Ausdruck (4,11) nur im Zusammenhang mit dem HOOKEschen Gesetz gültig ist.

## § 5. Homogene Deformationen

Wir wollen einige der einfachsten Fälle der sogenannten *homogenen Deformationen* betrachten, d. h. solcher Deformationen, bei denen der Verzerrungstensor im gesamten Volumen des Körpers konstant ist.[1]) Eine homogene Deformation ist z. B. die bereits untersuchte hydrostatische Kompression.

Wir betrachten jetzt die *einfache Streckung* (oder Kompression) eines Stabes. Der Stab liege parallel der $z$-Achse, an seinen beiden Enden mögen Kräfte angreifen, die ihn in beiden Richtungen zu strecken versuchen. Diese Kräfte wirken gleichmäßig auf die gesamte Oberfläche der Stabenden; die auf die Flächeneinheit wirkende Kraft sei $p$.

Da die Deformation homogen ist, d. h. die $u_{ik}$ überall im Körper konstant sind, ist auch der Spannungstensor $\sigma_{ik}$ eine konstante Größe und kann daher unmittelbar aus den Randbedingungen (2,9) bestimmt werden. An den Seitenflächen des Stabes greifen keine Kräfte an, woraus die Gleichung $\sigma_{ik} n_k = 0$ folgt. Der Einheitsvektor $\boldsymbol{n}$ zur Seitenfläche steht senkrecht auf der $z$-Achse, d. h., er besitzt nur die Komponenten $n_x$ und $n_y$. Hieraus folgt, daß außer $\sigma_{zz}$ sämtliche Komponenten $\sigma_{ik}$ verschwinden. An der Oberfläche der Stabenden gilt $\sigma_{zi} n_i = p$, und wir erhalten

$$\sigma_{zz} = p .$$

Aus der allgemeinen Beziehung (4,8) zwischen den Komponenten des Verzerrungstensors und des Spannungstensors ist ersichtlich, daß alle Komponenten $u_{ik}$ für $i \neq k$ verschwinden. Für die übrigen Komponenten finden wir

$$u_{xx} = u_{yy} = -\frac{1}{3}\left(\frac{1}{2\mu} - \frac{1}{3K}\right) p , \qquad u_{zz} = \frac{1}{3}\left(\frac{1}{3K} + \frac{1}{\mu}\right) p . \tag{5,1}$$

Die Komponente $u_{zz}$ bestimmt die relative Verlängerung des Stabes. Den Koeffizienten bei $p$ nennt man *Elastizitätskoeffizient* und seinen reziproken Wert *Elastizitätsmodul* (YOUNG*sche Zahl*) $E$:

$$u_{zz} = \frac{p}{E} \tag{5,2}$$

[1]) Die Komponenten des Deformationstensors sind als Funktionen der Koordinaten nicht unabhängig voneinander, da die sechs verschiedenen Komponenten $u_{ik}$ durch die Ableitungen von lediglich drei unabhängigen Funktionen, den Komponenten des Vektors $\boldsymbol{u}$ (s. Aufgabe 9, § 7), ausgedrückt werden. Aber sechs konstante Größen $u_{ik}$ können im Prinzip beliebig vorgegeben werden.

mit

$$E = \frac{9K\mu}{3K + \mu}. \tag{5,3}$$

Die Komponenten $u_{xx}$ und $u_{yy}$ bestimmen die relative Querkontraktion des Stabes. Das Verhältnis der Querkontraktion zur longitudinalen Dehnung heißt *Querkontraktionskoeffizient* (POISSON*sche Zahl*)[1]):

$$u_{xx} = -\sigma u_{zz} \tag{5,4}$$

mit

$$\sigma = \frac{1}{2}\frac{3K - 2\mu}{3K + \mu}. \tag{5,5}$$

Da $K$ und $\mu$ stets positiv sind, kann sich die POISSONsche Zahl für die verschiedenen Stoffe nur in den Grenzen von $-1$ (bei $K = 0$) bis $1/2$ (bei $\mu = 0$) ändern[2]):

$$-1 \leqq \sigma \leqq \frac{1}{2}. \tag{5,6}$$

Schließlich ist die relative Volumenvergrößerung des Stabes nach seiner Streckung

$$u_{ii} = p\frac{1}{3K}. \tag{5,7}$$

Die freie Energie des gestreckten Stabes kann unmittelbar mit Hilfe von (4,10) hingeschrieben werden. Da nur die Komponente $\sigma_{zz}$ nicht verschwindet, ist $F = 1/2\sigma_{zz}u_{zz}$, und wir erhalten

$$F = \frac{p^2}{2E}. \tag{5,8}$$

Im folgenden werden wir die Koeffizienten $E$ und $\sigma$ anstelle von $K$ und $\mu$ benutzen. Die letzteren und der zweite LAMÉ-Koeffizient können mit Hilfe folgender Beziehungen durch $E$ und $\sigma$ ausgedrückt werden:

$$\mu = \frac{E}{2(1+\sigma)}, \quad K = \frac{E}{3(1-2\sigma)}, \quad \lambda = \frac{E\sigma}{(1-2\sigma)(1+\sigma)}. \tag{5,9}$$

Die allgemeinen Ausdrücke des vorigen Paragraphen drücken wir jetzt mittels $E$ und $\sigma$ aus. Für die freie Energie erhalten wir

$$F = \frac{E}{2(1+\sigma)}\left(u_{ik}^2 + \frac{\sigma}{1-2\sigma}u_{ll}^2\right). \tag{5,10}$$

---

[1]) Die Bezeichnung der POISSONschen Zahl mittels $\sigma$ und der Komponenten des Spannungstensors mittels $\sigma_{ik}$ kann zu keinen Mißverständnissen führen, da leztere stets mit Indizes behaftet sind.

[2]) In Wirklichkeit ändert sich die POISSONsche Zahl in den Grenzen von 0 bis 1/2. Körper mit $\sigma < 0$, d. h. solche, die bei einer longitudinalen Dehnung ihre Querdimensionen vergrößern, sind nicht bekannt. Der Ungleichung $\sigma > 0$ entspricht $\lambda > 0$, wo $\lambda$ der LAMÉ-Koeffizient in (4,1) ist; mit anderen Worten, in Wirklichkeit sind nicht nur in (4,3), sondern auch in (4,1) stets beide Glieder positiv, wenn das auch thermodynamisch nicht notwendig ist. Die Koeffizienten $\sigma$, deren Werte in der Nähe von 1/2 liegen (z. B. bei Gummi), entsprechen einem Scherungsmodul, der klein im Vergleich zum Kompressionsmodul ist.

Der Spannungstensor, durch den Verzerrungstensor ausgedrückt, ist

$$\sigma_{ik} = \frac{E}{1+\sigma}\left(u_{ik} + \frac{\sigma}{1-2\sigma} u_{ll}\delta_{ik}\right) \tag{5,11}$$

und umgekehrt

$$u_{ik} = \frac{1}{E}[(1+\sigma)\,\sigma_{ik} - \sigma\sigma_{ll}\delta_{ik}]. \tag{5,12}$$

Da wir die Ausdrücke (5,11) und (5,12) laufend gebrauchen werden, schreiben wir sie für die einzelnen Komponenten hin:

$$\left.\begin{aligned}
\sigma_{xx} &= \frac{E}{(1+\sigma)(1-2\sigma)}[(1-\sigma)\,u_{xx} + \sigma(u_{yy}+u_{zz})],\\
\sigma_{yy} &= \frac{E}{(1+\sigma)(1-2\sigma)}[(1-\sigma)\,u_{yy} + \sigma(u_{xx}+u_{zz})],\\
\sigma_{zz} &= \frac{E}{(1+\sigma)(1-2\sigma)}[(1-\sigma)\,u_{zz} + \sigma(u_{xx}+u_{yy})],\\
\sigma_{xy} &= \frac{E}{1+\sigma}u_{xy}, \quad \sigma_{xz} = \frac{E}{1+\sigma}u_{xz}, \quad \sigma_{yz} = \frac{E}{1+\sigma}u_{yz}
\end{aligned}\right\} \tag{5,13}$$

und umgekehrt

$$\left.\begin{aligned}
u_{xx} &= \frac{1}{E}[\sigma_{xx} - \sigma(\sigma_{yy}+\sigma_{zz})],\\
u_{yy} &= \frac{1}{E}[\sigma_{yy} - \sigma(\sigma_{xx}+\sigma_{zz})],\\
u_{zz} &= \frac{1}{E}[\sigma_{zz} - \sigma(\sigma_{xx}+\sigma_{yy})],\\
u_{xy} &= \frac{1+\sigma}{E}\sigma_{xy}, \quad u_{xz} = \frac{1+\sigma}{E}\sigma_{xz}, \quad u_{yz} = \frac{1+\sigma}{E}\sigma_{yz}.
\end{aligned}\right\} \tag{5,14}$$

Wir betrachten jetzt die Kompression eines Stabes, dessen Seiten derart befestigt sind, daß seine Querdimension unverändert bleibt. Die äußeren, eingeprägten Kräfte greifen an den Grundflächen des Stabes an und wirken in Richtung seiner komprimierten Länge, sagen wir, in $z$-Richtung. Eine solche Deformation heißt *einseitige Kompression*. Da der Stab nur in $z$-Richtung deformiert wird, ist von allen Komponenten $u_{ik}$ nur $u_{zz}$ von Null verschieden. Aus (5,11) folgt jetzt

$$\sigma_{xx} = \sigma_{yy} = \frac{\sigma E}{(1+\sigma)(1-2\sigma)}u_{zz}, \quad \sigma_{zz} = \frac{E(1-\sigma)}{(1+\sigma)(1-2\sigma)}u_{zz}.$$

Die komprimierende Kraft bezeichnen wir wiederum mit $p$ ($\sigma_{zz} = p$; $p$ ist bei einer Kompression negativ). Es ist dann

$$u_{zz} = \frac{(1+\sigma)(1-2\sigma)}{E(1-\sigma)}p. \tag{5,15}$$

Den Koeffizienten bei $p$ nennt man den *Koeffizienten der einseitigen Kompression.* Die Spannungen in der Querrichtung des Stabes sind

$$\sigma_{xx} = \sigma_{yy} = p\,\frac{\sigma}{1-\sigma}\,. \tag{5,16}$$

Schließlich erhalten wir für die freie Energie den Ausdruck

$$F = p^2\,\frac{(1+\sigma)(1-2\sigma)}{2E(1-\sigma)}\,. \tag{5,17}$$

## § 6. Deformation bei veränderlicher Temperatur

Wir betrachten jetzt Deformationen, die mit einer Temperaturveränderung verbunden sind. Die Temperaturänderung kann sowohl eine Folge der Deformation als auch äußerer Ursachen sein.

Unter dem nichtdeformierten Körper verstehen wir seinen Zustand in Abwesenheit äußerer Kräfte bei gegebener Temperatur $T_0$. Wenn der Körper eine Temperatur $T \neq T_0$ annimmt, so wird er sich wegen der Wärmeausdehnung auch bei Abwesenheit äußerer Kräfte im deformierten Zustand befinden. Die Entwicklung der freien Energie $F(T)$ nach dem Verzerrungstensor wird daher neben quadratischen Gliedern auch lineare Glieder enthalten. Aus den Komponenten des Tensors zweiter Stufe $u_{ik}$ kann nur eine einzige skalare Größe ersten Grades gebildet werden, nämlich die Summe $u_{ii}$ seiner diagonalen Komponenten. Im folgenden werden wir voraussetzen, daß die im Zusammenhang mit der Deformation auftretenden Temperaturänderungen $T - T_0$ klein sind. Man kann dann annehmen, der Koeffizient bei $u_{ii}$ in der Entwicklung von $F$ (der bei $T = T_0$ verschwinden muß) sei einfach der Temperaturdifferenz proportional. Somit erhalten wir für die freie Energie anstelle von (4,3) den folgenden Ausdruck:

$$F(T) = F_0(T) - K\alpha(T - T_0)\,u_{ll} + \mu\left(u_{ik} - \frac{1}{3}\,\delta_{ik}u_{ll}\right)^2 + \frac{K}{2}\,u_{ll}^2\,, \tag{6,1}$$

wo der Koeffizient bei $T - T_0$ in der Form $-K\alpha$ geschrieben wurde. Die Koeffizienten $\mu$, $K$ und $\alpha$ sind hier konstant; die Berücksichtigung ihrer Temperaturabhängigkeit würde auf kleine Größen von höherer Ordnung führen.

Die Differentiation von $F$ nach $u_{ik}$ liefert den Spannungstensor

$$\sigma_{ik} = -K\alpha(T - T_0)\,\delta_{ik} + Ku_{ll}\delta_{ik} + 2\mu\left(u_{ik} - \frac{1}{3}\,\delta_{ik}u_{ll}\right). \tag{6,2}$$

Das erste Glied stellt hier eine mit der Temperaturänderung des Körpers verbundene zusätzliche Spannung dar. Bei einer einfachen Wärmeausdehnung (in Abwesenheit äußerer Kräfte) dürfen keine inneren Spannungen auftreten, d. h. $\sigma_{ik}$ verschwindet. $u_{ik}$ hat dann die Form const $\cdot\,\delta_{ik}$, weshalb

$$u_{ll} = \alpha(T - T_0) \tag{6,3}$$

ist. $u_{ll}$ stellt aber die relative Volumenänderung bei der Deformation dar. $\alpha$ ist daher der *Wärmeausdehnungskoeffizient* des Körpers.

Unter den (im thermodynamischen Sinne) verschiedenen Deformationstypen sind die isotherme und die adiabatische Deformation besonders wichtig. Bei isothermen Deformationen bleibt die Körpertemperatur unverändert. Dementsprechend muß man in (6,1) $T = T_0$ setzen und erhält die gewöhnlichen Ausdrücke; die Koeffizienten $K$ und $\mu$ kann man daher als *isotherme Moduln* bezeichnen.

Bei der adiabatischen Deformation findet zwischen den verschiedenen Körperabschnitten und natürlich auch zwischen dem Körper und seiner Umgebung kein Wärmeaustausch statt. Dabei bleibt die Entropie $S$ des Körpers konstant. Wegen $S(T) = -\partial F/\partial T$ liefert die Differentiation von (6,1) nach $T$

$$S(T) = S_0(T) + K\alpha u_{ll} \,. \tag{6,4}$$

Indem man diesen Ausdruck konstant setzt, kann die durch Deformation bedingte Temperaturänderung bestimmt werden. Sie erweist sich als proportional zu $u_{ll}$:

$$\frac{C_v}{T_0}(T - T_0) = -K\alpha u_{ll} \,. \tag{6,5}$$

Dieses Ergebnis setzen wir in (6,2) ein und erhalten für $\sigma_{ik}$ den gewöhnlichen Ausdruck

$$\sigma_{ik} = K_{\text{ad}} u_{ll} \delta_{ik} + 2\mu\left(u_{ik} - \frac{1}{3}\delta_{ik} u_{ll}\right) \tag{6,6}$$

mit dem gleichen Torsionsmodul $\mu$, aber einem anderen Kompressionsmodul $K_{\text{ad}}$.

Wenn das Volumen $V$ von der Stoffmenge ausgefüllt wird, die sich vor der Deformation in einer Volumeneinheit befand, dann bedeuten die Ableitungen $\partial V/\partial T$ und $\partial V/\partial p$ die relative Volumenänderung bei Erwärmung bzw. Kompression. Es ist

$$\left(\frac{\partial V}{\partial T}\right)_p = \alpha \,, \qquad \left(\frac{\partial V}{\partial p}\right)_S = -\frac{1}{K_{\text{ad}}} \,, \qquad \left(\frac{\partial V}{\partial p}\right)_T = -\frac{1}{K} \,.$$

Der Zusammenhang zwischen den adiabatischen und isothermen Moduln ist dann durch

$$\frac{1}{K_{\text{ad}}} = \frac{1}{K} - \frac{T\alpha^2}{C_p} \,, \qquad \mu_{\text{ad}} = \mu \tag{6,7}$$

gegeben. Die erste Gleichung erhält man mittels (6,2), (6,5), (6,6) unter Zuhilfenahme der thermodynamischen Formel

$$C_p - C_v = T\alpha^2 K \,.$$

Die Verbindung letzterer mit der bekannten thermodynamischen Beziehung

$$\left(\frac{\partial V}{\partial p}\right)_S = \frac{C_v}{C_p}\left(\frac{\partial V}{\partial p}\right)_T$$

erbringt den Zusammenhang zwischen den Kompressionsmoduln auf direkte Weise.

Für den „adiabatischen“ Elastizitätsmodul und die „adiabatische“ POISSONsche Zahl erhalten wir leicht folgende Beziehungen:

$$E_{\text{ad}} = \frac{E}{1 - E\dfrac{T\alpha^2}{9C_p}}, \qquad \sigma_{\text{ad}} = \frac{\sigma + E\dfrac{T\alpha^2}{9C_p}}{1 - E\dfrac{T\alpha^2}{9C_p}}. \tag{6,8}$$

Die Größe $ET\alpha^2/C_p$ ist praktisch fast immer klein, und wir können mit genügender Genauigkeit

$$E_{\text{ad}} = E + E^2\frac{T\alpha^2}{9C_p}, \qquad \sigma_{\text{ad}} = \sigma + (1 + \sigma)\,E\frac{T\alpha^2}{9C_p} \tag{6,9}$$

schreiben.

Bei isothermer Deformation erscheint der Spannungstensor als Ableitung der freien Energie

$$\sigma_{ik} = \left(\frac{\partial F}{\partial u_{ik}}\right)_T.$$

Bei konstanter Entropie dagegen haben wir (siehe (3,6))

$$\sigma_{ik} = \left(\frac{\partial \mathscr{E}}{\partial u_{ik}}\right)_S,$$

wobei $\mathscr{E}$ die innere Energie ist. Dementsprechend liefert der zu (4,3) analoge Ausdruck bei adiabatischen Deformationen nicht die freie Energie, sondern einfach die auf eine Volumeneinheit bezogene innere Energie des Körpers:

$$\mathscr{E} = \frac{K_{\text{ad}}}{2}u_{ll}^2 + \mu\left(u_{ik} - \frac{1}{3}u_{ll}\delta_{ik}\right)^2. \tag{6,10}$$

## § 7. Die Gleichgewichtsbedingungen für isotrope feste Körper

Wir leiten jetzt die Gleichungen ab, denen isotrope Körper im Gleichgewicht genügen müssen. Dazu setzen wir in die allgemeinen Gleichungen (2,8)

$$\frac{\partial \sigma_{ik}}{\partial x_k} + \varrho g_i = 0$$

den Ausdruck (5,11) für den Spannungstensor ein. Wir erhalten dann

$$\frac{\partial \sigma_{ik}}{\partial x_k} = \frac{E\sigma}{(1 + \sigma)(1 - 2\sigma)}\frac{\partial u_{ll}}{\partial x_i} + \frac{E}{1 + \sigma}\frac{\partial u_{ik}}{\partial x_k}.$$

Mit

$$u_{ik} = \frac{1}{2}\left(\frac{\partial u_i}{\partial x_k} + \frac{\partial u_k}{\partial x_i}\right)$$

erhalten wir die Gleichgewichtsbedingungen in der Form

$$\frac{E}{2(1+\sigma)} \frac{\partial^2 u_i}{\partial x_k^2} + \frac{E}{2(1+\sigma)(1-2\sigma)} \frac{\partial^2 u_l}{\partial x_i \partial x_l} + \varrho g_i = 0 . \tag{7,1}$$

Es ist zweckmäßig, diese Gleichungen in vektorieller Form darzustellen. In einer solchen Schreibweise sind die Größen $\partial^2 u_i/\partial x_k^2$ Komponenten des Vektors $\Delta \boldsymbol{u}$; außerdem gilt $\partial u_l/\partial x_l \equiv \operatorname{div} \boldsymbol{u}$. Wir haben dann

$$\Delta \boldsymbol{u} + \frac{1}{1-2\sigma} \operatorname{grad} \operatorname{div} \boldsymbol{u} = -\varrho \boldsymbol{g} \frac{2(1+\sigma)}{E} . \tag{7,2}$$

Manchmal ist es günstig, diese Gleichung in etwas anderer Form darzustellen, indem man von der bekannten Identität

$$\operatorname{grad} \operatorname{div} \boldsymbol{u} = \Delta \boldsymbol{u} + \operatorname{rot} \operatorname{rot} \boldsymbol{u}$$

Gebrauch macht. (7,2) wird dann zu

$$\operatorname{grad} \operatorname{div} \boldsymbol{u} - \frac{1-2\sigma}{2(1-\sigma)} \operatorname{rot} \operatorname{rot} \boldsymbol{u} = -\varrho \boldsymbol{g} \frac{(1+\sigma)(1-2\sigma)}{E(1-\sigma)} . \tag{7,3}$$

Wir haben die Gleichgewichtsbedingungen für ein homogenes Schwerefeld angegeben, da es sich hier um die in der Elastizitätstheorie am häufigsten auftretenden „Volumenkräfte" handelt. Wenn dagegen andere Volumenkräfte wirken, muß der Kraftvektor $\varrho \boldsymbol{g}$ auf der rechten Seite der Gleichung entsprechend durch einen anderen ersetzt werden.

Der wichtigste Fall ist der, in welchem die Deformation nicht durch Volumenkräfte, sondern durch Kräfte, die an der Oberfläche des Körpers angreifen, hervorgerufen wird. Die Gleichgewichtsbedingung lautet dann

$$(1-2\sigma) \Delta \boldsymbol{u} + \operatorname{grad} \operatorname{div} \boldsymbol{u} = 0 \tag{7,4}$$

oder

$$2(1-\sigma) \operatorname{grad} \operatorname{div} \boldsymbol{u} - (1-2\sigma) \operatorname{rot} \operatorname{rot} \boldsymbol{u} = 0 . \tag{7,5}$$

Die äußeren Kräfte gehen in die Lösung nur über die Randbedingungen ein.

Wenn wir jetzt die Divergenz auf beiden Seiten der Gleichung (7,4) bilden, erhalten wir unter Benutzung der Identität div grad $\equiv \Delta$

$$\Delta \operatorname{div} \boldsymbol{u} = 0 , \tag{7,6}$$

d. h., die Größe div $\boldsymbol{u}$ (welche die Volumenänderung bei der Deformation bestimmt) ist eine Potentialfunktion. Die Anwendung des Laplace-Operators $\Delta$ auf die Gleichung (7,4) liefert dagegen

$$\Delta \Delta \boldsymbol{u} = 0 , \tag{7,7}$$

d. h., im Gleichgewicht genügt der Verschiebungsvektor der sogenannten *biharmonischen Gleichung*. Diese Ergebnisse behalten ihre Gültigkeit auch in Anwensenheit eines homogenen Schwerefeldes (denn beim Differenzieren verschwindet die rechte Seite der Gleichung (7,2)); dagegen gelten sie nicht im allgemeinen Falle äußerer, im Körpervolumen veränderlicher Kräfte.

Die Tatsache, daß der Verschiebungsvektor der biharmonischen Gleichung genügt, bedeutet natürlich nicht, daß das allgemeine Integral der Gleichgewichtsbedingungen (in Abwesenheit äußerer Kräfte) eine beliebige biharmonische Vektorfunktion ist; denn die Funktion $\boldsymbol{u}(x, y, z)$ muß noch zusätzlich der Gleichung niederer Ordnung (7,4) genügen. Es ist aber möglich, das allgemeine Integral der Gleichgewichtsbedingungen durch Ableitungen eines beliebigen biharmonischen Vektors auszudrücken (siehe Aufgabe 10).

Bei einer ungleichmäßigen Erwärmung des Körpers muß in der Gleichgewichtsbedingung noch ein zusätzliches Glied hinzugefügt werden. Im Spannungstensor muß man das Glied $-K\alpha(T - T_0)\,\delta_{ik}$ berücksichtigen (siehe (6,2)), und in $\partial\sigma_{ik}/\partial x_k$ taucht folgender Ausdruck auf:

$$-K\alpha\,\frac{\partial T}{\partial x_i} = -\frac{E\alpha}{3(1 - 2\sigma)}\,\frac{\partial T}{\partial x_i}\,.$$

Die Gleichgewichtsbedingung hat dann die Form

$$\frac{3(1 - \sigma)}{1 + \sigma}\,\text{grad div}\,\boldsymbol{u} - \frac{3(1 - 2\sigma)}{2(1 + \sigma)}\,\text{rot rot}\,\boldsymbol{u} = \alpha\,\text{grad}\,T\,. \tag{7,8}$$

Wir betrachten jetzt eine *ebene Deformation*, bei der im gesamten Körpervolumen eine Komponente des Verschiebungsvektors verschwindet, $u_z = 0$, und die anderen beiden $u_x$, $u_y$ nur von $x$ und $y$ abhängen. Dabei sind die Komponenten $u_{zz}$, $u_{xz}$, $u_{yz}$ des Verzerrungstensors identisch gleich Null, und damit verschwinden auch die Komponenten $\sigma_{yz}$, $\sigma_{xz}$ des Spannungstensors (nicht aber die longitudinale Spannung $\sigma_{zz}$, deren Vorhandensein für die Konstanz der Körperausdehnung in Richtung der $z$-Achse notwendig ist).

Da nun sämtliche Größen von $z$ nicht abhängen, reduzieren sich die Gleichgewichtsbedingungen $\partial\sigma_{ik}/\partial x_k = 0$ auf zwei Gleichungen:

$$\frac{\partial\sigma_{xx}}{\partial x} + \frac{\partial\sigma_{xy}}{\partial y} = 0\,, \qquad \frac{\partial\sigma_{yx}}{\partial x} + \frac{\partial\sigma_{yy}}{\partial y} = 0\,. \tag{7,9}$$

Die allgemeinste Form der Funktionen $\sigma_{xx}$, $\sigma_{xy}$, $\sigma_{yy}$ als Lösung dieser Gleichungen ist

$$\sigma_{xx} = \frac{\partial^2\chi}{dy^2}\,, \qquad \sigma_{xy} = -\frac{\partial^2\chi}{\partial x\,\partial y}\,, \qquad \sigma_{yy} = \frac{\partial^2\chi}{\partial x^2}\,, \tag{7,10}$$

wobei $\chi$ eine beliebige Funktion von $x$ und $y$ bezeichnet. Man kann leicht die Gleichung erhalten, der $\chi$ genügen muß. Eine solche Gleichung muß existieren, da sich die drei Größen $\sigma_{xx}$, $\sigma_{xy}$, $\sigma_{yy}$ durch nur zwei Komponenten $u_x$, $u_y$ ausdrücken lassen und daher voneinander abhängig sind. Mit Hilfe von (5,13) erhalten wir für die ebene Deformation

$$\sigma_{xx} + \sigma_{yy} = \frac{E}{(1 + \sigma)(1 - 2\sigma)}\,(u_{xx} + u_{yy})\,.$$

Nun ist aber

$$\sigma_{xx} + \sigma_{yy} = \Delta\chi\,, \qquad u_{xx} + u_{yy} = \frac{\partial u_x}{\partial x} + \frac{\partial u_y}{\partial y} \equiv \text{div}\,\boldsymbol{u}\,,$$

und da div $\boldsymbol{u}$ nach (7,6) eine Potentialfunktion ist, folgt hieraus, daß $\chi$ der Gleichung

$$\Delta\,\Delta\chi = 0 \tag{7,11}$$

genügt, d. h., $\chi$ ist eine biharmonische Funktion. Man nennt $\chi$ *Spannungsfunktion*. Nachdem das ebene Problem gelöst und $\chi$ bekannt ist, kann die longitudinale Spannung $\sigma_{zz}$ unmittelbar aus der Gleichung

$$\sigma_{zz} = \frac{\sigma E}{(1+\sigma)(1-2\sigma)}(u_{xx} + u_{yy}) = \sigma(\sigma_{xx} + \sigma_{yy})$$

oder

$$\sigma_{zz} = \sigma\, \Delta\chi \tag{7,12}$$

bestimmt werden.

Die Anwendung der Theorie der Funktionen komplexer Veränderlicher liefert effektive Methoden zur Lösung ebener Probleme der Elastizitätstheorie.[1])

## Aufgaben

1. Man bestimme die Deformation eines langen Stabes (von der Länge $l$), der senkrecht im Schwerefeld steht.

Lösung. Wir legen die $z$-Achse parallel zur Stabachse und die $xy$-Ebene in die untere Grundfläche des Stabes. Die Gleichgewichtsbedingungen sind

$$\frac{\partial\sigma_{xi}}{\partial x_i} = \frac{\partial\sigma_{yi}}{\partial x_i} = 0\,, \qquad \frac{\partial\sigma_{zi}}{\partial x_i} = \varrho g\,.$$

Auf der Seitenfläche des Stabes müssen alle Komponenten $\sigma_{ik}$ außer $\sigma_{zz}$ verschwinden, und auf der oberen Grundfläche ($z = l$) muß $\sigma_{xz} = \sigma_{yz} = \sigma_{zz} = 0$ gelten. Die Lösung, die diesen Randbedingungen genügt, ist

$$\sigma_{zz} = -\varrho g(l - z)\,,$$

und alle übrigen $\sigma_{ik}$ verschwinden. Durch $\sigma_{ik}$ wird $u_{ik}$ bestimmt:

$$u_{xx} = u_{yy} = \frac{\sigma}{E}\varrho g(l-z)\,, \qquad u_{zz} = -\frac{\varrho g(l-z)}{E}\,, \qquad u_{xy} = u_{xz} = u_{yz} = 0\,,$$

und hieraus erhält man durch Integration die Komponenten des Verschiebungsvektors:

$$u_x = \frac{\sigma}{E}\varrho g(l-z)\,x\,,$$

$$u_y = \frac{\sigma}{E}\varrho g(l-z)\,y\,,$$

$$u_z = -\frac{\varrho g}{2E}\{l^2 - (l-z)^2 - \sigma(x^2+y^2)\}\,.$$

Der Ausdruck für $u_z$ genügt der Bedingung $u_z = 0$ nur in einem einzigen Punkt der unteren Oberfläche des Stabes. Die erhaltene Lösung ist daher in der Nähe des unteren Stabendes nicht anwendbar.

2. Man bestimme die Deformation einer hohlen Kugel (Außen- und Innenradius sind $R_2$ bzw. $R_1$), in deren Innern ein Druck $p_1$ herrsche; der Außendruck sei $p_2$.

Lösung. Wir führen Kugelkoordinaten ein und legen den Koordinatenursprung in das Kugelzentrum. Die Verschiebung $\boldsymbol{u}$ zeigt überall in die Radialrichtung und hängt nur von $r$ ab. Daher ist rot $\boldsymbol{u} = 0$, und die Gleichung (7,5) hat die Form

$$\operatorname{grad}\operatorname{div}\boldsymbol{u} = 0\,.$$

[1]) Siehe N. I. Muschelischwili, Einige Grundaufgaben der Elastizitätstheorie. Verlag der Akad. d. Wiss. d. UdSSR, 1954.

Hieraus folgt

$$\operatorname{div} \boldsymbol{u} = \frac{1}{r^2}\frac{d(r^2u)}{dr} = \text{const} \equiv 3a$$

oder

$$u = ar + \frac{b}{r^2}.$$

Die Komponenten des Verzerrungstensors sind (siehe (1,7))

$$u_{rr} = a - \frac{2b}{r^3}, \qquad u_{\theta\theta} = u_{\varphi\varphi} = a + \frac{b}{r^3}.$$

Die Radialspannung ist

$$\sigma_{rr} = \frac{E}{(1+\sigma)(1-2\sigma)}[(1-\sigma)\,u_{rr} + 2\sigma u_{\theta\theta}] = \frac{E}{1-2\sigma}a - \frac{2E}{1+\sigma}\frac{b}{r^3}.$$

Die Konstanten $a$ und $b$ werden aus den Randbedingungen bestimmt: $\sigma_{rr} = -p_1$ bei $r = R_1$ und $\sigma_{rr} = -p_2$ bei $r = R_2$. Hieraus finden wir

$$a = \frac{p_1R_1^3 - p_2R_2^3}{R_2^3 - R_1^3}\frac{1-2\sigma}{E}, \qquad b = \frac{R_1^3R_2^3(p_1 - p_2)}{R_2^3 - R_1^3}\frac{1+\sigma}{2E}.$$

So erhält man für die Spannungen in der Kugelschicht einer Kugel, bei der im Innern der Druck $p_1 = p$ herrscht und der Außendruck verschwindet, den Ausdruck

$$\sigma_{rr} = \frac{pR_1^3}{R_2^3 - R_1^3}\left(1 - \frac{R_2^3}{r^3}\right), \qquad \sigma_{\theta\theta} = \sigma_{\varphi\varphi} = \frac{pR_1^3}{R_2^3 - R_1^3}\left(1 + \frac{R_2^3}{r^3}\right).$$

Für eine Kugelschale von der Stärke $h = R_2 - R_1 \ll R$ gilt näherungsweise

$$u = \frac{pR^2(1-\sigma)}{2Eh}, \qquad \sigma_{\theta\theta} = \sigma_{\varphi\varphi} = \frac{pR}{2h}, \qquad \bar{\sigma}_{rr} = \frac{p}{2}$$

($\bar{\sigma}_{rr}$ ist die über die Schalenstärke gemittelte Radialspannung). Die Spannungen in einem unbegrenzten Medium mit kugelförmigem Hohlraum (Radius $R$), welches einer hydrostatischen Kompression ausgesetzt ist, erhalten wir, wenn $R_1 = R$, $R_2 = \infty$, $p_1 = 0$ und $p_2 = p$ gesetzt wird:

$$\sigma_{rr} = -p\left(1 - \frac{R^3}{r^3}\right), \qquad \sigma_{\theta\theta} = \sigma_{\varphi\varphi} = -p\left(1 + \frac{R^3}{2r^3}\right).$$

Am Rande des Hohlraums sind die Tangentialspannungen $\sigma_{\theta\theta} = \sigma_{\varphi\varphi} = -3p/2$ größer als der Druck im Unendlichen.

3. Man bestimme die Deformation einer Vollkugel (Radius $R$) unter der Wirkung des eigenen Gravitationsfeldes.

Lösung. Die auf eine Masseneinheit der Kugel wirkende Gravitationskraft ist $-g(r/R)$. Wenn man diesen Ausdruck anstelle von $g$ in (7,3) einsetzt, erhält man für die radiale Verschiebung folgende Gleichung:

$$\frac{E(1-\sigma)}{(1+\sigma)(1-2\sigma)}\frac{d}{dr}\left(\frac{1}{r^2}\frac{d(r^2u)}{dr}\right) = \varrho g\frac{r}{R}.$$

Die Lösung, die bei $r = 0$ endlich ist und bei $r = R$ der Bedingung $\sigma_{rr} = 0$ genügt, ist

$$u = -\frac{g\varrho R(1-2\sigma)(1+\sigma)}{10E(1-\sigma)}r\left[\frac{3-\sigma}{1+\sigma} - \frac{r^2}{R^2}\right].$$

Im Innern der Kugelfläche mit dem Radius $R\sqrt{\dfrac{3-\sigma}{3(1+\sigma)}}$ ist der Stoff komprimiert ($u_{rr} < 0$), während er außerhalb dieser Kugelfläche gedehnt ist ($u_{rr} > 0$). Der Druck im Kugelzentrum beträgt

$$\frac{3-\sigma}{10(1-\sigma)}\, g\varrho R\,.$$

4. Man bestimme die Deformation eines hohlen Zylinderrohrs (Außen- und Innenradius sind $R_2$ bzw. $R_1$), in dessen Innern der Druck $p$ herrsche. Es sei kein Außendruck vorhanden.[1])

Lösung. Wir führen Zylinderkoordinaten ein und wählen die Rohrachse als $z$-Achse. Bei einem entlang des Rohrs homogenen Druck besteht die Deformation in einer reinen Radialverschiebung $u_r = u(r)$. Analog zu Aufgabe 2 haben wir

$$\operatorname{div} \boldsymbol{u} = \frac{1}{r}\frac{\mathrm{d}(ru)}{\mathrm{d}r} = \text{const} \equiv 2a\,.$$

Hieraus folgt

$$u = ar + \frac{b}{r}\,.$$

Die von Null verschiedenen Komponenten des Verzerrungstensors sind (siehe (1,8))

$$u_{rr} = \frac{\mathrm{d}u}{\mathrm{d}r} = a - \frac{b}{r^2}\,, \qquad u_{\varphi\varphi} = \frac{u}{r} = a + \frac{b}{r^2}\,.$$

Aus den Bedingungen $\sigma_{rr} = 0$ bei $r = R_2$ und $\sigma_{rr} = -p$ bei $r = R_1$ schließen wir auf

$$a = \frac{pR_1^2}{R_2^2 - R_1^2}\,\frac{(1+\sigma)(1-2\sigma)}{E}\,, \qquad b = \frac{pR_1^2R_2^2}{R_2^2 - R_1^2}\,\frac{1+\sigma}{E}\,.$$

Die Verteilung der Spannungen im Rohr ist durch die Ausdrücke

$$\sigma_{rr} = \frac{pR_1^2}{R_2^2 - R_1^2}\left(1 - \frac{R_2^2}{r^2}\right), \qquad \sigma_{\varphi\varphi} = \frac{pR_1^2}{R_2^2 - R_1^2}\left(1 + \frac{R_2^2}{r^2}\right), \qquad \sigma_{zz} = 2\sigma\,\frac{pR_1^2}{R_2^2 - R_1^2}$$

gegeben.

5. Man bestimme die Deformation eines gleichmäßig um seine Achse rotierenden Zylinders.

Lösung. Anstelle der Schwerkraft setzen wir in (7,3) die Zentrifugalkraft $\varrho\Omega^2 r$ ein ($\Omega$ ist die Winkelgeschwindigkeit). In Zylinderkoordinaten erhalten wir für die Verschiebung $u_r = u(r)$ die Gleichung

$$\frac{E(1-\sigma)}{(1+\sigma)(1-2\sigma)}\,\frac{\mathrm{d}}{\mathrm{d}r}\left(\frac{1}{r}\,\frac{\mathrm{d}(ru)}{\mathrm{d}r}\right) = -\varrho\Omega^2 r\,.$$

Die bei $r = 0$ endliche Lösung, welche bei $r = R$ der Bedingung $\sigma_{rr} = 0$ genügt, ist

$$u = \frac{\varrho\Omega^2(1+\sigma)(1-2\sigma)}{8E(1-\sigma)}\, r[(3-2\sigma)\,R^2 - r^2]\,.$$

6. Man bestimme die Deformation einer ungleichmäßig erwärmten Kugel mit kugelsymmetrischer Temperaturverteilung.

Lösung. In Kugelkoordinaten hat die Gleichung (7,8) für eine rein radiale Deformation folgende Form:

$$\frac{\mathrm{d}}{\mathrm{d}r}\left(\frac{1}{r^2}\,\frac{\mathrm{d}(r^2u)}{\mathrm{d}r}\right) = \alpha\,\frac{1+\sigma}{3(1-\sigma)}\,\frac{\mathrm{d}T}{\mathrm{d}r}\,.$$

[1]) In den Aufgaben 4, 5, 7 wird vorausgesetzt, daß die Länge der Zylinder konstant gehalten wird, so daß keine longitudinale Deformation auftritt.

Die bei $r = 0$ endliche Lösung, welche bei $r = R$ der Bedingung $\sigma_{rr} = 0$ genügt, ist

$$u = \alpha \frac{1+\sigma}{3(1-\sigma)} \left\{ \frac{1}{r^2} \int_0^r T(r)\, r^2 \, \mathrm{d}r + \frac{2(1-2\sigma)}{1+\sigma} \frac{r}{R^3} \int_0^R T(r)\, r^2 \, \mathrm{d}r \right\}.$$

Als Anfangspunkt der Temperaturskala $T(r)$ gilt derjenige Temperaturwert, bei dem die gleichmäßig erwärmte Kugel als nichtdeformiert angenommen wird. Hier wurde die Temperatur der Außenfläche der Kugel als Anfangspunkt festgesetzt, d. h., es gilt $T(R) = 0$.

7. Man bestimme die Deformation eines ungleichmäßig erwärmten Zylinders mit axialsymmetrischer Temperaturverteilung.

Lösung. Analog zu Aufgabe 6 erhalten wir in Zylinderkoordinaten

$$u = \alpha \frac{1+\sigma}{3(1-\sigma)} \left\{ \frac{1}{r} \int_0^r T(r)\, r \, \mathrm{d}r + (1-2\sigma) \frac{r}{R^2} \int_0^R T(r)\, r \, \mathrm{d}r \right\}.$$

8. Man bestimme die Deformation eines unbegrenzten elastischen Mediums mit gegebener Temperaturverteilung $T(x, y, z)$, die im Unendlichen konstant wird ($T_0$), während die Deformation dort verschwindet.

Lösung. Die Gleichung (7,8) hat eine offensichtliche Lösung mit

$$\operatorname{rot} \boldsymbol{u} = 0\,, \qquad \operatorname{div} \boldsymbol{u} = \alpha \frac{1+\sigma}{3(1-\sigma)} [T(x, y, z) - T_0]\,.$$

Ein Vektor $\boldsymbol{u}$, dessen Divergenz einer vorgegebenen Funktion gleich ist, die im gesamten Raum definiert ist und im Unendlichen verschwindet, und dessen Rotation identisch verschwindet, kann in folgender Form geschrieben werden:

$$\boldsymbol{u}(x, y, z) = -\frac{1}{4\pi} \operatorname{grad} \int \frac{\operatorname{div}' \boldsymbol{u}(x', y', z')}{r} \mathrm{d}V'$$

mit $r = \sqrt{(x-x')^2 + (y-y')^2 + (z-z')^2}$. Die allgemeine Lösung der gestellten Aufgabe ist daher

$$\boldsymbol{u} = -\frac{\alpha(1+\sigma)}{12\pi(1-\sigma)} \operatorname{grad} \int \frac{T' - T_0}{r} \mathrm{d}V' \tag{1}$$

mit $T' \equiv T(x', y', z')$.

Wenn in einem kleinen Volumenteil des Mediums um den Koordinatenursprung eine endliche Wärmemenge $q$ ausgeschieden wird, kann die Temperaturverteilung in der Form

$$T - T_0 = \frac{q}{C} \delta(x)\, \delta(y)\, \delta(z)$$

ausgedrückt werden; $C$ ist die Wärmekapazität, und $\delta$ bedeutet die Delta-Funktion. Das Integral in (1) ist dann gleich $q/Cr$, und die Deformation ist durch den Ausdruck

$$\boldsymbol{u} = \frac{\alpha(1+\sigma)\, q}{12\pi(1-\sigma)\, C} \frac{\boldsymbol{r}}{r^3}$$

gegeben.

9. Man leite die Gleichgewichtsbedingungen für einen isotropen Körper (in Abwesenheit von Volumenkräften), ausgedrückt durch die Komponenten des Spannungstensors, ab.

Lösung. Das gesuchte Gleichungssystem enthält neben den drei Gleichungen

$$\frac{\partial \sigma_{ik}}{\partial x_k} = 0 \tag{1}$$

noch andere Gleichungen, welche aus der Abhängigkeit der sechs Komponenten $u_{ik}$ voneinander folgen. Um diese Gleichungen abzuleiten, schreiben wir zunächst das System der differentiellen Beziehungen nieder, denen die $u_{ik}$ genügen müssen. Man sieht leicht, daß die Größen

$$u_{ik} = \frac{1}{2} \left( \frac{\partial u_i}{\partial x_k} + \frac{\partial u_k}{\partial x_i} \right)$$

folgende Beziehungen identisch erfüllen:

$$\frac{\partial^2 u_{ik}}{\partial x_l\,\partial x_m} + \frac{\partial^2 u_{lm}}{\partial x_i\,\partial x_k} = \frac{\partial^2 u_{il}}{\partial x_k\,\partial x_m} + \frac{\partial^2 u_{km}}{\partial x_i\,\partial x_l}.$$

Wir haben hier lediglich sechs wesentlich verschiedene Beziehungen (mit den Werten für $i, k, l, m$: 1122, 1133, 2233, 1123, 2213, 3312). Diese bleiben erhalten, wenn wir die angeschriebenen Tensorgleichungen bezüglich der Indizes $l$ und $m$ verjüngen:

$$\Delta u_{ik} + \frac{\partial^2 u_{ll}}{\partial x_i\,\partial x_k} = \frac{\partial^2 u_{il}}{\partial x_k\,\partial x_l} + \frac{\partial^2 u_{kl}}{\partial x_i\,\partial x_l}. \qquad (2)$$

Jetzt setzen wir die $u_{ik}$ ein, die durch die $\sigma_{ik}$ nach (5,12) ausgedrückt sind, und erhalten, unter Berücksichtigung von (1), die gesuchten Gleichungen:

$$(1 + \sigma)\,\Delta\sigma_{ik} + \frac{\partial^2 \sigma_{ll}}{\partial x_i\,\partial x_k} = 0\,. \qquad (3)$$

Diese Gleichungen behalten auch in Abwesenheit äußerer, im Körper konstanter Volumenkräfte ihre Gültigkeit.

Wenn wir die Gleichung (3) bezüglich der Indizes $i$ und $k$ verjüngen, finden wir

$$\Delta\sigma_{ll} = 0\,,$$

d. h., $\sigma_{ll}$ ist eine Potentialfunktion. Die Anwendung des LAPLACE-Operators auf Gleichung (3) liefert

$$\Delta\Delta\sigma_{ik} = 0\,,$$

d. h., die Komponenten $\sigma_{ik}$ sind biharmonische Funktionen. Übrigens folgen diese Ergebnisse bereits unmittelbar aus (7,6) und (7,7) dank der linearen Beziehungen zwischen den $\sigma_{ik}$ und $u_{ik}$.

10. Man drücke das allgemeine Integral der Gleichgewichtsbedingungen (in Abwesenheit von Volumenkräften) durch einen beliebigen biharmonischen Vektor aus (B. G. GALERKIN, 1930).

Lösung. Es ist natürlich die Lösung der Gleichung (7,4) in folgender Form zu suchen:

$$\boldsymbol{u} = \Delta \boldsymbol{f} + A \operatorname{grad} \operatorname{div} \boldsymbol{f}.$$

Hieraus folgt: $\operatorname{div} \boldsymbol{u} = (1 + A) \operatorname{div} \Delta \boldsymbol{f}$. Dieses in (7,4) eingesetzt, liefert

$$(1 - 2\sigma)\,\Delta\Delta \boldsymbol{f} + [2(1 - \sigma)\,A + 1] \operatorname{grad} \operatorname{div} \Delta \boldsymbol{f} = 0\,.$$

Wenn also $\boldsymbol{f}$ ein beliebiger biharmonischer Vektor ist,

$$\Delta\Delta \boldsymbol{f} = 0\,,$$

so gilt

$$\boldsymbol{u} = \Delta \boldsymbol{f} - \frac{1}{2(1 - \sigma)} \operatorname{grad} \operatorname{div} \boldsymbol{f}.$$

11. Man drücke die Spannungen $\sigma_{rr}$, $\sigma_{\varphi\varphi}$, $\sigma_{r\varphi}$ bei ebener Deformation (in den Polarkoordinaten $r$, $\varphi$) durch Ableitungen der Spannungsfunktion aus.

Lösung. Da die gesuchten Ausdrücke von der Wahl des Anfangswertes des Polarwinkels $\varphi$ nicht abhängen können, enthalten sie ihn auch nicht in expliziter Form. Wir gehen daher in folgender Weise vor: Die kartesischen Ableitungen (7,10) werden in Ableitungen nach $r$ und $\varphi$ überführt. Wir haben dann

$$\sigma_{rr} = (\sigma_{xx})_{\varphi=0}\,, \qquad \sigma_{\varphi\varphi} = (\sigma_{yy})_{\varphi=0}\,, \qquad \sigma_{r\varphi} = (\sigma_{xy})_{\varphi=0}$$

(der Winkel $\varphi$ wird von der $x$-Achse ab gemessen). Somit gilt

$$\sigma_{rr} = \frac{1}{r}\frac{\partial \chi}{\partial r} + \frac{1}{r^2}\frac{\partial^2 \chi}{\partial \varphi^2}\,, \qquad \sigma_{\varphi\varphi} = \frac{\partial^2 \chi}{\partial r^2}\,, \qquad \sigma_{r\varphi} = -\frac{\partial}{\partial r}\left(\frac{1}{r}\frac{\partial \chi}{\partial \varphi}\right).$$

12. Man bestimme die Verteilung der Spannungen im unbegrenzten elastischen Medium mit kugelförmigem Hohlraum, welches einer (im Unendlichen) homogenen Deformation unterworfen wird.

Lösung. Eine allgemeine homogene Deformation kann als Überlagerung einer homogenen Dilatation und einer homogenen Scherung dargestellt werden. Erstere wurde in der Aufgabe 1 betrachtet, so daß wir lediglich die homogene Scherung untersuchen werden.

$\sigma_{ik}^{(0)}$ möge das homogene Spannungsfeld sein, welches im gesamten Raum bei Abwesenheit des Hohlraums vorhanden wäre; bei reiner Scherung ist $\sigma_{ii}^{(0)} = 0$. Den dazugehörigen Verschiebungsvektor nennen wir $\boldsymbol{u}^{(0)}$ und suchen die Lösung in der Form $\boldsymbol{u} = \boldsymbol{u}^{(0)} + \boldsymbol{u}^{(1)}$, wo die durch den Hohlraum bedingte Funktion $\boldsymbol{u}^{(1)}$ im Unendlichen verschwindet.

Jede Lösung der biharmonischen Gleichung kann als lineare Kombination zentralsymmetrischer Lösungen und ihrer Ableitungen verschiedener Ordnung nach den Koordinaten dargestellt werden. Unabhängige zentralsymmetrische Lösungen sind $r^2$, $r$, $1/r$, 1. Die allgemeinste Form des biharmonischen Vektors $\boldsymbol{u}^{(1)}$, der nur von den Komponenten des konstanten Tensors $\sigma_{ik}^{(0)}$ abhängt und im Unendlichen verschwindet, ist daher

$$u_i^{(1)} = A\sigma_{ik}^{(0)} \frac{\partial}{\partial x_k} \frac{1}{r} + B\sigma_{kl}^{(0)} \frac{\partial^3}{\partial x_i \, \partial x_k \, \partial x_l} \frac{1}{r} + C\sigma_{kl}^{(0)} \frac{\partial^3}{\partial x_i \, \partial x_k \, \partial x_l} r . \tag{1}$$

Dieser Ausdruck in (7,4) eingesetzt, liefert

$$(1 - 2\sigma) \frac{\partial^2 u_i}{\partial x_l^2} + \frac{\partial}{\partial x_i} \frac{\partial u_l}{\partial x_l} = [2(1 - 2\sigma)\, C + (A + 2C)]\, \sigma_{kl}^{(0)} \frac{\partial^3}{\partial x_i \, \partial x_k \, \partial x_l} \frac{1}{r} = 0 ,$$

woraus

$$A = -4C(1 - \sigma)$$

folgt. Zwei weitere Beziehungen zwischen den Konstanten $A$, $B$, $C$ ergeben sich aus den Randbedingungen $(\sigma_{ik}^{(0)} + \sigma_{ik}^{(1)})\, n_k = 0$ bei $r = R$ ($R$ ist der Radius des kugelförmigen Hohlraums; der Koordinatenursprung befindet sich im Kugelzentrum; $\boldsymbol{n}$ ist ein Einheitsvektor mit der Richtung von $\boldsymbol{r}$). Eine lange Rechnung liefert mit Hilfe von (1) folgende Werte:

$$B = \frac{CR^2}{5}, \qquad C = \frac{5R^3(1 + \sigma)}{2E(7 - 5\sigma)} .$$

Der endgültige Ausdruck für die Spannungsverteilung lautet

$$\begin{aligned}
\sigma_{ik} = {} & \sigma_{ik}^{(0)} \left[ 1 + \frac{5(1 - 2\sigma)}{7 - 5\sigma} \left(\frac{R}{r}\right)^3 + \frac{3}{7 - 5\sigma} \left(\frac{R}{r}\right)^5 \right] \\
& + \frac{15}{7 - 5\sigma} \left(\frac{R}{r}\right)^3 \left[ \sigma - \left(\frac{R}{r}\right)^2 \right] (\sigma_{il}^{(0)} n_k n_l + \sigma_{kl}^{(0)} n_l n_i) \\
& + \frac{15}{2(7 - 5\sigma)} \left(\frac{R}{r}\right)^3 \left[ -5 + 7 \left(\frac{R}{r}\right)^2 \right] \sigma_{lm}^{(0)} n_l n_m n_i n_k \\
& + \frac{15}{2(7 - 5\sigma)} \left(\frac{R}{r}\right)^3 \left[ 1 - 2\sigma - \left(\frac{R}{r}\right)^2 \right] \delta_{ik} \sigma_{lm}^{(0)} n_l n_m .
\end{aligned}$$

Um die Spannungsverteilung bei beliebigen (nicht zu reinen Scherungen spezifizierten) $\sigma_{ik}^{(0)}$ zu erhalten, muß man $\sigma_{ik}^{(0)}$ in diesem Ausdruck durch $\sigma_{ik}^{(0)} - 1/3\delta_{ik}\sigma_{ll}^{(0)}$ ersetzen und das Glied

$$\frac{1}{3} \sigma_{ll}^{(0)} \left[ \delta_{ik} + \frac{R^3}{2r^3} (\delta_{ik} - 3n_i n_k) \right]$$

hinzufügen, welches einer homogenen Dilatation im Unendlichen entspricht (vgl. Aufgabe 2). Im allgemeinen Falle gilt für die Spannungen am Rande des Hohlraums

$$\begin{aligned}
\sigma_{ik} = \frac{15}{7 - 5\sigma} \Big\{ & (1 - \sigma)\, (\sigma_{ik}^{(0)} - \sigma_{il}^{(0)} n_l n_k - \sigma_{kl}^{(0)} n_l n_i) + \sigma_{lm}^{(0)} n_l n_m n_i n_k \\
& - \sigma \sigma_{lm}^{(0)} n_l n_m \delta_{ik} + \frac{-1 + 5\sigma}{10} \sigma_{ll}^{(0)} (\delta_{ik} - n_i n_k) \Big\} .
\end{aligned}$$

In Hohlraumnähe sind die Spannungen wesentlich größer als im Unendlichen, wobei diese Vergrößerung einen stark ausgeprägten lokalen Charakter besitzt, indem sie mit wachsendem Abstand rasch abnimmt (sogenannte Spannungskonzentration in Hohlraumnähe). So befinden sich bei einfacher homogener Dilatation (wenn nur $\sigma_{zz}^{(0)}$ von Null verschieden ist) die größten Spannungen am Äquator des Hohlraums, wobei dort

$$\sigma_{zz} = \frac{27 - 15\sigma}{2(7 - 5\sigma)} \sigma_{zz}^{(0)}$$

gilt.

## § 8. Gleichgewicht eines elastischen, durch eine Ebene begrenzten Mediums

Wir betrachten ein elastisches Medium, welches einen unendlich großen Halbraum ausfüllt, d. h., welches von einer Seite durch eine unendlich ausgedehnte Ebene begrenzt wird. Wir bestimmen die Deformation des Mediums unter dem Einfluß von Kräften, die an der freien Oberfläche wirken.[1]) Die Kräfte brauchen nur einer Bedingung zu genügen: Sie müssen im Unendlichen zusammen mit der Deformation verschwinden. In einem solchen Falle können die Gleichgewichtsbedingungen in allgemeiner Form integriert werden.

Im gesamten Volumen, welches das Medium ausfüllt, gilt die Gleichung (7,4)

$$\operatorname{grad} \operatorname{div} \boldsymbol{u} + (1 - 2\sigma)\,\Delta \boldsymbol{u} = 0\,. \tag{8,1}$$

Wir suchen die Lösung dieser Gleichung in folgender Form:

$$\boldsymbol{u} = \boldsymbol{f} + \operatorname{grad} \varphi\,, \tag{8,2}$$

wobei $\varphi$ ein Skalar ist und der Vektor $\boldsymbol{f}$ der LAPLACE-Gleichung genügt:

$$\Delta \boldsymbol{f} = 0\,. \tag{8,3}$$

(8,2) in (8,1) eingesetzt, führt zu folgender Gleichung für $\varphi$:

$$2(1 - \sigma)\,\Delta\varphi = -\operatorname{div} \boldsymbol{f}\,. \tag{8,4}$$

Wir legen die $xy$-Ebene in die freie Oberfläche des Mediums; dem ausgefüllten Gebiet entsprechen positive $z$. Wir schreiben die Funktion $f_x$ und $f_y$ als Ableitungen gewisser Funktionen $g_x$ und $g_y$ nach $z$:

$$f_x = \frac{\partial g_x}{\partial z}\,, \qquad f_y = \frac{\partial g_y}{\partial z}\,. \tag{8,5}$$

Da $f_x$ und $f_y$ Potentialfunktionen sind, kann man $g_x$ und $g_y$ stets so wählen, daß auch sie der LAPLACE-Gleichung genügen:

$$\Delta g_x = 0\,, \qquad \Delta g_y = 0\,. \tag{8,6}$$

Gleichung (9,4) nimmt jetzt folgende Form an:

$$2(1 - \sigma)\,\Delta\varphi = -\frac{\partial}{\partial z}\left(\frac{\partial g_x}{\partial x} + \frac{\partial g_y}{\partial y} + f_z\right).$$

---

[1]) Die direkteste und gebräuchlichste Methode zur Lösung des gestellten Problems besteht in der Anwendung der FOURIER-Methode auf die Gleichung (8,1). Dabei muß man jedoch komplizierte Integrale auswerten. Die weiter unten dargelegte Methode basiert auf der Anwendung einiger Rechentricks und führt auf einfachere Rechnungen.

Wie man sich leicht überzeugt, kann die dieser Gleichung genügende Funktion $\varphi$ in der Form

$$\varphi = -\frac{z}{4(1-\sigma)}\left(f_z + \frac{\partial g_x}{\partial x} + \frac{\partial g_y}{\partial y}\right) + \psi \tag{8,7}$$

geschrieben werden, da $g_x$, $g_y$ und $f_z$ Potentialfunktionen sind; $\psi$ ist wiederum eine Potentialfunktion:

$$\Delta\psi = 0\,. \tag{8,8}$$

Somit ist die Bestimmung der Deformation $\boldsymbol{u}$ auf die Bestimmung der Potentialfunktionen $g_x, g_y, f_z$ und $\psi$ zurückgeführt.

Wir betrachten jetzt die Randbedingungen, die auf der freien Oberfläche (auf der Ebene $z = 0$) des Mediums erfüllt sein müssen.

Da der Einheitsvektor der Außennormalen $\boldsymbol{n}$ in negative $z$-Richtung zeigt, gilt nach der allgemeinen Formel (2,9): $\sigma_{iz} = -P_i$. Wenn wir für $\sigma_{ik}$ den allgemeinen Ausdruck (5,11) benutzen und die Komponenten des Vektors $\boldsymbol{u}$ durch die Hilfsgrößen $g_x$, $g_y$, $f_z$, $\psi$ ausdrücken, nehmen die Randbedingungen nach einfacher Rechnung folgende Form an:

$$\left.\begin{aligned}
&\left.\frac{\partial^2 g_x}{\partial z^2}\right|_{z=0} + \frac{\partial}{\partial x}\left\{\frac{1-2\sigma}{2(1-\sigma)} f_z - \frac{1}{2(1-\sigma)}\left(\frac{\partial g_x}{\partial x} + \frac{\partial g_y}{\partial y}\right) + 2\frac{\partial\psi}{\partial z}\right\}\right|_{z=0}\\
&= -\frac{2(1+\sigma)}{E} P_x\,,\\
&\left.\frac{\partial^2 g_y}{\partial z^2}\right|_{z=0} + \frac{\partial}{\partial y}\left\{\frac{1-2\sigma}{2(1-\sigma)} f_z - \frac{1}{2(1-\sigma)}\left(\frac{\partial g_x}{\partial x} + \frac{\partial g_y}{\partial y}\right) + 2\frac{\partial\psi}{\partial z}\right\}\right|_{z=0}\\
&= -\frac{2(1+\sigma)}{E} P_y\,,
\end{aligned}\right\} \tag{8,9}$$

$$\left.\frac{\partial}{\partial z}\left\{f_z - \left(\frac{\partial g_x}{\partial x} + \frac{\partial g_y}{\partial y}\right) + 2\frac{\partial\psi}{\partial z}\right\}\right|_{z=0} = -\frac{2(1+\sigma)}{E} P_z\,. \tag{8,10}$$

Die Komponenten $P_x$, $P_y$, $P_z$ der äußeren Kräfte, die an der Oberfläche wirken, sind vorgegebene Funktionen der Koordinaten $x$, $y$ und verschwinden im Unendlichen.

Die Hilfsgrößen $g_x, g_y, f_z, \psi$ sind durch die entsprechenden Definitionsgleichungen nicht eindeutig bestimmt und können daher noch beliebigen zusätzlichen Bedingungen unterworfen werden. Es ist zweckmäßig, das Verschwinden der großen Klammer in (8,9) zu fordern[1]):

$$(1-2\sigma)\, f_z - \left(\frac{\partial g_x}{\partial x} + \frac{\partial g_y}{\partial y}\right) + 4(1-\sigma)\frac{\partial\psi}{\partial z} = 0\,. \tag{8,11}$$

Die Bedingungen (8,9) vereinfachen sich dann zu

$$\left.\frac{\partial^2 g_x}{\partial z^2}\right|_{z=0} = -\frac{2(1+\sigma)}{E} P_x\,, \qquad \left.\frac{\partial^2 g_y}{\partial z^2}\right|_{z=0} = -\frac{2(1+\sigma)}{E} P_y\,. \tag{8,12}$$

[1]) Die Erfüllbarkeit einer solchen Forderung wird hier nicht bewiesen. Sie ergibt sich aus der Tatsache, daß sich hieraus keine Widersprüche ergeben.

Mit Hilfe der Gleichungen (8,10) bis (8,12) können die Potentialfunktionen $g_x$, $g_y$, $f_z$, $\psi$ vollständig bestimmt werden.

Um die Schreibweise zu vereinfachen, betrachten wir den Fall, daß auf die freie Fläche des elastischen Halbraumes eine „Punktkraft" $\boldsymbol{F}$ wirkt, d. h. eine Kraft, die auf einen sehr kleinen Teil der Oberfläche, den man als punktförmig betrachten kann, wirkt. Diese Kraft kann in der Form

$$\boldsymbol{P} = \boldsymbol{F}\,\delta(x)\,\delta(y)$$

dargestellt werden. Der Koordinatenursprung befindet sich im Angriffspunkt der Kraft. Wenn die Lösung für die Punktkraft bekannt ist, kann die Lösung für eine beliebig verteilte Kraft $\boldsymbol{P}(x, y)$ konstruiert werden. Wenn nämlich

$$u_i = G_{ik}(x, y, z)\,F_k \tag{8,13}$$

die von der Punktkraft $\boldsymbol{F}$ hervorgerufene Deformation darstellt, so ist die Deformation unter der Einwirkung der Kräfte $\boldsymbol{P}(x, y)$ durch das Integral[1])

$$u_i = \iint G_{ik}(x - x', y - y', z)\,P_k(x', y')\,\mathrm{d}x'\,\mathrm{d}y' \tag{8,14}$$

gegeben.

Wie aus der Potentialtheorie bekannt ist, werden Potentialfunktionen $f$, die im Unendlichen verschwinden und deren Normalableitungen in der Ebene $z = 0$ vorgegeben sind, durch den Ausdruck

$$f(x, y, z) = -\frac{1}{2\pi}\iint \left.\frac{\partial f(x', y', z)}{\partial z}\right|_{z=0} \frac{\mathrm{d}x'\,\mathrm{d}y'}{r},$$
$$r = \sqrt{(x - x')^2 + (y - y')^2 + z^2}$$

bestimmt. Da die Größen $\partial g_x/\partial z$, $\partial g_y/\partial z$ und der Ausdruck in der großen Klammer in (8,10) der LAPLACE-Gleichung genügen und die Gleichungen (8,10) und (8,12) ihre Normalableitungen in der Ebene $z = 0$ bestimmen, folgt hieraus

$$f_z - \left(\frac{\partial g_x}{\partial x} + \frac{\partial g_y}{\partial y}\right) + 2\frac{\partial \psi}{\partial z} = \frac{1 + \sigma}{\pi E}\iint \frac{P_z(x', y')}{r}\,\mathrm{d}x'\,\mathrm{d}y' = \frac{1 + \sigma}{\pi E}\frac{F_z}{r}. \tag{8,15}$$

$$\frac{\partial g_x}{\partial z} = \frac{1 + \sigma}{\pi E}\frac{F_x}{r}, \qquad \frac{\partial g_y}{\partial z} = \frac{1 + \sigma}{\pi E}\frac{F_y}{r} \tag{8,16}$$

mit $r = \sqrt{x^2 + y^2 + z^2}$.

Die gesuchten Komponenten des Vektors $\boldsymbol{u}$ enthalten nicht die Größen $g_x$, $g_y$, sondern nur ihre Ableitungen nach $x$, $y$, $z$. Zur Berechnung von $\partial g_x/\partial x$, $\partial g_y/\partial y$ differenzieren wir die Gleichungen (8,16) nach $x$ bzw. nach $y$:

$$\frac{\partial^2 g_x}{\partial x\,\partial z} = -\frac{1 + \sigma}{\pi E}\frac{F_x x}{r^3}, \qquad \frac{\partial^2 g_y}{\partial y\,\partial z} = -\frac{1 + \sigma}{\pi E}\frac{F_y y}{r^3}.$$

---

[1]) In der Terminologie der Mathematik ist $G_{ik}$ der GREENsche Tensor der Gleichgewichtsbedingung für das halbunendliche Medium.

Nunmehr integrieren wir über d$z$ von $\infty$ bis $z$ und erhalten

$$\frac{\partial g_x}{\partial x} = \frac{1+\sigma}{\pi E}\,\frac{F_x x}{r(r+z)}, \qquad \frac{\partial g_y}{\partial y} = \frac{1+\sigma}{\pi E}\,\frac{F_y y}{r(r+z)}. \tag{8,17}$$

Die weitere Rechnung ist einfach, aber umfangreich. Wir werden sie nicht darlegen. Aus den Gleichungen (8,11), (8,15) und (8,17) bestimmen wir $f_z$ und $\partial\psi/\partial z$. Mit $\partial\psi/\partial z$ kann man leicht $\partial\psi/\partial x$, $\partial\psi/\partial y$ berechnen, indem man zuerst über $z$ integriert und sodann nach $x$ und $y$ differenziert. So erhalten wir sämtliche Größen, die zur Berechnung des Verschiebungsvektors nach (8,2), (8,5) und (8,7) notwendig sind. Im Ergebnis erscheinen die folgenden Ausdrücke:

$$\left.\begin{aligned}
u_x &= \frac{1+\sigma}{2\pi E}\left\{\left[\frac{xz}{r^3} - \frac{(1-2\sigma)\,x}{r(r+z)}\right]F_z + \frac{2(1-\sigma)\,r+z}{r(r+z)}F_x \right.\\
&\qquad \left. + \frac{[2r(\sigma r+z)+z^2]\,x}{r^3(r+z)^2}(xF_x+yF_y)\right\},\\
u_y &= \frac{1+\sigma}{2\pi E}\left\{\left[\frac{yz}{r^3} - \frac{(1-2\sigma)\,y}{r(r+z)}\right]F_z + \frac{2(1-\sigma)\,r+z}{r(r+z)}F_y \right.\\
&\qquad \left. + \frac{[2r(\sigma r+z)+z^2]\,y}{r^3(r+z)^2}(xF_x+yF_y)\right\},\\
u_z &= \frac{1+\sigma}{2\pi E}\left\{\left[\frac{2(1-\sigma)}{r} + \frac{z^2}{r^3}\right]F_z + \left[\frac{1-2\sigma}{r(r+z)} + \frac{z}{r^3}\right](xF_x+yF_y)\right\}.
\end{aligned}\right\} \tag{8,18}$$

Im besonderen erhält man hieraus die Verschiebung der freien Oberfläche des Mediums, indem man $z = 0$ setzt:

$$\left.\begin{aligned}
u_x &= \frac{1+\sigma}{2\pi E}\,\frac{1}{r}\left\{-\frac{(1-2\sigma)\,x}{r}F_z + 2(1-\sigma)\,F_x + \frac{2\sigma x}{r^2}(xF_x+yF_y)\right\},\\
u_y &= \frac{1+\sigma}{2\pi E}\,\frac{1}{r}\left\{-\frac{(1-2\sigma)\,y}{r}F_z + 2(1-\sigma)\,F_y + \frac{2\sigma y}{r^2}(xF_x+yF_y)\right\},\\
u_z &= \frac{1+\sigma}{2\pi E}\,\frac{1}{r}\left\{2(1-\sigma)\,F_z + (1-2\sigma)\,\frac{1}{r}(xF_x+yF_y)\right\}.
\end{aligned}\right\} \tag{8,19}$$

### Aufgabe

Man bestimme die Deformation eines unbegrenzten elastischen Mediums, wenn auf einen kleinen Abschnitt davon die Kraft $\boldsymbol{F}$ wirkt. (W. THOMSON, 1848)[1]).

Lösung. Wenn wir die Deformation in Abständen $r$ betrachten, die größer sind als die Ausmaße des Abschnitts, in dem die Kraft angreift, können wir diesen Abschnitt als punktförmig annehmen. Die Gleichgewichtsbedingung lautet (vgl. (7,2))

$$\Delta \boldsymbol{u} + \frac{1}{1-2\sigma}\operatorname{grad}\operatorname{div}\boldsymbol{u} = -\frac{2(1+\sigma)}{E}\boldsymbol{F}\,\delta(\boldsymbol{r}). \tag{1}$$

---

[1]) Das analoge Problem für ein beliebiges unbegrenztes anisotropes Medium wurde von I. M. LIFSCHITZ und L. N. ROSENZWEIG gelöst (ЖЭТФ **17** (1947), 783).

(Hier ist $\delta(\boldsymbol{r}) \equiv \delta(x)\,\delta(y)\,\delta(z)$, und der Koordinatenursprung befindet sich im Angriffspunkt der Kraft.) Wir suchen die Lösung in der Form $\boldsymbol{u} = \boldsymbol{u}_0 + \boldsymbol{u}_1$, wobei $\boldsymbol{u}_0$ einer POISSON-Gleichung genügt:

$$\Delta \boldsymbol{u}_0 = -\frac{2(1+\sigma)}{E}\,\boldsymbol{F}\,\delta(\boldsymbol{r})\,. \tag{2}$$

Für $\boldsymbol{u}_1$ erhalten wir dementsprechend die Gleichung

$$\operatorname{grad}\operatorname{div}\boldsymbol{u}_1 + (1-2\sigma)\,\Delta\boldsymbol{u}_1 = -\operatorname{grad}\operatorname{div}\boldsymbol{u}_0\,. \tag{3}$$

Die Lösung der Gleichung (2), die im Unendlichen verschwindet, ist

$$\boldsymbol{u}_0 = \frac{1+\sigma}{2\pi E}\frac{\boldsymbol{F}}{r}\,.$$

Rotationsbildung der beiden Seiten von (3) führt auf $\Delta \operatorname{rot}\boldsymbol{u}_1 = 0$. Im Unendlichen muß $\operatorname{rot}\boldsymbol{u}_1 = 0$ gelten. Eine Funktion jedoch, die im gesamten Raum die Potentialgleichung erfüllt und im Unendlichen verschwindet, ist identisch gleich Null. Es gilt also $\operatorname{rot}\boldsymbol{u}_1 = 0$, und $\boldsymbol{u}_1$ kann in der Form $\boldsymbol{u}_1 = \operatorname{grad}\varphi$ geschrieben werden. Aus (3) folgt

$$\operatorname{grad}\{2(1-\sigma)\,\Delta\varphi + \operatorname{div}\boldsymbol{u}_0\} = 0\,.$$

Hieraus folgt die Konstanz des Ausdrucks in der großen Klammer, und da er im Undlichen verschwinden muß, gilt im gesamten Raum

$$\Delta\varphi = -\frac{\operatorname{div}\boldsymbol{u}_0}{2(1-\sigma)} = -\frac{1+\sigma}{4\pi E(1-\sigma)}\,\boldsymbol{F}\operatorname{grad}\frac{1}{r}\,.$$

Wenn $\psi$ eine Lösung der Gleichung $\Delta\psi = 1/r$ ist, so folgt

$$\varphi = -\frac{1+\sigma}{4\pi E(1-\sigma)}\,\boldsymbol{F}\operatorname{grad}\psi\,.$$

Mit der singularitätsfreien Lösung $\psi = r/2$ erhalten wir

$$\boldsymbol{u}_1 = \operatorname{grad}\varphi = \frac{1+\sigma}{8\pi E(1-\sigma)}\,\frac{(\boldsymbol{F}\boldsymbol{n})\,\boldsymbol{n} - \boldsymbol{F}}{r}\,,$$

wobei $\boldsymbol{n}$ ein in Richtung des Radiusvektors $\boldsymbol{r}$ zeigender Einheitsvektor ist. Im Ergebnis haben wir

$$\boldsymbol{u} = \frac{1+\sigma}{8\pi E(1-\sigma)}\,\frac{(3-4\sigma)\,\boldsymbol{F} + \boldsymbol{n}(\boldsymbol{n}\boldsymbol{F})}{r}\,.$$

Stellen wir diese Formel in der Form von (8,13) dar, so erhalten wir den GREENschen Tensor der Gleichgewichtsbedingung für ein unbegrenztes isotropes Medium[1]):

$$G_{ik} = \frac{1+\sigma}{8\pi(1-\sigma)}\,[(3-4\sigma)\,\delta_{ik} + n_i n_k]\,\frac{1}{r} = \frac{1}{4\pi\mu}\left[\frac{\delta_{ik}}{r} - \frac{1}{4(1-\sigma)}\,\frac{\partial^2 r}{\partial x_i\,\partial x_k}\right].$$

## § 9. Berührung fester Körper

Zwei feste Körper mögen sich in einem nichtsingulären Punkt ihrer Oberflächen berühren (in Abb. 1a) ist der Schnitt durch beide Oberflächen in der Nähe des Berührungspunktes $O$ dargestellt). In diesem Punkt besitzen beide Oberflächen eine gemeinsame Tangentialebene, in welche wir die $xy$-Ebene hineinlegen. Die positive $z$-Achse richten wir in das Innere eines jeden Körpers und bezeichnen sie mit $z$ bzw. $z'$.

---

[1]) Die Tatsache, daß die Komponenten des Tensors $G_{ik}$ homogene Funktionen ersten Grades der Koordinaten $x, y, z$ sind, folgt schon aus der Form von Gleichung (1). Auf der linken Seite dieser Gleichung steht die Linearkombination der 2. Ableitungen der Komponenten des Vektors $\boldsymbol{u}$ und auf der rechten eine homogene Funktion 3. Grades,

$$\delta(a\boldsymbol{r}) = a^{-3}\delta(\boldsymbol{r})\,.$$

Diese Eigenschaft gilt auch im allgemeinen Falle eines beliebigen anisotropen Mediums.

In der Nähe eines gewöhnlichen Berührungspunktes mit der $xy$-Ebene kann die Gleichung der Oberfläche in der Form

$$z = \varkappa_{\alpha\beta} x_\alpha x_\beta \tag{9,1}$$

geschrieben werden, wobei über die Werte 1, 2 der doppelt auftretenden Indizes $\alpha$, $\beta$ zu summieren ist ($x_1 = x$, $x_2 = y$) und $\varkappa_{\alpha\beta}$ ein zweidimensionaler Tensor ist, der die Krümmung der Fläche charakterisiert (die Eigenwerte des Tensors sind $1/2R_1$ und $1/2R_2$; $R_1$, $R_2$ sind die beiden Hauptkrümmungsradien im Berührungspunkt). Die analoge Beziehung für die Oberfläche des zweiten Körpers ist

$$z' = \varkappa'_{\alpha\beta} x_\alpha x_\beta \,. \tag{9,2}$$

Wir nehmen jetzt an, die Körper werden durch äußere Kräfte aneinandergedrückt, so daß sie sich um einen Abstand $h$ näher kommen.[1]) Dann werden ihre Oberflächen in der Nähe des ursprünglichen Berührungspunktes eingedrückt und berühren sich jetzt in einem kleinen, aber endlichen Abschnitt. $u_z$ und $u'_z$ seien die Komponenten (in Richtung der Achsen $z$ und $z'$) der Verschiebungsvektoren der Oberflächenpunkte beider Körper nach der Deformation. In Abb. 1b) sind die gedachten, nicht deformierten Oberflächen ge-

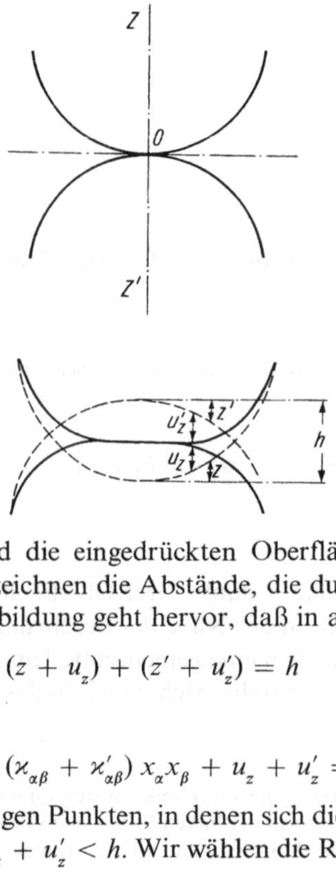

Abb. 1

strichelt und die eingedrückten Oberflächen mittels durchgezogener Linien dargestellt; $z$ und $z'$ bezeichnen die Abstände, die durch die Gleichungen (9,1) und (9,2) gegeben sind. Aus der Abbildung geht hervor, daß in allen Berührungspunkten folgende Gleichung gilt:

$$(z + u_z) + (z' + u'_z) = h$$

oder

$$(\varkappa_{\alpha\beta} + \varkappa'_{\alpha\beta})\, x_\alpha x_\beta + u_z + u'_z = h \,. \tag{9,3}$$

In allen übrigen Punkten, in denen sich die Oberflächen nicht berühren, gilt die Ungleichung $z + z' + u_z + u'_z < h$. Wir wählen die Richtungen der $x$- und $y$-Achsen so, daß der Tensor

---

[1]) Die hier beschriebene sogenannte Kontaktaufgabe der Elastizitätstheorie wurde zuerst von H. HERTZ gelöst.

$\varkappa_{\alpha\beta} + \varkappa'_{\alpha\beta}$ Diagonalform besitzt. Die Eigenwerte dieses Tensors bezeichnen wir mit $A$ und $B$ und formen die Gleichung (9,3) folgendermaßen um:

$$Ax^2 + By^2 + x_z + u'_z = h\,. \tag{9,4}$$

Die Größen $A$ und $B$ hängen mit den Krümmungsradien $R_1$, $R_2$ und $R'_1$, $R'_2$ beider Flächen über folgende Beziehungen zusammen:

$$2(A + B) = \frac{1}{R_1} + \frac{1}{R_2} + \frac{1}{R'_1} + \frac{1}{R'_2}\,,$$

$$4(A - B)^2 = \left(\frac{1}{R_1} - \frac{1}{R_2}\right)^2 + \left(\frac{1}{R'_1} - \frac{1}{R'_2}\right)^2 + 2\cos 2\varphi \left(\frac{1}{R_1} - \frac{1}{R_2}\right)\left(\frac{1}{R'_1} - \frac{1}{R'_2}\right),$$

wobei $\varphi$ der Winkel zwischen den Normalschnitten der Oberflächen ist, in denen die Krümmungsradien $R_1$ bzw. $R_2$ sind.

Die Vorzeichen der Krümmungsradien sind positiv, wenn die Krümmungszentren im Inneren des entsprechenden Körpers liegen, und negativ im umgekehrten Fall.

Mit $P_z(x, y)$ bezeichnen wir den Druck zwischen den beiden Körpern in ihren Berührungspunkten. (Außerhalb des Berührungsgebietes ist natürlich $P_z = 0$.) Bei der Bestimmung der Abhängigkeit zwischen $P_z$ und den Verschiebungen $u_z$ bzw. $u'_z$ kann man die Oberflächen der Körper mit guter Genauigkeit als Ebenen betrachten und die Beziehungen des vorhergehenden Paragraphen benutzen. Nach der dritten Beziehung in (8,19) (wenn man ebenfalls (8,14) berücksichtigt) wird die Verschiebung $u_z$ unter der Einwirkung von Normalkräften $P_z(x, y)$ durch die Ausdrücke

$$\left.\begin{aligned} u_z &= \frac{1 - \sigma^2}{\pi E} \iint \frac{P_z(x', y')}{r}\, dx'\, dy'\,, \\ u'_z &= \frac{1 - \sigma'^2}{\pi E'} \iint \frac{P_z(x', y')}{r}\, dx'\, dy' \end{aligned}\right\} \tag{9,5}$$

gegeben ($\sigma$, $\sigma'$ und $E$, $E'$ sind die POISSONschen Zahlen bzw. die Elastizitätsmoduln beider Körper); da außerhalb des Berührungsgebietes $P_z = 0$ ist, wird nur über jenes Gebiet integriert. Aus (9,5) folgt die Konstanz des Verhältnisses $u_z/u'_z$:

$$\frac{u_z}{u'_z} = \frac{(1 - \sigma^2)\, E'}{(1 - \sigma'^2)\, E}. \tag{9,6}$$

Durch die Beziehungen (9,4) und (9,6) ist die Verteilung der Verschiebungen $u_z$, $u'_z$ im Berührungsabschnitt unmittelbar gegeben. (Die Ausdrücke (9,5) und (9,6) gelten natürlich auch außerhalb des Berührungsgebietes.)

(9,5) in (9,4) eingesetzt, liefert

$$\frac{1}{\pi}\left(\frac{1 - \sigma^2}{E} + \frac{1 - \sigma'^2}{E'}\right) \iint \frac{P_z(x', y')}{r}\, dx'\, dy' = h - Ax^2 - By^2\,. \tag{9,7}$$

Diese Integralgleichung bestimmt die Verteilung des Druckes $P_z$ im Berührungsgebiet. Ihre Lösung kann mit Hilfe der Analogie zu den folgenden, aus der Potentialtheorie bekannten Beziehungen hergeleitet werden. Der Gedanke, diese Analogie zu benutzen, wird erstens dadurch nahegelegt, daß das Integral auf der linken Seite von (9,7) von der Art eines

Integrals der Potentialtheorie ist, durch welches das Potential einer Ladungsverteilung ausgedrückt wird, und zweitens dadurch, daß das Potential im Innern eines gleichmäßig geladenen Ellipsoids eine quadratische Funktion der Koordinaten ist.

Wenn im Volumen des dreiachsigen Ellipsoids

$$\frac{x^2}{a^2} + \frac{y^2}{b^2} + \frac{z^2}{c^2} = 1$$

eine Ladung mit konstanter Ladungsdichte $\varrho$ verteilt ist, so wird das Potential im Innern des Ellipsoids durch

$$\varphi(x, y, z) = \pi\varrho abc \int_0^\infty \left\{1 - \frac{x^2}{a^2 + \xi} - \frac{y^2}{b^2 + \xi} - \frac{z^2}{c^2 + \xi}\right\} \times \frac{d\xi}{\sqrt{(a^2 + \xi)(b^2 + \xi)(c^2 + \xi)}}$$

gegeben. Im Grenzfall eines stark (in $z$-Richtung) abgeflachten Ellipsoids folgt hieraus wegen $c \to 0$

$$\varphi(x, y) = \pi\varrho abc \int_0^\infty \left\{1 - \frac{x^2}{a^2 + \xi} - \frac{y^2}{b^2 + \xi}\right\} \frac{d\xi}{\sqrt{(a^2 + \xi)(b^2 + \xi)\,\xi}}\,.$$

(Beim Übergang $c \to 0$ muß natürlich auch die Koordinate $z$ der Punkte im Innern des Ellipsoids gleich Null gesetzt werden.) Andererseits kann das Potential in Integralform geschrieben werden,

$$\varphi(x, y, z) = \iiint \frac{\varrho\, dx'\, dy'\, dz'}{\sqrt{(x - x')^2 + (y - y')^2 + (z - z')^2}}\,,$$

wobei die Integration über das Volumen des Ellipsoids erstreckt wird. Beim Grenzübergang $c \to 0$ müssen wir hier unter der Wurzel $z = z' = 0$ setzen; wenn man über $dz'$ in den Grenzen $\pm c\sqrt{1 - \frac{x'^2}{a^2} - \frac{y'^2}{b^2}}$ integriert, folgt hieraus

$$\varphi(x, y) = 2\varrho c \iint \frac{dx'\, dy'}{r} \sqrt{1 - \frac{x'^2}{a^2} - \frac{y'^2}{b^2}}$$

$$\left(r = \sqrt{(x - x')^2 + (y - y')^2}\right),$$

wobei über die Innenfläche der Ellipse $\frac{x'^2}{a^2} + \frac{y'^2}{b^2} = 1$ integriert wird. Indem wir jetzt beide Ausdrücke für $\varphi(x, y)$ gleichsetzen, erhalten wir folgende Identität:

$$\iint \frac{dx'\, dy'}{r} \sqrt{1 - \frac{x'^2}{a^2} - \frac{y'^2}{b^2}} = \frac{\pi ab}{2} \int_0^\infty \left\{1 - \frac{x^2}{a^2 + \xi} - \frac{y^2}{b^2 + \xi}\right\} \frac{d\xi}{\sqrt{(a^2 + \xi)(b^2 + \xi)\,\xi}}\,. \tag{9,8}$$

Vergleichen wir nun diese Beziehung mit der Gleichung (9,7), so sehen wir, daß auf der rechten Seite quadratische Funktionen von $x$ und $y$ gleichen Typs und auf der linken Seite Integrale gleicher Art stehen. Wir können daher sofort schließen: Das Berührungsgebiet beider Körper (d. h. das Integrationsgebiet im Integral (9,7)) ist durch die Ellipse

$$\frac{x^2}{a^2} + \frac{y^2}{b^2} = 1 \tag{9,9}$$

begrenzt, und die Funktion $P_z(x, y)$ muß folgende Form haben:

$$P_z(x, y) = \text{const}\,\sqrt{1 - \frac{x^2}{a^2} - \frac{y^2}{b^2}}\,.$$

Die Konstante wählen wir so, daß das Integral $\int\int P_z\,\mathrm{d}x\,\mathrm{d}y$ über das Berührungsgebiet gleich der vorgegebenen Kraft $F$ ist, mit der beide Körper gegeneinander drücken:

$$P_z(x, y) = \frac{3F}{2\pi ab}\sqrt{1 - \frac{x^2}{a^2} - \frac{y^2}{b^2}}\,. \tag{9,10}$$

Dieser Ausdruck stellt die Druckverteilung im Berührungsgebiet dar. Es sei darauf hingewiesen, daß der Druck im Zentrum des Berührungsgebietes einundeinhalbmal größer ist als der mittlere Druck $F/\pi ab$.

Wir setzen (9,10) in die Gleichung (9,7) ein und drücken das auftretende Integral mit Hilfe der Formel (9,8) aus:

$$\frac{FD}{\pi}\int_0^\infty \frac{1 - \dfrac{x^2}{a^2+\xi} - \dfrac{y^2}{b^2+\xi}}{\sqrt{(a^2+\xi)(b^2+\xi)\xi}}\,\mathrm{d}\xi = h - Ax^2 - By^2$$

mit

$$D = \frac{3}{4}\left(\frac{1-\sigma^2}{E} + \frac{1-\sigma'^2}{E'}\right).$$

Diese Gleichung muß (im Innern der Ellipse (9,9)) für alle $x$, $y$ identisch erfüllt sein; deshalb müssen die Koeffizienten bei $x$ bzw. $y$ einzeln und auch die konstanten Glieder auf beiden Seiten untereinander gleich sein. Hieraus folgen die Beziehungen

$$h = \frac{FD}{\pi}\int_0^\infty \frac{\mathrm{d}\xi}{\sqrt{(a^2+\xi)(b^2+\xi)\xi}}\,, \tag{9,11}$$

$$\left.\begin{aligned} A &= \frac{FD}{\pi}\int_0^\infty \frac{\mathrm{d}\xi}{(a^2+\xi)\sqrt{(a^2+\xi)(b^2+\xi)\xi}}\,,\\ B &= \frac{FD}{\pi}\int_0^\infty \frac{\mathrm{d}\xi}{(b^2+\xi)\sqrt{(a^2+\xi)(b^2+\xi)\xi}}\,. \end{aligned}\right\} \tag{9,12}$$

Die Gleichungen (9,12) drücken die Halbachsen $a$ und $b$ des Berührungsgebiets durch die vorgegebene Kraft $F$ aus ($A$ und $B$ sind bei gegebenen Körpern bekannte Größen). Danach kann die Annäherung der Körper $h$ durch die wirkende Kraft $F$ mittels der Beziehung (9,11) ausgedrückt werden. Die Integrale auf den rechten Seiten dieser Gleichungen sind vom elliptischen Typ.

Damit kann das Problem der Berührung fester Körper als vollständig gelöst betrachtet werden. Die Form der Oberfläche der Körper (d. h. die Verschiebungen $u_z$, $u_z'$) außerhalb des Berührungsgebietes wird ebenfalls mittels der Ausdrücke (9,5), (9,10) berechnet. Dabei können die Integrale gleich ausgewertet werden, indem man wiederum von der Analogie zum Potential eines geladenen Ellipsoids (diesmal außerhalb desselben) ausgeht. Schließlich könnte man mit Hilfe von Beziehungen des vorhergehenden Paragraphen auch noch die Verteilung der Verschiebungen im Volumen der Körper bestimmen (natürlich nur in Abständen, die klein gegenüber den Körpermaßen sind).

Wir wenden die erhaltenen Beziehungen auf die Berührung zweier kugelförmiger Festkörper mit den Radien $R$ und $R'$ an. Hier ist $A = B = \frac{1}{2}\left(\frac{1}{R} + \frac{1}{R'}\right)$; aus Symmetriegründen folgt $a = b$, d. h., das Berührungsgebiet ist durch einen Kreis begrenzt. Aus (9,12) erhalten wir für den Radius $a$ des Berührungsgebietes den Wert

$$a = F^{1/3}\left(D\frac{RR'}{R + R'}\right)^{1/3}. \tag{9,13}$$

$h$ ist in diesem Falle die Differenz zwischen der Summe $R + R'$ und dem Abstand zwischen den beiden Kugelzentren. Aus (9,10) ergibt sich folgende Beziehung zwischen $F$ und $h$:

$$h = F^{2/3}\left[D^2\left(\frac{1}{R} + \frac{1}{R'}\right)\right]^{1/3}. \tag{9,14}$$

$h$ ist zur Potenz 2/3 der drückenden Kraft proportional; umgekehrt ist die Kraft zur Potenz 3/2 der erzeugten Annäherung proportional. Wir bestimmen noch den Ausdruck für die potentielle Energie $U$ der sich berührenden Kugeln. Wegen $-F = -\partial U/\partial h$ erhalten wir für $U$

$$U = h^{5/2}\frac{2}{5D}\sqrt{\frac{RR'}{R + R'}}. \tag{9,15}$$

Schließlich weisen wir darauf hin, daß eine Abhängigkeit von der Form

$$h = \text{const}\, F^{2/3}, \qquad F = \text{const}\, h^{3/2}$$

nicht nur bei Kugeln auftritt, sondern auch bei der Berührung anderer endlicher Körper. Das folgt leicht aus Ähnlichkeitsvorstellungen. Wenn man mit einer beliebigen Konstanten $\alpha$ die Substitution $a^2 \to \alpha a^2$, $b^2 \to \alpha b^2$, $E \to \alpha^{3/2} F$ durchführt, bleiben die Gleichungen (9,12) unverändert. In der Gleichung (9,11) dagegen tritt auf der rechten Seite $\alpha$ als Faktor auf, und man muß $h$ durch $\alpha h$ ersetzen, damit diese Gleichung ebenfalls unverändert bleibt. Hieraus folgt aber, daß $F$ zu $h^{3/2}$ proportional sein muß.

### Aufgaben

1. Man bestimme die Zeit, während der zwei zusammenstoßende elastische Kugeln sich berühren (H. Hertz 1881).

Lösung. In einem Bezugssystem, in welchem der Schwerpunkt des aus beiden Kugeln bestehenden Systems ruht, ist die Energie der beiden Kugeln vor dem Stoß gleich der kinetischen Energie der Relativbewegung $\mu v^2/2$, wobei $v$ die Relativgeschwindigkeit der zusammenstoßenden Kugeln ist und $\mu = m_1 m_2/(m_1 + m_2)$ ihre reduzierte Masse darstellt. Während der Stoßdauer ist die Gesamtenergie gleich der Summe aus der kinetischen Energie, welche man in der Form $\mu \dot{h}^2/2$ schreiben kann, und der potentiellen Energie (9,15). Aus dem Energieerhaltungssatz folgt

$$\mu \left(\frac{\mathrm{d}h}{\mathrm{d}t}\right)^2 + kh^{5/2} = \mu v^2, \qquad k = \frac{4}{5D}\sqrt{\frac{RR'}{R + R'}}.$$

Die maximale Annäherung der Kugeln $h_0$ entspricht dem Zeitpunkt, zu dem ihre Relativgeschwindigkeit $\dot{h}$ verschwindet, und ist gleich

$$h_0 = \left(\frac{\mu}{k}\right)^{2/5} v^{4/5}.$$

Die Stoßdauer $\tau$ (während der $h$ von 0 bis $h_0$ anwächst und dann wieder bis 0 abnimmt) ist

$$\tau = 2 \int_0^{h_0} \frac{\mathrm{d}h}{\sqrt{v^2 - \dfrac{k}{\mu} h^{5/2}}} = 2 \left(\frac{\mu^2}{k^2 v}\right)^{1/5} \int_0^1 \frac{\mathrm{d}x}{\sqrt{1 - x^{2/5}}}$$

oder

$$\tau = \frac{4\sqrt{\pi}\, \Gamma(2/5)}{5\Gamma(9/10)} \left(\frac{\mu^2}{k^2 v}\right)^{1/5} = 2{,}94 \left(\frac{\mu^2}{k^2 v}\right)^{1/5}.$$

Indem wir bei der Lösung dieses Problems die im Text abgeleiteten Beziehungen benutzen, vernachlässigen wir die elastischen Schwingungen der Kugeln, die durch den Stoß entstehen. Damit eine solche Vernachlässigung zulässig ist, muß die Geschwindigkeit $v$ wesentlich kleiner als die Schallgeschwindigkeit sein. Faktisch wird jedoch die Anwendbarkeit dieser Theorie schon vorher begrenzt, da die beim Stoß auftretenden Deformationen die Elastizitätsgrenze des Stoffes bereits früher überschreiten.

2. Man bestimme das Berührungsgebiet und die Druckverteilung in diesem Gebiet beim Zusammendrücken zweier Zylinder mit parallel gerichteten Achsen.

Lösung. Das Berührungsgebiet ist in diesem Falle ein enger Streifen entlang des Zylindermantels. Seine Breite $2a$ und die Druckverteilung auf diesem Streifen kann man aus den im Text abgeleiteten Formeln mit Hilfe des Grenzüberganges $b/a \to \infty$ erhalten. Die Druckverteilung ist eine Funktion von der Gestalt

$$P_z(x) = \mathrm{const}\,\sqrt{1 - \frac{x^2}{a^2}}$$

($x$ ist die Koordinate senkrecht zur Achse des Berührungsstreifens); wenn man sie auf die auf eine Längeneinheit der Zylinder bezogene drückende Kraft $F$ normiert, erhält man

$$P_z(x) = \frac{2F}{\pi a}\sqrt{1 - \frac{x^2}{a^2}}.$$

Diesen Ausdruck setzen wir in (9,7) ein und integrieren mit Hilfe von (9,8). Das liefert

$$A = \frac{4DF}{3\pi} \int_0^\infty \frac{\mathrm{d}\xi}{(a^2 + \xi)^{3/2}\,\xi} = \frac{8DF}{3\pi a^2}.$$

Der eine Krümmungsradius der Zylinderfläche ist unendlich groß, der zweite ist gleich dem Zylinderradius; es gilt daher

$$A = \frac{1}{2}\left(\frac{1}{R} + \frac{1}{R'}\right), \qquad B = 0.$$

Für die gesuchte Breite des Berührungsstreifens erhalten wir schließlich

$$a = \sqrt{\frac{16DF}{3\pi}\,\frac{RR'}{R + R'}}.$$

## § 10. Elastizitätseigenschaften der Kristalle

Wie bei isotropen Körpern ist die Änderung der freien Energie bei der isothermen Deformation eines Kristalls eine quadratische Funktion des Verzerrungstensors. Im Gegensatz zu isotropen Körpern enthält diese Funktion nicht zwei, sondern eine große Anzahl unabhängiger Koeffizienten.

Die allgemeine Form der freien Energie eines deformierten Kristalls ist

$$F = \frac{1}{2} \lambda_{iklm} u_{ik} u_{lm} , \tag{10,1}$$

wo $\lambda_{iklm}$ ein Tensor vierter Stufe ist, welchen man auch *Tensor der Elastizitätsmoduln* nennt. Da der Verzerrungstensor symmetrisch ist, ändert sich das Produkt $u_{ik} \cdot u_{lm}$ nicht bei Vertauschung der Indizes $i$ mit $k$, $l$ mit $m$ oder des Paares $i$, $k$ mit dem Paar $l$, $m$. Es ist daher offensichtlich, daß auch von dem Tensor $\lambda_{iklm}$ angenommen werden kann, daß er die gleichen Symmetrieeigenschaften bezüglich der Vertauschung der Indizes besitzt:

$$\lambda_{iklm} = \lambda_{kilm} = \lambda_{ikml} = \lambda_{lmik} . \tag{10,2}$$

Mittels einfacher Rechnung kann man sich davon überzeugen, daß ein Tensor 4. Stufe mit diesen Symmetrieeigenschaften im allgemeinen Falle 21 verschiedene Komponenten besitzt.[1])

Entsprechend dem Ausdruck (10,1) für die freie Energie hängt der Spannungstensor vom Verzerrungstensor in Kristallen folgendermaßen ab (siehe auch Fußnote auf S. 46):

$$\sigma_{ik} = \frac{\partial F}{\partial u_{ik}} = \lambda_{iklm} u_{lm} . \tag{10,3}$$

Eine Symmetrie des Kristalls führt zu Relationen zwischen den einzelnen Komponenten des Tensors $\lambda_{iklm}$, so daß die Anzahl seiner unabhängigen Komponenten kleiner als 21 ist. Wir betrachten diese Beziehung für alle möglichen Symmetrietypen von Kristallen, d. h. Kristallklassen, indem wir diese nach entsprechenden Kristallsystemen klassifizieren.

1. *Triklines System.* Die trikline Symmetrie (Klasse $\boldsymbol{C}_1$ und $\boldsymbol{C}_i$) legt den Komponenten des Tensors $\lambda_{iklm}$ keinerlei Beschränkungen auf. Die Wahl des Koordinatensystems ist darum vom Standpunkt der Symmetrie völlig willkürlich. Es sind dann alle 21 Elastizitätsmoduln von Null verschieden. Durch die Freiheit in der Wahl des Koordinatensystems hat man jedoch die Möglichkeit, den Komponenten von $\lambda_{iklm}$ zusätzliche Bedingungen aufzuerlegen. Da die Orientierung des Koordinatensystems in bezug auf den Körper durch drei Größen (die Drehwinkel) festgelegt ist, kann es drei solcher Bedingungen geben. Man kann z. B. drei der Komponenten verschwinden lassen. Dann sind die die mechanischen Eigenschaften des Kristalls charakterisierenden unabhängigen Größen 18 von Null verschiedene Moduln und drei Winkel, durch die die Lage der Achsen im Kristall bestimmt wird.

2. *Monoklines System.* Wir betrachten die Klasse $\boldsymbol{C}_s$. Die $xy$-Ebene des Koordinatensystems legen wir in die Symmetrieebene. Bei einer Spiegelung in dieser Ebene erfahren die Koordinaten folgende Transformation: $x \to x$, $y \to y$, $z \to -z$. Die Komponenten eines Tensors transformieren sich wie die Produkte der entsprechenden Koordinaten. Es ist

[1]) In der Literatur trifft man auch die Bezeichnung $\lambda_{\alpha\beta}$ für die Komponenten eines derartigen Tensors vierter Stufe an. Dann durchlaufen die beiden Indizes die Werte 1, 2, 3, 4, 5, 6, welche für die Indexpaare $xx$, $yy$, $zz$, $yz$, $zx$, $xy$ stehen.

daher klar, daß bei dieser Transformation alle Komponenten $\lambda_{iklm}$, die den Index $z$ ein- oder dreimal enthalten, ihr Vorzeichen ändern, während die übrigen Komponenten unverändert bleiben. Andererseits müssen sämtliche Charakteristiken des Kristalls (darunter auch alle Komponenten $\lambda_{iklm}$) bei einer Spiegelung in der Symmetrieebene aus Symmetriegründen unverändert bleiben. Alle Komponenten mit ungerader Zahl des Index $z$ müssen daher verschwinden. Dementsprechend ist der allgemeine Ausdruck für die freie elastische Energie eines monoklinen Kristalls

$$\begin{aligned} F = {} & \frac{1}{2}\lambda_{xxxx}u_{xx}^2 + \frac{1}{2}\lambda_{yyyy}u_{yy}^2 + \frac{1}{2}\lambda_{zzzz}u_{zz}^2 + \lambda_{xxyy}u_{xx}u_{yy} \\ & + \lambda_{xxzz}u_{xx}u_{zz} + \lambda_{yyzz}u_{yy}u_{zz} + 2\lambda_{xyxy}u_{xy}^2 + 2\lambda_{xzxz}u_{xz}^2 \\ & + 2\lambda_{yzyz}u_{yz}^2 + 2\lambda_{xxxy}u_{xx}u_{xy} + 2\lambda_{yyyx}u_{yy}u_{yz} \\ & + 2\lambda_{xyzz}u_{xy}u_{zz} + 4\lambda_{xzyz}u_{xz}u_{yz}\,. \end{aligned} \tag{10,4}$$

Hierin stehen 13 unabhängige Koeffizienten. Für die Klasse $\boldsymbol{C}_2$ und die beide Symmetrieelemente ($C_2$ und $C_h$) gleichzeitig enthaltende Klasse $\boldsymbol{C}_{2h}$ erhält man einen ähnlichen Ausdruck. Aus Symmetriegründen haben wir eine Achse (die $z$-Achse) festgelegt, die Lage der Achsen $x, y$ in der dazu senkrechten Ebene ist aber noch willkürlich. Dieser Willkür kann man sich bedienen, um durch geeignete Wahl der Achsen eine Komponente, sagen wir $\lambda_{xyzz}$, verschwinden zu lassen. Dann sind die 13 Größen, die die elastischen Eigenschaften des Kristalls charakterisieren, 12 von Null verschiedene Moduln und ein Winkel, der die Orientierung der Achsen in der $xy$-Ebene festlegt.

3. *Rhombisches System.* In allen Klassen dieses Systems ($\boldsymbol{C}_{2v}$, $\boldsymbol{D}_2$, $\boldsymbol{D}_{2h}$) ist die Lage der Koordinatenachsen eindeutig durch die Symmetrie diktiert, und für die freie Energie ergibt sich ein Ausdruck von der gleichen Form. Wir betrachten die Klasse $\boldsymbol{D}_{2h}$ und legen die drei Koordinatenebenen in die Symmetrieebenen. Die Spiegelung in jeder dieser Ebenen stellt eine Transformation dar, bei der eine Koordinate das Vorzeichen wechselt, während die anderen beiden unverändert bleiben. Es ist daher offensichtlich, daß nur diejenigen $\lambda_{iklm}$ nicht verschwinden, die jeden der Indizes $x, y, z$ in geradzahliger Vielfachheit enthalten; alle übrigen Komponenten würden bei einer Spiegelung in einer der Ebenen ihr Vorzeichen wechseln. Somit hat der allgemeine Ausdruck für die freie Energie bei rhombischen Systemen die Form

$$\begin{aligned} F = {} & \frac{1}{2}\lambda_{xxxx}u_{xx}^2 + \frac{1}{2}\lambda_{yyyy}u_{yy}^2 + \frac{1}{2}\lambda_{zzzz}u_{zz}^2 + \lambda_{xxyy}u_{xx}u_{yy} + \lambda_{xxzz}u_{xx}u_{zz} \\ & + \lambda_{yyzz}u_{yy}u_{zz} + 2\lambda_{xyxy}u_{xy}^2 + 2\lambda_{xzxz}u_{xz}^2 + 2\lambda_{yzyz}u_{yz}^2\,. \end{aligned} \tag{10,5}$$

Er enthält nur 9 Elastizitätsmoduln.

4. *Tetragonales System.* Wir betrachten die Klasse $\boldsymbol{C}_{4v}$. Die $C_4$-Achse wählen wir als $z$-Achse, und die $x,y$-Achsen mögen senkrecht auf zwei der vertikalen Symmetrieebenen stehen. Die Spiegelungen in diesen zwei Ebenen bedeuten folgende Transformationen: $x \to -x$, $y \to y$, $z \to z$ und $x \to x$, $y \to -y$, $z \to z$; daher verschwinden alle Komponenten $\lambda_{iklm}$ mit ungerader Zahl gleicher Indizes. Die Drehung um den Winkel $\pi/4$ um die $C_4$-Achse liefert eine Transformation $x \to y$, $y \to -x$, $z \to z$. Hieraus folgt

$$\lambda_{xxxx} = \lambda_{yyyy}\,, \qquad \lambda_{xxzz} = \lambda_{yyzz}\,, \qquad \lambda_{xzxz} = \lambda_{yzyz}\,.$$

Die übrigen Transformationen, welche die Klasse $C_{4v}$ enthält, fügen diesen Bedingungen keine neuen hinzu. Somit ist die freie Energie eines tetragonalen Systems

$$F = \frac{1}{2}\lambda_{xxxx}(u_{xx}^2 + u_{yy}^2) + \frac{1}{2}\lambda_{zzzz}u_{zz}^2 + \lambda_{xxzz}(u_{xx}u_{zz} + u_{yy}u_{zz}) + \lambda_{xxyy}u_{xx}u_{yy} + 2\lambda_{xyxy}u_{xy}^2 + 2\lambda_{xzxz}(u_{xz}^2 + u_{yz}^2) . \tag{10,6}$$

Sie enthält sechs Elastizitätsmoduln. Das gleiche Ergebnis erhält man auch für diejenigen Klassen des tetragonalen Systems, für die durch die Symmetrien ($D_{2d}$, $D_4$, $D_{4h}$) eine natürliche Wahl der Koordinatenachsen vorgegeben ist. In den Klassen $C_4$, $S_4$ und $C_{4h}$ ist dies nicht der Fall. Nur die Wahl einer Achse (der $z$-Achse) ist festgelegt. Wir geben ihr die Richtung der Achse $C_4$ bzw. $S_4$. Die Symmetrieforderungen lassen (neben den in (10,6) auftretenden Komponenten) noch die Komponenten

$$\lambda_{xxxy} = -\lambda_{yyyz}$$

zu. Durch geeignete Wahl der Achsen $x$, $y$ können diese Komponenten aber zum Verschwinden gebracht werden, und dann nimmt $F$ wieder die Form (10,6) an.

5. *Rhomboedrisches System*. Wir betrachten die Klasse $C_{3v}$, wählen die Achse 3. Ordnung als $z$-Achse und die $y$-Achse senkrecht zu einer der vertikalen Symmetrieebenen. Zur Klärung der Bedingungen, die den Komponenten $\lambda_{iklm}$ durch das Vorhandensein der Achse $C_3$ auferlegt werden müssen, ist es nützlich, eine formale Transformation durchzuführen, indem man komplexe „Koordinaten" $\xi$, $\eta$ einführt:

$$\xi = x + iy , \qquad \eta = x - iy . \tag{10,7}$$

Die Koordinate $z$ lassen wir unverändert. Dieser „Koordinatentransformation" wird auch der Tensor $\lambda_{iklm}$ unterzogen; die Indizes seiner Komponenten durchlaufen jetzt die Werte $\xi$, $\eta$, $z$. Man sieht leicht, daß die „Koordinaten" bei einer Drehung um 120° um die $C_3$-Achse folgende Transformation erfahren:

$$\xi \to \xi\, e^{\frac{2\pi i}{3}} , \qquad \eta \to \eta\, e^{-\frac{2\pi i}{3}} , \qquad z \to z .$$

Aus Symmetriegründen können nur die gegen diese Transformation invarianten Komponenten des Tensors von Null verschieden sein. Offensichtlich besitzen solche Komponenten diese Eigenschaft, in deren Indizes $\xi$ oder $\eta$ dreimal auftritt ($(e^{2\pi i/3})^3 = e^{2\pi i} = 1$) oder bei denen der Index $\xi$ genauso oft auftritt wie $\eta$ (da $e^{2\pi i/3} \cdot e^{-2\pi i/3} = 1$), also

$$\lambda_{zzzz} , \quad \lambda_{\xi\eta\xi\eta} , \quad \lambda_{\xi\xi\eta\eta} , \quad \lambda_{\xi\eta zz} , \quad \lambda_{\xi z\eta z} , \quad \lambda_{\xi\xi\xi z} , \quad \lambda_{\eta\eta\eta z} .$$

Die Spiegelung an der zur $y$-Achse senkrechten Symmetrieebene erbringt $x \to x$, $y \to -y$, $z \to z$ oder für die Größen $\xi, \eta: \xi \to \eta$, $\eta \to \xi$. Da bei dieser Transformation $\lambda_{\xi\xi\xi z}$ in $\lambda_{\eta\eta\eta z}$ übergeht, müssen diese Komponenten untereinander gleich sein. Somit haben rhomboedrische Kristalle nur sechs Elastizitätsmoduln. Um die freie Energie aufzuschreiben, muß man die Summe $\frac{1}{2}\lambda_{iklm}u_{ik}u_{lm}$ bilden, in der die Indizes die Werte $\xi$, $\eta$, $z$ durchlaufen. Da wir $F$ durch die Komponenten des Verzerrungstensors in den Koordinaten $x, y, z$ darstellen wollen, müssen wir durch diese Komponenten diejenigen in den „Koordinaten" $\xi$, $\eta$, $z$ ausdrücken. Das kann man einfach tun, indem man davon Gebrauch macht, daß sich die

Komponenten des Tensors $u_{ik}$ wie Produkte der beiden entsprechenden Koordinaten transformieren. So folgt z. B. aus

$$\xi\xi = (x + \mathrm{i}y)^2 = x^2 - y^2 + 2\mathrm{i}xy$$

die Beziehung

$$u_{\xi\xi} = u_{xx} - u_{yy} + 2\mathrm{i}u_{xy} .$$

Für $F$ erhalten wir schließlich den folgenden Ausdruck:

$$\begin{aligned} F = \frac{1}{2}\lambda_{zzzz}u_{zz}^2 &+ 2\lambda_{\xi\eta\xi\eta}(u_{xx} + u_{yy})^2 + \lambda_{\xi\xi\eta\eta}[(u_{xx} - u_{yy})^2 + 4u_{xy}^2] \\ &+ 2\lambda_{\xi\eta zz}(u_{xx} + u_{yy})\, u_{zz} + 4\lambda_{\xi z\eta z}(u_{xz}^2 + u_{yz}^2) \\ &+ 4\lambda_{\xi\xi\xi z}[(u_{xx} - u_{yy})\, u_{xz} - 2u_{xy}u_{yz}] . \end{aligned} \tag{10,8}$$

Sie enthält sechs unabhängige Koeffizienten. Zum gleichen Ergebnis kommt man bei den Klassen $\boldsymbol{D}_3$ und $\boldsymbol{D}_{3d}$. In den Klassen $\boldsymbol{C}_3$ und $\boldsymbol{S}_6$ hingegen, bei denen die Wahl der Achsen $x$, $y$ willkürlich bleibt, lassen die Symmetrieforderungen noch die von Null verschiedene Differenz

$$\lambda_{\xi\xi\xi z} - \lambda_{\eta\eta\eta z}$$

zu. Diese kann aber durch geeignete Wahl der Achsen $x$, $y$ zum Verschwinden gebracht werden.

6. *Hexagonales System.* Wir betrachten die Klasse $\boldsymbol{C}_6$ und legen die $z$-Achse des Koordinatensystems in die Achse 6. Ordnung. Wir führen wiederum die Koordinaten (10,7) ein. Bei einer Drehung um den Winkel $2\pi/6$ um die $z$-Achse erfahren sie folgende Transformation:

$$\xi \to \xi\, \mathrm{e}^{\frac{2\pi\mathrm{i}}{6}} , \qquad \eta \to \eta\, \mathrm{e}^{-\frac{2\pi\mathrm{i}}{6}} .$$

Hieraus folgt, daß nur die Komponenten $\lambda_{iklm}$ von Null verschieden sind, unter deren Indizes $\xi$ und $\eta$ gleich oft vorkommen. Es sind das

$$\lambda_{zzzz} , \quad \lambda_{\xi\eta\xi\eta} , \quad \lambda_{\xi\xi\eta\eta} , \quad \lambda_{\xi\eta zz} , \quad \lambda_{\xi z\eta z} .$$

Andere mögliche Symmetrieelemente des hexagonalen Systems liefern keine zusätzlichen Einschränkungen. Wir haben damit im ganzen fünf Elastizitätsmoduln. Die freie Energie hat die Form

$$\begin{aligned} F = \frac{1}{2}\lambda_{zzzz}u_{zz}^2 &+ 2\lambda_{\xi\eta\xi\eta}(u_{xx} + u_{yy})^2 + \lambda_{\xi\xi\eta\eta}[(u_{xx} - u_{yy})^2 + 4u_{xy}^2] \\ &+ 2\lambda_{\xi\eta zz}u_{zz}(u_{xx} + u_{yy}) + 4\lambda_{\xi z\eta z}(u_{xz}^2 + u_{yz}^2) . \end{aligned} \tag{10,9}$$

Wir weisen darauf hin, daß die Deformation in der $xy$-Ebene (wenn also lediglich $u_{xx}$, $u_{yy}$, $u_{xy}$ von Null verschieden sind) wie beim isotropen Körper nur durch zwei Elastizitätsmoduln charakterisiert wird; mit anderen Worten, in der zur hexagonalen Achse senkrechten Ebene sind die Elastizitätseigenschaften eines hexagonalen Kristalls isotrop. Aus diesem Grunde ist die Wahl der Achsenrichtungen überhaupt ohne Belang. Sie hat keinen Einfluß auf die Form von $F$. Der Ausdruck (10,8) gilt darum für alle Klassen des hexagonalen Systems.

7. *Kubisches System.* Wir legen die $x$-, $y$- und $z$-Achse in die drei Achsen 4. Ordnung des kubischen Systems. Bereits die tetragonale Symmetrie (mit der Achse 4. Ordnung als $z$-Achse) reduzierte die Anzahl der verschiedenen Komponenten des Tensors $\lambda_{iklm}$ auf folgende sechs:

$$\lambda_{xxxx}, \quad \lambda_{zzzz}, \quad \lambda_{xxzz}, \quad \lambda_{xxyy}, \quad \lambda_{xyxy}, \quad \lambda_{xzxz}.$$

Drehungen um 90° um die Achsen $x$ bzw. $y$ liefern folgende Transformationen: $x \to x$, $y \to -z$, $z \to y$ bzw. $x \to z$, $y \to y$, $z \to -x$. Hieraus folgt die Gleichheit der ersten mit der zweiten, der dritten mit der vierten und der fünften mit der sechsten Komponente. Wir haben somit nur drei verschiedene Elastizitätsmoduln.[1]) Die freie Energie kubischer Kristalle hat die Form

$$F = \frac{1}{2}\lambda_{xxxx}(u_{xx}^2 + u_{yy}^2 + u_{zz}^2) + \lambda_{xxyy}(u_{xx}u_{yy} + u_{xx}u_{zz} + u_{yy}u_{zz}) + 2\lambda_{xyxy}(u_{xy}^2 + u_{xz}^2 + u_{yz}^2). \tag{10,10}$$

Wir schreiben noch einmal die Zahl der unabhängigen Parameter (Elastizitätsmoduln und Winkel, durch die die Orientierung der Achsen im Kristall festgelegt wird) für die Klassen der verschiedenen Systeme auf:

| | |
|---|---|
| triklin | 21 |
| monoklin | 13 |
| rhombisch | 9 |
| tetragonal ($C_4$, $S_4$, $C_{4h}$) | 7 |
| tetragonal ($C_{4v}$, $D_{2d}$, $D_4$, $D_{4h}$) | 6 |
| rhomboedrisch ($C_3$, $S_6$) | 7 |
| rhomboedrisch ($C_{3v}$, $D_3$, $D_{3d}$) | 6 |
| hexagonal | 5 |
| kubisch | 3 |

Die minimale Zahl der von Null verschiedenen Moduln, die man durch geeignete Wahl der Koordinatenachsen erreichen kann, ist für die Systeme (unabhängig von ihren Klassen) gleich:

| | |
|---|---|
| triklin | 18 |
| monoklin | 12 |
| rhombisch | 9 |
| tetragonal | 6 |
| rhomboedrisch | 6 |
| hexagonal | 5 |
| kubisch | 3 |

Alle Betrachtungen beziehen sich natürlich auf Einkristalle. Dagegen können wir polykristalline Körper, die aus genügend kleinen Kristalliten bestehen, als isotrope Körper betrachten (da wir uns für die Deformation in solchen Gebieten interessieren, die groß sind im Vergleich zu den Dimensionen der Kristallite). Wie ein jeder isotroper Körper wird ein Polykristall nur durch zwei Elastizitätsmoduln charakterisiert. Auf den ersten Blick könnte man annehmen, daß man diese Moduln aus den Elastizitätsmoduln der

[1]) In den kubischen Klassen $\boldsymbol{T}$ und $\boldsymbol{T}_d$ gibt es keine Achsen 4. Ordnung. Das oben angegebene Resultat erhält man, indem man Drehungen um die Achsen 3. Ordnung betrachtet, welche die Achsen zweiter Ordnung $x$, $y$, $z$ ineinander überführen.

einzelnen Kristallite durch einfache Mittelung erhalten kann. Tatsächlich ist das aber nicht der Fall. Wenn man die Deformation eines Polykristalls als das Resultat der Deformationen der einzelnen Polykristallite betrachtet, müßte man prinzipiell die Gleichgewichtsbedingung für all diese Kristallite unter Berücksichtigung der entsprechenden Randbedingungen an den Trennflächen lösen. Man sieht hieraus, daß der Zusammenhang zwischen den Elastizitätseigenschaften des Kristalls als Ganzes und den Eigenschaften der einzelnen Kristallite abhängt von der konkreten Form der Kristallite und von der Korrelation zwischen ihren gegenseitigen Orientierungen. Zwischen den Elastizitätsmoduln der Polykristalle und denen der Einkristalle (des gleichen Stoffes) besteht daher kein einfacher Zusammenhang.

Nur bei schwacher Anisotropie der Elastizitätseigenschaften des Einkristalls können die Moduln eines isotropen Polykristalls aus den monokristallinen Moduln mit annehmbarer Genauigkeit berechnet werden.[1]) In erster Näherung kann man die Elastizitätsmoduln eines Polykristalls einfach dem „isotropen Teil" der Elastizitätsmoduln des Einkristalls gleichsetzen. Dann treten in der zweiten Näherung quadratische Glieder des kleinen „anisotropen Teils" dieser Moduln auf. Es zeigt sich, daß diese Korrekturglieder von der Form der Kristallite und von der Korrelation ihrer Orientierungen nicht abhängen und in allgemeiner Form berechnet werden können.[2])

Wir betrachten schließlich die *thermische Ausdehnung der Kristalle*. Isotrope Körper dehnen sich bei Erwärmung in allen Richtungen gleich aus, so daß der Verzerrungstensor bei einfacher Wärmeausdehnung folgende Form besitzt (siehe § 6):

$$u_{ik} = \frac{1}{3}\,\alpha(T - T_0)\,\delta_{ik}\,,$$

wobei $\alpha$ der Wärmeausdehnungskoeffizient ist. In Kristallen dagegen haben wir

$$u_{ik} = \frac{\alpha_{ik}}{3}\,(T - T_0)\,, \tag{10,11}$$

wo $\alpha_{ik}$ ein symmetrischer Tensor zweiter Stufe ist. Wir untersuchen die Zahl der unabhängigen Komponenten dieses Tensors in den verschiedenen Kristallsystemen. Es ist bequem, zu diesem Zweck die bekannte Tatsache zu benutzen, daß man einem jeden symmetrischen Tensor zweiter Stufe ein *Tensorellipsoid* zuordnen kann.[3]) Aus Symmetriegründen folgt unmittelbar, daß das Ellipsoid bei trikliner, monokliner und rhombischer Symmetrie im allgemeinen dreiachsig ist (d. h., die Längen aller Achsen sind verschieden). Dagegen haben wir bei tetragonaler, rhomboedrischer und hexagonaler Symmetrie ein Rotationsellipsoid (entsprechend mit den Symmetrieachsen $C_4$, $C_3$ bzw. $C_6$ als Rotationsachsen). Die kubische Symmetrie führt schließlich zur Entartung des Ellipsoids in eine Kugel. Ein dreiachsiges Ellipsoid wird durch drei unabhängige Größen charakterisiert, ein Rotationsellipsoid durch zwei und eine Kugel durch eine Größe (Radius). Somit ist die Anzahl der unabhängigen Komponenten des Tensors $\alpha_{ik}$ in den verschiedenen Kristallsystemen:

| | |
|---|---|
| triklin, monoklin, rhombisch | 3 |
| tetragonal, rhomboedrisch, hexagonal | 2 |
| kubisch | 1 |

---

[1]) Die Differenz $\lambda_{xxxx} - \lambda_{xxyy} - 2\lambda_{xyxy}$ stellt ein Maß für die Anisotropie elastischer Eigenschaften kubischer Kristalle dar; wenn sie verschwindet, führt (10,9) auf den Ausdruck für die elastische Energie eines isotropen Körpers (4,3).

[2]) Siehe I. M. Lifschitz u. L. N. Rosenzweig, J. exper. theoret. Phys. **16** (1946), 967.

[3]) Ein Tensorellipsoid ist durch die Gleichung $\alpha_{ik}x_i x_k = 1$ definiert.

Kristalle der ersten drei Systeme nennt man *zweiachsige*, die der nächsten drei *einachsige*. Die Wärmeausdehnung kubischer Kristalle wird durch nur eine Größe charakterisiert, d. h., kubische Kristalle verhalten sich bezüglich der Wärmeausdehnung wie isotrope Körper.

## Aufgaben

1. Man drücke die elastische Energie eines hexagonalen Kristalls mit Hilfe der elastischen Moduln $\lambda_{iklm}$ in den Koordinaten $x, y, z$ aus (die $x$-Achse falle mit der Achse sechster Ordnung zusammen).

Lösung. Bei beliebigen nichtorthogonalen Koordinatentransformationen müssen kontra- und kovariante Komponenten von Vektoren und Tensoren unterschieden werden. Die ersteren werden wie die Koordinatendifferentiale $dx^i$, bei linearen Transformationen also wie die Koordinaten $x^i$ selbst, transformiert. (Es ist üblich, sie mit hochgestellten Indizes zu bezeichnen.) Kovariante Komponenten (die man mit tiefgestellten Indizes bezeichnet) transformieren sich wie die Differentialoperatoren $\partial/\partial x^i$. Die skalare Größe (10,1) muß dann in der Form

$$F = \frac{1}{2}\lambda_{iklm}u^{ik}u^{lm}$$

geschrieben werden. Die in den Gleichungen (10,8—9) auftretenden Größen $u_{ik}$ transformieren sich wie kontravariante Komponenten. Um einen Zusammenhang zwischen den Tensorkomponenten $\lambda_{iklm}$ in den Koordinaten $\xi$, $\eta$, $z$ bzw. $x$, $y$, $z$ aufstellen zu können, müssen diese als kovariante Komponenten betrachtet werden (in kartesischen Koordinaten fallen natürlich kontra- und kovariante Komponenten zusammen). Aus der Definition der komplexen Koordinaten $\xi$, $\eta$ ergibt sich

$$\frac{\partial}{\partial x} = \frac{\partial}{\partial \xi} + \frac{\partial}{\partial \eta}, \qquad \frac{\partial}{\partial y} = i\left(\frac{\partial}{\partial \xi} - \frac{\partial}{\partial \eta}\right).$$

Indem wir die Komponenten $\lambda_{iklm}$ wie Produkte dieser Operatoren transformieren, finden wir

$$\lambda_{xxxx} = \lambda_{yyyy} = 4\lambda_{\xi\eta\xi\eta} + 2\lambda_{\xi\xi\eta\eta}, \qquad \lambda_{xyxy} = 2\lambda_{\xi\xi\eta\eta}, \qquad \lambda_{xxyy} = 4\lambda_{\xi\eta\xi\eta} - 2\lambda_{\xi\xi\eta\eta},$$

$$\lambda_{xxzz} = \lambda_{yyzz} = 2\lambda_{\xi\eta zz}, \qquad \lambda_{xzxz} = \lambda_{yzyz} = 2\lambda_{\xi z\eta z}.$$

Ausgedrückt durch diese Moduln, hat die freie Energie (10,9) die Form

$$F = \frac{1}{2}\lambda_{xxxx}(u_{xx} + u_{yy})^2 + \frac{1}{2}\lambda_{zzzz}u_{zz}^2 + \lambda_{xxzz}(u_{xy} + u_{yy})\,u_{zz}$$
$$+ 2\lambda_{xzxz}(u_{xz}^2 + u_{yz}^2) + (\lambda_{xxxx} - \lambda_{xxyy})\,(u_{xy}^2 - u_{xx}u_{yy}).$$

2. Man bestimme die Richtungsabhängigkeit des Elastizitätsmoduls eines kubischen Kristalls.

Lösung. Wir legen die Koordinatenachsen in die drei Achsen vierter Ordnung des kubischen Kristalls. Die Achse eines aus dem Kristall ausgeschnittenen Stabes möge die Richtung des Einheitsvektors $\boldsymbol{n}$ haben. Der Spannungstensor $\sigma_{ik}$ muß im einfachen Dehnungsversuch folgenden Bedingungen genügen: Seine Multiplikation mit $n_i$ muß die parallel zu $\boldsymbol{n}$ gerichtete Dehnungskraft liefern (diese Bedingung muß an den Grundflächen des gedehnten Stabes erfüllt sein), und bei seiner Multiplikation mit einem zu $\boldsymbol{n}$ orthogonalen Vektor muß das Produkt verschwinden (diese Bedingung gilt für die Seitenfläche des Stabes). Ein solcher Tensor muß die Form $\sigma_{ik} = pn_in_k$ haben, wo $p$ die Dehnungskraft pro Einheit der Grundflächen ist. Wenn wir die Komponenten $\sigma_{ik}$ mit Hilfe des Ausdrucks (10,10) für die freie Energie berechnen[1]) und sie mit $\sigma_{ik} = pn_in_k$ vergleichen, erhalten wir für die Komponenten des Verzerrungstensors

$$u_{xx} = p\frac{(c_1 + 2c_2)\,n_x^2 - c_2}{(c_1 - c_2)\,(c_1 + 2c_2)}, \qquad u_{xy} = p\frac{n_xn_y}{2c_3}.$$

---

[1]) Bei der Berechnung von $\sigma_{ik}$ muß man folgendes berücksichtigen: Wenn man zur Berechnung nicht unmittelbar die Beziehung $\sigma_{ik} = \lambda_{iklm}u_{lm}$ benutzt, sondern den konkreten Ausdruck für die freie Energie nach den Komponenten des Tensors $u_{ik}$ differenziert, so liefern die Ableitungen nach $u_{ik}$ mit $i \neq k$ den zweifachen Wert der entsprechenden Komponenten $\sigma_{ik}$. Das hängt damit zusammen, daß die Ausdrücke $\sigma_{ik} = \partial F/\partial u_{ik}$ im Grunde genommen nur in der Form $dF = \sigma_{ik}\,du_{ik}$ einen Sinn besitzen; die Summe $\sigma_{ik}\,du_{ik}$ aber enthält die Glieder mit den Differentialen $du_{ik}$ jeder der Komponenten mit $i \neq k$ des symmetrischen Tensors $u_{ik}$ zweifach.

Analoge Ausdrücke erhalten wir für die übrigen $u_{ik}$; hier sind folgende Bezeichnungen eingeführt: $\lambda_{xxxx} = c_1$, $\lambda_{xxyy} = c_2$, $\lambda_{xyxy} = c_3$. Die relative longitudinale Verlängerung des Stabes ist $u = (\mathrm{d}l' - \mathrm{d}l)/\mathrm{d}l$, wo $\mathrm{d}l'$ durch den Ausdruck (1,2) gegeben ist; außerdem gilt $\mathrm{d}x_i/\mathrm{d}l = n_i$. Das liefert für kleine Deformationen $u = u_{ik}n_in_k$. Den Elastizitätsmodul erhält man aus dem Proportionalitätsfaktor in $p = Eu$:

$$\frac{1}{E} = \frac{c_1 + c_2}{(c_1 + 2c_2)(c_1 - c_2)} + \left(\frac{1}{c_3} - \frac{2}{c_1 - c_2}\right)(n_x^2n_y^2 + n_x^2n_z^2 + n_y^2n_z^2).$$

$E$ nimmt in Richtung der Kanten (Koordinatenachsen) und in Richtung der räumlichen Diagonalen des Kubus Extremwerte an.

Auf den Kanten beträgt der Elastizitätsmodul

$$E = \frac{(c_1 + 2c_2)(c_1 - c_2)}{c_1 + c_2}.$$

Dabei ist die Querkompression des Stabes $u_{xx} = u_{yy} = -\sigma u_{zz} = -\sigma u$, wobei die Größe $\sigma = c_2/(c_1 + c_2)$ die Rolle des POISSON-Koeffizienten spielt. Entsprechend dem Ergebnis der vorangehenden Aufgabe gilt die Ungleichung

$$-1 < \sigma < \frac{1}{2}.$$

# II GLEICHGEWICHT VON STÄBEN UND PLATTEN

## § 11. Energie einer gebogenen Platte

In diesem Kapitel untersuchen wir einige Spezialfälle deformierter Körper im Gleichgewicht und beginnen mit der Betrachtung der Deformation dünner Platten. Wenn wir von *dünnen Platten* sprechen, meinen wir, daß die Stärke der Platte klein ist im Vergleich zu den übrigen beiden Dimensionen. Die Deformationen seien wiederum klein. Im vorliegenden Falle bedeutet das Kleinheit der Verschiebungen der Plattenpunkte im Vergleich zur Plattenstärke.

Die allgemeinen Gleichgewichtsbedingungen vereinfachen sich wesentlich, wenn man sie auf dünne Platten anwendet. Es ist jedoch einfacher, diese Gleichungen direkt aus der Variation des Ausdrucks für die freie Energie der gebogenen Platte zu erhalten, als sie aus den allgemeinen Gleichungen abzuleiten.

Bei der Verbiegung wird die Platte an einigen Stellen komprimiert, an anderen dagegen gedehnt. Die Dehnung tritt offensichtlich auf der konvexen Seite der Platte auf, mit wachsender Tiefe nimmt diese Dehnung allmählich ab, verschwindet schließlich, und in den tiefer gelegenen Schichten der Platte beginnt eine allmählich wachsende Kompression. Somit existiert im Innern der Platte eine *neutrale Fläche*, in der keine Spannungen auftreten, während die Deformation in den beiden an diese Flächen angrenzenden Gebieten ein entgegengesetztes Vorzeichen hat. Die „neutrale“ Fläche liegt offensichtlich in der mittelsten Plattenschicht.

Wir legen den Koordinatenursprung in irgendeinen Punkt der „neutralen“ Fläche und die $z$-Achse in Richtung der Normalen dieser Fläche. Die $xy$-Ebene liegt dann in der Ebene der nichtdeformierten Platte. Wir bezeichnen die vertikale Verschiebung der Punkte auf der „neutralen“ Fläche mit $\zeta$ (Abb. 2). Die Komponenten der Verschiebung dieser Punkte in der $xy$-Ebene sind, verglichen mit $\zeta$, offensichtlich klein von zweiter Ordnung und können daher vernachlässigt werden. Der Verschiebungsvektor der „neutralen“ Fläche ist somit

$$u_x^{(0)} = u_y^{(0)} = 0\,, \qquad u_z^{(0)} = \zeta(x, y)\,. \tag{11,1}$$

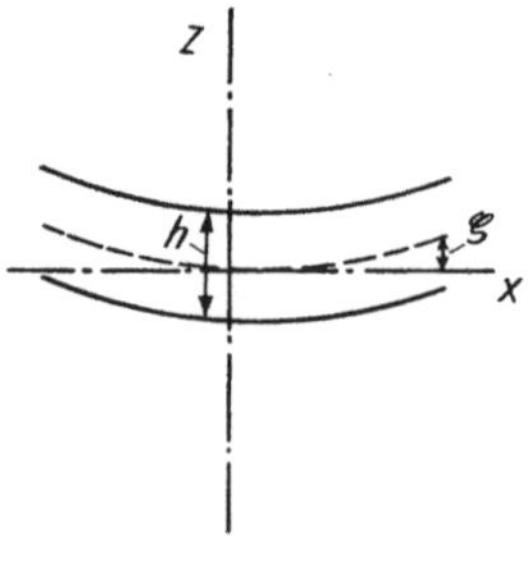


Abb. 2

Über die Spannungen in der deformierten Platte muß noch folgendes gesagt werden. Da die Platte dünn ist, brauchen zur Verbiegung an ihre Oberfläche nur relativ kleine Kräfte angelegt zu werden. Diese Kräfte werden in jedem Falle wesentlich kleiner sein als die inneren Spannungen, die in der Platte infolge der Dehnungen und Kompressionen auftreten. Man kann daher in den Randbedingungen (2,9) die Kräfte $P_i$ vernachlässigen, so daß $\sigma_{ik}n_k = 0$ verbleibt. Da die Biegung der Platte klein ist, kann man annehmen, daß die Normale $\boldsymbol{n}$ in Richtung der $z$-Achse zeigt. Somit müssen an beiden Flächen der Platte die Gleichungen

$$\sigma_{xz} = \sigma_{yz} = \sigma_{zz} = 0$$

erfüllt sein. Da aber die Platte dünn ist, folgt aus dem Verschwinden dieser Größen auf beiden Plattenseiten ihre Kleinheit im Platteninnern. Wir kommen damit zu dem Schluß, daß die Komponenten $\sigma_{xz}$, $\sigma_{yz}$, $\sigma_{zz}$ im gesamten Plattengebiet klein sind im Vergleich zu den übrigen Komponenten des Spannungstensors. Wir können sie daher vernachlässigen und aus dieser Bedingung die Komponenten des Verzerrungstensors bestimmen.

Aus den allgemeinen Beziehungen (5,13) folgt

$$\left.\begin{aligned} \sigma_{zx} &= \frac{E}{1+\sigma}\, u_{zx}\,, \qquad \sigma_{zy} = \frac{E}{1+\sigma}\, u_{zy}\,, \\ \sigma_{zz} &= \frac{E}{(1+\sigma)(1-2\sigma)}\left[(1-\sigma)\, u_{zz} + \sigma(u_{xx}+u_{yy})\right]. \end{aligned}\right\} \tag{11,2}$$

Wir fordern, daß alle diese Komponenten verschwinden. Indem wir noch $u_{ik} = \frac{1}{2}\left(\frac{\partial u_i}{\partial x_k} + \frac{\partial u_k}{\partial x_i}\right)$ einsetzen, folgt

$$\frac{\partial u_x}{\partial z} = -\frac{\partial u_z}{\partial x}\,, \qquad \frac{\partial u_y}{\partial z} = -\frac{\partial u_z}{\partial y}\,, \qquad u_{zz} = -\frac{\sigma}{1-\sigma}\,(u_{xx}+u_{yy})\,.$$

In den beiden ersten Gleichungen kann man für $u_z$ mit genügender Genauigkeit $\zeta(x, y)$ setzen:

$$\frac{\partial u_x}{\partial z} = -\frac{\partial \zeta}{\partial x}\,, \qquad \frac{\partial u_y}{\partial z} = -\frac{\partial \zeta}{\partial y}\,.$$

Es ist dann

$$u_x = -z\frac{\partial \zeta}{\partial x}\,, \qquad u_y = -z\frac{\partial \zeta}{\partial y}\,. \tag{11,3}$$

Die Integrationskonstanten sind gleich Null gesetzt, damit für $z = 0$ die Gleichungen $u_x = u_y = 0$ gelten. Wenn $u_x$, $u_y$ bekannt sind, können sämtliche Komponenten des Verzerrungstensors bestimmt werden:

$$\left.\begin{aligned} u_{xx} &= -z\frac{\partial^2 \zeta}{\partial x^2}\,, \qquad u_{yy} = -z\frac{\partial^2 \zeta}{\partial y^2}\,, \qquad u_{xy} = -z\frac{\partial^2 \zeta}{\partial x\,\partial y}\,, \\ u_{xz} &= u_{yz} = 0\,, \qquad u_{zz} = \frac{z\sigma}{1-\sigma}\left(\frac{\partial^2 \zeta}{\partial x^2} + \frac{\partial^2 \zeta}{\partial y^2}\right). \end{aligned}\right\} \tag{11,4}$$

Jetzt kann bereits mit Hilfe von (5,10) die freie Energie pro Volumeneinheit der Platte berechnet werden. Eine einfache Rechnung führt auf den Ausdruck

$$F = z^2 \frac{E}{1+\sigma} \left\{ \frac{1}{2(1-\sigma)} \left( \frac{\partial^2 \zeta}{\partial x^2} + \frac{\partial^2 \zeta}{\partial y^2} \right)^2 + \left[ \left( \frac{\partial^2 \zeta}{\partial x \, \partial y} \right)^2 - \frac{\partial^2 \zeta}{\partial x^2} \frac{\partial^2 \zeta}{\partial y^2} \right] \right\}. \tag{11,5}$$

Die Gesamtenergie der Platte erhält man durch Integration über ihr Volumen. Über $z$ wird in den Grenzen von $-h/2$ bis $h/2$ integriert, wo $h$ die Stärke der Platte ist, und die Integration über $x$, $y$ erfolgt über die Gesamtoberfläche der Platte. Wir erhalten dann die gesamte freie Energie $F_{\mathrm{Pl}} = \int F \, \mathrm{d}V$ der deformierten Platte in der Form

$$F_{\mathrm{Pl}} = \frac{Eh^3}{24(1+\sigma^2)} \int\int \left\{ \left( \frac{\partial^2 \zeta}{\partial x^2} + \frac{\partial^2 \zeta}{\partial y^2} \right)^2 + 2(1-\sigma) \left[ \left( \frac{\partial^2 \zeta}{\partial x \, \partial y} \right)^2 - \frac{\partial^2 \zeta}{\partial x^2} \frac{\partial^2 \zeta}{\partial y^2} \right] \right\} \mathrm{d}x \, \mathrm{d}y \,. \tag{11,6}$$

(Wegen der Kleinheit der Deformation kann man für das Flächenelement mit guter Genauigkeit $\mathrm{d}x \, \mathrm{d}y$ schreiben.)

Nachdem wir die freie Energie berechnet haben, können wir die Platte als unendlich dünn, d. h. als geometrische Fläche betrachten, da uns jetzt nicht die Verteilung der Deformation im Innern der Platte, sondern ihre Form, die sie unter der Einwirkung äußerer Kräfte annimmt, interessiert. Die Größe $\zeta$ stellt dann die Verschiebung der Plattenpunkte bei der Biegung der als Fläche betrachteten Platte dar.

## § 12. Die Gleichgewichtsbedingung für die Platte

Die Gleichgewichtsbedingung für die Platte kann man erhalten, indem man das Minimum der freien Energie aufsucht. Dazu müssen wir die Variation des Ausdrucks (11,6) berechnen.

Wir zerlegen das Integral in (11,6) in zwei Glieder und variieren jedes von ihnen einzeln. Das erste Integral kann in der Form

$$\int (\Delta\zeta)^2 \, \mathrm{d}f$$

geschrieben werden, wobei $\mathrm{d}f = \mathrm{d}x \, \mathrm{d}y$ das Flächenelement und $\Delta$ hier (und überall in den §§ 12—14) der zweidimensionale LAPLACE-Operator ist. Die Variation dieses Integrals ist

$$\delta \frac{1}{2} \int (\Delta\zeta)^2 \, \mathrm{d}f = \int \Delta\zeta \, \Delta \, \delta\zeta \, \mathrm{d}f = \int \Delta\zeta \, \mathrm{div} \, \mathrm{grad} \, \delta\zeta \, \mathrm{d}f$$

$$= \int \mathrm{div} \, (\Delta\zeta \, \mathrm{grad} \, \delta\zeta) \, \mathrm{d}f - \int \mathrm{grad} \, \delta\zeta \, \mathrm{grad} \, \Delta\zeta \, \mathrm{d}f \,.$$

Alle Vektoroperationen werden hier natürlich im zweidimensionalen Koordinatensystem $x$, $y$ durchgeführt. Das erste Integral auf der rechten Seite transformieren wir in ein Kurvenintegral, dessen Integrationsweg die Platte umschließt[1]):

$$\int \mathrm{div} \, (\Delta\zeta \, \mathrm{grad} \, \delta\zeta) \, \mathrm{d}f = \oint \Delta\zeta \, (\boldsymbol{n} \, \mathrm{grad} \, \delta\zeta) \, \mathrm{d}l = \oint \Delta\zeta \, \frac{\partial \, \delta\zeta}{\partial n} \, \mathrm{d}l \,,$$

wobei $\partial/\partial n$ die Ableitung in Richtung der äußeren Normalen zum Integrationsweg bezeichnet.

Das zweite Integral transformieren wir genauso und erhalten

$$\int \operatorname{grad} \delta\zeta \operatorname{grad} \Delta\zeta \, df = \int \operatorname{div} (\delta\zeta \operatorname{grad} \Delta\zeta) \, df - \int \delta\zeta \, \Delta^2\zeta \, df$$

$$= \oint \delta\zeta \, (\boldsymbol{n} \operatorname{grad}) \, \Delta\zeta \, dl - \int \delta\zeta \, \Delta^2\zeta \, df$$

$$= \oint \delta\zeta \frac{\partial \Delta\zeta}{\partial n} \, dl - \int \delta\zeta \, \Delta^2\zeta \, df .$$

Diese Ergebnisse setzen wir ein und erhalten für den ersten Teil der Variation

$$\delta \frac{1}{2} \int (\Delta\zeta)^2 \, df = \int \delta\zeta \, \Delta^2\zeta \, df - \oint \delta\zeta \frac{\partial \Delta\zeta}{\partial n} \, dl + \oint \Delta\zeta \frac{\partial \, \delta\zeta}{\partial n} \, dl . \tag{12,1}$$

Die Umformung der Variation des zweiten Integrals in (11,6) ist ein wenig umfangreicher. Hier ist es zweckmäßiger, die Transformation in Komponentenform durchzuführen:

$$\delta \int \left\{ \left( \frac{\partial^2\zeta}{\partial x \, \partial y} \right)^2 - \frac{\partial^2\zeta}{\partial x^2} \frac{\partial^2\zeta}{\partial y^2} \right\} df = \int \left\{ 2 \frac{\partial^2\zeta}{\partial x \, \partial y} \frac{\partial^2 \delta\zeta}{\partial x \, \partial y} - \frac{\partial^2\zeta}{\partial x^2} \frac{\partial^2 \delta\zeta}{\partial y^2} - \frac{\partial^2 \delta\zeta}{\partial x^2} \frac{\partial^2\zeta}{\partial y^2} \right\} df .$$

Den Integranden kann man in folgender Form schreiben:

$$\frac{\partial}{\partial x} \left( \frac{\partial \, \delta\zeta}{\partial y} \frac{\partial^2\zeta}{\partial x \, \partial y} - \frac{\partial \, \delta\zeta}{\partial x} \frac{\partial^2\zeta}{\partial y^2} \right) + \frac{\partial}{\partial y} \left( \frac{\partial \, \delta\zeta}{\partial x} \frac{\partial^2\zeta}{\partial x \, \partial y} - \frac{\partial \, \delta\zeta}{\partial y} \frac{\partial^2\zeta}{\partial x^2} \right),$$

d. h. als zweidimensionale Divergenz eines Vektors. Wir können daher die Variation über ein Kurvenintegral ausdrücken:

$$\delta \int \left\{ \left( \frac{\partial^2\zeta}{\partial x \, \partial y} \right)^2 - \frac{\partial^2\zeta}{\partial x^2} \frac{\partial^2\zeta}{\partial y^2} \right\} df = \oint dl \sin\theta \left\{ \frac{\partial \, \delta\zeta}{\partial x} \frac{\partial^2\zeta}{\partial x \, \partial y} - \frac{\partial \, \delta\zeta}{\partial y} \frac{\partial^2\zeta}{\partial x^2} \right\}$$
$$+ \oint dl \cos\theta \left\{ \frac{\partial \, \delta\zeta}{\partial y} \frac{\partial^2\zeta}{\partial x \, \partial y} - \frac{\partial \, \delta\zeta}{\partial x} \frac{\partial^2\zeta}{\partial y^2} \right\}, \tag{12,2}$$

wobei $\theta$ der Winkel zwischen der $x$-Achse und der Kurvennormalen ist (Abb. 3).

---

[1]) Der GAUSSsche Satz hat für zweifache Integrale genau die gleiche Form wie im dreidimensionalen Fall. Die Rolle des Volumenelements $dV$ spielt jetzt das Flächenelement $df$ (als Skalar), und anstelle des Flächenelements $df$ steht das Längenelement $dl$ des Flächenumfanges, multipliziert mit dem äußeren Normalenvektor $\boldsymbol{n}$ zur Linie $l$. Die Umformung des Flächenintegrals in ein Linienintegral geschieht durch die Substitution $df \frac{\partial}{\partial x_i} \to n_i \, dl$. Wenn z. B. $\varphi$ irgendeine skalare Größe ist, so gilt

$$\int \operatorname{grad} \varphi \, df = \oint \varphi \boldsymbol{n} \, dl .$$

Die Ableitungen von $\delta\zeta$ nach $x$ und $y$ drücken wir durch Ableitungen nach den Richtungen der Kurvennormalen $\boldsymbol{n}$ und der Kurventangente $\boldsymbol{l}$ mit Hilfe der Beziehungen

$$\frac{\partial}{\partial x} = \cos\theta\,\frac{\partial}{\partial n} - \sin\theta\,\frac{\partial}{\partial l}, \qquad \frac{\partial}{\partial y} = \sin\theta\,\frac{\partial}{\partial n} + \cos\theta\,\frac{\partial}{\partial l}$$

aus. Das Integral in (12,2) wird dann zu

$$\delta\iint\{\ldots\}\,\mathrm{d}f = \oint \mathrm{d}l\,\frac{\partial\,\delta\zeta}{\partial n}\left\{2\sin\theta\cos\theta\,\frac{\partial^2\zeta}{\partial x\,\partial y} - \sin^2\theta\,\frac{\partial^2\zeta}{\partial x^2} - \cos^2\theta\,\frac{\partial^2\zeta}{\partial y^2}\right\}$$

$$+\oint \mathrm{d}l\,\frac{\partial\,\delta\zeta}{\mathrm{d}l}\left\{\sin\theta\cos\theta\left(\frac{\partial^2\zeta}{\partial y^2} - \frac{\partial^2\zeta}{\partial x^2}\right) + (\cos^2\theta - \sin^2\theta)\,\frac{\partial^2\zeta}{\partial x\,\partial y}\right\}.$$

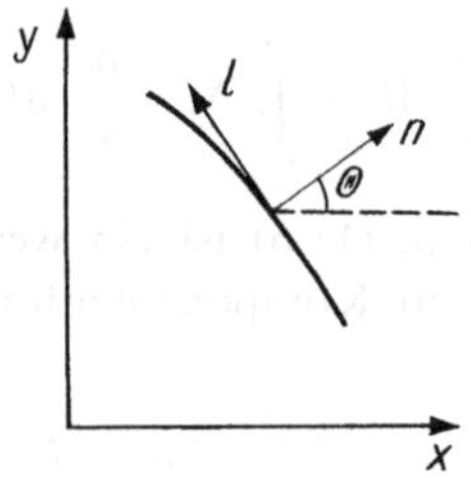


Abb. 3

Das zweite Integral kann man partiell integrieren. Da über einen geschlossenen Weg integriert wird, fallen die Integrationsgrenzen in einem Punkt zusammen, und wir erhalten

$$-\oint \mathrm{d}l\,\delta\zeta\,\frac{\partial}{\partial l}\left\{\sin\theta\cos\theta\left(\frac{\partial^2\zeta}{\partial y^2} - \frac{\partial^2\zeta}{\partial x^2}\right) + (\cos^2\theta - \sin^2\theta)\,\frac{\partial^2\zeta}{\partial x\,\partial y}\right\}.$$

Jetzt summieren wir alle Glieder, und mit den richtigen Koeffizienten nach (11,6) erhalten wir folgenden endgültigen Ausdruck für die Variation der freien Energie:

$$\delta F_{\mathrm{Pl}} = D\left\{\iint \Delta^2\zeta\,\delta\zeta\,\mathrm{d}f - \oint \delta\zeta\,\mathrm{d}l\right.$$

$$\times\left[\frac{\partial\Delta\zeta}{\partial n} + (1-\sigma)\,\frac{\partial}{\partial l}\left(\sin\theta\cos\theta\left(\frac{\partial^2\zeta}{\partial y^2} - \frac{\partial^2\zeta}{\partial x^2}\right) + (\cos^2\theta - \sin^2\theta)\,\frac{\partial^2\zeta}{\partial x\,\partial y}\right)\right]$$

$$\left. + \oint \frac{\partial\,\delta\zeta}{\partial n}\,\mathrm{d}l\left[\Delta\zeta + (1-\sigma)\left(2\sin\theta\cos\theta\,\frac{\partial^2\zeta}{\partial x\,\partial y} - \sin^2\theta\,\frac{\partial^2\zeta}{\partial x^2} - \cos^2\theta\,\frac{\partial^2\zeta}{\partial y^2}\right)\right]\right\} \tag{12,3}$$

mit

$$D = \frac{Eh^3}{12(1-\sigma^2)}. \tag{12,4}$$

Um hieraus die Gleichgewichtsbedingung der Platte zu erhalten, muß man die Summe aus der Variation $\delta F$ und der Variation $\delta U$ der potentiellen Energie der Platte, die durch die Wirkung äußerer Kräfte bedingt ist, zum Verschwinden bringen. Letztere Variation ist gleich der Arbeit der äußeren Kräfte bei einer Verschiebung der Platte, nur mit entgegengesetztem Vorzeichen. Es sei $P$ die auf die Flächeneinheit der Platte wirkende und in Richtung der Normalen zur Oberfläche zeigende äußere Kraft.[1]) Die von diesen Kräften bei einer Verschiebung der Plattenpunkte um $\delta\zeta$ geleistete Arbeit ist

$$\int P\,\delta\zeta\,\mathrm{d}f\,.$$

Somit ist die Bedingung für das Minimum der gesamten freien Energie der Platte

$$\delta F_{\mathrm{Pl}} - \int P\,\delta\zeta\,\mathrm{d}f = 0\,.$$

Auf der linken Seite dieser Gleichung stehen sowohl Flächen- als auch Kurvenintegrale. Das Flächenintegral ist

$$\int \{D\,\Delta^2\zeta - P\}\,\delta\zeta\,\mathrm{d}f\,.$$

Die Variation $\delta\zeta$ ist in diesem Integral beliebig. Es verschwindet daher, wenn der Koeffizient bei $\delta\zeta$ verschwindet:

$$D\,\Delta^2\zeta - P = 0\,. \tag{12,5}$$

Das also ist die Gleichgewichtsbedingung einer durch äußere Kräfte gebogenen Platte. Den Koeffizienten $D$ in dieser Gleichung nennt man Biegesteifigkeit der Platte oder zylindrische Steifigkeit.

Die Randbedingungen für diese Gleichung erhält man aus der Forderung nach dem Verschwinden der Kurvenintegrale (12,3). Dabei muß man verschiedene Spezialfälle betrachten. Ein Teil des Plattenrandes sei kräftefrei. Dann sind die Variationen $\delta\zeta$ und $\delta\,\partial\zeta/\partial n$ auf diesem Rand beliebig. Es müssen daher die Koeffizienten bei diesen Variationen im Kurvenintegral verschwinden. Das führt auf die Gleichungen

$$-\frac{\partial\,\Delta\zeta}{\partial n} + (1-\sigma)\,\frac{\partial}{\partial l}\left\{\cos\theta\,\sin\theta\left(\frac{\partial^2\zeta}{\partial x^2} - \frac{\partial^2\zeta}{\partial y^2}\right) + (\sin^2\theta - \cos^2\theta)\,\frac{\partial^2\zeta}{\partial x\,\partial y}\right\} = 0\,, \tag{12,6}$$

$$\Delta\zeta + (1-\sigma)\left\{2\sin\theta\cos\theta\,\frac{\partial^2\zeta}{\partial x\,\partial y} - \sin^2\theta\,\frac{\partial^2\zeta}{\partial x^2} - \cos^2\theta\,\frac{\partial^2\zeta}{\partial y^2}\right\} = 0\,, \tag{12,7}$$

die auf dem gesamten kräftefreien Rand der Platte erfüllt sein müssen.

Die Randbedingungen (12,6) und (12,7) sind kompliziert. Wesentlich einfacher sind die Fälle, in denen die Plattenränder eingespannt oder gestützt sind. Eingespannte Plattenränder (Abb. 4a)) können nicht vertikal verschoben werden, ja, sie können nicht einmal

a)

b)

Abb. 4

[1]) Die Kraft $P$ kann hier als Resultat der Wirkung von Volumenkräften (z. B. Gravitationskraft) auftreten und ist dann gleich dem Integral der letzteren über die Plattenstärke.

ihre Richtung ändern. Der Winkel, um den sich ein bestimmtes Randgebiet bezüglich seines Anfangszustandes dreht, ist (bei kleinen Verschiebungen $\zeta$) gleich der Ableitung $\partial\zeta/\partial n$. Somit verschwinden die Variationen $\partial\zeta$ und $\delta\,\partial\zeta/\partial n$ im eingespannten Randgebiet, so daß die Kurvenintegrale in (12,3) identisch verschwinden. Die Randbedingungen haben in diesem Falle die einfache Form

$$\zeta = 0\,, \qquad \frac{\partial\zeta}{\partial n} = 0\,. \tag{12,8}$$

Die erste Gleichung drückt die Tatsache aus, daß die Plattenränder bei der Deformation keine vertikale Verschiebung erfahren. Die zweite Gleichung besagt, daß die horizontale Randrichtung unverändert bleibt.

Man kann leicht die Reaktionskräfte bestimmen, die von seiten der Stütze in den Befestigungspunkten der Platte angreifen. Diese Kräfte sind den Kräften, die von seiten der Platte auf die Stütze wirken, entgegengesetzt gleich. Die in einer bestimmten Richtung wirkende Kraft ist aber gleich der Ableitung der Energie nach den Koordinaten dieser Richtung. So ist die Kraft, mit der die Platte auf die Stütze wirkt, gleich der Ableitung der Energie nach der negativen Verschiebung $\zeta$ des Plattenrandes, während die rückwirkende Reaktionskraft sich nur durch das Vorzeichen von jener Kraft unterscheidet. Diese Ableitung ist aber gleich dem Koeffizienten bei $\delta\zeta$ im zweiten Integral auf der rechten Seite von (12,3). Somit ist die auf eine Längeneinheit des Randes bezogene Reaktionskraft gleich dem Ausdruck auf der linken Seite der Gleichung (12,6) (welcher jetzt natürlich nicht verschwindet), multipliziert mit $D$. Analog ist das Drehmoment der Reaktionskräfte gleich dem Ausdruck auf der linken Seite der Gleichung (12,7), multipliziert mit dem gleichen Faktor. Das folgt unmittelbar aus der bekannten Tatsache, daß das Drehmoment einer Kraft gleich der Ableitung der Energie nach dem Drehwinkel ist. Der Drehwinkel des Plattenrandes ist aber gleich der Ableitung $\partial\zeta/\partial n$, so daß das entsprechende Drehmoment durch den Koeffizienten bei $\delta\,\partial\zeta/\partial n$ im dritten Integral auf der rechten Seite von (12,3) gegeben wird. Wegen der Bedingungen (12,8) vereinfachen sich beide Ausdrücke (Kraft und Drehmoment) wesentlich. Denn da $\zeta$ und $\partial\zeta/\partial n$ entlang des gesamten Plattenrandes gleich Null sind, verschwinden auch ihre sämtlichen Ableitungen in Richtung der Tangente $\boldsymbol{l}$. Geht man unter Berücksichtigung dieses Umstandes in (12,6) und (12,7) von den Ableitungen nach $x$ und $y$ zu den Ableitungen nach $\boldsymbol{n}$ und $\boldsymbol{l}$ über, so erhält man folgende einfachen Ausdrücke für die Reaktionskraft $F$ und das Drehmoment $M$ an der Stütze:

$$F = -D\left[\frac{\partial^3\zeta}{\partial n^3} + \sigma\,\frac{\partial\theta}{\partial l}\,\frac{\partial^2\zeta}{\partial n^2}\right], \tag{12,9}$$

$$M = D\,\frac{\partial^2\zeta}{\partial n^2}\,. \tag{12,10}$$

Ein anderer wichtiger Fall ist der, daß die Platte an den Rändern nur unbeweglich gestützt, aber nicht eingespannt ist (Abb. 4b)). Auch hier gibt es keine Verschiebung der Randpunkte, die Randrichtung dagegen bleibt nicht mehr unverändert. Dementsprechend kann im Kurvenintegral (12,3)

$$\delta\zeta = 0$$

gesetzt werden. Es gilt jedoch

$$\delta \frac{\partial \zeta}{\partial n} \neq 0 .$$

Von den beiden Bedingungen (12,6) und (12,7) bleibt daher nur die zweite erhalten. Dagegen liefert die linke Seite in (12,6), wie im vorhergehenden Fall, die in den Stützpunkten der Platte wirkende Reaktionskraft (das Drehmoment verschwindet im Gleichgewicht). Die Randbedingung (12,7) vereinfacht sich, wenn man zu Ableitungen nach $\boldsymbol{n}$ und $\boldsymbol{l}$ übergeht und berücksichtigt, daß die Ableitungen $\partial\zeta/\partial l$ und $\partial^2\zeta/\partial l^2$ auf der gesamten Randkurve wegen $\zeta = 0$ verschwinden. Im Ergebnis erhalten die Randbedingungen die Form

$$\zeta = 0 , \qquad \frac{\partial^2 \zeta}{\partial n^2} + \sigma \frac{\partial \theta}{\partial l} \frac{\partial \zeta}{\partial n} = 0 . \qquad (12,11)$$

## Aufgaben

1. Man bestimme die Deformation einer runden, an den Rändern eingespannten Scheibe (vom Radius $R$), die sich in horizontaler Lage im Schwerefeld befinden möge.

Lösung. Wir legen den Ursprung der Polarkoordinaten ins Plattenzentrum. Die auf die Flächeneinheit der Scheibe wirkende Kraft ist $P = \varrho h g$. Die Gleichung (12,5) liest sich dann

$$\Delta^2 \zeta = 64\beta , \qquad \beta = \frac{3\varrho g(1-\sigma^2)}{16h^2 E} .$$

(Positive $\zeta$ entsprechen einer Verschiebung in Richtung der Schwerkraft.) Da $\zeta$ nur von $r$ abhängt, ist der Operator $\Delta$ in Polarkoordinaten $\Delta = \frac{1}{r}\frac{\mathrm{d}}{\mathrm{d}r}\left(r\frac{\mathrm{d}}{\mathrm{d}r}\right)$. Das allgemeine Integral der zu lösenden Gleichung lautet

$$\zeta = \beta r^4 + a r^2 + b + c r^2 \ln\frac{r}{R} + d \ln\frac{r}{R} .$$

Im gegebenen Falle muß man $d = 0$ setzen, da $\ln(r/R)$ bei $r = 0$ divergiert, ferner $c = 0$, weil dieses Glied in $\Delta\zeta$ bei $r = 0$ eine Singularität enthält. (Diese entspräche einer im Scheibenzentrum angreifenden Kraft; siehe Aufgabe 3.) Die Konstanten $a$ und $b$ erhält man aus den Randbedingungen $\zeta = 0$, $\mathrm{d}\zeta/\mathrm{d}r = 0$ bei $r = R$. Somit ergibt sich

$$\zeta = \beta(R^2 - r^2)^2 .$$

2. Das gleiche wie in Aufgabe 1 im Falle einer am Rande unterstützten Scheibe.

Lösung. Die Randbedingungen (12,11) haben für eine runde Scheibe die Form

$$\zeta = 0 , \qquad \frac{\mathrm{d}^2\zeta}{\mathrm{d}r^2} + \frac{\mathrm{d}\zeta}{\mathrm{d}r} = 0 .$$

Der Lösungsweg verläuft analog zu Aufgabe 1 und führt auf

$$\zeta = \beta(R^2 - r^2)\left(\frac{5+\sigma}{1+\sigma} R^2 - r^2\right).$$

3. Man bestimme die Deformation einer runden, am Rande eingespannten Scheibe, in deren Zentrum eine Kraft $f$ angreife.

Lösung. Außer im Koordinatenursprung gilt überall die Gleichung

$$\Delta^2 \zeta = 0 .$$

Die Integration liefert

$$\zeta = ar^2 + b + cr^2 \ln \frac{r}{R}$$

(das Glied mit ln $r$ ist wieder weggelassen). Auf die gesamte Scheibe wirkt die in ihrem Zentrum angreifende Kraft $f$; das Integral von $\Delta^2\zeta$ über die Scheibenfläche ist daher

$$2\pi \int_0^R r \, \Delta^2 \zeta \, dr = \frac{f}{D}.$$

Hieraus folgt

$$c = \frac{f}{8\pi D}.$$

Die Konstanten $a$ und $b$ werden aus den Randbedingungen bestimmt. Im Ergebnis haben wir

$$\zeta = \frac{f}{8\pi D}\left[\frac{1}{2}(R^2 - r^2) - r^2 \ln \frac{R}{r}\right].$$

4. Das gleiche wie in Aufgabe 3 für den Fall einer am Rande unterstützten Scheibe.

Lösung.

$$\zeta = \frac{f}{16\pi D}\left[\frac{3+\sigma}{1+\sigma}(R^2 - r^2) - 2r^2 \ln \frac{R}{r}\right].$$

5. Man bestimme die Deformation einer im Zentrum aufgehängten runden Scheibe im Schwerefeld.

Lösung. Die Gleichung für $\zeta$ und ihre allgemeine Lösung sind die gleichen wie in der Aufgabe 1. Da die Verschiebung im Zentrum $\zeta = 0$ ist, gilt $c = 0$. Die Konstanten $a$ und $b$ erhalten wir aus den Randbedingungen (12,6) und (12,7), welche bei Kreissymmetrie wie folgt aussehen:

$$\frac{d\,\Delta\zeta}{dr} = \frac{d}{dr}\left(\frac{d^2\zeta}{dr^2} + \frac{1}{r}\frac{d\zeta}{dr}\right) = 0, \qquad \frac{d^2\zeta}{dr^2} + \frac{\sigma}{r}\frac{d\zeta}{dr} = 0.$$

Wir erhalten dann

$$\zeta = \beta r^2\left[r^2 + 8R^2 \ln \frac{R}{r} + 2R^2 \frac{3+\sigma}{1+\sigma}\right].$$

6. Durch äußere Kräfte werde unter Überwindung der Oberflächenspannung vom Körper eine Schicht (von der Stärke $h$) abgespaltet. Bei vorgegebenen äußeren Kräften stellt sich ein Gleichgewicht bei bestimmter abgespalteter Fläche und bestimmter Form der abgespalteten Schicht ein (Abb. 5). Man leite die Beziehung zwischen der Oberflächenspannung und der Form der sich abspaltenden Plattenschicht ab.[1])

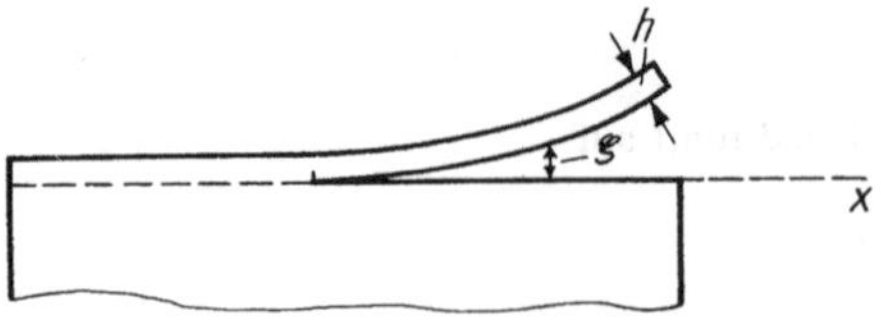


Abb. 5

[1]) Dieses Problem untersuchte I. W. Obreimow (1930) im Zusammenhang mit der von ihm entwickelten Methode zur Messung der Oberflächenspannung von Glimmer; die so durchgeführten Messungen waren die ersten direkten Messungen zur Bestimmung der Oberflächenspannung fester Körper.

Lösung. Wir betrachten die sich abspaltende Schicht als eine Platte, die in einem Rand (Rißlinie) befestigt ist. Das biegende Drehmoment ist durch (12,10) gegeben; die von diesem Drehmoment bei der Verlängerung des Rißgebietes um $\delta x$ geleistete Arbeit ist

$$M \frac{\partial \,\delta\zeta}{\partial x} = M\,\delta x \frac{\partial^2 \zeta}{\partial x^2} = D\left(\frac{\partial^2 \zeta}{\partial x^2}\right)^2 \delta x\,. \qquad (1)$$

(Die Arbeit der biegenden Kraft ist eine kleine Größe zweiter Ordnung.) Die Gleichgewichtsbedingung besagt, daß diese Arbeit der Änderung der Systemenergie gleich sein muß. Letztere setzt sich aus zwei Teilen zusammen. Es sind dies die Änderung der Oberflächenenergie und die Änderung der elastischen Energie der abgespalteten Plattenschicht aufgrund der Verlängerung ihres gebogenen Teiles. Die Änderung der Oberflächenenergie ist $2\alpha\,\delta x$, wobei $\alpha$ der Oberflächenspannungskoeffizient ist und der Faktor 2 das Auftreten von zwei freien Oberflächen berücksichtigt. Der zweite Teil der Energieänderung des Systems (die auf einen Plattenstreifen der Breite $\delta x$ entfallende Energie (11,6)) ist gleich

$$\frac{Eh^3}{24(1-\sigma^2)}\left(\frac{\partial^2 \zeta}{\partial x^2}\right)^2 \delta x\,,$$

d. h., er ist halb so groß wie die Arbeit (1). Damit erhalten wir

$$\alpha = \frac{D}{4}\left(\frac{\partial^2 \zeta}{\partial x^2}\right)^2 .$$

## § 13. Longitudinal deformierte Platten

Eine besondere Art der Deformation dünner Platten ist die longitudinale Deformation, d. h. eine Deformation in der Plattenebene, die zu keiner Biegung der Platte führt. Wir leiten die Gleichgewichtsbedingungen für solche Deformationen ab.

Bei genügend dünnen Platten kann die Deformation innerhalb der Plattenstärke als homogen betrachtet werden. Dabei hängt der Verzerrungstensor nur von $x$ und $y$ ab (die $xy$-Ebene liegt in der Plattenebene). Gewöhnlich wird eine longitudinale Deformation durch Kräfte hervorgerufen, die an den Plattenrändern angreifen, oder durch Volumenkräfte, die in der Plattenebene wirken. Die Randbedingungen auf beiden Plattenflächen haben dann die Form $\sigma_{ik}n_k = 0$ oder, da die Normale in $z$-Richtung zeigt, $\sigma_{iz} = 0$, d. h. $\sigma_{xz} = \sigma_{yz} = \sigma_{zz} = 0$. Diese Bedingungen bleiben innerhalb der im folgenden dargelegten genäherten Theorie auch dann in Kraft, wenn die äußeren Dehnungskräfte unmittelbar an den Flächen der Platte angreifen, da diese Kräfte im Vergleich zu den in der Platte auftretenden longitudinalen Spannungen ($\sigma_{xx}$, $\sigma_{yy}$, $\sigma_{xy}$) klein sein werden. Weil die Größen $\sigma_{xz}$, $\sigma_{yz}$, $\sigma_{zz}$ an den Flächen klein sind, sind sie auch innerhalb der gesamten Plattenstärke klein, und wir können sie im gesamten Plattenvolumen vernachlässigen.

Setzt man sie in den Ausdrücken (11,2) gleich Null, so erhält man

$$u_{zz} = -\frac{\sigma}{1-\sigma}(u_{xx} + u_{yy})\,, \qquad u_{xz} = u_{yz} = 0\,. \qquad (13,1)$$

Mit diesen Komponenten ergeben die Beziehungen (5,13) die nicht verschwindenden Komponenten des Spannungstensors:

$$\sigma_{xx} = \frac{E}{1-\sigma^2}(u_{xx} + \sigma u_{yy})\,, \qquad \sigma_{yy} = \frac{E}{1-\sigma^2}(u_{yy} + \sigma u_{xx})\,, \qquad (13,2)$$

$$\sigma_{xy} = \frac{E}{1+\sigma} u_{xy}\,.$$

Übrigens gehen diese Ausdrücke nach einer formalen Substitution

$$E \to \frac{E}{1-\sigma^2}, \qquad \sigma \to \frac{\sigma}{1-\sigma} \tag{13,3}$$

in Beziehungen zwischen den Spannungen $\sigma_{xx}$, $\sigma_{xy}$, $\sigma_{yy}$ und den Verzerrungen $u_{xx}$, $u_{yy}$, $u_{zz}$ bei ebener Deformation über ((5,13) mit $u_{zz} = 0$).

Nachdem wir die Verschiebung $u_z$ auf diese Weise eliminiert haben, können wir die Platte als ein zweidimensionales Medium (elastische Ebene) und den Vektor $\boldsymbol{u}$ als zweikomponentigen Vektor mit den Komponenten $u_x$ und $u_y$ betrachten. Sind jetzt $P_x$, $P_y$ die Komponenten der äußeren, auf die Flächeneinheit bezogenen Volumenkraft, so lauten die allgemeinen Gleichungen für das Gleichgewicht

$$h\left(\frac{\partial\sigma_{xx}}{\partial x} + \frac{\partial\sigma_{xy}}{\partial y}\right) + P_x = 0\,, \qquad h\left(\frac{\partial\sigma_{xy}}{\partial x} + \frac{\partial\sigma_{yy}}{\partial y}\right) + P_y = 0\,.$$

Mit (13,2) nehmen sie die Form

$$\left.\begin{aligned} Eh\left[\frac{1}{1-\sigma^2}\frac{\partial^2 u_x}{\partial x^2} + \frac{1}{2(1+\sigma)}\frac{\partial^2 u_x}{\partial y^2} + \frac{1}{2(1-\sigma)}\frac{\partial^2 u_y}{\partial x\,\partial y}\right] + P_x = 0\,, \\ Eh\left[\frac{1}{1-\sigma^2}\frac{\partial^2 u_y}{\partial y^2} + \frac{1}{2(1+\sigma)}\frac{\partial^2 u_y}{\partial x^2} + \frac{1}{2(1-\sigma)}\frac{\partial^2 u_x}{\partial x\,\partial y}\right] + P_y = 0 \end{aligned}\right\} \tag{13,4}$$

an. Man kann diese Gleichungen in Vektorform schreiben:

$$\operatorname{grad}\operatorname{div}\boldsymbol{u} - \frac{1-\sigma}{2}\operatorname{rot}\operatorname{rot}\boldsymbol{u} = -\boldsymbol{P}\frac{1-\sigma^2}{Eh}\,, \tag{13,5}$$

wobei sämtliche Vektoroperatoren zweidimensional sind.

Wenn keine Volumenkräfte wirken, geht (13,5) einfach in

$$\operatorname{grad}\operatorname{div}\boldsymbol{u} - \frac{1-\sigma}{2}\operatorname{rot}\operatorname{rot}\boldsymbol{u} = 0 \tag{13,6}$$

über. Die Gleichung unterscheidet sich von der entsprechenden Gleichung der ebenen Deformation eines in $z$-Richtung unbegrenzten Körpers (§ 7) nur durch den Koeffizienten (entsprechend (13,3)).[1]) Wie bei der ebenen Deformation kann man auch hier vermöge

$$\sigma_{xx} = \frac{\partial^2\chi}{\partial y^2}, \qquad \sigma_{xy} = \frac{\partial^2\chi}{\partial x\,\partial y}, \qquad \sigma_{yy} = \frac{\partial^2\chi}{x^2} \tag{13,7}$$

den Spannungstensor durch eine „Spannungsfunktion" ausdrücken, so daß die Gleichgewichtsbedingungen in der Form

$$\frac{\partial\sigma_{xx}}{\partial x} + \frac{\partial\sigma_{xy}}{\partial y} = 0\,, \qquad \frac{\partial\sigma_{yx}}{\partial x} + \frac{\partial\sigma_{yy}}{\partial y} = 0$$

---

[1]) Eine Deformation, die in der $z$-Richtung homogen ist und bei der im gesamten Körper $\sigma_{zx} = \sigma_{zy} = \sigma_{zz} = 0$ gilt, wird zuweilen als „ebener Spannungszustand" bezeichnet, im Gegensatz zu ebener Deformation, bei der überall im Körper $u_{zx} = u_{zy} = u_{zz} = 0$ ist.

identisch befriedigt sind. Die Spannungsfunktion genügt nach wie vor der biharmonischen Gleichung, denn für $\Delta\chi$ gilt die Beziehung

$$\Delta\chi = \sigma_{xx} + \sigma_{yy} = \frac{E}{1-\sigma}(u_{xx} + u_{yy}) = \frac{E}{1-\sigma}\operatorname{div}\boldsymbol{u},$$

welche sich nur durch einen Faktor von der entsprechenden Beziehung bei ebener Deformation unterscheidet.

Folgender Umstand ist noch bemerkenswert. Die Verteilung der Spannungen in der Platte, die durch vorgegebene Kräfte deformiert wird, welche an ihrem Rand angreifen, hängt nicht von den Elastizitätskonstanten des Stoffes ab. Diese Konstanten gehen tatsächlich weder in die biharmonische Gleichung für die Spannungsfunktion noch in die Beziehungen zwischen den Komponenten $\sigma_{ik}$ und der Spannungsfunktion (13,7) (und daher in die Randbedingungen) ein.

## Aufgaben

1. Man bestimme die Deformation einer ebenen Scheibe, die sich um die zentral gelegene zur Scheibenebene senkrechte Achse gleichförmig dreht.

Lösung. Die gesuchte Lösung unterscheidet sich von der Lösung der Aufgabe 5, § 7, für die ebene Deformation eines rotierenden Zylinders nur durch Werte der konstanten Koeffizienten. Die Radialverschiebung $u_r = u(r)$ ist durch den Ausdruck

$$u = \frac{\varrho\Omega^2(1-\sigma^2)}{8E}\, r\left(\frac{3+\sigma}{1+\sigma}R^2 - r^2\right)$$

gegeben, der bei der Substitution (13,3) in den Ausdruck der Aufgabe 5, § 7, übergeht.

2. Man bestimme die Deformation einer in einem Halbraum unendlichen Platte (mit geradlinigem Rand) unter der Wirkung einer konzentrierten Kraft, die in einem Punkt des Randes angreife und in der Plattenebene wirke.

Lösung. Wir führen Polarkoordinaten ein, wobei der Winkel in der Kraftrichtung beginnt; er durchläuft die Werte von $-(\pi/2 + \alpha)$ bis $\pi/2 - \alpha$, wenn $\alpha$ der Winkel zwischen der Kraftrichtung und der Richtung der Normalen zum Plattenrand ist (Abb. 6). In allen Punkten des kräftefreien Randes, ausgenommen den Angriffspunkt der Kraft (Koordinatenursprung), müssen folgende Bedingungen erfüllt sein: $\sigma_{\varphi\varphi} = \sigma_{r\varphi} = 0$. Unter Benutzung der Ausdrücke für $\sigma_{\varphi\varphi}$ und $\sigma_{r\varphi}$ aus Aufgabe 11, § 7, erhalten wir die Bedingungen, denen die Spannungsfunktion genügen muß:

$$\frac{\partial\chi}{\partial r} = \text{const}, \qquad \frac{1}{r}\frac{\partial\chi}{\partial\varphi} = \text{const} \quad \text{bei} \quad \varphi = -\left(\frac{\pi}{2}+\alpha\right), \left(\frac{\pi}{2}-\alpha\right).$$

Beide Bedingungen sind erfüllt für $\chi = rf(\varphi)$. Die biharmonische Gleichung

$$\left[\frac{1}{r}\frac{\partial}{\partial r}\left(r\frac{\partial}{\partial r}\right) + \frac{\partial^2}{\partial\varphi^2}\right]^2 \chi = 0$$

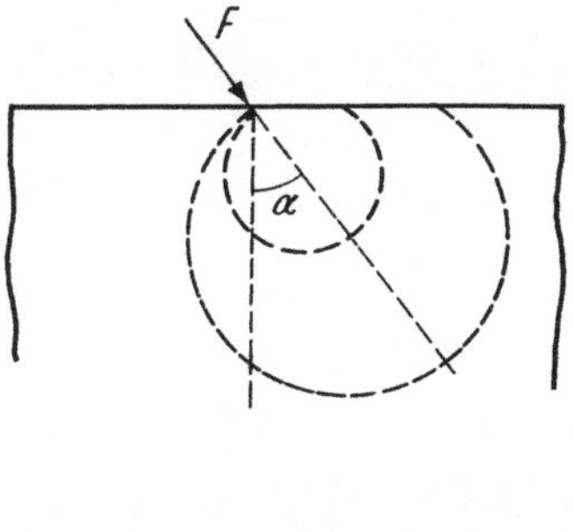


Abb. 6

liefert dann für $f(\varphi)$ Lösungen von der Form $\sin\varphi$, $\cos\varphi$, $\varphi\sin\varphi$, $\varphi\cos\varphi$. Davon sind die ersten beiden fiktiv, da sie zu identisch verschwindenden Spannungen führen. Den richtigen Wert für die im Koordinatenursprung angreifende Kraft liefert folgende Lösung:

$$\chi = -\frac{F}{\pi} r\varphi \sin\varphi, \qquad \sigma_{rr} = -\frac{2F}{\pi}\frac{\cos\varphi}{r}, \qquad \sigma_{r\varphi} = \sigma_{\varphi\varphi} = 0. \tag{1}$$

($F$ ist die auf eine Einheit der Plattenstärke bezogene Kraft.) Wenn man nämlich die Kräfte der inneren Spannungen auf die zu $\boldsymbol{F}$ parallelen und senkrechten Richtungen projiziert und über einen kleinen Halbkreis um den Koordinatenursprung (dessen Radius danach gegen Null strebt) integriert, so erhält man

$$\int\limits_{-\left(\frac{\pi}{2}+\alpha\right)}^{\frac{\pi}{2}-\alpha} \sigma_{rr}\cos\varphi\, r\, d\varphi = -F, \qquad \int\limits_{-\left(\frac{\pi}{2}+\alpha\right)}^{\frac{\pi}{2}-\alpha} \sigma_{rr}\sin\varphi\, r\, d\varphi = 0,$$

d. h. gerade solche Größen, welche durch die im Koordinatenursprung angreifende Kraft kompensiert werden.

Die Beziehungen in (1) liefern die gesuchte Spannungsverteilung. Sie trägt rein radialen Charakter: Auf ein beliebiges zum Radius orthogonales Flächenelement wirkt nur eine komprimierende Radialkraft. Linien gleicher Spannung sind Kreise $r = d\cos\varphi$, welche durch den Koordinatenursprung hindurchgehen und deren Zentren auf der Geraden liegen, in der die Kraft $\boldsymbol{F}$ wirkt (Abb. 6).

Die Komponenten des Verzerrungstensors sind

$$u_{rr} = \frac{\sigma_{rr}}{E}, \qquad u_{\varphi\varphi} = -\frac{\sigma}{E}\sigma_{rr}, \qquad u_{r\varphi} = 0.$$

Mittels Integration (mit Hilfe der Ausdrücke für $u_{ik}$ (1,8) in Polarkoordinaten) erhält man den Verschiebungsvektor

$$u_r = -\frac{2F}{\pi E}\cos\varphi \ln\frac{r}{a} - \frac{(1-\sigma)F}{\pi E}\varphi\sin\varphi,$$

$$u_\varphi = \frac{2\sigma F}{\pi E}\sin\varphi + \frac{2F}{\pi E}\ln\frac{r}{a}\sin\varphi + \frac{(1-\sigma)F}{\pi E}(\sin\varphi - \varphi\cos\varphi).$$

Die Integrationskonstanten sind so gewählt, daß eine Verschiebung (Translation oder Rotation) der Platte als Ganzes ausgeschlossen ist; es wird nämlich vorausgesetzt, daß ein vorgegebener (ansonsten beliebiger) Punkt auf der Wirkungslinie der Kraft im Abstand $a$ vom Koordinatenursprung unverschoben bleibt.

Mit Hilfe der so erhaltenen Lösung kann man die Lösung für eine beliebige Kraftverteilung am Plattenrand (vgl. § 8) konstruieren. Sie gilt natürlich nicht in unmittelbarer Umgebung vom Koordinatenursprung.

3. Man bestimme die Deformation einer unendlichen keilförmigen Platte (Winkel an der Spitze $2\alpha$), an deren Spitze eine Kraft angreife.

Lösung. Die Spannungsverteilung unterscheidet sich von der der vorhergehenden Aufgabe nur durch die Normierung. Wenn die Kraft parallel zur Mittellinie des Keils wirkt ($F_1$ in Abb. 7), gilt

$$\sigma_{rr} = -\frac{F_1\cos\varphi}{r(\alpha + 1/2\sin 2\alpha)}, \qquad \sigma_{r\varphi} = \sigma_{\varphi\varphi} = 0.$$

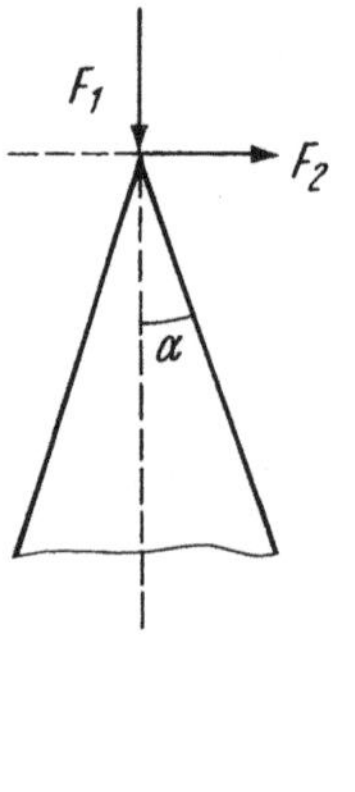


Abb. 7

Wenn dagegen die Kraft parallel der zur Mittellinie senkrechten Richtung wirkt ($F_2$ in Abb. 7), haben wir

$$\sigma_{rr} = -\frac{F_2 \cos\varphi}{r(\alpha - 1/2 \sin 2\alpha)} .$$

In beiden Fällen beginnt der Winkel $\varphi$ in der Kraftrichtung.

4. Man bestimme die Deformation einer runden Scheibe (Radius $R$), die von zwei entgegengesetzt gleichen Kräften an den Enden eines Durchmessers gedrückt werde (Abb. 8).

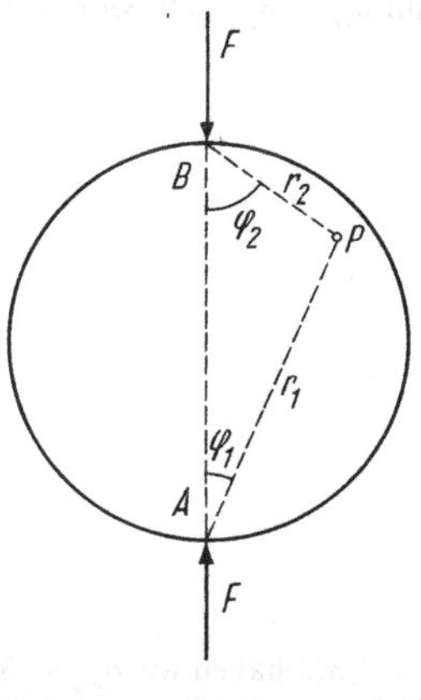


Abb. 8

Lösung. Die Lösung erhält man als Überlagerung dreier Verteilungen der inneren Spannungen. Zwei Verteilungen sind

$$\sigma^{(1)}_{r_1 r_1} = -\frac{2F}{\pi}\frac{\cos\varphi_1}{r_1}, \qquad \sigma^{(1)}_{r_1\varphi_1} = \sigma^{(1)}_{\varphi_1\varphi_1} = 0 ,$$

$$\sigma^{(2)}_{r_2 r_2} = -\frac{2F}{\pi}\frac{\cos\varphi_2}{r_2}, \qquad \sigma^{(2)}_{r_2\varphi_2} = \sigma^{(2)}_{\varphi_2\varphi_2} = 0 ,$$

wobei $r_1$, $\varphi_1$ bzw. $r_2$, $\varphi_2$ die Polarkoordinaten eines beliebigen Punktes $P$ sind, mit dem Koordinatenursprung in $A$ bzw. $B$. (Das sind die Spannungen, die von einer in einem Randpunkt der Halbebene wirkenden Normalkraft erzeugt worden wären; siehe Aufgabe 2.) Die dritte Verteilung

$$\sigma^{(3)}_{ik} = \frac{F}{\pi R}\delta_{ik}$$

stellt eine gleichmäßige Dehnung von bestimmter Intensität dar. Wenn nämlich der Punkt $P$ auf dem Randkreis der Scheibe liegt, gilt für ihn $r_1 = 2R\cos\varphi_1$, $r_2 = 2R\cos\varphi_2$, und wir erhalten

$$\sigma^{(1)}_{r_1 r_1} = \sigma^{(2)}_{r_2 r_2} = -\frac{F}{\pi R} .$$

Da nun die Richtungen von $\boldsymbol{r}_1$ und $\boldsymbol{r}_2$ in diesem Punkt senkrecht aufeinander stehen, sehen wir, daß die ersten beiden Spannungssysteme am Scheibenrand zu einer gleichmäßigen Kompression führen; diese Kräfte werden durch die gleichmäßige Dehnung des dritten Systems gerade kompensiert, so daß der Scheibenrand spannungsfrei ist, wie es auch sein muß.

5. Man bestimme die Spannungsverteilung in einer unbegrenzten Platte mit einer runden Öffnung (Radius $R$) bei gleichmäßiger Dehnung der Platte.

Lösung. Der gleichmäßigen Dehnung einer Platte ohne Öffnung entsprechen die Spannungen $\sigma^{(0)}_{xx} = T$, $\sigma^{(0)}_{yy} = \sigma^{(0)}_{xy} = 0$, wo $T$ die Dehnungskraft ist. Ihnen entspricht die Spannungsfunktion

$$\chi^{(0)} = \frac{T}{2}y^2 = \frac{T}{2}r^2\sin^2\varphi = \frac{1}{4}Tr^2(1 - \cos 2\varphi) .$$

Wenn die Platte eine Öffnung besitzt (Zentrum im Ursprung der Polarkoordinaten $r$, $\varphi$) suchen wir die Spannungsfunktion in der Form

$$\chi = \chi^{(0)} + \chi^{(1)}, \qquad \chi^{(1)} = f(r) + F(r)\cos 2\varphi .$$

Das von $\varphi$ unabhängige Integral der biharmonischen Gleichung ist

$$f(r) = ar^2 \ln r + br^2 + c \ln r\,,$$

und das zu $\cos 2\varphi$ proportionale Integral hat die Form

$$F(r) = dr^2 + er^4 + \frac{g}{r^2}\,.$$

Die Konstanten werden aus der Bedingung $\sigma_{ik} = 0$ bei $r = \infty$ und $\sigma_{rr} = \sigma_{r\varphi} = 0$ bei $r = R$ bestimmt. Im Ergebnis erhalten wir

$$\chi^{(1)} = \frac{TR^2}{2}\left[-\ln r + \left(1 - \frac{R^2}{2r^2}\right)\cos 2\varphi\right],$$

und für die Spannungsverteilung folgt

$$\sigma_{rr} = \frac{T}{2}\left(1 - \frac{R^2}{r^2}\right)\left[1 + \left(1 - \frac{3R^2}{r^2}\right)\cos 2\varphi\right],$$

$$\sigma_{\varphi\varphi} = \frac{T}{2}\left[1 + \frac{R^2}{r^2} - \left(1 + \frac{3R^4}{r^4}\right)\cos 2\varphi\right],$$

$$\sigma_{r\varphi} = -\frac{T}{2}\left(1 + \frac{2R^2}{r^2} - \frac{3R^4}{r^4}\right)\sin 2\varphi\,.$$

So ist am Rande der Öffnung $\sigma_{\varphi\varphi} = T(1 - 2\cos 2\varphi)$, und für $\varphi = \pm\pi/2$ haben wir $\sigma_{\varphi\varphi} = 3T$, was dreimal größer ist als die Spannungen im Unendlichen (vgl. Aufgabe 12, § 7).

## § 14. Stark gebogene Platten

Die in §§ 11 bis 13 dargelegte Theorie der Biegung dünner Platten ist nur bei schwachen Biegungen anwendbar. Im folgenden werden wir sehen, daß das Kriterium für die Anwendbarkeit dieser Theorie darin besteht, daß die Biegung $\zeta$ im Vergleich zur Plattenstärke $h$ klein sein muß. Jetzt leiten wir die Gleichgewichtsbedingungen für stark gebogene Platten ab. Dabei lassen wir die Forderung $\zeta \ll h$ fallen. Die Deformation soll jedoch nach wie vor so klein sein, daß der Verzerrungstensor klein ist. Praktisch läuft das auf die Forderung $\zeta \ll l$ hinaus, d. h., die Biegung muß klein sein im Vergleich zu den Dimensionen der Platte.

Im allgemeinen wird eine Platte während der Biegung gleichzeitig gedehnt.[1]) Bei schwacher Biegung kann man diese Dehnung vernachlässigen. Bei starker Biegung geht das nicht mehr; daher haben stark gebogene Platten keine „neutrale“ Fläche mehr. Das Auftreten einer derartigen allgemeinen Dehnung bei der Biegung ist eine Besonderheit von Platten, durch welche sie sich von dünnen Stäben unterscheiden; letztere können stark gebogen werden, ohne daß eine allgemeine Dehnung auftritt. Diese Platteneigenschaft hat rein geometrischen Charakter. Zum Beispiel biegen wir eine runde Scheibe in die Form eines Kugelsegments. Wenn dabei der Scheibenumfang unverändert bleiben soll, muß der Durchmesser gedehnt werden. Wenn dagegen der Durchmesser unverändert bleibt, schrumpft der Scheibenumfang.

Die in § 11 berechnete Energie (11,6) (man kann sie *Energie der reinen Biegung* nennen) stellt nur den Anteil der Gesamtenergie dar, der durch die Ungleichmäßigkeit

[1]) Eine Ausnahme bildet z. B. die Biegung einer ebenen Platte in eine zylindrische Fläche.

der Dehnung und Kompression in den verschiedenen Schichten der Platte bedingt ist. Neben diesem enthält die Gesamtenergie noch einen Anteil, der gerade durch das Auftreten der allgemeinen Dehnung bedingt ist; diesen Anteil kann man *Dehnungsenergie* nennen.

Reine Biegungen bzw. reine Dehnungen wurden in §§ 11, 12 bzw. 13 untersucht. Wir können daher die dort erhaltenen Ergebnisse unmittelbar benutzen. Dabei entfällt die Notwendigkeit, die Plattenstärke in Betracht zu ziehen, und wir können gleich von einer zweidimensionalen Fläche ausgehen.

Zunächst leiten wir einen Ausdruck für den Verzerrungstensor ab, welcher die Dehnung der (als Fläche betrachteten) Platte, die gleichzeitig geboten und in ihrer Ebene gedehnt wird, charakterisiert. $\boldsymbol{u}$ sei der zweidimensionale Verschiebungsvektor (mit den Komponenten $u_x$, $u_y$) der reinen Dehnung; mit $\zeta$ wird nach wie vor die Querverschiebung bei der Biegung bezeichnet. Das Längenelement $\mathrm{d}l^2 = \mathrm{d}x^2 + \mathrm{d}y^2$ der nichtdeformierten Platte geht dann nach der Deformation in das Längenelement $\mathrm{d}l'$ über, dessen Quadrat folgende Form hat:

$$\mathrm{d}l'^2 = (\mathrm{d}x + \mathrm{d}u_x)^2 + (\mathrm{d}y + \mathrm{d}u_y)^2 + \mathrm{d}\zeta^2 .$$

Mit $\mathrm{d}u_x = (\partial u_x/\partial x)\,\mathrm{d}x + (\partial u_x/\partial y)\,\mathrm{d}y$ und entsprechenden Ausdrücken für $\mathrm{d}u_y$ und $\mathrm{d}\zeta$ erhalten wir bis auf Glieder höherer Ordnung

$$\mathrm{d}l'^2 = \mathrm{d}l^2 + 2u_{\alpha\beta}\,\mathrm{d}x_\alpha\,\mathrm{d}x_\beta ,$$

wobei der zweidimensionale Verzerrungstensor durch

$$u_{\alpha\beta} = \frac{1}{2}\left(\frac{\partial u_\alpha}{\partial x_\beta} + \frac{\partial u_\beta}{\partial x_\alpha}\right) + \frac{1}{2}\frac{\partial \zeta}{\partial x_\alpha}\frac{\partial \zeta}{\partial x_\beta} \tag{14,1}$$

definiert ist. (Hier wie auch in den folgenden Abschnitten bezeichnen griechische Buchstaben Indizes, die nur zwei Werte, $x$ und $y$, durchlaufen; über doppelt auftretende Indizes wird summiert.) Die in den Ableitungen von $u_\alpha$ quadratischen Glieder sind hier vernachlässigt; die quadratischen Glieder der Ableitungen von $\zeta$ können natürlich nicht vernachlässigt werden, da die entsprechenden Glieder erster Ordnung gar nicht auftreten.

Der Spannungstensor $\sigma_{\alpha\beta}$, welcher mit der Dehnung der Platte zusammenhängt, ist durch die Ausdrücke (13,2) gegeben, wo man anstelle von $u_{\alpha\beta}$ den Verzerrungstensor nach (14,1) einsetzen muß. Die Energie der reinen Biegung ist durch den Ausdruck (11,6) gegeben, welchen wir in der Form

$$\int \Psi_1(\zeta)\,\mathrm{d}x\,\mathrm{d}y$$

schreiben wollen, wo mit $\Psi_1(\zeta)$ der gesamte Integrand in (11,6) bezeichnet ist. Dagegen ergibt sich die Dehnungsenergie pro Volumeneinheit aus den allgemeinen Beziehungen zu $u_{\alpha\beta}\sigma_{\alpha\beta}/2$. Die Energie pro Flächeneinheit erhält man hieraus durch Multiplikation mit $h$, so daß die gesamte Dehnungsenergie in der Form

$$\int \Psi_2(u_{\alpha\beta})\,\mathrm{d}f$$

geschrieben werden kann, mit der Bezeichnung

$$\Psi_2 = h\,\frac{u_{\alpha\beta}\sigma_{\alpha\beta}}{2} . \tag{14,2}$$

Somit ist die gesamte freie Energie der stark gebogenen Platte

$$F_{\mathrm{Pl}} = \int [\Psi_1(\zeta) + \Psi_2(u_{\alpha\beta})]\, \mathrm{d}f. \tag{14,3}$$

Bevor wir nun die Gleichgewichtsbedingungen ableiten, schätzen wir die beiden Energieanteile ab. Die ersten Ableitungen von $\zeta$ sind von der Größenordnung $\zeta/l$, wenn mit $l$ die Plattendimensionen gekennzeichnet werden; die Größenordnung der zweiten Ableitungen von $\zeta$ ist $\zeta/l^2$. Aus (11,6) folgt daher $\Psi_1 \sim Eh^3\zeta^2/l^4$. Die Größenordnung des Tensors $u_{\alpha\beta}$ ist $\zeta^2/l^2$, und es gilt daher $\Psi_2 \sim Eh\zeta^4/l^4$. Der Vergleich dieser beiden Ausdrücke zeigt, daß die Vernachlässigung von $\Psi_2$ in der genäherten Theorie der Plattenbiegung nur unter der Bedingung $\zeta^2 \ll h^2$ berechtigt ist.

Die Forderung nach Minimierung der Energie lautet $\delta F_{\mathrm{Pl}} + \delta U = 0$, wobei $U$ die potentielle Energie im äußeren Kraftfeld darstellt. Wie nehmen an, daß man die äußeren Dehnungskräfte, sofern sie vorhanden sind, relativ zu den Biegungskräften vernachlässigen kann. (Das geht immer, wenn die Dehnungskräfte nicht zu groß sind, da sich eine dünne Platte viel eher biegen als dehnen läßt.) Für $\delta U$ haben wir dann den gleichen Ausdruck wie in § 12, nämlich

$$\delta U = -\int P\, \delta\zeta\, \mathrm{d}f,$$

wobei $P$ die äußere Kraft pro Flächeneinheit ist. Die Variation des Integrals $\int \Psi_1\, \mathrm{d}f$ wurde bereits in § 12 berechnet und ist gleich

$$\delta \int \Psi_1\, \mathrm{d}f = D \int \Delta^2\zeta\, \delta\zeta\, \mathrm{d}f.$$

Die Kurvenintegrale in (12,3) lassen wir weg, da sie nicht die Gleichgewichtsbedingung selbst, sondern nur die Randbedingungen bestimmen, die uns aber hier nicht interessieren.

Schließlich berechnen wir die Variation des Integrals $\int \Psi_2\, \mathrm{d}f$. Letzteres wird sowohl in den Komponenten des Vektors $\boldsymbol{u}$ als auch in $\zeta$ variiert. Es ist

$$\delta \int \Psi_2\, \mathrm{d}f = \int \frac{\partial \Psi_2}{\partial u_{\alpha\beta}}\, \delta u_{\alpha\beta}\, \mathrm{d}f.$$

Die Ableitungen der freien Energie der Volumeneinheit nach $u_{\alpha\beta}$ sind gleich $\sigma_{\alpha\beta}$; es ist daher $\partial\Psi_2/\partial u_{\alpha\beta} = h\sigma_{\alpha\beta}$. Wenn wir für $u_{\alpha\beta}$ den Ausdruck (14,1) einsetzen, erhalten wir

$$\delta \int \Psi_2\, \mathrm{d}f = h \int \sigma_{\alpha\beta}\delta u_{\alpha\beta}\, \mathrm{d}f$$

$$= \frac{h}{2} \int \sigma_{\alpha\beta} \left\{ \frac{\partial\, \delta u_\alpha}{\partial x_\beta} + \frac{\partial\, \delta u_\beta}{\partial x_\alpha} + \frac{\partial \zeta}{\partial x_\alpha} \frac{\partial\, \delta\zeta}{\partial x_\beta} + \frac{\partial\, \delta\zeta}{\partial x_\alpha} \frac{\delta\zeta}{\partial x_\beta} \right\} \mathrm{d}f$$

oder, wegen der Symmetrie von $\sigma_{\alpha\beta}$,

$$\delta \int \Psi_2\, \mathrm{d}f = h \int \sigma_{\alpha\beta} \left\{ \frac{\partial\, \delta u_\alpha}{\partial x_\beta} + \frac{\partial\, \delta\zeta}{\partial x_\beta} \frac{\partial \zeta}{\partial x_\alpha} \right\} \mathrm{d}f.$$

Nach partieller Integration haben wir

$$\delta \int \Psi_2\, \mathrm{d}f = -h \int \left[ \frac{\partial \sigma_{\alpha\beta}}{\partial x_\beta}\, \delta u_\alpha + \frac{\partial}{\partial x_\beta} \left( \sigma_{\alpha\beta} \frac{\partial \zeta}{\partial x_\alpha} \right) \delta\zeta \right] \mathrm{d}f.$$

Die Kurvenintegrale über die Plattenfläche sind wiederum fortgelassen.

Zusammenfassend erhalten wir

$$\delta F_{\mathrm{Pl}} + \delta U = \int \left\{ \left[ D\,\Delta^2\zeta - h \frac{\partial}{\partial x_\beta}\left(\sigma_{\alpha\beta}\frac{\partial \zeta}{\partial x_\alpha}\right) - P \right] \delta\zeta - h \frac{\partial \sigma_{\alpha\beta}}{\partial x_\beta}\,\delta u_\alpha \right\} \mathrm{d}f = 0\,.$$

Damit diese Gleichung identisch gilt, müssen die Koeffizienten bei $\delta\zeta$ und $\delta u_\alpha$ einzeln verschwinden. Hieraus ergibt sich folgendes Gleichungssystem:

$$D\,\Delta^2\zeta - h \frac{\partial}{\partial x_\beta}\left(\sigma_{\alpha\beta}\frac{\partial \zeta}{\partial x_\alpha}\right) = P\,, \tag{14,4}$$

$$\frac{\partial \sigma_{\alpha\beta}}{\partial x_\beta} = 0\,. \tag{14,5}$$

Dieses System enthält drei unbekannte Funktionen: die Komponenten $u_x, u_y$ des Vektors $\boldsymbol{u}$ und die Querverschiebung $\zeta$. Die Lösung beschreibt gleichzeitig die Form der gebogenen Platte (die Funktion $\zeta(x, y)$) und die infolge der Biegung auftretenden Dehnungen. Die Gleichungen (14,4) und (14,5) können vereinfacht werden, wenn man die Spannungsfunktion $\chi$ einführt, welche mit $\sigma_{\alpha\beta}$ durch die Beziehung (13,7) zusammenhängt. Wenn man (13,7) in (14,4) einsetzt, erhält man

$$D\,\Delta^2\zeta - h\left(\frac{\partial^2\chi}{\partial y^2}\frac{\partial^2\zeta}{\partial x^2} + \frac{\partial^2\chi}{\partial x^2}\frac{\partial^2\zeta}{\partial y^2} - 2\,\frac{\partial^2\chi}{\partial x\,\partial y}\frac{\partial^2\zeta}{\partial x\,\partial y}\right) = P\,. \tag{14,6}$$

Die Ausdrücke (13,7) befriedigen die Gleichungen (14,5) identisch. Man muß daher noch eine Gleichung ableiten, die man durch Elimination von $u_\alpha$ aus (13,7) und (13,2) erhält.

Das kann man folgendermaßen tun. Wir drücken $u_{\alpha\beta}$ durch $\sigma_{\alpha\beta}$ aus. Aus (13,2) folgt

$$u_{xx} = \frac{1}{E}(\sigma_{xx} - \sigma\sigma_{yy})\,, \quad u_{yy} = \frac{1}{E}(\sigma_{yy} - \sigma\sigma_{xx})\,, \quad u_{xy} = \frac{1+\sigma}{E}\sigma_{xy}\,.$$

Hier setzen wir für $u_{\alpha\beta}$ die Beziehung (14,1) ein und für $\sigma_{\alpha\beta}$ die Ausdrücke (13,7). Wir erhalten dann die Gleichungen

$$\frac{\partial u_x}{\partial x} + \frac{1}{2}\left(\frac{\partial\zeta}{\partial x}\right)^2 = \frac{1}{E}\left(\frac{\partial^2\chi}{\partial x^2} - \sigma\frac{\partial^2\chi}{\partial x^2}\right),$$

$$\frac{\partial u_y}{\partial y} + \frac{1}{2}\left(\frac{\partial\zeta}{\partial y}\right)^2 = \frac{1}{E}\left(\frac{\partial^2\chi}{\partial x^2} - \sigma\frac{\partial^2\chi}{\partial y^2}\right),$$

$$\frac{\partial u_x}{\partial y} + \frac{\partial u_y}{\partial x} + \frac{\partial\zeta}{\partial x}\frac{\partial\zeta}{\partial y} = -\frac{2(1+\sigma)}{E}\frac{\partial^2\chi}{\partial x\,\partial y}\,.$$

Auf die erste wenden wir den Operator $\partial^2/\partial y^2$ an, auf die zweite den Operator $\partial^2/\partial x^2$, auf die dritte Gleichung lassen wir den Operator $\partial^2/\partial x\,\partial y$ wirken. Danach summieren wir die ersten beiden Gleichungen und subtrahieren davon die dritte. Die Glieder, die $u_x$ und $u_y$ enthalten, heben sich gegenseitig auf, und wir erhalten folgende Gleichung:

$$\Delta^2\chi + E\left\{\frac{\partial^2\zeta}{\partial x^2}\frac{\partial^2\zeta}{\partial y^2} - \left(\frac{\partial^2\zeta}{\partial x\,\partial y}\right)^2\right\} = 0\,. \tag{14,7}$$

(14,6) und (14,7) stellen das vollständige Gleichungssystem für stark gebogene dünne Platten dar (A. FÖPPL, 1907). Diese Gleichungen sind ziemlich kompliziert und können nicht einmal in den einfachsten Fällen exakt gelöst werden. Sie sind nichtlinear.

Noch einige Worte über einen Spezialfall der Deformation dünner Platten, über sogenannte *Membranen*. Unter einer Membran versteht man eine dünne Platte, die durch Kräfte, welche an ihrem Rand angreifen, stark gedehnt wird. In diesem Falle kann man die zusätzlichen longitudinalen Spannungen vernachlässigen, die bei der Biegung der Platte auftreten, und dementsprechend kann man annehmen, daß die Komponenten des Tensors $\sigma_{\alpha\beta}$ einfach den konstanten äußeren Dehnungsspannungen gleich sind. In der Gleichung (14,4) kann man jetzt das erste Glied im Vergleich zum zweiten vernachlässigen und erhält die Gleichgewichtsbedingung

$$h\sigma_{\alpha\beta} \frac{\partial^2 \zeta}{\partial x_\alpha \, \partial x_\beta} + P = 0 \tag{14,8}$$

mit der Randbedingung $\zeta = 0$ an der Randlinie der Membran. Diese Gleichung ist linear. Besonders einfach ist der Fall isotroper Dehnung, wenn die Spannung der Membran in allen Richtungen gleich ist. Es möge $T$ der Betrag der am Rande der Platte angreifenden Dehnungskraft pro Einheit der Randlinie sein. Dann ist $h\sigma_{\alpha\beta} = T\delta_{\alpha\beta}$, und wir erhalten die Gleichgewichtsbedingung in der Form

$$T \, \Delta\zeta + P = 0 \,. \tag{14,9}$$

### Aufgaben

1. Man bestimme die Abhängigkeit der Biegungsgröße $\zeta$ von der wirkenden Kraft bei einer so starken Biegung der Platte, daß die Ungleichung $\zeta \gg h$ erfüllt ist.

Lösung. Eine Abschätzung der einzelnen Glieder der Gleichung (14,7) zeigt $\chi \sim E\zeta^2$. Bei $\zeta \gg h$ ist das erste Glied in (14,6) klein im Vergleich zum zweiten, welches, von der Größenordnung $h\zeta\chi/l^4 \sim Eh\zeta^3/l^4$ ist ($l$ bezeichnet die Plattendimensionen). Der Vergleich mit der äußeren Kraft liefert

$$\zeta \sim \left(\frac{l^4 P}{Eh}\right)^{1/3} .$$

Hieraus ist u. a. zu ersehen, daß $\zeta$ der dritten Wurzel aus der Kraft proportional ist.

2. Man bestimme die Deformation einer runden Membran (Radius $R$), welche waagerecht im Schwerefeld angebracht ist.

Lösung. Wir haben $P = \varrho h g$; in Polarkoordinaten erhält (14,9) die Form

$$\frac{1}{r} \frac{\mathrm{d}}{\mathrm{d}r} \left( r \frac{\partial \zeta}{\partial r} \right) = - \frac{\varrho g h}{T} .$$

Die bei $r = 0$ endliche Lösung, welche der Bedingung $\zeta = 0$ bei $r = R$ genügt, lautet

$$\zeta = \frac{\varrho g h}{4T} (R^2 - r^2) .$$

## § 15. Deformation von Schalen

Während der bisherigen Untersuchung der Deformationen dünner Platten wurde stets angenommen, daß die Platten im nichtdeformierten Zustand eben sind. Die Deformation von Platten, die in ihrem natürlichen Zustand gebogen sind (solche Platten nennt man *Schalen*), weist Besonderheiten auf, die sie von der Deformation ebener Platten prinzipiell unterscheiden.

Die Dehnung, welche beim Biegen ebener Platten auftritt, ist klein von höherer Ordnung im Vergleich zur Biegung selbst. Das zeigt sich z. B. darin, daß der Verzerrungstensor, der eine solche Dehnung beschreibt, in $\zeta$ quadratisch ist. Eine vollkommen andere Situation haben wir bei der Deformation von Schalen: Hier ist die Dehnung ein Effekt von erster Ordnung und spielt daher sogar bei schwacher Biegung eine wesentliche Rolle. Am besten sieht man diese Eigenschaft am einfachsten Beispiel der gleichmäßigen Dehnung einer Kugelschale. Wenn sämtliche Punkte der Kugelschale die gleiche radiale Verschiebung $\zeta$ erfahren, vergrößert sich der Äquator um $2\pi\zeta$. Die relative Dehnung ist $2\pi\zeta/2\pi R = \zeta/R$; daher ist auch der Verzerrungstensor der ersten Potenz von $\zeta$ proportional. Dieser Effekt verschwindet mit $R \to \infty$, d. h., wenn die Krümmung verschwindet, und ist somit eine spezifische Eigenschaft von Schalen.

Es sei $R$ der Krümmungsradius der Schale; gewöhnlich ist er von der Größenordnung der Schalendimensionen. Der Verzerrungstensor der Dehnung, die bei einer Biegung auftritt, ist von der Größenordnung $\zeta/R$, der entsprechende Spannungstensor hat die Größenordnung $E\zeta/R$, und die Größenordnung der Deformationsenergie (pro Flächeneinheit) ist $Eh(\zeta/R)^2$. Die Energie der reinen Biegung dagegen ist nach wie vor von der Größenordnung $Eh^3\zeta^2/R^4$. Das Verhältnis der ersten zur zweiten Energie ist von der Größenordnung $(R/h)^2$, d. h., es ist sehr groß. Das gilt unabhängig von der Beziehung zwischen $\zeta$ und $h$, während die Dehnung bei der Biegung ebener Platten nur für $\zeta \sim h$ merklich wird.

In einigen Fällen kann ein besonderer Biegungstyp vorliegen, wenn sich die Schale überhaupt nicht ausdehnt. So kann man z. B. eine Zylinderschale (mit offenen Enden) ohne Dehnung deformieren, wenn alle Grundlinien des Zylinders bei der Biegung zueinander parallel bleiben (also die Schale entlang einer Grundlinie eingedrückt wird). Solche Deformationen ohne Dehnung sind geometrisch dann möglich, wenn die Enden der Schale frei (offen) sind oder — bei geschlossener Schale — wenn die Krümmung an verschiedenen Orten ein anderes Vorzeichen besitzt. So kann z. B. eine geschlossene Kugelschale ohne Dehnung nicht gebogen werden; wenn man aber in sie eine Öffnung schneidet (und ihre Ränder nicht befestigt sind), werden solche Deformationen möglich. Da die Energie der reinen Biegung im Vergleich zur Dehnungsenergie klein ist, ist es klar, daß, wenn eine gegebene Schale Deformationen ohne Dehnung zuläßt, solche Deformationen im allgemeinen bei der Einwirkung beliebiger äußerer Kräfte realisiert werden. Die Forderung, daß Dehnungen nicht auftreten sollen, schränkt die möglichen Verschiebungen $u_\alpha$ wesentlich ein. Das sind rein geometrische Bedingungen, und sie können in Form von Differentialgleichungen ausgedrückt werden; letztere müssen im vollständigen System der Gleichgewichtsbedingungen für eine solche Deformation enthalten sein. Wir werden dieses Problem hier nicht weiter behandeln.

Wenn aber bei der Deformation der Schale Dehnungen auftreten, sind die Dehnungsspannungen im Vergleich zu den Biegungsspannungen im allgemeinen groß, und man kann letztere vernachlässigen (die auf einer solchen Vernachlässigung basierende Theorie heißt *Membranentheorie*).

Die Dehnungsenergie der Schale kann als Oberflächenintegral dargestellt werden:

$$F_{\mathrm{Pl}} = \frac{h}{2} \int u_{\alpha\beta} \sigma_{\alpha\beta} \, \mathrm{d}f \, . \tag{15,1}$$

Hier ist $u_{\alpha\beta}$ ein zweidimensionaler Verzerrungstensor ($\alpha$, $\beta = 1, 2$) in dem entsprechenden krummlinigen Koordinatensystem, und der Spannungstensor $\sigma_{\alpha\beta}$ hängt mit $u_{\alpha\beta}$ durch die Beziehungen (13,2) zusammen, welche man in zweidimensionaler Tensorschreibweise ausdrücken kann:

$$\sigma_{\alpha\beta} = \frac{E}{1-\sigma^2}\left[(1-\sigma)\,u_{\alpha\beta} + \sigma\delta_{\alpha\beta}u_{\gamma\gamma}\right]. \tag{15,2}$$

Einer gesonderten Betrachtung bedarf der Fall, daß auf die Schale räumlich scharf konzentrierte Kräfte wirken, die quer zur Schale gerichtet sind. Solche Kräfte können z. B. von der Seite der Auflage in den Befestigungspunkten (oder Befestigungslinien) wirken. Die konzentrierten Kräfte erzeugen eine Verbiegung der Schale in einem kleinen Gebiet um ihre Angriffspunkte herum. Die Größe dieses Gebietes für eine in einem Punkt angreifende Kraft $f$ sei von der Größe $d$ (d. h., seine Fläche betrage $\sim d^2$). Da sich die Ausbiegung $\zeta$ im Bereich der Länge $d$ stark ändert, ist die Energie der Ausbiegung (pro Einheitsfläche) von der Größenordnung $Eh^3\zeta^2/d^4$, und die vollständige Energie der Ausbiegung (auf einer Fläche $\sim d^2$) $\sim Eh^3\zeta^2/d^2$. Der Verzerrungstensor der Dehnung ist nach wie vor $\sim\zeta/R$, und die vollständige Energie der durch die konzentrierte Kraft entstandenen Dehnung wird $\sim Eh(\zeta^2/R^2)\,d^2$. Da die Energie der Ausbiegung mit abnehmendem $d$ wächst, aber die Energie der Dehnung mit abnehmendem $d$ kleiner wird, so ist klar, daß bei der Bestimmung der Deformation in der Umgebung der konzentrierten Kräfte diese beiden Energien berechnet werden müssen.

Die Größe des Gebietes der Ausbiegung $d$ ergibt sich aus der Forderung nach dem Minimum der Summe dieser Energien zu

$$d \sim \sqrt{hR}\,. \tag{15,3}$$

Die Energie ist $\sim Eh^2\zeta^2/R$. Durch Gleichsetzen der Variation dieser Größe nach $\zeta$ mit der von $f$ geleisteten Arbeit erhalten wir für die Größe der Ausbiegung $\zeta \sim fR/Eh^2$.

Wenn die auf die Schale wirkenden Kräfte genügend groß sind, so können in der Schale Beulen auftreten, durch die ihre Form wesentlich verändert wird. Die Bestimmung der Deformation in Abhängigkeit von der Belastung erfordert in diesem Spezialfall eine besondere Untersuchung.[1])

Eine konvexe Schale, deren Ränder so befestigt sind, daß sie nicht verbogen werden können, befinde sich unter der Wirkung der starken konzentrierten Kraft $f$, deren Richtung mit der Normalen der inneren Schalenoberfläche zusammenfällt. Der Einfachheit halber nehmen wir an, daß die Schale ein Teil der Oberfläche einer Kugel mit dem Radius $R$ ist. Das Gebiet der Verbeulung ist ein Kreissegment, das annähernd spiegelbildlich zu seiner ursprünglichen Form ist (in Abb. 9 ist ein Meridionalschnitt durch die Schale dargestellt). Die Aufgabe besteht in der Ermittlung der Größe der Beule in Abhängigkeit von der angelegten Kraft.

Der Hauptteil der elastischen Energie ist in einem schmalen Streifen in der Nähe des verbeulten Gebietes konzentriert, wo die Verbiegung der Schale am größten ist. (Wir wollen diesen Streifen Verbiegungsstreifen nennen und seine Breite mit $d$ bezeichnen.) Im folgenden soll diese Energie abgeschätzt werden, wobei $r \ll R$ vorausgesetzt wird. Unter

[1]) Die hier besprochenen Ergebnisse stammen von A. W. POGORELOW (1960). Eine genauere Untersuchung dieses Problems sowie anderer verwandter Fragen kann man in seinem Buch „Theorie der Schalen bei überkritischen Deformationen" (1965) finden.

dieser Bedingung ist der Winkel $\alpha \ll 1$ (siehe Abb. 9). Dann ist $r = R \sin \alpha \sim R\alpha$ und die Tiefe der Verbiegung $H = 2R(1 - \cos \alpha) \sim R\alpha^2$. Mit $\zeta$ bezeichnen wir die Verschiebung der Punkte im Verbiegungsstreifen. In der gleichen Weise wie oben finden wir, daß die Energie der Verbiegung längs der Meridianlinie und der Dehnung längs der Parallelen,[1]) bezogen auf 1 $cm^2$ der Oberfläche, größenordnungsmäßig gleich

$$Eh^3 \frac{\zeta^2}{d^4} \quad \text{bzw.} \quad Eh \frac{\zeta^2}{R^2}.$$

sind. Die Größe der Verschiebung kann man im vorliegenden Falle näherungsweise geometrisch ermitteln: Die Richtung der Meridianlinie ändert sich in der Breite $d$ um den Winkel $\alpha$, und darum ist $\zeta \sim \alpha d \sim rd/R$. Nach Multiplikation der Ausdrücke für die Energie mit der Fläche des Verbiegungsstreifens ($\sim rd$) erhalten wir $E(h^3 r^3/R^2 d)$ bzw. $E(hd^3 r^3/R^4)$. Aus der Minimumsbedingung erhalten wir wieder $d \sim \sqrt{hR}$; und die gesamte elastische Energie beträgt $\sim Er^3(h/R)^{5/2}$ oder anders ausgedrückt[2])

$$\text{const} \cdot Eh^{5/2} \frac{H^{3/2}}{R}. \tag{15,4}$$

Bei der Ableitung dieser Beziehung hatten wir $d \ll r$ vorausgesetzt. Die Formel (15,4) gilt darum unter der Bedingung

$$\frac{Rh}{r^2} \ll 1. \tag{15,5}$$

Bei der Ausbildung einer Beule werden die äußeren Schichten des Kugelsegments zu inneren und dementsprechend komprimiert, während die inneren Schichten zu äußeren und

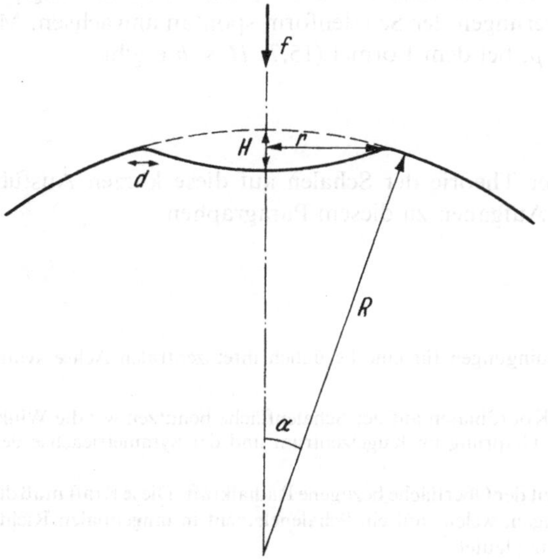


Abb. 9

[1]) Bei einer Verbiegung längs einer Meridianlinie wirkt sich die Krümmung der Schale in erster Näherung nicht aus, so daß sie, wie auch bei einer Membran, ohne Dehnung in dem Meridian vor sich geht.

[2]) Eine genauere Rechnung ergibt für den konstanten Koeffizienten den Wert const $= 1{,}2(1 - \sigma^2)^{-3/4}$.

damit gedehnt werden. Die relative Dehnung (oder Kompression) beträgt $\sim h/R$, so daß die damit verbundene Energie im Bereich der Beule $\sim E(h/R)^2\, hr^2$ beträgt. Unter der Bedingung (15,5) ist sie aber klein gegenüber der Energie im Verbiegungsstreifen (15,4).

Die gesuchte Abhängigkeit der Tiefe $H$ der Verbeulung von der angelegten Kraft $f$ erhalten wir, indem wir $f$ mit der Ableitung der Energie (15,4) nach $H$ gleichsetzen. Es ergibt sich

$$H \sim \frac{f^2 R^2}{E^2 h^5}\,. \tag{15,6}$$

Wir machen auf den nichtlinearen Charakter dieser Abhängigkeit aufmerksam.

Zum Schluß wollen wir noch die Deformation (Verbeulung) der Schale unter der Wirkung eines gleichförmigen äußeren Druckes $p$ untersuchen. Die Arbeit der äußeren Kräfte ist in diesem Falle gleich $p\,\Delta V$ mit $\Delta V \sim Hr^2 \sim H^2 R =$ Änderung des von der Schale eingeschlossenen Volumens bei der Verbeulung. Wir leiten die gesamte freie Energie (d. h. die Differenz der elastischen Energie (15,4) und der Arbeit der äußeren Kräfte) nach $H$ ab, setzen das Ergebnis gleich Null und erhalten

$$H \sim \frac{h^5 E^2}{R^4 p^2}\,. \tag{15,7}$$

Der inverse Charakter dieser Abhängigkeit (Zunahme von $H$ mit abnehmendem $p$) deutet auf die Instabilität des ausgebeulten Zustandes hin. Der durch (15,7) gegebene Wert $H$ entspricht einem instabilen Gleichgewicht bei vorgegebenen $p$: Ausbeulungen mit größerem $H$ wachsen spontan an und kleinere Verbeulungen nehmen ab. (Man kann sich leicht davon überzeugen, daß (15,7) einem Maximum und nicht einem Minimum der gesamten freien Energie entspricht.) Es existiert ein kritischer Wert der äußeren Belastung $p = p_{\text{kr}}$, oberhalb dessen schon kleine Änderungen der Schalenform spontan anwachsen. Man kann ihn abschätzen als den Wert von $p$, bei dem Formel (15,7) $H \sim h$ ergibt:

$$p_{\text{kr}} \sim E\frac{h^2}{R^2}\,. \tag{15,8}$$

Wir beschränken uns in der Theorie der Schalen auf diese kurzen Ausführungen und einige Beispiele in Form von Aufgaben zu diesem Paragraphen.

## Aufgaben

1. Man leite die Gleichgewichtsbedingungen für eine bezüglich ihrer zentralen Achse symmetrisch deformierte Kugelschale (Radius $R$) ab.

Lösung. Als zweidimensionale Koordinaten auf der Schalenfläche benutzen wir die Winkel $\theta$ und $\varphi$ des Kugelkoordinatensystems mit dem Ursprung im Kugelzentrum und der Symmetrieachse der deformierten Schale als Polarachse.

Es sei $P_r$ die äußere, auf eine Einheit der Oberfläche bezogene Radialkraft. Diese Kraft muß durch die radiale Resultierende der inneren Spannungen, welche auf ein Schalenelement in tangentialen Richtungen wirken, kompensiert werden. Diese Bedingung lautet

$$\frac{h}{R}(\sigma_{\varphi\varphi} + \sigma_{\theta\theta}) = P_r\,. \tag{1}$$

Die Gleichung (1) ist vollkommen analog der bekannten LAPLACE-Gleichung für die Druckdifferenz zweier Medien im Zusammenhang mit dem Auftreten von Oberflächenspannungen an ihrer Trennfläche.

Es sei weiter $Q_z(\theta)$ die in Richtung der Polarachse ($z$-Achse) zeigende Resultierende der äußeren Kräfte, welche auf den Teil der Schale wirken, der über dem Kreis $\theta = \text{const}$ liegt. Diese Kraft muß durch die Projektion der Spannungen auf die $z$-Achse $2\mu R \sin\theta h\sigma_{\theta\theta}$, welche auf den Querschnitt $2\mu Rh \sin\theta$ der Schale durch den erwähnten Kreis wirken, kompensiert werden. Hieraus folgt

$$2\pi Rh \sin^2\theta\sigma_{\theta\theta} = Q_z(\theta) . \qquad (2)$$

Die Gleichungen (1) und (2) bestimmen die Spannungsverteilung. Der Verzerrungstensor ergibt sich dann zu

$$u_{\theta\theta} = \frac{1}{E}(\sigma_{\theta\theta} - \sigma\sigma_{\varphi\varphi}) , \qquad u_{\varphi\varphi} = \frac{1}{E}(\sigma_{\varphi\varphi} - \sigma\sigma_{\theta\theta}) , \qquad u_{\theta\varphi} = 0 , \qquad (3)$$

und den Verschiebungsvektor erhält man mit Hilfe der Gleichungen

$$u_{\theta\theta} = \frac{1}{R}\left(\frac{\mathrm{d}u_\theta}{\mathrm{d}\theta} + u_r\right), \qquad u_{\varphi\varphi} = \frac{1}{R}(u_\theta \cot\theta + u_r) . \qquad (4)$$

2. Man bestimme die Deformation einer konvex nach oben aufgestellten Halbkugelschale unter der Wirkung des Eigengewichts; der Rand der Schale sei auf einer horizontalen Stütze frei beweglich (Abb. 10).

Lösung. Wir haben

$$P_r = -\varrho gh \cos\theta ,$$
$$Q_z = -2\pi R^2(1 - \cos\theta)\, \varrho gh$$

($Q_z$ ist das Gesamtgewicht der Schale über dem Kreis $\theta = \text{const}$). Aus (1) und (2) folgt

$$\sigma_{\theta\theta} = -\frac{R\varrho g}{1 + \cos\theta},$$

$$\sigma_{\varphi\varphi} = R\varrho g\left(\frac{1}{1 + \cos\theta} - \cos\theta\right).$$

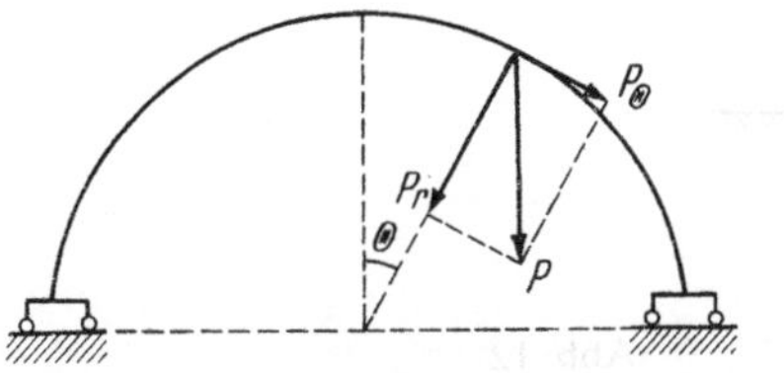


Abb. 10

Aus (3) erhalten wir $u_{\varphi\varphi}$ und $u_{\theta\theta}$, und danach berechnen wir mit Hilfe von (4) $u_\theta$ und $u_r$. (Die Integrationskonstante der Lösung der ersten Gleichung wird so bestimmt, daß bei $\theta = \pi/2$ die Gleichung $u_\theta = 0$ gilt.) Wir erhalten

$$u_\theta = \frac{R^2\varrho g(1 + \sigma)}{E}\left[\frac{\cos\theta}{1 + \cos\theta} + \ln(1 + \cos\theta)\right]\sin\theta ,$$

$$u_r = \frac{R^2\varrho g(1 + \sigma)}{E}\left[1 - \frac{2 + \sigma}{1 + \sigma}\cos\theta - \cos\theta\ln(1 + \cos\theta)\right].$$

$u_r$ liefert bei $\theta = \pi/2$ die horizontale Verschiebung der Stütze.

3. Man bestimme die Deformation einer nach oben konkaven, an den Rändern befestigten Halbkugelschale, die mit Flüssigkeit gefüllt sei (Abb. 11); das Eigengewicht der Schale sei zu vernachlässigen.

Lösung. Es ist

$$P_r = \varrho_0 gR\cos\theta , \qquad P_\theta = 0 ,$$

$$Q_z = 2\pi R^2 \int_0^\theta P_r \cos\theta \sin\theta \,\mathrm{d}\theta = \frac{2\pi R^3\varrho_0 g}{3}(1 - \cos^3\theta)$$

($\varrho_0$ ist die Dichte der Flüssigkeit). Aus (1) und (2) folgt

$$\sigma_{\theta\theta} = \frac{R^2 \varrho_0 g}{3h} \frac{1 - \cos^3 \theta}{\sin^2 \theta}, \qquad \sigma_{\varphi\varphi} = \frac{R^2 \varrho_0 g}{3h} \frac{(-1 + 3\cos\theta - 2\cos^3\theta)}{\sin^2\theta}.$$

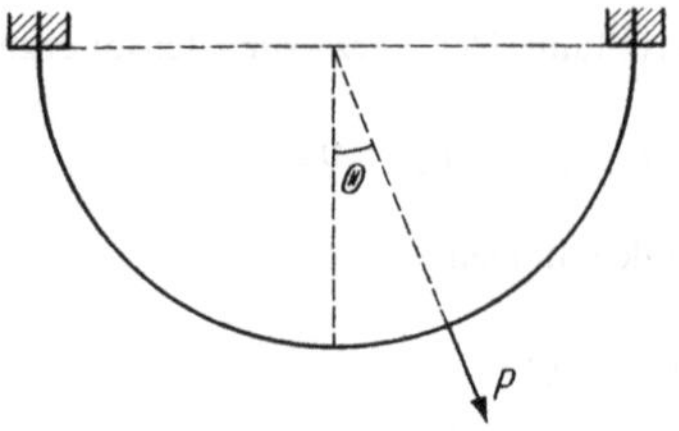


Abb. 11

Für die Verschiebungen erhalten wir

$$u_\theta = -\frac{R^3 \varrho_0 g(1+\sigma)}{3Eh} \sin\theta \left[\frac{\cos\theta}{1+\cos\theta} + \ln(1+\cos\theta)\right],$$

$$u_r = \frac{R^3 \varrho_0 g(1+\sigma)}{3Eh} \left[\cos\theta \ln(1+\cos\theta) - 1 + \frac{3\cos\theta}{1+\sigma}\right].$$

$u_r$ bleibt bei $\theta = \pi/2$ endlich, statt zu verschwinden, wie es sein müßte. Das bedeutet, daß in Wirklichkeit in der Nähe der Befestigungslinie die Schale sich sehr stark verbiegt und die erhaltene Lösung dort nicht anwendbar wird.

4. Eine Kugelschale sei mit ihrem Rand an einer unbeweglichen Stütze befestigt (Abb. 12). Man bestimme die Biegungsgröße unter der Wirkung des Eigengewichts $Q$.

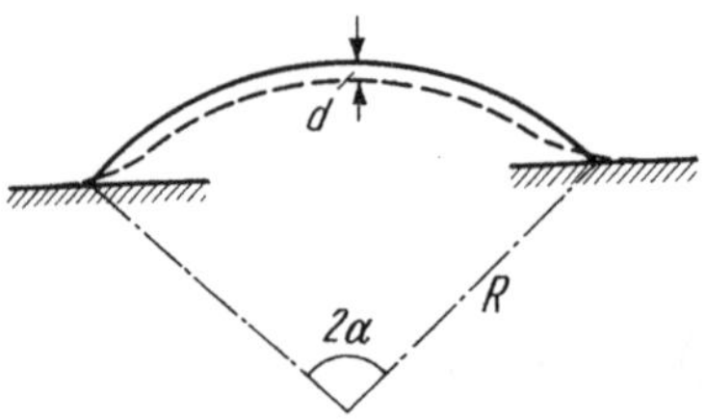


Abb. 12

Lösung. Die stärkste Deformation tritt in der Nähe des Randes auf, der zur Seite weggebogen wird (punktierte Linie in Abb. 12). Dabei ist die Verschiebung $u_\theta$ im Vergleich zur radialen Verschiebung $u_r \equiv \zeta$ klein. Da $\zeta$ mit wachsendem Abstand vom gestützten Rand rasch abnimmt, kann man die auftretende Deformation als die Deformation einer ebenen, langen Platte betrachten (Länge $2\pi R \sin\alpha$). Sie setzt sich aus einer Biegung und einer Dehnung zusammen. Die relative Verlängerung der Platte ist in jedem Punkt gleich $\zeta/R$ ($R$ ist der Schalenradius), und die Dehnungsenergie ist somit gleich $E\zeta^2/2R^2$. Wenn wir den Abstand $x$ von der Stützlinie als unabhängige Variable einführen, erhalten wir für die gesamte Dehnungsenergie den Ausdruck

$$F_{1\,\mathrm{Pl}} = 2\pi R \sin\alpha \frac{hE}{2R^2} \int \zeta^2 \, dx .$$

Die Biegungsenergie ist

$$F_{2\,\mathrm{Pl}} = 2\pi R \sin\alpha \frac{h^3 E}{24(1-\sigma^2)} \int \left(\frac{d^2\zeta}{dx^2}\right)^2 dx .$$

Nach Variation der Summe $F_{\mathrm{Pl}} = F_{1\,\mathrm{Pl}} + F_{2\,\mathrm{Pl}}$ in $\zeta$ erhalten wir folgende Gleichung:

$$\frac{d^4\zeta}{dx^4} + \frac{12(1-\sigma^2)}{h^2 R^2} \zeta = 0 .$$

$\zeta$ muß für $x \to \infty$ verschwinden. Die Randbedingung bei $x = 0$ verlangt, daß das Kraftmoment verschwindet ($\zeta'' = 0$) und daß die bei der Biegung entstehende, zur Oberfläche der Schale normal gerichtete Kraft der entsprechenden Komponente der Schwerkraft gleich ist:

$$2\pi R \sin\alpha \frac{h^3 E}{12(1-\sigma^2)} \zeta''' = Q \cos\alpha .$$

Die zugehörige Lösung ist

$$\zeta = A\,\mathrm{e}^{-\varkappa x} \cos \varkappa x$$

mit

$$\varkappa = \left[\frac{3(1-\sigma^2)}{h^2 R^2}\right]^{1/4}, \qquad A = \frac{Q \cot\alpha}{Eh}\left[\frac{3R^2(1-\sigma^2)}{8\pi h^2}\right]^{1/4}.$$

Die Größe der Biegung der Schale ist

$$d = \zeta(0)\cos\alpha = A\cos\alpha .$$

## § 16. Torsion von Stäben

Wir gehen jetzt zur Untersuchung der Deformation dünner Stäbe über. Dieser Fall unterscheidet sich von allen bisher betrachteten dadurch, daß der Verschiebungsvektor $\boldsymbol{u}$ sogar bei schwacher Deformation, d. h. bei kleinem Tensor $u_{ik}$, groß sein kann.[1]) So können sich die Enden eines langen, dünnen Stabes räumlich wesentlich verschieben, obgleich die relativen Verschiebungen der benachbarten Punkte dabei klein bleiben.

Es gibt zwei Arten der Deformation von Stäben, bei denen große Verschiebungen einzelner Stabteile auftreten können. Eine davon ist die Biegung, die andere ist die Torsion. Wir beginnen unsere Untersuchung mit der Torsion.

Eine *Torsion* besteht darin, daß in dem gerade bleibenden Stab jeder Querschnitt im Vergleich zu den benachbarten Querschnitten um einen bestimmten Winkel gedreht wird. Wenn der Stab lang ist, können genügend weit voneinander entfernte Querschnitte bei kleiner Torsion um einen großen Winkel zueinander gedreht werden. Ursprünglich zur Achse parallele Linien an der Seitenfläche des Stabes werden bei der Torsion schraubenförmig.

Wir betrachten einen geraden dünnen Stab von beliebigem Querschnitt. Die Stabachse nehmen wir als $z$-Achse, und der Koordinatenursprung sei irgendwo im Stabinnern. Wir führen als *Torsionswinkel* $\tau$ den auf eine Längeneinheit des Stabes bezogenen Drehwinkel ein. Zwei unendlich nah benachbarte Querschnitte (Abstand $\mathrm{d}z$) drehen sich relativ zueinander um den Winkel $\mathrm{d}\varphi = \tau\,\mathrm{d}z$ ($\tau = \mathrm{d}\varphi/\mathrm{d}z$). Die Deformation selbst, d. h. die relative Verschiebung benachbarter Stabteile, wird als klein angenommen. Die Bedingung dafür ist die Kleinheit der relativen Drehung von zwei Querschnitten, deren Abstand voneinander von der Größenordnung der Querdimension $R$ des Stabes ist, d. h., es muß gelten

$$\tau R \ll 1 . \tag{16,1}$$

Wir betrachten ein kleines Gebiet der Stablänge in der Nähe des Koordinatenursprungs und bestimmen die Verschiebung $\boldsymbol{u}$ der Punkte in diesem Gebiet. Als unverschobenen Bezugsquerschnitt wählen wir den in der $xy$-Ebene gelegenen. Die Verschiebung des End-

[1]) Eine Ausnahme bildet nur die einfache Dehnung eines Stabes ohne Formänderung. Bei einer schwachen Dehnung ist stets neben dem Tensor $u_{ik}$ auch der Vektor $\boldsymbol{u}$ klein.

punktes des Radiusvektors ist bei einer Drehung desselben um einen kleinen Winkel $\delta\boldsymbol{\varphi}$ durch den Ausdruck

$$\delta\boldsymbol{r} = [\delta\boldsymbol{\varphi}\, \boldsymbol{r}] \tag{16,2}$$

gegeben, wo der Vektor $\delta\boldsymbol{\varphi}$ in Richtung der Drehachse zeigt und den Betrag des Drehwinkels besitzt. In unserem Falle wird die Drehung um die $z$-Achse vollzogen, wobei Punkte mit der Koordinate $z$ relativ zur $xy$-Ebene um den Winkel $\tau z$ gedreht werden. (In der Nähe des Koordinatenursprungs ist der Winkel $\tau$ annähernd konstant.) (16,2) liefert jetzt für die Komponenten $u_x$, $u_y$ des Verschiebungsvektors

$$u_x = -\tau z y\,, \qquad u_y = \tau z x\,. \tag{16,3}$$

Bei der Torsion werden die Stabpunkte im allgemeinen auch in $z$-Richtung verschoben. Da bei $\tau = 0$ diese Verschiebung verschwindet, kann man letztere bei kleinen $\tau$ als zu $\tau$ proportional annehmen. Somit ist

$$u_z = \tau\psi(x, y)\,. \tag{16,4}$$

$\psi(x, y)$ wird *Torsionsfunktion* genannt. Im Ergebnis einer durch (16,3) und (16,4) beschriebenen Deformation wird jeder Querschnitt des Stabes um die $z$-Achse gedreht und dabei gleichzeitig gekrümmt, so daß er aufhört, eben zu sein. Indem wir den Koordinatenursprung auf bestimmte Weise in die $xy$-Ebene legen, ,,befestigen" wir damit einen bestimmten Punkt des Stabquerschnitts so, daß er in dieser Ebene nicht verschoben wird (wohl aber in $z$-Richtung); eine andere Wahl des Koordinatenursprungs äußert sich natürlich nicht in der Torsion und führt lediglich zu einer unwesentlichen allgemeinen Verschiebung des gesamten Stabes.

Wenn man $\boldsymbol{u}$ kennt, kann man die Komponenten des Verzerrungstensors berechnen. Da $\boldsymbol{u}$ im betrachteten Gebiet klein ist, kann man den Ausdruck

$$u_{ik} = \frac{1}{2}\left(\frac{\partial u_i}{\partial x_k} + \frac{\partial u_k}{\partial x_i}\right)$$

benutzen. Wir erhalten

$$\left.\begin{aligned} &u_{xx} = u_{yy} = u_{xy} = u_{zz} = 0\,,\\ &u_{xz} = \frac{\tau}{2}\left(\frac{\partial\psi}{\partial x} - y\right), \qquad u_{yz} = \frac{\tau}{2}\left(\frac{\partial\psi}{\partial y} + x\right). \end{aligned}\right\} \tag{16,5}$$

Außerdem haben wir $u_{ll} = 0$, d. h., bei der Torsion bleibt das Stabvolumen unverändert. Die Torsion ist somit eine reine Scherung.

Für die Komponenten des Spannungstensors folgt

$$\left.\begin{aligned} &\sigma_{xx} = \sigma_{yy} = \sigma_{zz} = \sigma_{xy} = 0\,,\\ &\sigma_{xz} = 2\mu u_{xz} = \mu\tau\left(\frac{\partial\psi}{\partial x} - y\right), \qquad \sigma_{yz} = 2\mu u_{yz} = \mu\tau\left(\frac{\partial\psi}{\partial y} + x\right) \end{aligned}\right\} \tag{16,6}$$

(es ist bequemer, hier den Torsionsmodul $\mu$ anstelle von $E$ und $\sigma$ zu benutzen). Da nur $\sigma_{xz}$ und $\sigma_{yz}$ von Null verschieden sind, vereinfachen sich die allgemeinen Gleichgewichtsbedingungen $\partial\sigma_{ik}/\partial x_k = 0$ zu

$$\frac{\partial\sigma_{zx}}{\partial x} + \frac{\partial\sigma_{zy}}{\partial y} = 0\,. \tag{16,7}$$

Setzt man jetzt (16,6) ein, so erhält man die Gleichung, der die Torsionsfunktion genügen muß, nämlich

$$\Delta\psi = 0\,. \tag{16,8}$$

Es ist jedoch zweckmäßiger, eine andere Hilfsfunktion $\chi(x, y)$ einzuführen, welche durch die Gleichungen

$$\sigma_{xz} = 2\mu\tau\frac{\partial\chi}{\partial y}\,, \qquad \sigma_{yz} = -2\mu\tau\frac{\partial\chi}{\partial x} \tag{16,9}$$

definiert ist. Die Randbedingungen am Rand des Stabquerschnittes sind dann für diese Funktion einfacher (siehe unten). Vergleicht man (16,9) und (16,6), so erhält man

$$\frac{\partial\psi}{\partial x} = y + 2\frac{\partial\chi}{\partial y}\,, \qquad \frac{\partial\psi}{\partial y} = -x - 2\frac{\partial\chi}{\partial x}\,. \tag{16,10}$$

Nun wird die erste Gleichung nach $y$, die zweite nach $x$ differenziert. Durch Subtraktion der Ergebnisse erhält man für $\chi$ folgende Gleichung:

$$\Delta\chi = -1\,. \tag{16,11}$$

Bezüglich der Randbedingungen an der Staboberfläche ist folgendes zu bemerken: Wegen der geringen Stärke des Stabes sind die äußeren Kräfte, welche auf seine Seitenfläche wirken, im Vergleich zu den im Inneren auftretenden Spannungen gering und können daher (bei der Aufstellung der Randbedingungen) vernachlässigt werden. Dieser Umstand ist genau der Situation, welche bei der Biegung dünner Platten auftritt, analog. An der Seitenfläche des Stabes muß somit $\sigma_{ik}n_k = 0$ gelten; da die $z$-Achse mit der Stabachse zusammenfällt, hat die Normale $\boldsymbol{n}$ nur zwei Komponenten $n_x$, $n_y$, so daß obige Gleichung auf die Bedingung

$$\sigma_{zx}n_x + \sigma_{zy}n_y = 0$$

reduziert wird. Mit (16,9) folgt hieraus

$$\frac{\partial\chi}{\partial y}n_x - \frac{\partial\chi}{\partial x}n_y = 0\,.$$

Die Komponenten der Normalen zum Querschnittsrand sind $n_x = -\mathrm{d}y/\mathrm{d}l$, $n_y = \mathrm{d}x/\mathrm{d}l$, wenn $x$, $y$ die Koordinaten der Randpunkte und $\mathrm{d}l$ das Längenelement sind. Somit erhalten wir die Gleichung

$$\frac{\partial\chi}{\partial x}\mathrm{d}x + \frac{\partial\chi}{\partial y}\mathrm{d}y = \mathrm{d}\chi = 0\,,$$

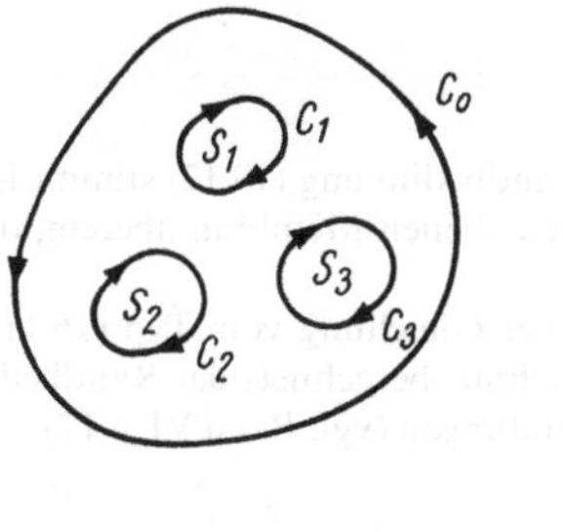


Abb. 13

woraus $\chi = \text{const}$ folgt, d. h., auf dem Querschnittsrand ist die Funktion $\chi$ konstant. Da in die Definition (16,9) nur Ableitungen von $\chi$ eingehen, kann zu $\chi$ eine beliebige Konstante hinzugefügt werden. Wenn daher der Querschnittsrand einfach zusammenhängend ist, kann man, ohne Einschränkung der Allgemeinheit

$$\chi = 0 \tag{16,12}$$

als Randbedingung für die Gleichung (16,11) benutzen.[1])

Im Falle eines mehrfach zusammenhängenden Randes wird $\chi$ an jedem der geschlossenen Ränder einen anderen konstanten Wert besitzen, und letzterer kann nur an einem der Ränder verschwinden, z. B. am äußeren Rand ($C_0$ in Abb. 13). Die anderen Randwerte von $\chi$ ergeben sich aus der Bedingung, welche aus der Eindeutigkeit von $u_z = \tau\psi(x, y)$ als Koordinatenfunktion folgt. Wegen der Eindeutigkeit der Torsionsfunktion $\psi(x, y)$ nämlich verschwindet das Integral ihres Differentials $\mathrm{d}\psi$ über einen geschlossenen Weg. Mit Hilfe von (16,11) erhalten wir daher

$$\oint \mathrm{d}\psi = \oint \left( \frac{\partial \psi}{\partial x} \mathrm{d}x + \frac{\partial \psi}{\partial y} \mathrm{d}y \right)$$

$$= -2 \oint \left( \frac{\partial \chi}{\partial x} \mathrm{d}y - \frac{\partial \chi}{\mathrm{d}y} \mathrm{d}x \right) - 2 \oint (x\,\mathrm{d}y - y\,\mathrm{d}x) = 0$$

oder

$$\oint \frac{\partial \chi}{\partial n} \mathrm{d}l = -S\,, \tag{16,13}$$

wobei $\partial\chi/\partial n$ die Ableitung von $\chi$ in Richtung der äußeren Normalen zur Randkurve und $S$ die von der Randkurve eingeschlossene Fläche ist. Die Anwendung dieser Beziehung auf jede der geschlossenen Linien $C_1$, $C_2$, ... liefert die gesuchten Bedingungen.

Wir bestimmen jetzt die freie Energie des einer Torsion unterzogenen Stabes. Die Energie pro Volumeneinheit ist

$$F = \frac{\sigma_{ik} u_{ik}}{2} = \sigma_{xz} u_{xz} + \sigma_{yz} u_{yz} = \frac{1}{2\mu} (\sigma_{xz}^2 + \sigma_{yz}^2)$$

und mit (16,9)

$$F = 2\mu\tau^2 \left[ \left( \frac{\partial \chi}{\partial x} \right)^2 + \left( \frac{\partial \chi}{\partial y} \right)^2 \right] \equiv 2\mu\tau^2 (\operatorname{grad} \chi)^2\,;$$

grad bezeichnet den zweidimensionalen Gradienten. Die Torsionsenergie pro Längeneinheit des Stabes erhält man hieraus mittels Integration über den Querschnitt, d. h., sie ist gleich $C\tau^2/2$, wobei der Koeffizient $C$ gleich

$$C = 4\mu \int (\operatorname{grad} \chi)^2\, \mathrm{d}f$$

---

[1]) Das Problem der Torsion nach Gleichung (16,11) mit der Randbedingung (16,12) stimmt formal mit dem Problem der Bestimmung der Form einer nach (14,9) gebogenen ebenen Membran überein, die gleichmäßig belastet ist.

Interessant ist auch die hydrodynamische Analogie: Aus einer Gleichung vom Typ (16,11) wird die Geschwindigkeitsverteilung einer zähen Flüssigkeit im Rohrquerschnitt berechnet; der Randbedingung (16,12) entspricht die Bedingung $v = 0$ an den unbeweglichen Rohrwandungen (vgl. Band VI, § 17).

ist. Die Größe $C$ heißt Torsionswiderstand des Stabes. Die gesamte elastische Stabenergie ist gleich

$$F_{\mathrm{St}} = \frac{1}{2} \int C\tau^2 \, \mathrm{d}z \,; \tag{16,14}$$

hier wird über die Stablänge integriert.

Wenn wir

$$(\operatorname{grad} \chi)^2 = \operatorname{div} (\chi \operatorname{grad} \chi) - \chi \, \Delta\chi = \operatorname{div} (\chi \operatorname{grad} \chi) + \chi$$

schreiben und das Integral des ersten Gliedes in ein Kurvenintegral über den Querschnittsrand umformen, erhalten wir für $C$

$$C = 4\mu \oint \chi \frac{\partial \chi}{\partial n} \, \mathrm{d}l + 4\mu \int \chi \, \mathrm{d}f \,. \tag{16,15}$$

Bei einfach zusammenhängenden Randkurven verschwindet das erste Glied wegen der Randbedingung $\chi = 0$, und es bleibt

$$C = 4\mu \int \chi \, \mathrm{d}x \, \mathrm{d}y \,. \tag{16,16}$$

Bei mehrfach zusammenhängenden Rändern (Abb. 13) setzen wir $\chi = 0$ am äußeren Rand $C_0$, und wenn wir mit $\chi_k$ die konstanten Werte von $\chi$ an den inneren Randlinien $C_k$ bezeichnen, erhalten wir mit Hilfe von (16,13)

$$C = 4\mu \sum_k \chi_k S_k + 4\mu \int \chi \, \mathrm{d}x \, \mathrm{d}y \,. \tag{16,17}$$

(Man muß dabei im Auge behalten, daß die Randkurve $C_k$ bei der Integration im ersten Glied von (16,15) in der umgekehrten Richtung durchlaufen wird wie die Randkurve $C_0$.)

Wir betrachten den einfachsten Fall der Torsion, bei der ein Stabende unbeweglich befestigt ist und die äußeren Kräfte nur an der Oberfläche des anderen Stabendes angreifen. Diese Kräfte bewirken lediglich eine Torsion und keine andere Deformationsart, wie z. B. eine Biegung. Mit anderen Worten, sie stellen ein Kräftepaar dar, welches den Stab um seine Achse zu drehen versucht. Das Drehmoment dieses Kräftepaars sei $M$.

In einem solchen Falle ist der Torsionswinkel $\tau$ entlang der Stablänge konstant. Das folgt z. B. aus der Minimumbedingung für die freie Gesamtenergie des Stabes im Gleichgewicht. Die Gesamtenergie des deformierten Stabes ist gleich der Summe $F_{\mathrm{St}} + U$, wobei $U$ die potentielle Energie der äußeren Kräfte ist. Wir setzen $\tau = \mathrm{d}\varphi/\mathrm{d}z$ in (16,14) ein, variieren nach dem Winkel $\varphi$ und erhalten

$$\delta \frac{1}{2} \int C \left(\frac{\mathrm{d}\varphi}{\mathrm{d}z}\right)^2 \mathrm{d}z + \delta U = \int C \frac{\mathrm{d}\varphi}{\mathrm{d}z} \frac{\mathrm{d}\,\delta\varphi}{\mathrm{d}z} \, \mathrm{d}z + \delta U = 0$$

oder nach einer partiellen Integration

$$-\int C \frac{\mathrm{d}\tau}{\mathrm{d}z} \, \delta\varphi \, \mathrm{d}z + \delta U + C\tau\delta\varphi = 0 \,.$$

Im letzten Glied steht an sich die Differenz der Werte an den Stabenden. Eines dieser Enden, z. B. das untere, sei aber so befestigt, daß an seiner Fläche $\delta\varphi = 0$ gilt. Die Variation der potentiellen Energie $\delta U$ mit entgegengesetztem Vorzeichen stellt die Arbeit der äußeren Kräfte bei der Drehung um den Winkel $\delta\varphi$ dar. Bekanntlich ist die Arbeit eines Kräftepaars bei einer solchen Drehung gleich dem Produkt aus dem Drehwinkel und dem Drehmoment des Kräftepaars $M\,\delta\varphi$. Da andere äußere Kräfte nicht auftreten, ist $\delta U = -M\,\delta\varphi$, und wir erhalten

$$\int C \frac{d\tau}{dz}\,\delta\varphi\,dz + \delta\varphi(-M + C\tau) = 0\,. \tag{16,18}$$

Im zweiten Glied wird der Wert an der oberen Integrationsgrenze eingesetzt. Im Integral nach $dz$ ist die Variation $\delta\varphi$ beliebig; es muß daher die Gleichung

$$C\frac{d\tau}{dz} = 0$$

erfüllt sein, d. h.

$$\tau = \text{const}\,. \tag{16,19}$$

Wir sehen, der Torsionswinkel ist entlang des gesamten Stabes konstant. Der volle Drehwinkel der oberen Grundfläche des Stabes bezüglich seiner unteren ist daher einfach gleich $\tau l$, d. h. das Produkt aus $\tau$ und der Stablänge $l$.

In der Gleichung (16,18) muß auch das zweite Glied verschwinden. Hieraus erhalten wir folgenden Ausdruck für den konstanten Torsionswinkel:

$$\tau = \frac{M}{C}\,. \tag{16,20}$$

## Aufgaben

1. Man bestimme den Torsionswiderstand eines Stabes mit kreisförmigem Querschnitt (Radius $R$).

Lösung. Die Lösungen der Aufgaben 1—4 stimmen formal mit den Lösungen des Problems der Bewegung einer zähen Flüssigkeit im Rohr mit entsprechendem Querschnitt überein (s. Fußnote auf S. 76); der durch den Querschnitt hindurchfließenden Flüssigkeitsmenge $Q$ entspricht hier die Größe $C$.

Für einen Stab mit kreisförmigem Querschnitt haben wir (Koordinatenursprung im Querschnittszentrum)

$$\chi = \frac{1}{4}(R^2 - x^2 - y^2)\,.$$

Der Torsionswiderstand ist

$$C = \frac{\mu\pi R^4}{2}\,.$$

Für die Funktion $\psi$ folgt aus (16,10) $\psi = \text{const}$. Eine konstante Funktion $\psi$ aber entspricht nach (16,4) einer einfachen Verschiebung des gesamten Stabes parallel zur $z$-Achse; man kann daher $\psi = 0$ setzen. Somit bleiben die Querschnitte eines runden Stabes bei einer Torsion eben.

2. Das gleiche wie in Aufgabe 1 für einen Stab mit elliptischem Querschnitt (Halbachsen $a$ und $b$).

Lösung. Der Torsionswiderstand ist

$$C = \pi\mu\frac{a^3 b^3}{a^2 + b^2}\,.$$

Die Verteilung der longitudinalen Verschiebungen ist durch die Torsionsfunktion gegeben:

$$\psi = \frac{b^2 - a^2}{b^2 + a^2}\,xy\,.$$

(Die Koordinatenachsen sind in die Ellipsenachsen hineingelegt.)

3. Das gleiche wie in Aufgabe 1 für einen Stab mit einem Querschnitt von der Form eines gleichseitigen Dreiecks (Seitenlänge $a$).

Lösung. Der Torsionswiderstand ist

$$C = \frac{\sqrt{3}}{80}\,\mu a^4 .$$

Die Torsionsfunktion hat die Form

$$\psi = \frac{1}{6a}\,y(x\sqrt{3}+y)\,(x\sqrt{3}-y)\,,$$

wobei der Koordinatenursprung sich im Zentrum des Dreiecks befindet und die $x$-Achse mit einer der Höhen des Dreiecks zusammenfällt.

4. Das gleiche wie in Aufgabe 1 für einen Stab von der Form einer langen dünnen Platte (Breite $d$, Stärke $h \ll d$).

Lösung. Das Problem ist äquivalent der Strömung einer zähen Flüssigkeit zwischen zwei ebenen, zueinander parallelen Wänden. Ergebnis:

$$C = \frac{\mu\, dh^3}{3}\,.$$

5. Das gleiche wie in Aufgabe 1 für ein Zylinderrohr (Außen- und Innenradius $R_2$ bzw. $R_1$).

Lösung. Die Funktion

$$\chi = \frac{1}{4}(R_2^2 - r^2)$$

(in Polarkoordinaten) genügt der Bedingung (16,13) an beiden Rändern des ringförmigen Querschnittes des Rohrs. Aus (16,17) folgt

$$C = \frac{1}{2}\,\mu\pi(R_2^4 - R_1^4)\,.$$

6. Das gleiche wie in Aufgabe 1 für ein dünnwandiges Rohr mit beliebigem Querschnitt.

Lösung. Da die Rohrwand dünn ist, kann man annehmen, daß die Funktion $\chi$ vom Wert Null auf der einen Wandseite zum Wert $\chi_1$ auf der anderen Wandseite innerhalb der Breite $h$ linear übergeht: $\chi = \chi_1 y/h$ ($y$ ist eine Koordinate senkrecht zur Wand des Rohres). Die Bedingung (16,13) liefert $\chi_1 L/h = S$, wobei $L$ die Länge des Rohrumfangs und $S$ die von ihm eingeschlossene Fläche ist. Im Ausdruck (16,17) ist das zweite Glied relativ zum ersten klein, und wir erhalten

$$C = \frac{4hS^2\mu}{L}\,.$$

Wenn man das Rohr entlang einer Seitenlinie durchschneidet, fällt der Torsionswiderstand stark ab und ergibt sich, nach dem Ergebnis der Aufgabe 4, zu $C = \mu L h^3/3$.

## § 17. Biegung von Stäben

Bei einer Biegung wird der Stab an einigen Stellen gedehnt, an anderen komprimiert. Linien an der konvexen Stabseite sind ausgedehnt, an der konkaven Seite dagegen tritt Kompression auf. Wie bei Platten, existiert im Inneren des Stabes eine „neutrale“ Fläche, in der weder Dehnungen noch Kompressionen auftreten. Sie trennt das Gebiet der Dehnungen von dem der Kompressionen.

Wie beginnen mit der Untersuchung der Biegung in einem kleinen Abschnitt des Stabes, wo die Biegung als schwach angenommen werden kann; unter einer schwachen Biegung verstehen wir hier eine solche, bei der nicht nur der Verzerrungstensor klein ist, sondern auch die absolute Verschiebung der Stabpunkte. Wir legen den Koordinatenursprung in die „neutrale" Fläche innerhalb des betrachteten Stabgebietes. Die $z$-Achse legen wir in die Achse des ungebogenen Stabes; die Biegung gehe in der $xz$-Ebene vor sich. Bei schwacher Biegung eines Stabes kann man nämlich annehmen, daß die Biegung in einer Ebene vonstatten geht. Das hängt mit der aus der Differentialgeometrie bekannten Tatsache zusammen, daß die Abweichung einer schwach gebogenen Kurve von der Ebene (die sogenannte Torsion) im Vergleich zu ihrer Krümmung klein von höherer Ordnung ist.

Genauso wie im Falle der Biegung von Platten und der Torsion von Stäben sind die äußeren Kräfte, die während der Biegung auf die Seitenfläche des Stabes wirken, im Vergleich zu den inneren Spannungen klein, und man kann sie bei der Aufstellung der Randbedingungen an dieser Fläche vernachlässigen. Somit gilt auf der gesamten Seitenfläche $\sigma_{ik}n_k = 0$ oder, da $n_z = 0$ ist,

$$\sigma_{xx}n_x + \sigma_{xy}n_y = 0$$

und analoge Gleichungen für $i = y, z$. Wir nehmen einen Punkt auf der Randkurve des Stabquerschnittes, in dem die Normale $\boldsymbol{n}$ parallel zur $x$-Achse gerichtet ist. Ein ebensolcher Punkt liegt irgendwo auf der entgegengesetzten Seite der Randkurve. In diesen beiden Punkten ist $n_y = 0$, und so folgt aus obiger Gleichung $\sigma_{xx} = 0$. Da der Stab als dünn angenommen wurde und $\sigma_{xx}$ auf beiden Seiten seines Querschnittes verschwindet, ist es im Gesamtgebiet des Querschnittes klein, und man kann im ganzen Stab $\sigma_{xx} = 0$ setzen. Aus dem gleichen Grunde kann man sämtliche Komponenten des Spannungstensors, außer $\sigma_{zz}$ vernachlässigen. Mit anderen Worten ausgedrückt: Bei der Biegung eines dünnen Stabes ist nur die dehnende (oder komprimierende) Komponente des Spannungstensors wesentlich. Eine Deformation, bei der nur die Komponente $\sigma_{zz}$ des Spannungstensors von Null verschieden ist, stellt eine einfache Dehnung (oder Kompression) dar (§ 5). Somit geht in jedem Volumenelement eines einer Biegung unterworfenen Stabes eine einfache Dehnung (oder Kompression) vor sich. Die Größe dieser Dehnung ist natürlich in verschiedenen Punkten eines jeden Querschnittes des Stabes verschieden, was letztlich zur Biegung des ganzen Stabes führt.

Die relative Dehnung in jedem Punkt des Stabes läßt sich einfach bestimmen. Wir betrachten ein beliebiges zur Stabachse paralleles Längenelement $\mathrm{d}z$ in der Nähe des Koordinatenursprungs. Während der Biegung des Stabes ändert sich dieses Längenelement und wird zu $\mathrm{d}z'$. Unverändert bleiben lediglich die in der „neutralen" Fläche gelegenen Längenelemente. Der Krümmungsradius der „neutralen" Fläche in der Nähe des Koordinatenursprungs sei $R$. Die Längenelemente $\mathrm{d}z$ und $\mathrm{d}z'$ kann man als Bogenelemente von Kreisen mit den Radien $R$ bzw. $R + x$ auffassen, wobei $x$ die Koordinate des Längenelements ist. Daher gilt folgende Gleichung:

$$\mathrm{d}z' = \frac{R + x}{R}\,\mathrm{d}z = \left(1 + \frac{x}{R}\right)\mathrm{d}z\,.$$

Die relative Stabverlängerung ist somit

$$\frac{\mathrm{d}z' - \mathrm{d}z}{\mathrm{d}z} = \frac{x}{R}\,.$$

Andererseits ist die relative Verlängerung des Längenelements d$z$ gleich der Komponente $u_{zz}$ des Verzerrungstensors. Es ist daher

$$u_{zz} = \frac{x}{R}. \tag{17,1}$$

Die bei einer einfachen Dehnung geltende Beziehung $\sigma_{zz} = Eu_{zz}$ erlaubt es jetzt, $\sigma_{zz}$ aufzuschreiben:

$$\sigma_{zz} = \frac{x}{R} E. \tag{17,2}$$

Bisher blieb die Lage der „neutralen" Fläche im gebogenen Stab unbestimmt. Man kann sie aus der Bedingung bestimmen, daß die betrachtete Deformation eine reine Biegung sein soll, ohne daß irgendeine allgemeine Dehnung oder Kompression auftritt. Dazu muß die Gesamtkraft der inneren Spannungen, die auf einen Querschnitt des Stabes wirkt, verschwinden, d. h., es muß das Integral

$$\int \sigma_{zz} \, \mathrm{d}f$$

über diese Fläche verschwinden. Zusammen mit (17,2) führt das auf die Bedingung

$$\int x \, \mathrm{d}f = 0. \tag{17,3}$$

Auf der anderen Seite kann man den Schwerpunkt des Stabquerschnittes als Schwerpunkt einer homogenen flachen Scheibe von der entsprechenden Form einführen. Die Koordinaten dieses Punktes sind durch die Integrale

$$\frac{\int x \, \mathrm{d}f}{\int \mathrm{d}f}, \quad \frac{\int y \, \mathrm{d}f}{\int \mathrm{d}f}$$

gegeben. Die Bedingung (17,3) besagt also: Im Koordinatensystem, dessen Ursprung in der „neutralen" Fläche liegt, ist die $x$-Koordinate des Schwerpunktes des Stabquerschnitts gleich Null. Oder anders ausgedrückt: Die „neutrale" Fläche geht durch die Schwerpunkte der Stabquerschnitte.

Neben $u_{zz}$ sind noch zwei andere Komponenten des Verzerrungstensors von Null verschieden, da bei einer einfachen Dehnung die Gleichungen $u_{xx} = u_{yy} = -\sigma u_{zz}$ gelten. Wenn der Verzerrungstensor bekannt ist, kann man leicht die Verschiebungen der Stabpunkte bestimmen. Es ist

$$u_{zz} = \frac{\partial u_z}{\partial z} = \frac{x}{R}, \quad \frac{\partial u_x}{\partial x} = \frac{\partial u_y}{\partial y} = -\frac{\sigma x}{R},$$

$$\frac{\partial u_x}{\partial z} + \frac{\partial u_z}{\partial x} = 0, \quad \frac{\partial u_x}{\partial y} + \frac{\partial u_y}{\partial x} = 0, \quad \frac{\partial u_y}{\partial z} + \frac{\partial u_z}{\partial y} = 0.$$

Die Integration dieser Beziehungen führt auf folgende Ausdrücke für die Komponenten der Verschiebung:

$$u_x = -\frac{1}{2R}[z^2 + \sigma(x^2 - y^2)], \quad u_y = -\sigma \frac{xy}{R}, \quad u_z = \frac{xz}{R}. \tag{17,4}$$

Die Integrationskonstanten sind gleich Null gesetzt; das entspricht einer Festlegung des Koordinatenursprungs.

Aus (17,4) ist zu ersehen, daß die im Querschnitt $z = \text{const} \equiv z_0$ liegenden Punkte nach der Biegung sich auf der Fläche

$$z = z_0 + u_z = z_0 \left(1 + \frac{x}{R}\right)$$

befinden. In der betrachteten Näherung also bleiben die Stabquerschnitte während der Biegung eben und werden lediglich um einen bestimmten Winkel bezüglich ihrer Anfangslage gedreht. Dagegen ändert sich die Form der Querschnitte; so nehmen bei der Biegung eines Stabes mit rechteckigem Querschnitt (mit den Seitenlängen $a$ und $b$) die Seitenteile des Querschnittumfangs $y = \pm b/2$ nach der Biegung der Lagen

$$y = \pm \frac{b}{2} + u_y = \pm \frac{b}{2}\left(1 - \frac{\sigma x}{R}\right)$$

ein, d. h., sie werden geneigt, wobei sie gerade bleiben. Die oberen und unteren Querschnittseiten $x = \pm a/2$ werden zu parabolischen Linien gebogen (Abb. 14):

$$x = \pm \frac{a}{2} + u_x = \pm \frac{a}{2} - \frac{1}{2R}\left[z_0^2 + \sigma\left(\frac{a^2}{4} - y^2\right)\right].$$

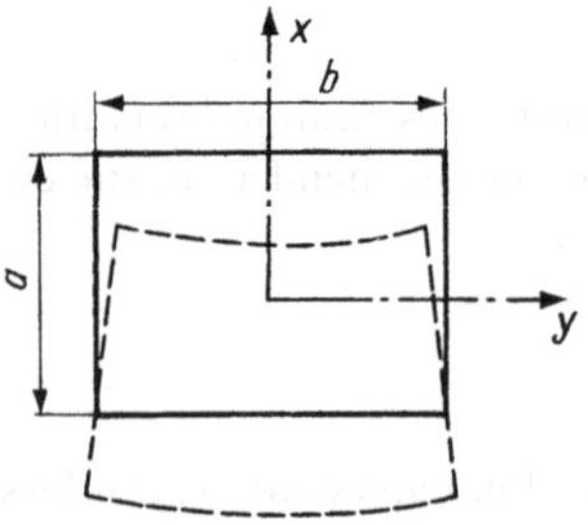


Abb. 14

Die freie Energie der Volumeneinheit des Stabes ist

$$\frac{\sigma_{ik} u_{ik}}{2} = \frac{\sigma_{zz} u_{zz}}{2} = \frac{E x^2}{2R^2}.$$

Über den gesamten Stabquerschnitt integriert, liefert das

$$\frac{E}{2R^2} \int x^2 \, \mathrm{d}f. \tag{17,5}$$

Das ist die freie Energie der Längeneinheit des gebogenen Stabes.

Der Krümmungsradius $R$ ist als Krümmungsradius der „neutralen" Fläche definiert. Wegen der Dünne des Stabes kann er jedoch mit der gleichen Genauigkeit als Krümmungsradius des als Linie ohne Querdimension aufgefaßten gebogenen Stabes betrachtet werden (diese Linie wird oft als *elastische Linie* bezeichnet).

Es ist zweckmäßig, in (17,5) den Begriff des Trägheitsmoments der Querschnittsfläche einzuführen. Wir definieren das Trägheitsmoment des Querschnittes bezüglich der $y$-Achse, die in seiner Fläche liegt, durch das Integral

$$I_y = \int x^2 \, \mathrm{d}f, \tag{17,6}$$

d. h. wie gewöhnlich, nur daß anstelle des Massenelements hier das Flächenelement d$f$ auftritt. Die freie Energie der Längeneinheit des Stabes kann dann in der Form

$$\frac{E}{2R^2} I_y \tag{17,7}$$

geschrieben werden.

Es ist noch das Drehmoment der inneren Spannungskräfte, die im gegebenen Querschnitt wirken, zu bestimmen. (Dieses Drehmoment heißt *Biegemoment.*) Auf das Flächenelement d$f$ des Querschnitts wirkt die in Richtung der $z$-Achse zeigende Kraft $\sigma_{zz}\,\mathrm{d}f = (x/R)\,E\,\mathrm{d}f$. Ihr Drehmoment bezüglich der $y$-Achse ist $x\sigma_{zz}\,\mathrm{d}f$. Das Gesamtdrehmoment bezüglich dieser Achse ist daher

$$M_y = \frac{E}{R}\int x^2\,\mathrm{d}f = \frac{EI_y}{R}. \tag{17,8}$$

Somit ist die Krümmung $1/R$ der elastischen Linie dem am gegebenen Querschnitt angreifenden Biegemoment proportional.

Die Größe $I_y$ hängt von der Richtung der $y$-Achse in der Querschnittsebene ab. Es ist günstig, wie in der Mechanik $I_y$ durch zwei Hauptträgheitsmomente auszudrücken. Wenn $\vartheta$ der Winkel zwischen der $y$-Achse und einer der Hauptträgheitsachsen des Querschnittes ist, so gilt

$$I_y = I_1 \cos^2\vartheta + I_2 \sin^2\vartheta\,, \tag{17,9}$$

wobei $I_1$, $I_2$ die Hauptträgheitsmomente sind. Die Ebenen, die durch die $z$-Achse und durch die Hauptträgheitsachsen des Stabquerschnittes hindurchgehen, heißen *Hauptbiegungsebenen.*

Wenn z. B. der Stabquerschnitt rechteckig ist (mit den Seiten $a$, $b$), befindet sich sein Schwerpunkt im Zentrum des Rechtecks, und seine Hauptträgheitsachsen sind zu seinen Seiten parallel. Die Hauptträgheitsmomente sind

$$I_1 = \frac{a^3 b}{12}, \quad I_2 = \frac{ab^3}{12}. \tag{17,10}$$

Beim runden Querschnitt (Radius $R$) befindet sich der Schwerpunkt im Kreiszentrum, und die Richtung der Hauptträgheitsachsen ist beliebig. Das Trägheitsmoment bezüglich einer beliebigen Achse, die in der Querschnittsfläche durch das Querschnittszentrum hindurchgeht, ist gleich

$$I = \frac{\pi R^4}{4}. \tag{17,11}$$

## § 18. Die Energie eines deformierten Stabes

Im vorhergehenden Abschnitt betrachteten wir nur ein kleines Gebiet längs des gebogenen Stabes. Wenn wir jetzt zur Untersuchung der Deformation im gesamten Stabgebiet übergehen, müssen wir zunächst eine passende Form der Beschreibung einer solchen

Deformation wählen. Es ist wesentlich, daß bei einer starken[1]) Biegung eines Stabes im allgemeinen gleichzeitig eine Torsion auftritt, so daß das Ergebnis der Deformation die Kombination einer reinen Biegung und einer Torsion darstellt.

Zweckmäßigerweise beschreibt man die Deformation folgendermaßen: Der Stab wird in unendlich kleine Elemente zerlegt, wobei jedes Element durch zwei einander infinitesimal benachbarte Querschnitte aus dem Stab herausgeschnitten wird. Einem jeden dieser Elemente wird ein eigenes Koordinatensystem $\xi$, $\eta$, $\zeta$ zugeordnet, dessen Achsen so gerichtet sind, daß alle diese Systeme im nichtdeformierten Zustand parallel sind; sämtliche $\zeta$-Achsen sind zur Stabachse parallel gerichtet. Bei einer Biegung erfährt jedes Koordinatensystem eine Drehung, welche im allgemeinen von Element zu Element verschieden ist. Je zwei infinitesimal benachbarte Koordinatensysteme erscheinen dabei relativ zueinander um einen unendlich kleinen Winkel gedreht.

Es sei $\mathrm{d}\boldsymbol{\varphi}$ der Vektor des relativen Drehwinkels zweier Systeme, die sich im Abstand $\mathrm{d}l$ voneinander auf der Stabachse befinden. (Bekanntlich kann ein unendlich kleiner Drehwinkel als Vektor aufgefaßt werden, der parallel zur Drehachse gerichtet ist. Seine Komponenten sind die Drehwinkel bezüglich jeder der drei Koordinatenachsen.)

Zur Beschreibung der Deformation wird der Vektor

$$\boldsymbol{\Omega} = \frac{\mathrm{d}\varphi}{\mathrm{d}l} \tag{18,1}$$

eingeführt, der die „Drehgeschwindigkeit" der Koordinatenachsen längs der Stabachse beschreibt. Wenn die Deformation eine reine Torsion darstellt, so werden benachbarte Koordinatensysteme nur um die Stabachse, d. h. um die $\zeta$-Achse, gedreht. Folglich ist der Vektor $\boldsymbol{\Omega}$ in diesem Falle parallel zur Stabachse gerichtet und stellt einfach den Torsionswinkel $\tau$ dar, welcher in § 16 benutzt wurde. Dementsprechend kann man im allgemeinen Falle einer beliebigen Deformation die Komponente $\Phi_\zeta$ des Vektors $\boldsymbol{\Omega}$ als *Torsionswinkel* bezeichnen. Dagegen besitzt der Vektor $\boldsymbol{\Omega}$ bei einer reinen Biegung des Stabes in einer Ebene keine Komponente $\Phi_\zeta$, d. h., er liegt allerorten ganz und gar in der $\xi\eta$-Ebene. Wenn man hierbei die Biegungsebene als $\xi\zeta$-Ebene wählt, geht die Drehung überall um die $\eta$-Achse vor sich, d. h., $\boldsymbol{\Omega}$ ist zur $\eta$-Achse parallel.

Wir führen jetzt einen Einheitsvektor $\boldsymbol{t}$ ein, der parallel zur Tangente an den Stab gerichtet ist. Letzterer wird hier einfach als „elastische Linie" betrachtet. Die Ableitung $\mathrm{d}\boldsymbol{t}/\mathrm{d}l$ heißt bekanntlich Krümmungsvektor der Linie; sein Betrag ist $1/R$, wobei $R$ der Krümmungsradius ist,[2]) und seine Richtung heißt Richtung der Hauptnormalen der Linie. Die Änderung eines Vektors bei einer infinitesimalen Drehung ist bekanntlich dem Vektorprodukt aus dem Vektor des Drehwinkels und dem Vektor selbst gleich. Man kann daher die Differenz zweier Vektoren $\boldsymbol{t}$ in zwei unendlich nah benachbarten Punkten der elastischen Linie in der Form

$$\mathrm{d}\boldsymbol{t} = [\mathrm{d}\boldsymbol{\varphi}\ \boldsymbol{t}]$$

---

[1]) Unter starker Deformation verstehen wir hier eine solche, bei der der Vektor $\boldsymbol{u}$ nicht klein ist, während der Verzerrungstensor nach wie vor klein bleibt.

[2]) Jede Kurve im Raum wird in jedem Punkt durch ihre Krümmung und Torsion charakterisiert. Diese Torsion (wir benutzen sie nicht) darf nicht mit der Torsionsdeformation verwechselt werden, bei der ein Stab und seine Achse verdreht wird.

schreiben oder, wenn man durch d$l$ dividiert,

$$\frac{d\boldsymbol{t}}{dl} = [\boldsymbol{\Omega t}] . \tag{18,2}$$

Vektorielle Multiplikation dieser Gleichung mit $\boldsymbol{t}$ führt auf

$$\boldsymbol{\Omega} = \left[\boldsymbol{t}\,\frac{d\boldsymbol{t}}{dl}\right] + \boldsymbol{t}(\boldsymbol{t\Omega}) . \tag{18,3}$$

Die Richtung des Tangentenvektors stimmt in jedem Punkt mit der Richtung der $\zeta$-Achse überein. Daher ist $(\boldsymbol{t\Omega}) = \Omega_\zeta$. Wenn man den Einheitsvektor $\boldsymbol{n}$ der Hauptnormalen einführt (so daß $d\boldsymbol{t}/dl = \boldsymbol{n} \cdot 1/R$), kann man (18,3) in der Form

$$\boldsymbol{\Omega} = \frac{1}{R}[\boldsymbol{tn}] + \boldsymbol{t}\Omega_\zeta \tag{18,4}$$

schreiben. Das erste Glied auf der rechten Seite stellt einen Vektor mit den beiden Komponenten $\Omega_\xi$, $\Omega_\eta$ dar. Der Einheitsvektor $[\boldsymbol{tn}]$ heißt bekanntlich Einheitsvektor der Binormalen. Die Komponenten $\Omega_\xi$, $\Omega_\eta$ stellen daher einen Vektor dar, der parallel zur Binormalen des Stabes gerichtet ist und dessen Betrag gleich seiner Krümmung $1/R$ ist.

Nachdem wir den Vektor $\boldsymbol{\Omega}$ eingeführt und seine Eigenschaften diskutiert haben, können wir einen Ausdruck für die elastische freie Energie des gebogenen Stabes ableiten. Die elastische Energie (bezogen auf eine Längeneinheit des Stabes) ist eine quadratische Funktion der Deformation, d. h. im gegebenen Falle der Komponenten des Vektors $\boldsymbol{\Omega}$. Man kann sich leicht klarmachen, daß die quadratische Form keine Glieder enthalten darf, die zu $\Omega_\xi\Omega_\zeta$ und $\Omega_\eta\Omega_\zeta$ proportional sind. Denn der Stab ist in seiner gesamten Länge homogen, so daß sich sämtliche Größen, u. a. die Energie, bei einer Vorzeichenänderung der $\zeta$-Koordinate, d. h. bei der Substitution $\zeta \to -\zeta$, nicht ändern. Obige Produkte aber ändern bei einer solchen Substitution ihr Vorzeichen.

Was das quadratische Glied $\Omega_\zeta^2$ anbetrifft, so muß man im Auge behalten, daß bei $\Omega_\xi = \Omega_\eta = 0$ eine reine Torsion vorliegt; der Ausdruck für die Energie muß dann mit dem in Paragraph 16 erhaltenen übereinstimmen. Somit hat das entsprechende Glied in der freien Energie die Form

$$\frac{C\Omega_\zeta^2}{2} .$$

Schließlich erhält man die in $\Omega_\xi$ und $\Omega_\eta$ quadratischen Glieder, indem man von dem Ausdruck (17,7) für die Energie eines schwach gebogenen Stababschnittes ausgeht. Wir nehmen an, der Stab werde nur schwach gebogen. Die $\xi\zeta$-Ebene legen wir so in die Biegungsebene, daß die Komponente $\Omega_\xi$ verschwindet; bei schwacher Biegung tritt auch keine Torsion auf. Der Ausdruck für die Energie muß in diesem Falle mit (17,7) übereinstimmen:

$$\frac{E}{2R^2} I_\eta .$$

Nun haben wir aber gesehen, daß $1/R^2$ das Quadrat des ebenen Vektors $(\Omega_\xi, \Omega_\eta)$ darstellt. Die Energie muß daher die Form

$$\frac{E}{2} I_\eta \Omega_\eta^2$$

haben. Bei beliebiger Wahl der Achsen $\xi$, $\eta$ nimmt dieser Ausdruck die aus der Mechanik bekannte Form

$$\frac{E}{2}(I_{\eta\eta}\Omega_\eta^2 + 2I_{\eta\xi}\Omega_\eta\Omega_\xi + I_{\xi\xi}\Omega_\xi^2)$$

an, wobei $I_{\eta\eta}$, $I_{\eta\xi}$, $I_{\xi\xi}$ Komponenten des Trägheitstensors des Stabquerschnittes sind. Es ist zweckmäßig, die Achsen $\xi$, $\eta$ so zu wählen, daß sie mit den Hauptträgheitsachsen des Stabquerschnittes übereinstimmen. Dann haben wir einfach

$$\frac{E}{2}(I_1\Omega_\xi^2 + I_2\Omega_\eta^2)\,,$$

wobei $I_1$, $I_2$ die Hauptträgheitsmomente des Stabquerschnittes sind. Da die Koeffizienten bei $\Omega_\xi^2$ und $\Omega_\eta^2$ konstant sind, muß der erhaltene Ausdruck auch bei starker Biegung gelten.

Nach der Integration über die gesamte Stablänge erhalten wir schließlich den endgültigen Ausdruck für die freie elastische Energie eines gebogenen Stabes:

$$F_{\mathrm{St}} = \int \left\{\frac{I_1 E}{2}\,\Omega_\xi^2 + \frac{I_2 E}{2}\,\Omega_\eta^2 + \frac{C}{2}\,\Omega_\zeta^2\right\} \mathrm{d}l\,. \tag{18,5}$$

Jetzt drücken wir das Drehmoment des Querschnittes mittels $\boldsymbol{\Omega}$ aus. Das läßt sich einfach bewerkstelligen, indem man wiederum die bei reiner Torsion und reiner schwacher Biegung erhaltenen Ergebnisse benutzt. Bei reiner Torsion ist das Drehmoment bezüglich der Stabachse gleich $C\tau$. Hieraus schließen wir, daß das Drehmoment $M_\zeta$ bezüglich der $\zeta$-Achse im allgemeinen Falle gleich $M_\zeta = C\Omega_\zeta$ sein muß. Bei schwacher Biegung in der $\xi\zeta$-Ebene ist das Drehmoment bezüglich der $\eta$-Achse gleich $EI_2/R$. Bei einer solchen Biegung aber ist der Vektor $\boldsymbol{\Omega}$ parallel zur $\eta$-Achse gerichtet, so daß $1/R$ einfach seinen Betrag darstellt, und es gilt $EI_2/R = EI_2\Omega$. Hieraus schließen wir, daß im allgemeinen Falle $M_\xi = EI_1\Omega_\xi$, $M_\eta = EI_2\Omega_\eta$ gelten muß. (Die $\xi$- und $\eta$-Achse sind in die Hauptträgheitsachsen des Querschnittes gelegt.) Somit sind die Komponenten des Drehmoments $M$ endgültig

$$M_\xi = EI_1\Omega_\xi\,, \qquad M_\eta = EI_2\Omega_\eta\,, \qquad M_\zeta = C\Omega_\zeta\,. \tag{18,6}$$

Die elastische Energie (18,5), durch das Drehmoment ausgedrückt, hat die Form

$$F_{\mathrm{St}} = \int \left\{\frac{M_\xi^2}{2I_1 E} + \frac{M_\eta^2}{2I_2 E} + \frac{M_\zeta^2}{2C}\right\} \mathrm{d}l\,. \tag{18,7}$$

Einen wichtigen Fall der Biegung von Stäben stellt eine schwache Biegung dar, bei der auf der gesamten Stablänge die Abweichung von der Anfangslage im Vergleich zur Stablänge klein ist. In diesem Falle kann die Torsion vernachlässigt werden, und man kann $\Omega_\zeta = 0$ setzen. Aus (18,4) folgt dann einfach

$$\boldsymbol{\Omega} = \frac{1}{R}[\boldsymbol{tn}] \equiv \left[\boldsymbol{t}\,\frac{\mathrm{d}\boldsymbol{t}}{\mathrm{d}l}\right]. \tag{18,8}$$

Wir führen jetzt (anstelle der mit jedem Punkt des Stabes gekoppelten Systeme $\xi$, $\eta$, $\zeta$) ein im Raum unbewegliches Koordinatensystem $x$, $y$, $z$ ein, wobei die $z$-Achse mit der Achse des nicht deformierten Stabes übereinstimmt. $X$ und $Y$ seien die $x$- und $y$-Koordinaten der Punkte auf der elastischen Linie; sie charakterisieren die Verschiebung der Linienpunkte im Vergleich zur Anfangslage.

Da die Biegung klein ist, ist der Tangentenvektor $\boldsymbol{t}$ zur $z$-Achse fast parallel, so daß man annähernd annehmen kann, daß er in $z$-Richtung zeigt. Der Einheitsvektor der Tangente ist

$$\boldsymbol{t} = \frac{\mathrm{d}\boldsymbol{r}}{\mathrm{d}l},$$

d. h. die Ableitung des Radiusvektors $\boldsymbol{r}$ der Linienpunkte nach der Linienlänge. Wir haben daher

$$\frac{\mathrm{d}\boldsymbol{t}}{\mathrm{d}l} = \frac{\mathrm{d}^2\boldsymbol{r}}{\mathrm{d}l^2} \approx \frac{\mathrm{d}^2\boldsymbol{r}}{\mathrm{d}z^2}.$$

(Die Ableitung nach der Linienlänge kann näherungsweise durch die Ableitung nach $z$ ersetzt werden.) Somit sind die $x$- und $y$-Komponenten dieses Vektors $\mathrm{d}^2X/\mathrm{d}z^2$ bzw. $\mathrm{d}^2Y/\mathrm{d}z^2$. Die Komponenten $\Omega_\xi$, $\Omega_\eta$ sind jetzt mit der gleichen Genauigkeit gleich den Komponenten $\Omega_x$, $\Omega_y$, und wir erhalten aus (18,8)

$$\Omega_\xi = -\frac{\mathrm{d}^2Y}{\mathrm{d}z^2}, \qquad \Omega_\eta = \frac{\mathrm{d}^2X}{\mathrm{d}z^2}. \tag{18,9}$$

Diese Ausdrücke in (18,5) eingesetzt, liefern die elastische Energie eines schwach gebogenen Stabes in der Form

$$F_{\mathrm{St}} = \frac{E}{2}\int\left\{I_1\left(\frac{\mathrm{d}^2Y}{\mathrm{d}z^2}\right)^2 + I_2\left(\frac{\mathrm{d}^2X}{\mathrm{d}z^2}\right)^2\right\}\mathrm{d}z\,. \tag{18,10}$$

$I_1$ und $I_2$ sind die Trägheitsmomente bezüglich der $x$- bzw. $y$-Achse, welche Hauptträgheitsachsen sind.

Beispielsweise ist für einen Stab mit rundem Querschnitt $I_1 = I_2 \equiv I$, so daß im Integranden einfach die Summe der Quadrate der zweiten Ableitungen steht, die in betrachteter Näherung mit dem Quadrat der Stabkrümmung übereinstimmt:

$$\left(\frac{\mathrm{d}^2X}{\mathrm{d}z^2}\right)^2 + \left(\frac{\mathrm{d}^2Y}{\mathrm{d}z^2}\right)^2 \approx \frac{1}{R^2}.$$

Man kann daher (18,10) auf natürliche Weise auf schwache Biegungen von Stäben (mit rundem Querschnitt), die im nichtdeformierten Zustand eine beliebig von der Geraden abweichende Form besitzen, verallgemeinern. Dazu muß man die Biegungsenergie in der Form

$$F_{\mathrm{St}} = \frac{EI}{2}\int\left(\frac{1}{R} - \frac{1}{R_0}\right)^2 \mathrm{d}z \tag{18,11}$$

schreiben, wobei $R_0$ den Radius der natürlichen Krümmung des Stabes in jedem Punkt bezeichnet. Dieser Ausdruck besitzt ein Minimum im nichtdeformierten Zustand ($R = R_0$) und geht bei $R_0 \to \infty$ in (18,10) über.

## § 19. Gleichgewichtsbedingungen für Stäbe

Wir können jetzt die Gleichgewichtsbedingungen für gebogene Stäbe ableiten. Dazu betrachten wir wiederum irgendein unendlich kleines Stabelement, welches durch zwei infinitesimal benachbarte Querschnitte aus dem Stab herausgeschnitten wird, und berechnen die auf dieses Element wirkende Gesamtkraft. Die auf die Querschnittsfläche wirkende innere Spannungskraft bezeichnen wir mit $\boldsymbol{F}$.[1]) Die Komponenten dieses Vektors sind Integrale von $\sigma_{i\zeta}$ über die Querschnittsfläche:

$$F_i = \int \sigma_{i\zeta}\, \mathrm{d}f\,. \tag{19,1}$$

Wenn die beiden infinitesimal benachbarten Querschnitte als Grundflächen des betrachteten ausgeschnittenen Elements aufgefaßt werden, wirkt auf die obere Grundfläche die Kraft $\boldsymbol{F} + \mathrm{d}\boldsymbol{F}$ und auf die untere die Kraft $-\boldsymbol{F}$; ihre Summe ist das Differential $\mathrm{d}\boldsymbol{F}$. Weiter sei $\boldsymbol{K}$ die auf den Stab wirkende äußere Kraft, bezogen auf die Längeneinheit des Stabes. Auf das Längenelement $\mathrm{d}l$ wirkt dann die äußere Kraft $\boldsymbol{K}\,\mathrm{d}l$. Die Resultierende aller auf dieses Element wirkenden Kräfte ist daher $\mathrm{d}\boldsymbol{F} + \boldsymbol{K}\,\mathrm{d}l$. Im Gleichgewicht muß diese Kraft verschwinden. Wir haben somit

$$\frac{\mathrm{d}\boldsymbol{F}}{\mathrm{d}l} = -\boldsymbol{K}\,. \tag{19,2}$$

Eine zweite Gleichung folgt aus der Bedingung, daß das Gesamtdrehmoment, welches auf das gegebene Element wirkt, verschwinden muß. Es sei $\boldsymbol{M}$ das Drehmoment der inneren Spannungen, die auf die Querschnittsfläche wirken. Dieses Drehmoment bezieht sich auf einen Punkt (Koordinatenursprung), der in der Querschnittsebene liegt; seine Komponenten sind durch (18,6) gegeben. Wir berechnen das resultierende Drehmoment der auf das gegebene Element wirkenden Kräfte bezüglich eines Punktes (den wir mit $O$ bezeichnen) in der oberen Grundfläche. Die inneren Spannungen liefern auf dieser Grundfläche das Drehmoment $\boldsymbol{M} + \mathrm{d}\boldsymbol{M}$. Das Drehmoment (bezüglich des Punktes $O$) der inneren Spannungen in der unteren Grundfläche setzt sich aus dem Moment $-\boldsymbol{M}$ dieser Kräfte bezüglich des Koordinatenursprungs in der unteren Grundfläche (Punkt $O'$) und dem Drehmoment (bezüglich $O$) der resultierenden Kraft $-\boldsymbol{F}$, die auf diese Grundfläche wirkt, zusammen. Dieses zweite Drehmoment ist gleich $[(-\mathrm{d}\boldsymbol{l})(-\boldsymbol{F})]$, wo $\mathrm{d}\boldsymbol{l}$ der Vektor des Längenelements von $O'$ bis $O$ ist. Das Drehmoment der äußeren Kräfte $\boldsymbol{K}$ ist dagegen eine kleine Größe von höherer Ordnung. Somit ist das Gesamtdrehmoment der auf das Stabelement wirkenden Kräfte $\mathrm{d}\boldsymbol{M} + [\mathrm{d}\boldsymbol{l}\boldsymbol{F}]$. Im Gleichgewicht muß es verschwinden:

$$\mathrm{d}\boldsymbol{M} + [\mathrm{d}\boldsymbol{l}\boldsymbol{F}] = 0\,.$$

Diese Gleichung dividieren wir durch $\mathrm{d}l$ und berücksichtigen, daß $\mathrm{d}\boldsymbol{l}/\mathrm{d}l = \boldsymbol{t}$ der Einheitsvektor der Tangente an den Stab ist (welcher als Linie aufgefaßt wird). Dann erhalten wir

$$\frac{\mathrm{d}\boldsymbol{M}}{\mathrm{d}l} = [\boldsymbol{F}\boldsymbol{t}]\,. \tag{19,3}$$

Die Gleichungen (19,2) und (19,3) stellen das vollständige System der Gleichgewichtsbedingungen eines beliebig gebogenen Stabes dar.

[1]) Die Bezeichnung dieser Kraft mit $\boldsymbol{F}$ kann zu keiner Verwechslung mit der freien Energie führen, da letztere in §§ 19 bis 21 nicht auftritt.

Wenn die äußeren Kräfte nur auf einzelne isolierte Punkte wirken, vereinfachen sich die Gleichgewichtsbedingungen in den Abschnitten zwischen den Angriffspunkten der Kräfte. Aus (19,2) folgt für $\boldsymbol{K} = 0$

$$\boldsymbol{F} = \text{const}\,, \tag{19,4}$$

d. h., die inneren Spannungen sind entlang eines jeden dieser Abschnitte konstant. Die Beträge dieser Konstanten erhält man aus der Gleichung

$$\boldsymbol{F}_2 - \boldsymbol{F}_1 = -\Sigma\,\boldsymbol{K}\,, \tag{19,5}$$

wobei $\boldsymbol{F}_2$, $\boldsymbol{F}_1$ die Kräfte sind, die in den Punkten 2 bzw. 1 wirken, während sich die Summe über alle Kräfte erstreckt, die auf den Abschnitt zwischen den Punkten 1 und 2 wirken. Es muß darauf hingewiesen werden, daß in der Differenz $\boldsymbol{F}_2 - \boldsymbol{F}_1$ der Punkt 2 vom Koordinatenursprung (Koordinaten der Länge $l$) weiter entfernt ist als der Punkt 1; das zu wissen ist wichtig bei der Bestimmung der Vorzeichen in (19,5). Wenn z. B. nur eine einzige Punktkraft $\boldsymbol{f}$ auf das freie Ende des Stabes wirkt, ist $\boldsymbol{F}$ entlang des gesamten Stabes konstant und gleich $\boldsymbol{f}$.

Die zweite Gleichung (19,3) vereinfacht sich ebenfalls. Mit $\boldsymbol{t} = \mathrm{d}\boldsymbol{l}/\mathrm{d}l = \mathrm{d}\boldsymbol{r}/\mathrm{d}l$ (wobei $\boldsymbol{r}$ den Radiusvektor von einem vorgegebenen Punkt zu einem beliebigen Punkt des Stabes darstellt) erhält man nach der Integration (wegen $\boldsymbol{F} = \text{const}$)

$$\boldsymbol{M} = [\boldsymbol{F}\boldsymbol{r}] + \text{const}\,. \tag{19,6}$$

Wenn dagegen nicht einmal Punktkräfte wirken, sondern nur Punkt-Drehmomente (d. h. Paare von Punktkräften), so ist $\boldsymbol{F}$ entlang der gesamten Stablänge konstant, und $\boldsymbol{M}$ besitzt in den Angriffspunkten der Kräftepaare Sprünge von der Größe ihrer Momente.

Wir fragen jetzt nach den Randbedingungen an den Stabenden. Hier können verschiedene Fälle auftreten. Das Stabende heißt *eingespannt* (Abb. 4a), S. 53), wenn es weder longitudinale noch Querverschiebungen zuläßt und auch nicht seine Richtung ändern kann (d. h. die Richtung der Tangente am Stabende). Als Randbedingungen werden in diesem Falle die Koordinaten des Stabendes und der Einheitsvektor der Tangente $\boldsymbol{t}$ am Stabende vorgegeben. Die Reaktionskräfte und ihr Drehmoment, die von Seiten der Befestigung am Befestigungspunkt angreifen, ergeben sich dann, nachdem die Gleichungen gelöst sind.

Der entgegengesetzte Fall ist der, daß das Stabende frei ist. Die Koordinaten des Stabendes und seine Richtung sind dann beliebig. Die Randbedingungen beinhalten das Verschwinden der Kraft $\boldsymbol{F}$ und des Drehmoments $\boldsymbol{M}$ am Stabende.[1])

Wenn schließlich das Stabende in einem Scharnier gelagert ist, kann es keine Verschiebung erfahren, aber seine Richtung ist nicht vorgegeben. In diesem Fall muß das Drehmoment verschwinden.

Wenn das Stabende in einem Punkt gestützt ist (Abb. 4b)), so kann es auf dieser Stütze gleiten, jedoch kann es nicht quer verschoben werden. Die Richtung $\boldsymbol{t}$ und der Punkt, in welchem der Stab gestützt wird, können nicht vorgegeben werden. Das Drehmoment muß im Stützpunkt verschwinden, da der Stab frei drehbar ist, und die Kraft $\boldsymbol{F}$ muß in diesem Punkt zum Stab orthogonal gerichtet sein; eine Longitudinalkomponente der Kraft würde ein weiteres Gleiten des Stabendes im Stützpunkt zur Folge haben.

---

[1]) Wenn am freien Ende eine Punktkraft $\boldsymbol{f}$ angreift, so lautet die Randbedingung $\boldsymbol{F} = \boldsymbol{f}$ (und nicht $\boldsymbol{F} = 0$).

Analog lassen sich die Randbedingungen bei anderer Befestigungsart aufstellen, womit wir uns jedoch nicht weiter aufhalten werden.

Bereits am Anfang dieses Paragraphen wurde darauf hingewiesen, daß die starke Biegung eines Stabes von beliebigem Querschnitt im allgemeinen gleichzeitig von einer Torsion begleitet wird, auch wenn keine äußeren Drehmomente wirken. Eine Ausnahme bildet die Biegung des Stabes in seinen Hauptbiegungsebenen. Hierbei tritt keine Torsion auf. Bei Stäben mit rundem Querschnitt tritt bei keiner Biegung eine Torsion auf (natürlich nur, wenn keine äußeren Drehmomente wirken). Davon kann man sich auf folgende Weise überzeugen. Die Torsion wird durch die Komponente $\Omega_\zeta = (\boldsymbol{\Omega t})$ des Vektors $\boldsymbol{\Omega}$ charakterisiert. Wir berechnen seine Ableitung in Richtung der Stabachse. Dazu schreiben wir mit $\Omega_\zeta = M_\zeta/C$:

$$\frac{\mathrm{d}}{\mathrm{d}l}(\boldsymbol{M t}) = C\frac{\mathrm{d}\Omega_\zeta}{\mathrm{d}l} = \frac{\mathrm{d}\boldsymbol{M}}{\mathrm{d}l}\boldsymbol{t} + \boldsymbol{M}\frac{\mathrm{d}\boldsymbol{t}}{\mathrm{d}l}.$$

Setzt man (19,3) ein, so verschwindet das erste Glied, und wir erhalten

$$C\frac{\mathrm{d}\Omega_\zeta}{\mathrm{d}l} = \boldsymbol{M}\frac{\mathrm{d}\boldsymbol{t}}{\mathrm{d}l}.$$

Für einen Stab mit rundem Querschnitt ist $I_1 = I_2 \equiv I$; man kann daher nach (18,3) und (18,6) $\boldsymbol{M}$ in der Form

$$\boldsymbol{M} = EI\left[\boldsymbol{t}\,\frac{\mathrm{d}\boldsymbol{t}}{\mathrm{d}l}\right] + \boldsymbol{t}C\Omega_\zeta \tag{19,7}$$

schreiben. Bei Multiplikation der Gleichung (19,7) mit $\mathrm{d}\boldsymbol{t}/\mathrm{d}l$ verschwinden beide Glieder, und wir erhalten

$$\frac{\mathrm{d}\Omega_\zeta}{\mathrm{d}l} = 0,$$

woraus

$$\Omega_\zeta = \mathrm{const} \tag{19,8}$$

folgt, d. h., der Torsionswinkel ist entlang des Stabes konstant. Wenn an den Stabenden keine Drehmomente angreifen, muß $\Omega_\zeta$ an den Enden verschwinden, so daß entlang des gesamten Stabes keine Torsion auftritt.

Im Falle eines Stabes mit rundem Querschnitt haben wir daher bei reiner Biegung

$$\boldsymbol{M} = EI\left[\boldsymbol{t}\,\frac{\mathrm{d}\boldsymbol{t}}{\mathrm{d}l}\right] = EI\left[\frac{\mathrm{d}\boldsymbol{r}}{\mathrm{d}l}\,\frac{\mathrm{d}^2\boldsymbol{r}}{\mathrm{d}l^2}\right]. \tag{19,9}$$

Setzt man diesen Ausdruck in (19,3) ein, so erhält man die Gleichung für die Krümmung von Stäben mit rundem Querschnitt in der Form

$$EI\left[\frac{\mathrm{d}\boldsymbol{r}}{\mathrm{d}l}\,\frac{\mathrm{d}^3\boldsymbol{r}}{\mathrm{d}l^3}\right] = \left[\boldsymbol{F}\,\frac{\mathrm{d}\boldsymbol{r}}{\mathrm{d}l}\right]. \tag{19,10}$$

### Aufgaben

1. Man bestimme die Stabform bei rundem Querschnitt (elastischer Draht), wenn der Stab unter der Wirkung von Punktkräften in einer Ebene stark gebogen wird.

Lösung. Wir betrachten den Stababschnitt zwischen den Angriffspunkten der Kraft; dort ist $\boldsymbol{F}$ konstant. Die Biegungsebene sei die $xy$-Ebene, und die $y$-Achse sei zu $\boldsymbol{F}$ parallel gerichtet. $\theta$ sei der Winkel zwischen der Stabtangente und der $y$-Achse. Es ist dann $dx/dl = \sin\theta$, $dy/dl = \cos\theta$, wo $x$, $y$ Koordinaten der Stabpunkte sind. Aus (19,10) erhalten wir die Gleichung für $\theta$ als Funktion der Bogenlänge $l$:

$$IE\frac{d^2\theta}{dl^2} - F\sin\theta = 0\,.$$

Die erste Integration liefert

$$\frac{IE}{2}\left(\frac{d\theta}{dl}\right)^2 + F\cos\theta = c_1\,,$$

und damit folgt

$$l = \pm\sqrt{\frac{IE}{2}}\int\frac{d\theta}{\sqrt{c_1 - F\cos\theta}} + c_2\,. \tag{1}$$

Hieraus ergibt sich die Darstellung der Funktion $\theta(l)$ durch elliptische Funktionen. Für die Koordinaten $x = \int\sin\theta\, dl$, $y = \int\cos\theta\, dl$ erhalten wir

$$\left.\begin{aligned} x &= \pm\frac{1}{F}\sqrt{2IE}\sqrt{c_1 - F\cos\theta} + \text{const}\,,\\ y &= \pm\sqrt{\frac{IE}{2}}\int\frac{\cos\theta\, d\theta}{\sqrt{c_1 - F\cos\theta}} + \text{const}\,. \end{aligned}\right\} \tag{2}$$

Das Drehmoment $\boldsymbol{M}$ (19,9) zeigt in $z$-Richtung und ist gleich

$$M = IE\frac{d\theta}{dl}\,.$$

2. Man bestimme die Form eines stark gebogenen Stabes, dessen eines Ende eingespannt ist; auf das freie Ende wirkt eine Kraft $\boldsymbol{f}$, die senkrecht zur Achse des nichtdeformierten Stabes gerichtet sei (Abb. 15).

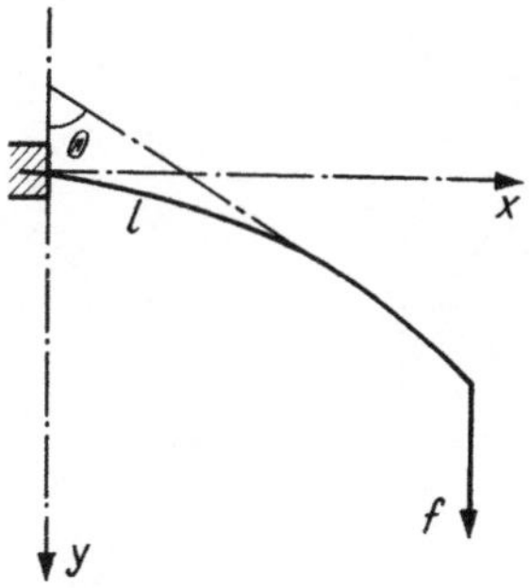


Abb. 15

Lösung. Entlang des gesamten Stabes ist $\boldsymbol{F} = \text{const} = \boldsymbol{f}$. Am eingespannten Ende ($l = 0$) ist $\theta = \pi/2$, und am freien Ende ($l = L$ = Stablänge) ist $M = 0$, d. h. $\theta' = 0$. Mit der Bezeichnung $\theta_0 \equiv \theta(L)$ finden wir $c_1 = f\cos\theta_0$, womit (1)

$$l = \sqrt{\frac{IE}{2f}}\int_\theta^{\pi/2}\frac{d\theta}{\sqrt{\cos\theta_0 - \cos\theta}}$$

ergibt. Hieraus erhalten wir eine Gleichung zur Bestimmung von $\theta_0$:

$$L = \sqrt{\frac{IE}{2f}}\int_{\theta_0}^{\pi/2}\frac{d\theta}{\sqrt{\cos\theta_0 - \cos\theta}}\,.$$

Die Stabform ist durch die Ausdrücke

$$x = \sqrt{\frac{2IE}{f}}\,(\sqrt{\cos\theta_0} - \sqrt{\cos\theta_0 - \cos\theta})\,, \qquad y = \sqrt{\frac{IE}{2f}}\int\limits_{\theta}^{\pi/2} \frac{\cos\theta\, d\theta}{\sqrt{\cos\theta_0 - \cos\theta}}$$

gegeben.

3. Das gleiche wie in Aufgabe 2, wenn die Kraft $f$ parallel zur Achse des nichtdeformierten Stabes gerichtet ist.

Lösung. Es ist $\boldsymbol{F} = -\boldsymbol{f}$. (Die Koordinatenachsen sind so gewählt, wie in Abb. 16 angegeben.) Randbedingungen: $\theta = 0$ bei $l = 0$; $\theta' = 0$ bei $l = L$. Wir finden

$$l = \sqrt{\frac{IE}{2f}}\int\limits_0^{\theta} \frac{d\theta}{\sqrt{\cos\theta - \cos\theta_0}}\,,$$

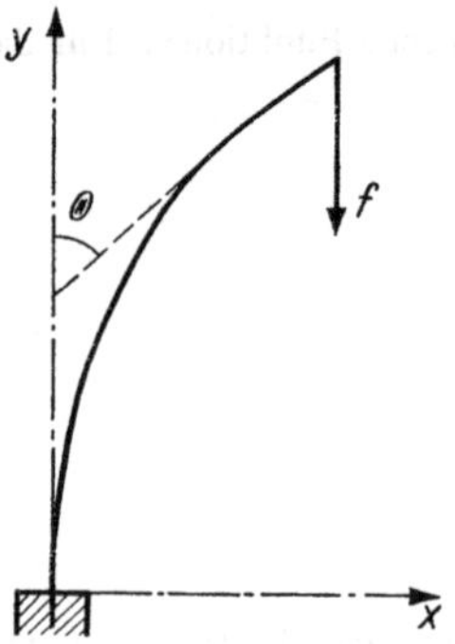


Abb. 16

wo $\theta_0 = \theta(L)$ aus

$$L = \sqrt{\frac{IE}{2f}}\int\limits_0^{\theta_0} \frac{d\theta}{\sqrt{\cos\theta - \cos\theta_0}}$$

bestimmt wird. Für $x$ und $y$ erhalten wir

$$x = \sqrt{\frac{2IE}{f}}\,(\sqrt{1 - \cos\theta_0} - \sqrt{\cos\theta - \cos\theta_0})\,,$$

$$y = \sqrt{\frac{IE}{2f}}\int\limits_0^{\theta} \frac{\cos\theta\, d\theta}{\sqrt{\cos\theta - \cos\theta_0}}\,.$$

Bei einer schwachen Biegung ist $\theta_0 \ll 1$, und man kann

$$L \approx \sqrt{\frac{IE}{f}}\int\limits_0^{\theta_0} \frac{d\theta}{\sqrt{\theta_0^2 - \theta^2}} = \frac{\pi}{2}\sqrt{\frac{IE}{f}}$$

schreiben, d. h., $\theta_0$ fällt heraus. Das zeigt, daß in Übereinstimmung mit dem Ergebnis der Aufgabe 3, § 21, die betrachtete Lösung nur bei $f \geqq \pi^2 IE/4L^2$ existiert, d. h. nach dem Verlust der Stabilität der geradlinigen Form.

4. Das gleiche wie in Aufgabe 2, wenn beide Stabenden gestützt sind und in der Mitte eine Kraft $f$ angreift; Abstand zwischen den beiden Stützpunkten: $L_0$.

Lösung. Die Wahl des Koordinatensystems ist in Abb. 17 angegeben. Die Kraft $\boldsymbol{F}$ ist innerhalb eines jeden der Abschnitte $AB$ und $BC$ konstant, wobei sie zu den Stablinien in den Punkten $A$ bzw. $C$ senkrecht ist. Die Differenz der Kräfte $\boldsymbol{F}$ auf $AB$ und $BC$ ist $\boldsymbol{f}$. Daraus folgt $F \sin\theta_0 = -f/2$ auf $AB$, wobei $\theta_0$ der Winkel zwischen der $y$-Achse und der Linie $AC$ ist. Im Punkt $A$ ($l = 0$) haben wir die Bedingungen $\theta = \pi/2$ und $M = 0$, d. h. $\theta' = 0$. Daher gilt auf $AB$

$$l = \sqrt{\frac{IE}{f}}\sqrt{\sin\theta_0}\int_\theta^{\pi/2}\frac{d\theta}{\sqrt{\cos\theta}},$$

$$x = 2\sqrt{\frac{IE\sin\theta_0}{f}}\sqrt{\cos\theta},$$

$$y = \sqrt{\frac{IE\sin\theta_0}{f}}\int_\theta^{\pi/2}\sqrt{\cos\theta}\,d\theta.$$

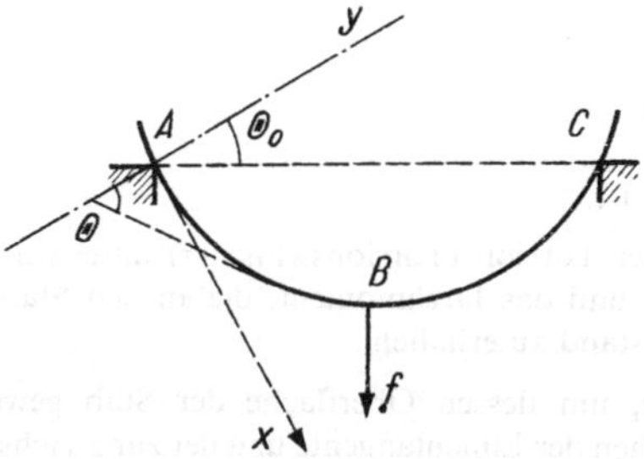

Abb. 17

Den Winkel $\theta_0$ erhält man aus der Bedingung, daß die Projektion des Abschnitts $AB$ auf die Garade $AC$ gleich $L_0/2$ sein muß, woraus

$$\frac{L_0}{2} = \sqrt{\frac{IE\sin\theta_0}{f}}\int_{\theta_0}^{\pi/2}\frac{\cos(\theta-\theta_0)}{\sqrt{\sin\theta}}d\theta$$

folgt. Bei einem bestimmten Wert $\theta_0$, der zwischen 0 und $\pi/2$ liegt, verschwindet die Ableitung $df/d\theta_0$ ($f$ wird als Funktion von $\theta_0$ aufgefaßt), und sie wird dann positiv. Einer weiteren Abnahme von $\theta_0$, d. h. einer weiteren Verbiegung, würde eine Verkleinerung von $f$ entsprechen. Das bedeutet, daß die gefundene Lösung instabil wird, der Stab gleitet zwischen den Stützen durch.

5. Man führe das Problem der dreidimensionalen starken Biegung eines Stabes unter der Wirkung von Punktkräften auf die Berechnung von Integralen zurück.

Lösung. Wir betrachten den Abschnitt zwischen den Angriffspunkten der Kraft, wo $\boldsymbol{F} = \text{const}$ ist. Die Integration von (19,10) liefert

$$EI\left[\frac{d\boldsymbol{r}}{dl}\frac{d^2\boldsymbol{r}}{dl^2}\right] = [\boldsymbol{F}\boldsymbol{r}] + c\boldsymbol{F}; \tag{1}$$

die Integrationskonstante ist in der Form eines Vektors $c\boldsymbol{F}$ dargestellt, der in $\boldsymbol{F}$-Richtung zeigt, da man durch eine entsprechende Wahl des Koordinatenursprungs, d. h. durch Hinzufügen eines konstanten Vektors zu $\boldsymbol{r}$, den zu $\boldsymbol{F}$ orthogonalen additiven Vektor ausschließen kann. Nachdem (1) skalar und vektoriell mit $\boldsymbol{r}'$ (der Strich bedeutet Differentiation nach $l$) multipliziert wurde, erhält man, wegen $\boldsymbol{r}'\boldsymbol{r}'' = 0$ (da $\boldsymbol{r}'^2 = 1$),

$$\boldsymbol{F}[\boldsymbol{r}\boldsymbol{r}'] + c\boldsymbol{F}\boldsymbol{r}' = 0, \qquad EI\boldsymbol{r}'' = [[\boldsymbol{F}\boldsymbol{r}]\,\boldsymbol{r}'] + c[\boldsymbol{F}\boldsymbol{r}'].$$

In Komponentenschreibweise ($z$-Achse in Richtung $\boldsymbol{F}$):

$$(xy' - yx') + cz' = 0, \qquad EIz'' = -F(xx' + yy').$$

Nach Einführung von Zylinderkoordinaten $r$, $\varphi$, $z$ wird daraus

$$r^2\varphi' + cz' = 0, \qquad EIz'' = -Frr'. \tag{2}$$

Aus der zweiten Gleichung folgt mit einer Konstanten $A$

$$z' = \frac{F}{2EI}(A - r^2). \tag{3}$$

Die Kombination von (2), (3) mit der Identität

$$r'^2 + r^2\varphi'^2 + z'^2 = 1$$

liefert

$$\mathrm{d}l = \frac{r\,\mathrm{d}r}{G(r)}; \qquad G(r) = \sqrt{r^2 - (r^2 + c^2)(A - r^2)^2 \frac{F^2}{4E^2I^2}}.$$

Hiernach ergibt sich aus (2) und (3)

$$z = \frac{F}{2IE}\int \frac{(A - r^2)\,r\,\mathrm{d}r}{G(r)},$$

$$\varphi = -\frac{cF}{2IE}\int \frac{(A - r^2)\,\mathrm{d}r}{rG(r)},$$

wodurch die Form des gebogenen Stabes festgelegt ist.

6. Ein Stab mit rundem Querschnitt werde einer Torsion (Torsionswinkel $\tau$) unterworfen und in eine Schraubenlinie gebogen. Man bestimme die Kraft und das Drehmoment, die an den Stabenden angelegt werden müssen, um den Stab in einem solchen Zustand zu erhalten.

Lösung. Es sei $R$ der Radius des Zylinders, um dessen Oberfläche der Stab gewickelt erscheint ($z$-Achse = Zylinderachse), und $\alpha$ der Winkel zwischen der Linientangente und der zur $z$-Achse orthogonalen Ebene; der Schritt $h$ der Schraubenlinie hängt mit $\alpha$ und $R$ durch $h = 2\pi R \tan\alpha$ zusammen. Die Gleichung der Schraubenlinie lautet

$$x = R\cos\varphi, \qquad y = R\sin\varphi, \qquad z = \varphi R\tan\alpha$$

($\varphi$ ist der Drehwinkel um die $z$-Achse). Das Bogenelement ist $\mathrm{d}l = (R/\cos\alpha)\,\mathrm{d}\varphi$. Diese Ausdrücke in (19,7) eingesetzt liefern die Komponenten des Vektors $\boldsymbol{M}$, und aus (19,3) erhalten wir die Kraft $\boldsymbol{F}$ (die entlang des gesamten Stabes konstant ist). Die Kraft $\boldsymbol{F}$ zeigt in $z$-Richtung und hat den Betrag

$$F_z = F = C\tau\frac{\sin\alpha}{R} - \frac{EI}{R^2}\cos^2\alpha\sin\alpha.$$

Das Drehmoment $\boldsymbol{M}$ hat folgende Komponente in der $z$-Richtung:

$$M_z = C\tau\sin\alpha + \frac{EI}{R}\cos^3\alpha$$

und eine Komponente $M_\zeta$, die in jedem Punkt des Stabes die Richtung der Tangente zum Kreisrand des Zylinderquerschnitts besitzt. Ihr Betrag ist $M_\zeta = FR$.

7. Man bestimme die Form eines flexiblen Fadens (dessen Biegewiderstand im Vergleich zum Dehnungswiderstand vernachlässigt werden kann), der sich, an zwei Punkten aufgehängt, im Schwerefeld befindet.

Lösung. Die $xy$-Ebene legen wir in die Fadenebene. Die $y$-Achse zeigte senkrecht nach unten. In der Gleichung (19,3) kann das Glied $\mathrm{d}\boldsymbol{M}/\mathrm{d}l$ vernachlässigt werden, da $\boldsymbol{M}$ zu $EI$ proportional ist. Dann ist $[\boldsymbol{F}\boldsymbol{t}] = 0$, d. h., $\boldsymbol{F}$ hat in jedem Fadenpunkt die Richtung von $\boldsymbol{t}$, und man kann schreiben $\boldsymbol{F} = F\boldsymbol{t}$. Die Gleichung (19,2) liefert jetzt $\mathrm{d}(F\,\mathrm{d}x/\mathrm{d}l)/\mathrm{d}l = 0$, $\mathrm{d}(F\,\mathrm{d}y/\mathrm{d}l)/\mathrm{d}l = q$ ($q$ ist das Gewicht der Fadenlängeneinheit), woraus

$$F\frac{\mathrm{d}x}{\mathrm{d}l} = c, \qquad F\frac{\mathrm{d}y}{\mathrm{d}l} = ql$$

folgt. Hieraus ergibt sich $F = \sqrt{(c^2 + q^2l^2)}$, so daß

$$\frac{\mathrm{d}x}{\mathrm{d}l} = \frac{A}{\sqrt{A^2 + l^2}}, \qquad \frac{\mathrm{d}y}{\mathrm{d}l} = \frac{l}{\sqrt{A^2 + l^2}}$$

(mit $A = c/q$) gilt. Die Integration liefert dann

$$x = A \operatorname{arsh} \frac{l}{A}, \qquad y = \sqrt{A^2 + l^2},$$

und hieraus folgt

$$y = A \operatorname{ch} \frac{x}{A},$$

d. h., der Faden hat die Form einer Kettenlinie. Die Lage des Koordinatensystems und die Konstante $A$ ergeben sich aus der Forderung, daß der Faden durch zwei vorgegebene Punkte hindurchgeht und eine vorgegebene Länge besitzt.

## § 20. Schwach gebogene Stäbe

In dem praktisch wichtigen Falle schwach gebogener Stäbe vereinfachen sich die Gleichgewichtsbedingungen wesentlich. Die Biegung ist dann schwach, wenn sich die Richtung der Tangente $\boldsymbol{t}$ entlang des Stabes nur langsam ändert, d. h., wenn die Ableitung $\mathrm{d}\boldsymbol{t}/\mathrm{d}l$ klein ist. Oder anders ausgedrückt, der Krümmungsradius des gebogenen Stabes muß in jedem Punkt im Vergleich zur Stablänge groß sein. Praktisch läuft diese Bedingung auf die Forderung hinaus, daß die Verbiegung im Vergleich zur Stablänge klein ist. Dabei braucht die Verbiegung im Vergleich zur Stabstärke nicht klein zu sein, wie das in der genäherten Theorie der schwachen Biegung von Platten, die in §§ 11 bis 12 dargelegt wurde, der Fall war.[1])

Wir differenzieren (19,3) nach der Länge:

$$\frac{\mathrm{d}^2\boldsymbol{M}}{\mathrm{d}l^2} = \left[\frac{\mathrm{d}\boldsymbol{F}}{\mathrm{d}l}\,\boldsymbol{t}\right] + \left[\boldsymbol{F}\,\frac{\mathrm{d}\boldsymbol{t}}{\mathrm{d}l}\right]. \tag{20,1}$$

Das zweite Glied enthält die kleine Größe $\mathrm{d}\boldsymbol{t}/\mathrm{d}l$ und kann gewöhnlich vernachlässigt werden (mit Ausnahme einiger Spezialfälle, die später behandelt werden). Im ersten Glied setzen wir $\mathrm{d}\boldsymbol{F}/\mathrm{d}l = -\boldsymbol{K}$ und erhalten die Gleichgewichtsbedingung in der Form

$$\frac{\mathrm{d}^2\boldsymbol{M}}{\mathrm{d}l^2} = [\boldsymbol{t}\boldsymbol{K}]. \tag{20,2}$$

Diese Gleichung wollen wir in Komponenten darstellen. Wir setzen für $\boldsymbol{M}$ nach (18,6) und (18,9) daher

$$M_x = -EI_1 Y'', \qquad M_y = EI_2 X'', \qquad M_z = 0 \tag{20,3}$$

ein. (Der Strich bedeutet die Differentiation nach $z$.) Man kann annehmen, daß der Einheitsvektor $\boldsymbol{t}$ in $z$-Richtung zeigt. Aus (20,2) folgt dann

$$EI_2 X'''' - K_x = 0, \qquad EI_1 Y'''' - K_y = 0. \tag{20,4}$$

Diese Gleichungen bestimmen die Abhängigkeit der Biegungen $X$ und $Y$ von $z$, d. h. die Form des schwach gebogenen Stabes.

[1]) Die komplizierte Theorie der Biegung von Stäben, welche bereits im nichtdeformierten Zustand eine gebogene Form besitzen, wird hier (bis auf das einfache Beispiel in den Aufgaben 8, 9 dieses Abschnittes) nicht dargelegt.

Die Kraft $\boldsymbol{F}$ der inneren Spannungen, die auf den Stabquerschnitt wirkt, kann man ebenfalls durch die Ableitungen von $X$ und $Y$ ausdrücken. Mit (20,3) folgt aus (19,3)

$$F_x = -EI_2X''' , \qquad F_y = -EI_1Y''' . \tag{20,5}$$

Ersichtlich charakterisieren die zweiten Ableitungen das Drehmoment der inneren Spannungen selbst. Die Kraft (20,5) wird *Schubkraft* genannt. Wenn die Biegung durch Punktkräfte bewirkt wird, ist die Schubkraft auf jedem der Abschnitte zwischen zwei Angriffspunkten der Kräfte konstant und besitzt in jedem Angriffspunkt einen Sprung von der Größe der dort angreifenden äußeren Kraft in diesem Punkt.

Die Größen $EI_2$ und $EI_1$ nennt man *Biegewiderstände* des Stabes in den Hauptebenen $x, z$ bzw. $y, z$.[1])

Wenn die äußeren Kräfte nur in einer Ebene wirken, verläuft auch die Biegung in einer Ebene, die im allgemeinen aber mit der ersten Ebene nicht übereinstimmt; man kann leicht den Winkel zwischen den beiden Ebenen finden. Es sei $\alpha$ der Winkel zwischen der Ebene, in welcher die Kräfte wirken, und der ersten Hauptbiegungsebene ($xz$-Ebene). Dann haben die Gleichgewichtsbedingungen die Form

$$X'''' = \frac{\cos\alpha}{I_2E}K , \qquad Y'''' = \frac{\sin\alpha}{I_1E}K .$$

Sie unterscheiden sich nur durch den Koeffizienten bei $K$. $X$ und $Y$ sind daher zueinander proportional:

$$Y = X\frac{I_2}{I_1}\tan\alpha .$$

Der Winkel $\theta$ zwischen der Biegungsebene und der $xz$-Ebene wird durch die Gleichung

$$\tan\theta = \frac{I_2}{I_1}\tan\alpha \tag{20,6}$$

bestimmt. Bei einem Stab mit rundem Querschnitt ist $I_1 = I_2 = I$ und $\alpha = \theta$, d. h., die Biegung vollzieht sich in der Ebene, in der die Kräfte wirken. Das gleiche gilt für einen Stab

[1]) In bestimmten Grenzfällen beschreibt die Gleichung

$$DX'''' - K_x = 0 \tag{20,4a}$$

auch die Biegung einer dünnen Platte. Eine rechteckige Platte (mit den Seiten $a$, $b$ und der Stärke $h$) sei an den Seiten $a$ (Richtung $y$) eingespannt und werde entlang der Seiten $b$ (Richtung $z$) durch eine in $y$-Richtung homogene Belastung gebogen. Bei beliebigen $a$, $b$ muß zur Bestimmung der Plattenform nach der Deformation die zweidimensionale Gleichung (12,5) mit entsprechenden Randbedingungen an den eingespannten und freien Seiten der Platte benutzt werden. Im Grenzfall $a \gg b$ kann die Deformation entlang der $y$-Achse als homogen angesehen werden, und die zweidimensionale Gleichgewichtsbedingung geht dann in eine Gleichung der Form (20,4a) über, wobei die Rolle des Biegewiderstandes die Größe

$$D = \frac{Eh^3a}{12(1-\sigma^2)}$$

spielt. Die Gleichung (20,4a) ist auch im entgegengesetzten Grenzfall $a \ll b$ anwendbar, wenn man die Platte als Stab von der Länge $b$ mit engem rechteckigem Querschnitt (Rechteck mit den Seiten $a$, $h$) betrachtet; der Biegewiderstand ist jedoch in diesem Fall durch einen anderen Ausdruck gegeben:

$$D = EI_2 = \frac{Eh^3a}{12} .$$

mit beliebiger Querschnittsform bei $\alpha = 0$, d. h., wenn die Kräfte in der Hauptebene wirken. Der Betrag der Biegungsgröße

$$\zeta = \sqrt{X^2 + Y^2}$$

genügt der Gleichung

$$EI\zeta'''' = K\,, \qquad I = \frac{I_1 I_2}{\sqrt{I_2^2 \cos^2\alpha + I_1^2 \sin^2\alpha}}\,. \tag{20,7}$$

Die Schubkraft $\boldsymbol{F}$ liegt in der gleichen Ebene wie $\boldsymbol{K}$ und beträgt

$$F = -EI\zeta'''\,. \tag{20,8}$$

$I$ spielt die Rolle des „effektiven" Trägheitsmoments des Stabquerschnitts.

Wir betrachten jetzt die explizite Form der Randbedingungen für die Gleichungen eines schwach gebogenen Stabes. Wenn ein Stabende eingespannt ist, so muß dort $X = Y = 0$ gelten und außerdem $X' = Y' = 0$. Somit müssen am eingespannten Stabende folgende Bedingungen erfüllt sein:

$$X = Y = 0\,, \qquad X' = Y' = 0\,. \tag{20,9}$$

Die Reaktionskraft und das Drehmoment der Reaktionskräfte in den Stützpunkten folgen dann aus den bekannten Lösungen über (20,3) und (20,5).

Bei genügend schwacher Biegung des Stabes spielt es hinsichtlich der Randbedingungen keine Rolle, ob ein Stabende im Scharnier befestigt oder nur in einem Punkt gestützt wird. Denn die longitudinale Verschiebung des Stabes im Stützpunkt ist im zweiten Falle bei schwacher Biegung eine kleine Größe höherer Ordnung im Vergleich zur Querverbiegung, und man kann sie vernachlässigen. Die Bedingung dafür, daß am Rande die Querverschiebung und das Drehmoment verschwinden, liefert in diesen Fällen

$$X = Y = 0\,, \qquad X'' = Y'' = 0\,. \tag{20,10}$$

Die Richtung des Stabendes und die Reaktionskraft im Stützpunkt folgen dann aus der Lösung der Gleichungen (20,4).

Schließlich wirke am freien Stabende weder eine Kraft $\boldsymbol{F}$ noch ein Drehmoment $\boldsymbol{M}$. Nach (20,3) und (20,5) ergeben sich in diesem Falle die Bedingungen

$$X'' = Y'' = 0\,, \qquad X''' = Y''' = 0\,. \tag{20,11}$$

(Wenn am freien Ende eine Punktkraft angreift, muß $\boldsymbol{F}$ dieser Kraft gleich sein.)

Man kann die Gleichungen (20,4) leicht auf Stäbe mit variablem Querschnitt verallgemeinern. Bei solchen Stäben sind die Trägheitsmomente $I_1$ und $I_2$ Funktionen von $z$. Die Beziehungen (20,3) für die Drehmomente in jedem gegebenen Querschnitt des Stabes behalten ihre Gültigkeit. Setzt man sie in (20,2) ein, so erhält man jetzt die Gleichungen

$$E\frac{\mathrm{d}^2}{\mathrm{d}z^2}\left(I_1\frac{\mathrm{d}^2Y}{\mathrm{d}z^2}\right) = K_y\,, \qquad E\frac{\mathrm{d}^2}{\mathrm{d}z^2}\left(I_2\frac{\mathrm{d}^2X}{\mathrm{d}z^2}\right) = K_x\,, \tag{20,12}$$

wo $I_1$ und $I_2$ nicht mehr vor den Differentialoperator gebracht werden können. Für die Schubkraft ergibt sich

$$F_x = -E\frac{\mathrm{d}}{\mathrm{d}z}\left(I_2\frac{\mathrm{d}^2X}{\mathrm{d}z^2}\right), \qquad F_y = -E\frac{\mathrm{d}}{\mathrm{d}z}\left(I_1\frac{\mathrm{d}^2Y}{\mathrm{d}z^2}\right). \tag{20,13}$$

Wir betrachten jetzt noch einmal die Gleichungen (20,1). Die Vernachlässigung des zweiten Gliedes auf der rechten Seite ist in einigen Fällen, sogar bei schwacher Biegung, nicht zu rechtfertigen. Das sind die Fälle, in denen entlang des Stabes eine große Kraft der inneren Spannungen wirkt, d. h. $F_z$ sehr groß ist. Eine solche Kraft tritt gewöhnlich dann auf, wenn der Stab durch äußere, an den Stabenden angreifende Kräfte stark gedehnt wird. Wir bezeichnen die entlang des Stabes wirkende konstante Spannung mit $F_z = T$. Wenn der Stab stark komprimiert wird, ist $T$ negativ. Nach der Auflösung des Vektorprodukts $[\boldsymbol{F}\, \mathrm{d}\boldsymbol{t}/\mathrm{d}l]$ müssen wir jetzt die Glieder, die $T$ enthalten, berücksichtigen. Glieder mit $F_x$ und $F_y$ können auch jetzt wieder vernachlässigt werden. Für die Komponenten des Vektors $\mathrm{d}\boldsymbol{t}/\mathrm{d}l$ setzen wir entsprechend $X''$, $Y''$, 1 und erhalten so die Gleichgewichtsbedingungen in der Form

$$I_2 E X'''' - TX'' - K_x = 0\,, \qquad I_1 E Y'''' - TY'' - K_y = 0\,. \tag{20,14}$$

Zu den Ausdrücken (20,5) für die Schubkraft müssen jetzt die Glieder hinzugefügt werden, die die Projektionen der in $\boldsymbol{t}$-Richtung wirkenden Kraft $T$ auf die $x$- bzw. $y$-Achse darstellen:

$$F_x = -EI_2 X''' + TX'\,, \qquad F_y = -EI_1 Y''' + TY'\,. \tag{20,15}$$

Diese Beziehungen können natürlich auch unmittelbar aus (19,3) erhalten werden.

Eine große Kraft $T$ kann in einigen Fällen im Ergebnis einer Biegung sogar dann auftreten, wenn keine äußeren Dehnungskräfte angreifen. Wir betrachten einen Stab, dessen beide Enden befestigt sind oder in Scharnieren in unbeweglichen Stützen festsitzen, so daß keine longitudinalen Verschiebungen auftreten können. In einem solchen Falle wird der Stab bei einer Biegung zugleich gedehnt, weshalb im Stab eine Kraft $T$ auftritt. Man kann leicht eine Abschätzung für die Größe der Biegung geben, bei der diese Kraft wesentlich wird. Die Länge $L + \Delta L$ des gebogenen Stabes ist gleich dem Integral

$$L + \Delta L = \int_0^L \sqrt{1 + X'^2 + Y'^2}\, \mathrm{d}z\,,$$

das entlang der Geraden zwischen den Stützpunkten zu führen ist. Bei schwacher Biegung kann man die Wurzel entwickeln, und man erhält für den Längenzuwachs

$$\Delta L = \frac{1}{2} \int_0^L (X'^2 + Y'^2)\, \mathrm{d}z\,.$$

Die Spannkraft, welche bei einfacher Dehnung auftritt, ist gleich dem Produkt aus relativem Längenzuwachs, dem Youngschen Modul und der Querschnittsfläche des Stabes. Somit ist

$$T = \frac{ES}{2L} \int_0^L (X'^2 + Y'^2)\, \mathrm{d}z\,. \tag{20,16}$$

Es sei $\delta$ die Größenordnung der Querverbiegung. Dann sind die Ableitungen $X'$, $Y'$ von der Größenordnung $\delta/L$, so daß das Integral auf der rechten Seite von (20,16) von der Größenordnung $\delta^2/L^2 \cdot L = \delta^2/L$ ist, und es gilt daher $T \sim ES(\delta/L)^2$. Die Größenordnung der ersten und zweiten Glieder in (20,14) ist $IE\delta/L^4$ bzw. $T\delta/L^2 \sim ES\delta^3/L^4$. Das Trägheitsmoment $I$ und die Querschnittsfläche $S$ haben die Größenordnung $h^4$ bzw. $h^2$, wobei $h$ die Stabstärke ist. Hieraus erhält man durch Einsetzen, daß die ersten und zweiten Glieder in (20,14) in der Größenordnung vergleichbar werden, wenn $\delta \sim h$. Somit können die Gleichungen in der Form (20,4) nur dann auf einen gebogenen Stab mit befestigten Enden angewendet werden, wenn die Biegung im Vergleich zur Stabstärke klein ist. Wenn dagegen $\delta$ im Vergleich zu $h$ nicht klein ist (aber $\delta \ll L$ nach wie vor gilt), müssen die Gleichungen (20,14) benutzt werden. Dabei ist die Kraft $T$ in diesen Gleichungen unbekannt. Bei der Lösung muß $T$ zunächst als Parameter aufgefaßt werden, den man dann aus der erhaltenen Lösung gemäß (20,16) bestimmt, womit der Zusammenhang mit den am Stab angreifenden Kräften hergestellt ist.

Der entgegengesetzte Grenzfall liegt vor, wenn der Biegungswiderstand des Stabes im Vergleich zu seinem Dehnungswiderstand klein ist, so daß man in den Gleichungen (20,14) die ersten Glieder vernachlässigen darf. Physikalisch kann dieser Fall entweder durch eine starke Dehnung $T$ oder bei kleinem $EI$ realisiert werden, was mit kleinem $h$ in Zusammenhang gebracht werden kann. (Bei stark gespannten Stäben spricht man von *Saiten*.) Die Gleichgewichtsbedingungen lauten in diesen Fällen

$$TX'' + K_x = 0\,, \qquad TY'' + K_y = 0\,. \tag{20,17}$$

Die Saitenenden seien eingeklemmt. Das ist so zu verstehen, daß ihre Koordinaten vorgegeben sind, d. h.

$$X = Y = 0\,. \tag{20,18}$$

Dagegen kann die Richtung der Enden nicht beliebig vorgegeben werden; sie ergibt sich vielmehr aus der Lösung der Gleichungen.

Zum Abschluß deduzieren wir die Gleichgewichtsbedingungen für einen schwach gebogenen Stab mit Hilfe des Variationsprinzips, wobei wir den Ausdruck (18,10)

$$F_{\text{St}} = \frac{E}{2} \int \{I_1 Y''^2 + I_2 X''^2\}\, \mathrm{d}z$$

für die freie Energie benutzen. Im Gleichgewicht muß die Summe aus dieser Energie und der potentiellen Energie der äußeren Kräfte $\boldsymbol{K}$ ein Minimum bilden, d. h., es muß

$$\delta F_{\text{St}} - \int (K_x\, \delta X + K_y\, \delta Y)\, \mathrm{d}z = 0$$

gelten. (Das zweite Glied stellt die Arbeit der äußeren Kräfte bei einer unendlich kleinen Verschiebung der Stablinie dar.) Bei der Variation von $F_{\text{St}}$ wird zweimal partiell integriert:

$$\frac{1}{2}\delta \int X''^2\, \mathrm{d}z = \int X''\, \delta X''\, \mathrm{d}z = X''\, \delta X' \Big| - \int X'''\, \delta X'\, \mathrm{d}z$$
$$= X''\, \delta X' \Big| - X'''\, \delta X \Big| + \int X''''\, \delta X\, \mathrm{d}z$$

und analog für das Integral von $Y''^2$. Nach Zusammenfassung der verschiedenen Glieder erhält man

$$\int [(EI_1 Y'''' - K_y)\, \delta Y + (EI_2 X'''' - K_x)\, \delta X]\, \mathrm{d}z$$
$$+ EI_1 (Y''\, \delta Y' - Y'''\, \delta Y) \,| + EI_2 (X''\, \delta X' - X'''\, \delta X)| = 0\,.$$

Aus dem Integral fließen, wegen beliebig zu wählender $\delta X$ und $\delta Y$, die Gleichungen (20,4). Die übrigen Glieder liefern die Randbedingungen zu diesen Gleichungen; so sind die Variationen $\delta X$, $\delta Y$, $\delta X'$, $\delta Y'$ am freien Ende beliebig, und man erhält die entsprechenden

Bedingungen (20,11). Die Ausdrücke (20,5) für die Komponenten der Schubkraft, und die Ausdrücke (20,3) für die Komponenten des Drehmoments der Biegung folgen dann mit Hilfe von (19,2) und (19,3). Schließlich erhält man die Gleichungen (20,14) bei Anwesenheit einer Dehnungskraft $T$ auf die gleiche Weise, indem man der zu variierenden Energie die Größe

$$T\,\Delta L = \frac{T}{2}\int (X'^2 + Y'^2)\,dz$$

hinzufügt. Letztere stellt die Arbeit der Kraft $T$ bei ihrer Verschiebung um die Strecke $\Delta L$, den Längenzuwachs, dar.

### Aufgaben

1. Man bestimme die Form eines unter dem Einfluß seines Eigengewichts gebogenen Stabes (Länge $l$) bei verschiedenen Befestigungsarten seiner Enden.

Lösung. Die gesuchte Form folgt aus der Lösung der Gleichung

$$\zeta'''' = \frac{q}{EI}$$

($q$ ist das Gewicht pro Längeneinheit des Stabes) mit verschiedenen Randbedingungen, wie sie im Text formuliert sind. Bei den verschiedenen Befestigungsarten der Stabenden erhält man folgende Stabformen und maximale Verschiebungen (sogenannte Biegungspfeile); der Koordinatenursprung befinde sich in allen Fällen an einem der Stabenden.

a) Beide Enden sind eingespannt:

$$\zeta = \frac{q}{24EI} z^2(z-l)^2, \qquad \zeta\left(\frac{l}{2}\right) = \frac{1}{384}\frac{ql^4}{EI}.$$

b) Beide Enden sind gestützt:

$$\zeta = \frac{q}{24EI} z(z^3 - 2lz^2 + l^3), \qquad \zeta\left(\frac{l}{2}\right) = \frac{5}{384}\frac{ql^4}{EI}.$$

c) Ein Ende ist eingespannt ($z = l$), das andere ($z = 0$) ist gestützt:

$$\zeta = \frac{q}{48EI} z(2z^3 - 3lz^2 + l^3), \qquad \zeta(0{,}42l) = 0{,}0054\,\frac{ql^4}{EI}.$$

d) Ein Ende ist eingespannt ($z = 0$), das andere ($z = l$) ist frei:

$$\zeta = \frac{q}{24EI} z^2(z^2 - 4lz + 6l^2), \qquad \zeta(l) = \frac{1}{8}\frac{ql^4}{EI}.$$

2. Man bestimme die Form eines Stabes, der unter der Einwirkung einer in seiner Mitte angreifenden Punktkraft $f$ gebogen wurde.

Lösung. Überall außer in $z = l/2$ gilt die Gleichung $\zeta'''' = 0$. Die Randbedingungen an den Stabenden ($z = 0$, $z = l$) folgen aus der Befestigungsart; im Punkt $z = l/2$ müssen $\zeta$, $\zeta'$, $\zeta''$ stetig sein, und die Differenz der Schubkräfte $F = -EI\zeta'''$ auf beiden Seiten dieses Punktes muß der Kraft $f$ gleich sein.

Die Stabform (im Abschnitt $0 \leqq z \leqq l/2$) und die maximale Verschiebung sind durch folgende Ausdrücke gegeben:

a) Beide Stabenden sind eingespannt:

$$\zeta = \frac{f}{48EI} z^2(3l - 4z), \qquad \zeta\left(\frac{l}{2}\right) = \frac{fl^3}{192EI}.$$

b) Beide Enden sind gestützt:

$$\zeta = \frac{f}{48EI} z(3l^2 - 4z^2), \qquad \zeta\left(\frac{l}{2}\right) = \frac{fl^3}{48EI}.$$

Die Stabform ist bezüglich der Mitte symmetrisch, so daß man die Funktion $\zeta(z)$ auf dem Abschnitt $l/2 \leqq z < l$ hieraus einfach durch die Substitution $z \to l - z$ erhält.

3. Das gleiche wie in Aufgabe 2, wenn ein Stabende ($z = 0$) eingespannt und das andere ($z = l$) frei ist, wobei am freien Ende eine konzentrierte Kraft $f$ angreift.

Lösung. Entlang des gesamten Stabes ist $F = \text{const} = f$, so daß $\zeta''' = -f/EI$. Mit den Bedingungen $\zeta = 0$, $\zeta' = 0$ bei $z = 0$ und $\zeta'' = 0$ bei $z = l$ erhalten wir

$$\zeta = \frac{f}{6EI} z^2(3l - z)\,, \qquad \zeta(l) = \frac{fl^3}{3EI}\,.$$

4. Man bestimme die Form eines an beiden Enden eingespannten Stabes, in dessen Mitte ein Paar von Punktkräften angreift.

Lösung. Entlang des gesamten Stabes ist $\zeta'''' = 0$, und im Punkt $z = l/2$ besitzt das Drehmoment $M = EI\zeta''$ einen Sprung von der Größe des Drehmoments $m$ des angreifenden Kräftepaars. Mit den entsprechenden Randbedingungen an den Stabenden erhalten wir:

a) Beide Stabenden sind eingespannt:

$$\zeta = \frac{m}{8EIl} z^2(l - 2z) \quad \text{für} \quad 0 \leqq z \leqq l/2\,,$$

$$\zeta = -\frac{m}{8EIl}(l - z)^2\,[l - 2(l - z)] \quad \text{für} \quad l/2 \leqq z \leqq l\,.$$

b) Beide Stabenden sind in Scharnieren gelagert:

$$\zeta = \frac{m}{24EIl}(l^2 - 4z^2) \quad \text{für} \quad 0 \leqq z \leqq l/2\,,$$

$$\zeta = -\frac{m}{24EIl}(l - z)\,[l^2 - 4(l - z)^2] \quad \text{für} \quad l/2 \leqq z \leqq l\,.$$

Auf den beiden Seiten des Punktes $z = l/2$ ist der Stab in verschiedene Richtungen gebogen.

5. Das gleiche wie in Aufgabe 4, wenn das Kräftepaar am freien Stabende angreift; das andere Ende sei eingespannt.

Lösung. Entlang des gesamten Stabes gilt $M = EI\zeta'' = m$, und in $z = 0$ ist $\zeta = 0$, $\zeta' = 0$. Die Stabform ist durch

$$\zeta = \frac{m}{2EI} z^2$$

gegeben.

6. Man bestimme die Form eines Stabes mit rundem Querschnitt, dessen Enden in Scharnieren gelagert sind. Der Stab werde durch eine Kraft $T$ gedehnt und durch eine in seiner Mitte angreifende Kraft $f$ gebogen.

Lösung. Auf dem Abschnitt $0 \leqq z \leqq l/2$ ist die Schubkraft gleich $f/2$, so daß (20,15) die Gleichung

$$\zeta''' - \frac{T}{EI}\zeta' = -\frac{f}{2EI}$$

liefert. Die Randbedingungen sind $\zeta = 0$, $\zeta' = 0$ für $z = 0$; für $z = l/2$ muß $\zeta' = 0$ gelten (wegen der Stetigkeit von $\zeta'$). Für die Stabform (im Abschnitt $0 \leqq z \leqq l/2$) erhalten wir den Ausdruck

$$\zeta = \frac{f}{2T}\left(z - \frac{\operatorname{sh} kz}{k \operatorname{ch} \frac{kl}{2}}\right), \qquad k = \sqrt{\frac{T}{EI}}\,.$$

Für kleine $k$ geht dieser Ausdruck in das Ergebnis der Aufgabe 2b) über. Für große $k$ dagegen erhalten wir

$$\zeta = \frac{f}{2T} z\,,$$

d. h., in Übereinstimmung mit der Gleichung (20,17) nimmt der bewegliche Faden unter der Wirkung der Kraft $f$ eine Form an, die aus zwei Geraden besteht, welche sich im Punkt $z = l/2$ schneiden.

Wenn die Kraft $T$ ihrerseits als Ergebnis einer Dehnung des Stabes durch eine Querkraft auftritt, so muß zu ihrer Bestimmung die Beziehung (20,16) benutzt werden. Wenn wir den erhaltenen Ausdruck dort einsetzen, erhalten wir die Gleichung

$$\frac{1}{k^6}\left[\frac{3}{2}+\frac{1}{2}\,\mathrm{th}^2\,\frac{kl}{2}-\frac{3}{kl}\,\mathrm{th}\,\frac{kl}{2}\right]=\frac{8E^2I^3}{f^2S},$$

welche in impliziter Form $T$ als Funktion von $f$ bestimmt.

7. Ein Stab (runder Querschnitt) von unendlicher Länge liege auf einem elastischen Untergrund, d. h., bei seiner Biegung wirke auf ihn die Kraft $K = -\alpha\zeta$. Man bestimme die Stabform unter der Einwirkung einer Punktkraft $f$.

L ö s u n g. Der Angriffspunkt der Kraft $f$ sei Koordinatenursprung. Überall, außer in $z = 0$, gilt die Gleichung

$$EI\zeta'''' = -\alpha\zeta\,.$$

Die Lösung muß folgenden Bedingungen genügen: $\zeta = 0$ für $z = \pm\infty$, und für $z = 0$ müssen $\zeta'$ und $\zeta''$ stetig sein; die Differenz der Schubkraft $F = -EI\zeta'''$ für $z \to +0$ und $z \to -0$ muß gleich $f$ sein. Eine solche Lösung ist

$$\zeta = \frac{f}{8\beta^3 EI}\,\mathrm{e}^{-\beta|z|}\left[\cos\beta\,|z| + \sin\beta\,|z|\right], \qquad \beta = \left(\frac{\alpha}{4EI}\right)^{1/4}.$$

8. Man leite die Gleichgewichtsbedingungen für einen schwach gebogenen Stab mit rundem Querschnitt ab; er habe im natürlichen Zustand die Form eines Kreisbogens und werde in seiner Ebene durch äußere Radialkräfte gebogen.

L ö s u n g. Den Ursprung der Polarkoordinaten legen wir in das Kreiszentrum. Die Gleichung der deformierten Stablinie schreiben wir in der Form $r = a + \zeta(\varphi)$, wobei $a$ der Radius des Kreisbogens ist und $\zeta$ kleine radiale Verschiebungen darstellt. Mit Hilfe des bekannten Ausdrucks für den Krümmungsradius in Polarkoordinaten erhalten wir bis auf Glieder höherer Ordnung in $\zeta$

$$\frac{1}{R} = \frac{r^2 - rr'' + 2r'^2}{(r^2 + r'^2)^{3/2}} \approx \frac{1}{a} - \frac{\zeta + \zeta''}{a^2}\,.$$

(Der Strich bedeutet die Ableitung nach $\varphi$.) Mit Hilfe von (18,11) erhalten wir die elastische Energie

$$F_{\mathrm{St}} = \frac{EI}{2}\int\limits_0^{\varphi_0}\left(\frac{1}{R}-\frac{1}{a}\right)^2 a\,\mathrm{d}\varphi = \frac{EI}{2a^3}\int\limits_0^{\varphi_0}(\zeta+\zeta'')^2\,\mathrm{d}\varphi$$

($\varphi_0$ — Zentralwinkel des Kreisbogens). Die Gleichgewichtsbedingung folgt aus dem Variationsprinzip

$$\delta F_{\mathrm{St}} - \int\limits_0^{\varphi_0}\delta\zeta K_r a\,\mathrm{d}\varphi = 0$$

($K_r$ ist die auf eine Längeneinheit bezogene äußere Radialkraft) unter der zusätzlichen Bedingung

$$\int\limits_0^{\varphi_0}\zeta\,\mathrm{d}\varphi = 0\,,$$

welche in betrachteter Näherung die Konstanz der Gesamtlänge des Stabbogens ausdrückt, d. h. die Bedingung, daß keine allgemeine Dehnung auftritt. Nach der Methode von LAGRANGE bringen wir folgende Summe zum Verschwinden:

$$\delta F_{\mathrm{St}} - \int\limits_0^{\varphi_0} aK_r\delta\zeta\,\mathrm{d}\varphi + a\alpha\int\limits_0^{\varphi_0}\delta\zeta\,\mathrm{d}\varphi = 0\,,$$

wobei $\alpha$ eine Konstante ist. Variation im Integranden von $F_{\mathrm{St}}$ und eine zweifache partielle Integration des Gliedes mit $\delta\zeta''$ ergibt

$$\int\left[\frac{EI}{a^3}(\zeta + 2\zeta'' + \zeta'''') - aK_r + \alpha a\right]\delta\zeta\,\mathrm{d}\varphi + \frac{EI}{a^3}(\zeta+\zeta'')\,\mathrm{d}\zeta'\,\Big| - \frac{EI}{a^3}(\zeta'+\zeta''')\,\mathrm{d}\zeta\Big| = 0\,.$$

Hieraus folgt die Gleichung[1])

$$\frac{EI}{a^4}(\zeta'''' + 2\zeta'' + \zeta) - K_r + \alpha = 0\,. \tag{1}$$

Weiter berechnen sich der Ausdruck für die Schubkraft zu

$$F = -\frac{EI}{a^3}(\zeta' + \zeta''')$$

und der Ausdruck für das Biegungsdrehmoment zu

$$M = \frac{EI}{a^2}(\zeta + \zeta'')$$

(vgl. Ende des § 20). Die Konstante $\alpha$ wird aus der Bedingung bestimmt, daß keine allgemeine Dehnung auftritt.

9. Man bestimme die Deformation eines kreisförmigen Ringes unter der Wirkung zweier Punktkräfte $f$, die in entgegengesetzten Punkten in Radialrichtung wirken (Abb. 18).

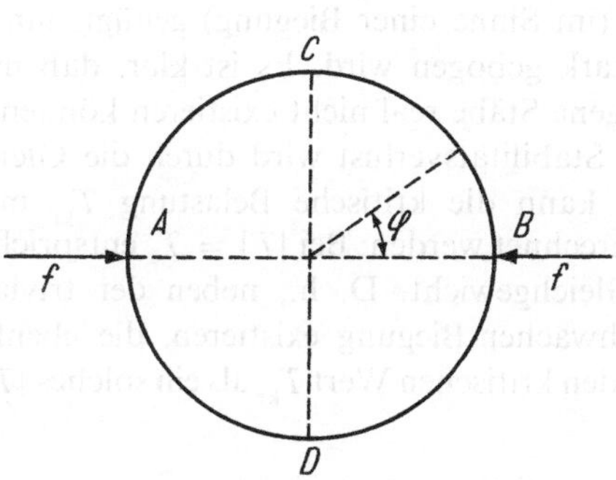


Abb. 18

Lösung. Die Integration der Gleichung (1) über den gesamten Ringbogen führt auf

$$2\pi\alpha a = \int K_r a\, d\varphi = 2f\,.$$

Überall, außer in den Punkten $\varphi = 0, \pi$, gilt die Gleichung (1) mit $K_r = 0$:

$$\zeta'''' + 2\zeta'' + \zeta + \frac{fa^3}{\pi EI} = 0\,.$$

Die gesuchte Deformation des Ringes ist bezüglich der Durchmesser $AB$ und $CD$ symmetrisch, weswegen in den Punkten $A$, $B$, $C$, $D$ die Bedingung $\zeta' = 0$ erfüllt sein muß. Die Differenz der Schubkräfte für $\varphi \to \pm 0$ muß gleich $f$ sein. Die diesen Bedingungen genügende Lösung lautet

$$\zeta = \frac{fa^3}{EI}\left(\frac{1}{\pi} + \frac{1}{4}\varphi\cos\varphi - \frac{\pi}{8}\cos\varphi - \frac{1}{4}\sin\varphi\right), \qquad 0 \leqq \varphi \leqq \pi\,.$$

Die Punkte $A$ und $B$ nähern sich einander um den Betrag

$$|\zeta(0) + \zeta(\pi)| = \frac{fa^3}{EI}\left(\frac{\pi}{4} - \frac{2}{\pi}\right).$$

[1]) Wenn keine äußeren Kräfte wirken, ist $K_r = 0$ und $\alpha = 0$; die nichttrivialen Lösungen der sich ergebenden homogenen Gleichung entsprechen einer einfachen Translation bzw. Drehung des Gesamtstabes.

## § 21. Stabilität elastischer Systeme

Das einfachste Beispiel für die bedeutungsvolle Erscheinung der zuerst von L. EULER entdeckten *elastischen Instabilität* stellt das Verhalten eines Stabes dar, welcher sich unter der Einwirkung longitudinaler Kompressionskräfte befindet.

Bei Abwesenheit äußerer Querkräfte $K_y$, $K_x$, welche eine Biegung hervorrufen, haben die Gleichungen eines komprimierten Stabes (20,14) die triviale Lösung $X = Y = 0$, entsprechend dem Fall, daß der Stab unter der Wirkung der longitudinalen Kraft $|T|$ geradlinig bleibt. Diese Lösung entspricht jedoch nur solange einem stabilen Gleichgewicht, wie die komprimierende Kraft $|T|$ einen kritischen Wert $T_{\text{kr}}$ nicht überschreitet. Bei $|T| < T_{\text{kr}}$ ist die geradlinige Form des Stabes bezüglich beliebiger kleiner Störungen stabil. Mit anderen Worten, wenn der Stab unter dem Einfluß irgendeiner kleinen Wirkung schwach gebogen wird, so strebt er nach dem Aufhören der Wirkung in seine Anfangslage zurück.

Umgekehrt entspricht bei $|T| > T_{\text{kr}}$ die geradlinige Form einem instabilen Gleichgewicht. Bereits eine unendlich kleine Wirkung (im Sinne einer Biegung) genügt, um das Gleichgewicht zu stören, wonach der Stab stark gebogen wird. Es ist klar, daß unter solchen Bedingungen komprimierte, nicht gebogene Stäbe real nicht existieren können.

Das Verhalten des Stabes nach dem Stabilitätsverlust wird durch die Gleichungen für starke Biegungen beschrieben. Jedoch kann die kritische Belastung $T_{\text{kr}}$ mit Hilfe der Gleichungen für schwache Biegungen berechnet werden. Bei $|T| = T_{\text{k}}$ entspricht die geradlinige Stabform einem indifferenten Gleichgewicht. D. h., neben der trivialen Lösung $Y = X = 0$ müssen noch Zustände schwacher Biegung existieren, die ebenfalls Gleichgewichtszustände sind. Man kann daher den kritischen Wert $T_{\text{kr}}$ als ein solches $|T|$ definieren, bei dem die Lösung der Gleichungen

$$EI_2X'''' + |T|\,X'' = 0\,, \qquad EI_1Y'''' + |T|\,Y'' = 0 \tag{21,1}$$

nicht trivial wird. Die Lösung selbst bestimmt auch den Charakter der Deformation, welche sich unmittelbar nach dem Stabilitätsverlust im Stab einstellt.

### Aufgaben

1. Man bestimme die kritische Kompressionskraft für einen Stab, dessen Enden in Scharnieren gelagert seien.

Lösung. Da uns nur der kleinste Wert von $|T|$ interessiert, der in den Gleichungen (21,1) eine von Null verschiedene Lösung liefert, genügt es, nur die eine der beiden Gleichungen zu betrachten, welche den kleineren Wert der beiden Größen $I_1$, $I_2$ enthält; es sei $I_2 < I_1$. Wir suchen die Lösung der Gleichung $EI_2X'''' + |T|\,X'' = 0$ in der Form

$$X = A + Bz + C\sin kz + D\cos kz$$

mit $k = \sqrt{|T|/EI_2}$. Eine von Null verschiedene Lösung, die den Bedingungen $X = 0$, $X'' = 0$ bei $z = 0$ und $z = l$ genügt, ist

$$X = C\sin kz\,,$$

wobei $\sin kl = 0$ gelten muß. Hieraus folgt die gesuchte kritische Kraft

$$T_{\text{kr}} = \frac{\pi^2 EI_2}{l^2}\,.$$

Nach dem Stabilitätsverlust nimmt der Stab die in Abb. 19a) dargestellte Form an.

2. Das gleiche wie in Aufgabe 1 für einen Stab mit eingespannten Enden (Abb. 19b)).

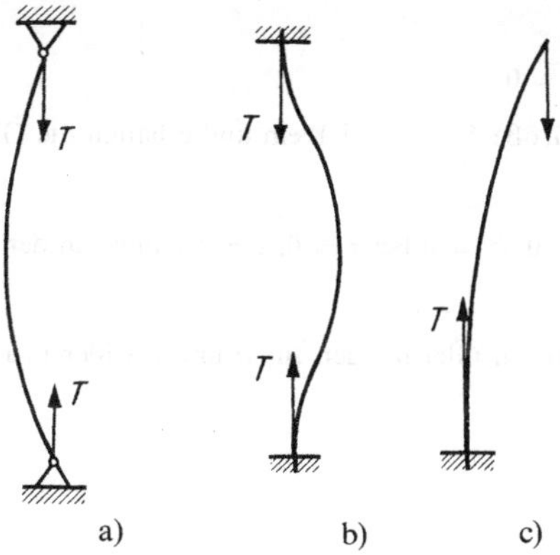


Abb. 19

Lösung.

$$T_{\text{kr}} = \frac{4\pi^2 EI_2}{l^2}.$$

3. Das gleiche wie in Aufgabe 1, wenn ein Ende eingespannt und das andere Ende frei ist (Abb. 19c)).

Lösung.

$$T_{\text{kr}} = \frac{\pi^2 EI_2}{4l^2}.$$

4. Man bestimme die kritische Kompressionskraft für einen Stab mit rundem Querschnitt, dessen Enden in Scharnieren gelagert seien und der auf elastischem Untergrund ruhe.

Lösung. Anstelle der Gleichungen (21,1) muß hier die Gleichung

$$EIX'''' + |T|\, X'' + \alpha X = 0$$

herangezogen werden. Eine analoge Untersuchung führt auf die Lösung

$$X = A \sin \frac{n\pi}{lz}, \qquad T_{\text{kr}} = \frac{\pi^2 EI}{l^2}\left(n^2 + \frac{\alpha l^4}{n^2\pi^4 EI}\right),$$

wobei ein solches ganzzahliges $n$ genommen werden muß, bei dem $T_{\text{kr}}$ minimal wird. Bei genügend großen $\alpha$ ist $n > 1$, d. h., nach dem Stabilitätsverlust nimmt der Stab eine Form mit einigen „Bäuchen" an.

5. Ein Stab mit rundem Querschnitt wird einer Torsion unterworfen. Seine Enden seien eingespannt. Man bestimme die kritische Größe der Torsionskraft, nach deren Erreichen die geradlinige Stabform instabil wird.

Lösung. Der kritische Torsionswinkel wird durch das Auftreten nichttrivialer Lösungen der Gleichungen für eine schwache Biegung des verdrehten Stabes bestimmt. Um diese Gleichungen abzuleiten, setzen wir den Ausdruck (19,7)

$$\boldsymbol{M} = EI\left[\boldsymbol{t}\,\frac{\mathrm{d}\boldsymbol{t}}{\mathrm{d}l}\right] + C\tau\boldsymbol{t}$$

($\tau$ ist der konstante Torsionswinkel) in die Gleichung (19,3) ein; das liefert

$$EI\left[\boldsymbol{t}\,\frac{\mathrm{d}^2\boldsymbol{t}}{\mathrm{d}l^2}\right] + C\tau\,\frac{\mathrm{d}\boldsymbol{t}}{\mathrm{d}l} - [\boldsymbol{F}\boldsymbol{t}] = 0\,.$$

Wir differenzieren diese Gleichung. Wegen der schwachen Biegung kann $\boldsymbol{t}$ beim Differenzieren des ersten und des dritten Gliedes als konstant angesehen werden: $\boldsymbol{t} = \boldsymbol{t}_0$. $\boldsymbol{t}_0$ besitzt die Richtung der Stabachse ($z$-Achse). Da $\mathrm{d}\boldsymbol{F}/\mathrm{d}l = 0$ ist (es sind keine äußeren Longitudinalkräfte vorhanden), erhalten wir

$$EI\left[\boldsymbol{t}_0\,\frac{\mathrm{d}^3\boldsymbol{t}}{\mathrm{d}l^3}\right] + C\tau\,\frac{\mathrm{d}^2\boldsymbol{t}}{\mathrm{d}l^2} = 0$$

oder, in Komponentenschreibweise,

$$Y'''' - \varkappa X''' = 0\,, \qquad X'''' + \varkappa Y''' = 0$$

mit $\varkappa = C\tau/EI$. Als Unbekannte führen wir die Größe $\xi = X + \mathrm{i}\,Y$ ein und erhalten die Gleichung

$$\xi'''' - \mathrm{i}\,\varkappa\xi''' = 0\,.$$

Wir suchen die Lösung, die den Bedingungen $\xi = 0$, $\xi' = 0$ bei $z = 0$, $z = l$ genügt, in der Form

$$\xi = a(1 + \mathrm{i}\,\varkappa z - \mathrm{e}^{\mathrm{i}\,\varkappa z}) + bz^2$$

und erhalten als Bedingung dafür, daß die erhaltenen Gleichungen für $a$ und $b$ widerspruchslos sind, die Beziehung

$$\mathrm{e}^{\mathrm{i}\,\varkappa l} = \frac{2 + \mathrm{i}\,\varkappa l}{2 - \mathrm{i}\,\varkappa l}\,,$$

woraus

$$\frac{\varkappa l}{2} = \tan\frac{\varkappa l}{2}$$

folgt. Die kleinste Wurzel dieser Gleichung ist $\varkappa l/2 = 4{,}49$, so daß wir

$$\tau_{\mathrm{kr}} = \frac{8{,}98EI}{Cl}$$

erhalten.

6. Das gleiche wie in Aufgabe 5 für einen Stab, dessen Enden in Scharnieren gelagert seien.

Lösung. Hier erhalten wir $\xi = a\left(1 - \mathrm{e}^{\mathrm{i}\varkappa z} - \dfrac{\varkappa^2 z^2}{2}\right) + bz$, wobei $\varkappa$ aus der Gleichung $\mathrm{e}^{\mathrm{i}\varkappa l} = 1$ folgt, d. h. $\varkappa l = 2\pi$. Der gesuchte kritische Torsionswinkel ist daher

$$\tau_{\mathrm{kr}} = \frac{2\pi EI}{Cl}\,.$$

7. Man bestimme die Stabilitätsgrenze eines senkrecht aufgestellten Stabes mit eingespanntem unterem Ende unter der Wirkung des Eigengewichtes.

Lösung. Wenn sich die longitudinale Zugspannung $F_z \equiv T$ entlang des Stabes ändert, so ist im ersten Glied in (20,1) $\mathrm{d}F_z/\mathrm{d}l \neq 0$, und wir erhalten anstelle der Gleichungen (20,14)

$$I_2EX'''' - (TX')' - K_z = 0\,, \qquad I_1EY'''' - (TY')' - K_y = 0\,.$$

Im gegebenen Fall sind keine Querkräfte vorhanden, und es gilt $T = -q(l - z)$, wobei $q$ das Gewicht der Längeneinheit ist und der Ursprung von $z$ sich am unteren Stabende befindet. Wir nehmen $I_2 < I_1$ an und betrachten die Gleichung

$$I_2EX''' = TX' = -q(l - z)\,X'\,.$$

(Für $z = l$ gilt automatisch $X''' = 0$.) Das allgemeine Integral dieser Gleichung für die Funktion $u = X'$ ist

$$u = \eta^{1/3}[aJ_{-1/3}(\eta) + bJ_{1/3}(\eta)]$$

mit

$$\eta = \frac{2}{3}\sqrt{\frac{q}{EI_2}(l - z)^3}\,.$$

Die Randbedingungen $X' = 0$ für $z = 0$ und $X'' = 0$ für $z = l$ liefern für die Funktion $u(\eta)$ die Bedingungen

$$u = 0 \quad \text{für} \quad \eta = \eta_0 \equiv \frac{2}{3}\sqrt{\frac{ql^3}{EI_2}}\,, \qquad u'\eta^{1/3} = 0 \quad \text{für} \quad \eta = 0\,.$$

Um diesen Bedingungen zu genügen, muß man $b = 0$ setzen, weshalb $J_{-1/3}(\eta_0) = 0$ erfüllt sein muß. Die kleinste Wurzel dieser Gleichung ist $\eta_0 = 1{,}87$, woraus für die kritische Stablänge

$$l_{\text{kr}} = 1{,}98 \sqrt[3]{\frac{EI_2}{q}}$$

folgt.

8. Der Stab besitze eine gestreckte Querschnittsform, so daß $I_2 \gg I_1$. Ein Stabende sei eingespannt, während am anderen Ende eine Kraft $f$ angreife, die den Stab in der $x,z$-Ebene biege, welche Hauptbiegungsebene sei. (Der Biegewiderstand hat dort den Wert $EI_2$.) Man bestimme den kritischen Wert $f_{\text{kr}}$, bei dessen Überschreiten die ebene Biegung instabil wird und der Stab in eine Seitenrichtung in der $yz$-Ebene abbiegt, wobei gleichzeitig eine Torsion auftritt.

Lösung. Da der Widerstand $EI_2$ im Vergleich zu $EI_1$ (und zum Torsionswiderstand $C$) groß ist[1]), tritt die Instabilität bezüglich einer starken Seitenabbiegung dann auf, wenn die Biegung in der $xz$-Ebene noch schwach ist. Um den Zeitpunkt des Auftretens der Instabilität zu bestimmen, müssen die Gleichungen für eine schwache Seitenabbiegung des Stabes hingeschrieben werden, wobei die Glieder, die dem Produkt aus der in der $xz$-Ebene wirkenden Kraft $f$ und kleinen Verschiebungen proportional sind, beibehalten werden müssen. Da die Punktkraft nur am freien Stabende angreift, gilt entlang des gesamten Stabes $F = f$, und am freien Ende ($z = 0$) verschwindet das Drehmoment $M = 0$; aus (19,6) erhalten wir die Komponenten des Drehmoments bezüglich des festen Koordinatensystems $x, y, z$:

$$M_x = 0\,, \qquad M_y = (l - z) f\,, \qquad M_z = (Y - Y_0) f\,,$$

wobei $Y_0 = Y(l)$. Diese Drehmomente projizieren wir auf die jedem Stabpunkt zugeordneten Koordinatenachsen $\xi, \zeta, \eta$; bis auf Glieder höherer Ordnung in den Verschiebungen erhalten wir

$$M_\xi = \varphi(l - z) f\,, \qquad M_\eta = (l - z) f\,, \qquad M_\zeta = (l - z) f \frac{\mathrm{d}Y}{\mathrm{d}z} + f(Y - Y_0)\,,$$

dabei ist $\varphi$ der volle Winkel der Querschnittsdrehung bei der Stabtorsion. (Der Torsionswinkel $\tau = \mathrm{d}\varphi/\mathrm{d}z$ ist hier nicht konstant.) Andererseits gilt nach (18,6) und (18,9) bei schwacher Biegung

$$M_\xi = -EI_1 Y''\,, \qquad M_\eta = EI_2 X''\,, \qquad M_\zeta = C\varphi'\,.$$

Setzt man diese Ausdrücke gleich, so erhält man die Gleichgewichtsbedingungen

$$EI_2 X'' = (l - z) f\,, \qquad EI_1 Y'' = -\varphi(l - z) f\,, \qquad C\varphi' = (l - z) f Y' + (Y - Y_0) f\,.$$

Die erste Gleichung beschreibt die Hauptbiegung des Stabes in der $xz$-Ebene. Gesucht wird die Größe von $f$, bei der eine nichttriviale Lösung der zweiten und dritten Gleichungen auftritt. Indem man $Y$ eliminiert, erhält man aus diesen Gleichungen

$$\varphi'' + k^2 (l - z)^2 \varphi = 0\,, \qquad k^2 = \frac{f^2}{EI_1 C}\,.$$

Das allgemeine Integral dieser Gleichung ist

$$\varphi = a \sqrt{l - z}\, J_{1/4}\left(\frac{k}{2}(l - z)^2\right) + b \sqrt{l - z}\, J_{-1/4}\left(\frac{k}{2}(l - z)^2\right).$$

Am eingespannten Ende ($z = 0$) muß $\varphi = 0$ gelten, und am freien Ende verschwindet das Torsionsmoment: $C\varphi' = 0$. Aus der zweiten Bedingung folgt $a = 0$, und die erste Bedingung liefert $J_{-1/4}(kl^2/2) = 0$. Die kleinste Wurzel dieser Gleichung ist $kl^2/2 = 2{,}006$, woraus

$$f_{\text{kr}} = \frac{4{,}01 \sqrt{EI_1 C}}{l^2}$$

folgt.

---

[1]) So haben wir bei einem engen rechteckigen Querschnitt von der Breite $h$ und der Höhe $b \gg h$

$$EI_1 = \frac{bh^3}{12} E\,, \qquad EI_2 = \frac{b^3 h}{12} E\,, \qquad C = \frac{bh^3}{3} \mu\,.$$

# III ELASTISCHE WELLEN

## § 22. Elastische Wellen im isotropen Medium

Wenn im deformierten Körper eine Bewegung vonstatten geht, so bleibt die Körpertemperatur im allgemeinen nicht konstant, sondern sie ändert sich sowohl zeitlich als auch von Punkt zu Punkt. Durch diesen Umstand werden die exakten Bewegungsgleichungen im allgemeinen Falle beliebiger Bewegungen sehr kompliziert.

Gewöhnlich jedoch wird die Situation durch die Tatsache vereinfacht, daß die Wärmeübertragung (mittels einfacher Wärmeleitung) von Abschnitt zu Abschnitt nur sehr langsam erfolgt. Wenn die Zeitintervalle, in denen praktisch die Wärme ausgetauscht wird, größer sind als die Perioden der oszillatorischen Bewegungen im Körper, dann kann jeder Körperabschnitt als wärmeisoliert betrachtet werden, d. h., die Bewegung ist als eine adiabatische zu behandeln. Bei adiabatischen Deformationen jedoch läßt sich $\sigma_{ik}$ durch $u_{ik}$ auf die übliche Weise ausdrücken, nur müssen anstelle der gewöhnlichen („isothermen") Größen $E$, $\sigma$ ihre adiabatischen Werte benutzt werden (vgl. § 6). Im weiteren wird diese Bedingung als erfüllt angesehen, und wir werden in diesem Kapitel unter $E$ und $\sigma$ ihre adiabatischen Werte verstehen.

Um die Bewegungsgleichungen für ein elastisches Medium zu erhalten, muß die Kraft der inneren Spannungen $\partial\sigma_{ik}/\partial x_k$ dem Produkt aus der Beschleunigung $\ddot{u}_i$ und der Masse der Volumeneinheit, d. h. der Dichte $\varrho$, gleichgesetzt werden:

$$\varrho\ddot{u}_i = \frac{\partial\sigma_{ik}}{\partial x_k}\,. \tag{22,1}$$

Das ist die allgemeine Form der Bewegungsgleichungen.[1])

Im besonderen kann man die Bewegungsgleichungen für ein isotropes elastisches Medium analog zu den Gleichungen (7,2) formulieren. Sie lauten:

$$\varrho\ddot{\boldsymbol{u}} = \frac{E}{2(1+\sigma)}\,\Delta\boldsymbol{u} + \frac{E}{2(1+\sigma)(1-2\sigma)}\,\mathrm{grad\,div}\,\boldsymbol{u}\,. \tag{22,2}$$

[1]) Im betrachteten Fall stimmt die Geschwindigkeit $\boldsymbol{v}$ eines Materialteilchens mit der Ableitung $\dot{\boldsymbol{u}}$ seiner Verschiebung überein. Allerdings ist diese Übereinstimmung bei weitem nicht selbstverständlich. In Kristallen gibt der Vektor $\boldsymbol{u}$ die Verschiebung der Gitterpunkte an, während die Geschwindigkeit $\boldsymbol{v}$ in der Kontinuumsmechanik als Impuls einer Masseneinheit definiert ist. Die Gleichung $\boldsymbol{v} = \dot{\boldsymbol{u}}$ ist strenggenommen nur dann gültig, wenn sich in jedem Gitterpunkt (und nur in ihnen) genau ein Atom befindet. Falls in einem Kristall Defekte auftreten, wie Leerstellen (unbesetzte Gitterpunkte) oder Zwischengitteratome, können diese durch das Gitter diffundieren. Das bedeutet aber, daß ein Massentransfer und damit ein von Null verschiedener Impuls bei undeformiertem Gitter möglich ist. Nur wenn diese Defekte vernachlässigt werden können, weil die Diffusion genügend langsam oder die Defektkonzentration hinreichend gering ist, stimmen $\boldsymbol{v}$ und $\dot{\boldsymbol{u}}$ überein.

Da sämtliche Deformationen als klein angenommen werden, stellen die in der Elastizitätstheorie untersuchten Bewegungen kleine, sogenannte *elastische Schwingungen* oder *Wellen* dar. Wir beginnen mit der Betrachtung einer elastischen ebenen Welle im unendlich ausgedehnten elastischen Medium, d. h. einer Welle, bei der die Deformation $\boldsymbol{u}$ nur von einer Koordinate, z. B. $x$ (und von der Zeit), abhängt. Sämtliche Ableitungen nach $y$ und $z$ in den Gleichungen (22,2) verschwinden, und wir erhalten für die einzelnen Komponenten des Vektors $\boldsymbol{u}$ folgende Gleichungen:

$$\frac{\partial^2 u_x}{\partial x^2} - \frac{1}{c_l^2}\frac{\partial^2 u_x}{\partial t^2} = 0\,, \qquad \frac{\partial^2 u_y}{\partial x^2} - \frac{1}{c_t^2}\frac{\partial^2 u_y}{\partial t^2} = 0 \tag{22,3}$$

mit den Bezeichnungen[1])

$$c_l = \sqrt{\frac{E(1-\sigma)}{\varrho(1+\sigma)(1-2\sigma)}}\,, \qquad c_t = \sqrt{\frac{E}{2\varrho(1+\sigma)}}\,. \tag{22,4}$$

(Die Gleichung für $u_z$ sieht genauso aus wie die für $u_y$.)

Die Formeln (22,3) sind gewöhnliche eindimensionale Wellengleichungen, und die in ihnen enthaltenen Größen $c_l$ und $c_t$ stellen die Ausbreitungsgeschwindigkeiten der Wellen dar. Man sieht, die Ausbreitungsgeschwindigkeit der Komponente $u_x$ unterscheidet sich von jener der Komponenten $u_y$, $u_z$.

Ein elastischer Wellenvorgang besteht somit aus zwei sich voneinander unabhängig ausbreitenden Wellen. In einer dieser Wellen ist die Verschiebung ($u_x$) in der Ausbreitungsrichtung gelegen; eine solche Welle heißt *Longitudinalwelle* und breitet sich mit der Geschwindigkeit $c_l$ aus. In der anderen Welle liegt die Verschiebung ($u_y$, $u_z$) in einer zur Ausbreitungsrichtung senkrechten Ebene; eine solche Welle heißt *Transversalwelle* und breitet sich mit der Geschwindigkeit $c_t$ aus. Wie man aus (22,4) ersieht, ist die Ausbreitungsgeschwindigkeit der Longitudinalwellen stets größer als die der Transversalwellen, und zwar gilt die Ungleichung[2])

$$c_l > c_t\sqrt{\frac{4}{3}}\,. \tag{22,5}$$

Die Geschwindigkeiten $c_l$ und $c_t$ werden oft *longitudinale* bzw. *transversale Schallgeschwindigkeit* genannt.

Wie wir wissen, wird die Volumenänderung bei der Deformation durch die Summe der diagonalen Elemente des Verzerrungstensors ausgedrückt, d. h. durch die Größe $u_{ii} \equiv \operatorname{div} \boldsymbol{u}$. Die Transversalwelle enthält nur die Komponenten $u_y$, $u_z$, und da diese weder von $y$ noch von $z$ abhängen, gilt für eine solche Welle $\operatorname{div} \boldsymbol{u} = 0$. Die Transversalwellen stehen somit in keinem Zusammenhang mit der Volumenänderung der einzelnen Körperabschnitte.

[1]) Die Ausdrücke, in denen $c_l$ und $c_t$ durch Kompressions-, Schubmodul und Lamé-Koeffizienten ausgedrückt werden, sind

$$c_l = \sqrt{\frac{3K+4\mu}{3\varrho}} = \sqrt{\frac{\lambda+2\mu}{\varrho}}\,, \qquad c_t = \sqrt{\frac{\mu}{\varrho}}\,.$$

[2]) Da sich $\sigma$ praktisch nur in den Grenzen von 0 bis 1/2 ändert (vgl. Fußnote 2 auf Seite 16), gilt sogar immer die stärkere Ungleichung

$$c_l > c_t\sqrt{2}\,.$$

Für die Longitudinalwellen dagegen ist div $\boldsymbol{u} \neq 0$; diese Wellen werden von Kompressionen und Dilatationen im Körper begleitet.

Die Zerlegung einer Welle in zwei Wellen, welche sich unabhängig voneinander mit verschiedenen Geschwindigkeiten ausbreiten, kann auch im allgemeinen Falle einer beliebigen (nicht ebenen) elastischen Welle im unbegrenzten Medium durchgeführt werden.

Wir formen die Gleichung (22,2) um, indem wir in sie die Geschwindigkeiten $c_l$ und $c_t$ einführen:

$$\ddot{\boldsymbol{u}} = c_t^2\,\Delta\boldsymbol{u} + (c_l^2 - c_t^2)\,\mathrm{grad\,div}\,\boldsymbol{u}\,. \tag{22,6}$$

Der Vektor $\boldsymbol{u}$ wird in zwei Teile zerlegt,

$$\boldsymbol{u} = \boldsymbol{u}_l + \boldsymbol{u}_t\,, \tag{22,7}$$

von denen der eine Teil der Bedingung

$$\mathrm{div}\,\boldsymbol{u}_t = 0 \tag{22,8}$$

und der andere Teil der Bedingung

$$\mathrm{rot}\,\boldsymbol{u}_l = 0 \tag{22,9}$$

genügt. Eine solche Zerlegung ist immer möglich, weil ein Vektor als Summe der Rotation eines bestimmten Vektors und des Gradienten eines bestimmten Skalars dargestellt werden kann.

Setzt man (22,7) in (22,6) ein, so erhält man

$$\ddot{\boldsymbol{u}}_l + \ddot{\boldsymbol{u}}_t = c_t^2\,\Delta(\boldsymbol{u}_l + \boldsymbol{u}_t) + (c_l^2 - c_t^2)\,\mathrm{grad\,div}\,\boldsymbol{u}_l\,. \tag{22,10}$$

Auf diese Gleichung wenden wir den Operator div an. Wegen div $\boldsymbol{u}_t = 0$ erhalten wir

$$\mathrm{div}\,\ddot{\boldsymbol{u}}_l = c_t^2\Delta\,\mathrm{div}\,\boldsymbol{u}_l + (c_l^2 - c_t^2)\,\Delta\,\mathrm{div}\,\boldsymbol{u}_l$$

oder

$$\mathrm{div}\,(\ddot{\boldsymbol{u}}_l - c_l^2\,\Delta\boldsymbol{u}_l) = 0\,.$$

Andererseits verschwindet auch die Rotation des Klammerausdrucks nach (22,9). Wenn jedoch die Rotation und die Divergenz eines Vektors im gesamten Raum verschwinden, so ist der Vektor ein Nullvektor. Somit haben wir

$$\frac{\partial^2\boldsymbol{u}_l}{\partial t^2} - c_l^2\,\Delta\boldsymbol{u}_l = 0\,. \tag{22,11}$$

Analog wenden wir auf die Gleichung (22,10) den Operator rot an. Aus rot $\boldsymbol{u}_l = 0$ und rot grad $\equiv 0$ folgt dann

$$\mathrm{rot}\,(\ddot{\boldsymbol{u}}_t - c_t^2\,\Delta\boldsymbol{u}_t) = 0\,.$$

Da die Divergenz des Klammerausdrucks ebenfalls verschwindet, erhalten wir wiederum eine Gleichung von der Form (22,11):

$$\frac{\partial^2\boldsymbol{u}_t}{\partial t^2} - c_t^2\,\Delta\boldsymbol{u}_t = 0\,. \tag{22,12}$$

(22,11) und (22,12) stellen gewöhnliche (dreidimensionale) Wellengleichungen dar. Jede entspricht der Ausbreitung einer elastischen Welle mit der Geschwindigkeit $c_l$ bzw. $c_t$.

Die eine ($\boldsymbol{u}_t$) hängt nicht mit Volumenänderungen zusammen (wegen div $\boldsymbol{u}_t = 0$), während die andere ($\boldsymbol{u}_l$) von Kompressionen und Dilatationen im Körper begleitet wird.

In einer monochromatischen elastischen Welle hat der Verschiebungsvektor die Form

$$\boldsymbol{u} = \mathrm{Re}\,\{\boldsymbol{u}_0(\boldsymbol{r})\,\mathrm{e}^{-\mathrm{i}\omega t}\}\,, \tag{22,13}$$

wobei $\boldsymbol{u}_0$ eine Ortsfunktion ist. Diese Funktion genügt der Gleichung

$$c_t^2\,\Delta\boldsymbol{u}_0 + (c_l^2 - c_t^2)\,\mathrm{grad\,div}\,\boldsymbol{u}_0 + \omega^2\boldsymbol{u}_0 = 0\,, \tag{22,14}$$

welche man erhält, wenn man (22,13) in (22,6) einsetzt. Der Longitudinal- bzw. Transversalteil der Welle genügt der Gleichung

$$\Delta\boldsymbol{u}_l + k_l^2\boldsymbol{u}_l = 0 \quad \text{bzw.} \quad \Delta\boldsymbol{u}_t + k_t^2\boldsymbol{u}_t = 0\,, \tag{22,15}$$

wobei $k_l = \omega/c_l$, $k_t = \omega/c_t$ die entsprechenden Wellenvektoren sind.

Abschließend untersuchen wir die Reflexion und Brechung einer ebenen monochromatischen elastischen Welle an der Grenze zwischen zwei verschiedenen elastischen Medien. Dabei muß man im Auge behalten, daß der Wellencharakter bei der Reflexion und der Brechung im allgemeinen geändert wird. Wenn auf die Grenze zwischen zwei verschiedenen elastischen Medien eine reine Transversal- oder eine reine Longitudinalwelle fällt, so entstehen durch Reflexion und Brechung gemischte Wellen, die sowohl transversale als auch longitudinale Komponenten enthalten. Der Wellencharakter ändert sich nur dann nicht (wie aus Symmetrieüberlegungen folgt), wenn die Welle senkrecht auf die Trennfläche fällt oder wenn die Schwingungen einer Transversalwelle, die unter beliebigem Winkel einfällt, zur Trennebene parallel sind.

Die Beziehungen für die Ausbreitungsrichtungen der reflektierten bzw. gebrochenen Wellen können unmittelbar aus der Konstanz der Frequenz und der Tangentialkomponente des Wellenvektors[1]) zur Trennfläche erhalten werden. Es seien $\Theta$ und $\Theta'$ der Einfalls- bzw. Reflexionswinkel (oder Brechungswinkel) und $c$, $c'$ die Geschwindigkeiten der betrachteten Wellen. Dann gilt

$$\frac{\sin\Theta}{\sin\Theta'} = \frac{c}{c'}\,. \tag{22,16}$$

Die einfallende Welle sei z. B. transversal, dann ist $c = c_{t1}$ die Geschwindigkeit der Transversalwellen im ersten Medium. Für die reflektierte Transversalwelle gilt ebenfalls $c' = c_{t1}$, und (22,16) liefert daher

$$\Theta = \Theta'\,,$$

d. h., der Einfallswinkel ist gleich dem Reflexionswinkel.

Für die reflektierte Longitudinalwelle haben wir $c' = c_{l1}$ und daher

$$\frac{\sin\Theta}{\sin\Theta'} = \frac{c_{t1}}{c_{l1}}\,.$$

Beim transversalen Anteil der gebrochenen Welle ist $c' = c_{t2}$, und bei einer einfallenden Transversalwelle gilt dann

$$\frac{\sin\Theta}{\sin\Theta'} = \frac{c_{t1}}{c_{t2}}\,.$$

[1]) Vgl. VI, § 65. Alle dortigen Betrachtungen behalten auch hier ihre volle Gültigkeit.

Analog haben wir für die gebrochene Longitudinalwelle

$$\frac{\sin \Theta}{\sin \Theta'} = \frac{c_{l1}}{c_{l2}} .$$

## Aufgaben

1. Man bestimme den Reflexionskoeffizienten einer longitudinalen monochromatischen Welle, die unter irgendeinem Winkel auf die Grenzfläche zwischen Körper und Vakuum einfalle.[1])

Lösung. Bei der Reflexion unter beliebigem Winkel entstehen sowohl eine Longitudinal- als auch eine Transversalwelle. Aus Symmetriegründen folgt sofort, daß der Verschiebungsvektor der reflektierten Transversalwelle ganz und gar in der Einfallsebene liegen wird (Abb. 20; $\boldsymbol{n}_0$, $\boldsymbol{n}_l$, $\boldsymbol{n}_t$ sind Einheitsvektoren in den Ausbreitungsrichtungen der einfallenden und longitudinalen bzw. transversalen reflektierten Wellen, und $\boldsymbol{u}_0$, $\boldsymbol{u}_l$, $\boldsymbol{u}_t$ sind die entsprechenden Verschiebungsvektoren). Die Gesamtverschiebung im Körper ist gleich der Summe (der gemeinsame Faktor $e^{-i\omega t}$ ist fortgelassen)

$$\boldsymbol{u} = A_0 \boldsymbol{n}_0 \, e^{i\boldsymbol{k}_0\boldsymbol{r}} + A_l \boldsymbol{n}_l \, e^{i\boldsymbol{k}_l\boldsymbol{r}} + A_t [\boldsymbol{a}\boldsymbol{n}_t] \, e^{i\boldsymbol{k}_t\boldsymbol{r}}$$

($\boldsymbol{a}$ ist ein zur Einfallsfläche orthogonaler Einheitsvektor). Die Beträge der Wellenvektoren sind $k_0 = k_l = \omega/c_l$, $k_t = \omega/c_t$, und der Einfallswinkel $\Theta_0$ ist mit den Reflexionswinkeln $\Theta_l$ und $\Theta_t$ durch die Beziehungen $\Theta_l = \Theta_0$, $\sin \Theta_t = \sin \Theta \cdot c_t/c_l$ gekoppelt. Für die Komponenten des Verzerrungstensors erhalten wir am Körperrand

$$u_{xx} = i\, k_0(A_0 + A_l) \cos^2 \Theta_0 + i\, A_t k_t \cos \Theta_t \sin \Theta_t , \qquad u_{ll} = i\, k_0(A_0 + A_l) ,$$

$$u_{xy} = i\, k_0(A_0 - A_l) \sin \Theta_0 \cos \Theta_0 + \frac{i}{2} A_t k_t (\cos^2 \Theta_t - \sin^2 \Theta_t) .$$

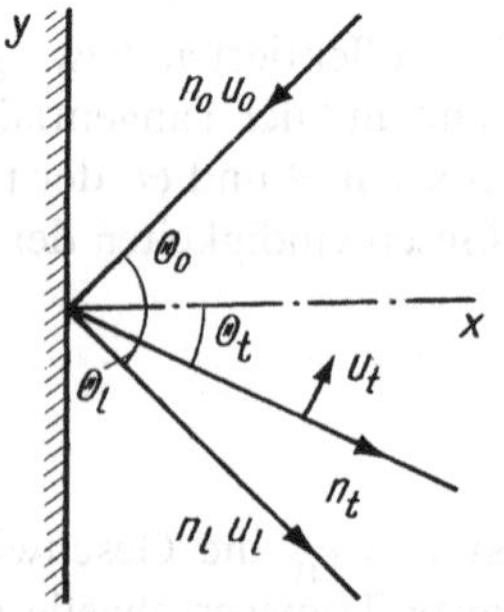


Abb. 20

(Die gemeinsamen Exponentialfaktoren sind fortgelassen.) Die Komponenten des Spannungstensors berechnen wir nach der allgemeinen Beziehung (5,11), welche wir bequemerweise hier in der Form

$$\sigma_{ik} = 2\varrho c_t^2 u_{ik} + \varrho(c_l^2 - 2c_t^2)\, u_{ll} \delta_{ik}$$

schreiben. Die Randbedingungen auf der freien Körperfläche lauten $\sigma_{ik} n_k = 0$, woraus $\sigma_{xx} = \sigma_{yx} = 0$ folgt. Sie liefern zwei Gleichungen, mit deren Hilfe $A_l$, $A_t$ durch $A_0$ ausgedrückt werden können. Das Ergebnis der Berechnung ist

$$A_l = A_0 \frac{c_t^2 \sin 2\Theta_t \sin 2\Theta_0 - c_l^2 \cos^2 2\Theta_t}{c_t^2 \sin 2\Theta_t \sin 2\Theta_0 + c_l^2 \cos^2 2\Theta_t} ,$$

$$A_t = -A_0 \frac{2 c_l c_t \sin 2\Theta_0 \cos 2\Theta_t}{c_t^2 \sin 2\Theta_t \sin 2\Theta_0 + c_l^2 \cos^2 2\Theta_t} .$$

[1]) Zu dem allgemeineren Fall der Reflexion von Schallwellen an der Grenzfläche zwischen einem Festkörper und einer Flüssigkeit sowie auch der analogen Aufgabe der Reflexion von Schallwellen, die aus einer Flüssigkeit auf einen Festkörper auftreffen, siehe L. M. Brechowskich. Wellen in geschichteten Medien. Verlag der Akad. d. Wiss. d. UdSSR, 1957, § 4.

Für $\Theta_0 = 0$ haben wir $A_l = -A_0$, $A_t = 0$, d. h., die Welle wird vollständig als Longitudinalwelle reflektiert. Das Verhältnis der zur Oberfläche des Körpers orthogonalen Komponente der Dichte des Energiestromes in der Longitudinalwelle zum gleichen Strom in der einfallenden Welle ist

$$R_l = \left|\frac{A_l}{A_0}\right|^2 .$$

Die analoge Beziehung für die reflektierte Transversalwelle ist

$$R_t = \frac{c_t \cos \Theta_t}{c_l \cos \Theta_0} \left|\frac{A_t}{A_0}\right|^2 .$$

Selbstverständlich gilt die Beziehung $R_l + R_t = 1$.

2. Das gleiche wie in Aufgabe 1, wenn die einfallende Welle transversal ist (und ihre Schwingungen in der einfallenden Fläche liegen).[1]

Lösung. Die Welle wird in transversaler und longitudinaler Form reflektiert, wobei $\Theta_t = \Theta_0$, $c_t \sin \Theta_l = c_l \sin \Theta_0$ ist. Der resultierende Verschiebungsvektor ist

$$\boldsymbol{u} = [\boldsymbol{a}\boldsymbol{n}_0]\, A_0\, e^{i\boldsymbol{k}_0\boldsymbol{r}} + \boldsymbol{n}_l A_l\, e^{i\boldsymbol{k}_l\boldsymbol{r}} + [\boldsymbol{a}\boldsymbol{n}_t]\, A_t\, e^{i\boldsymbol{k}_t\boldsymbol{r}} .$$

Für die Amplituden der reflektierten Wellen erhalten wir die Ausdrücke

$$\frac{A_t}{A_0} = \frac{c_t^2 \sin 2\Theta_l \sin 2\Theta_0 - c_l^2 \cos^2 2\Theta_0}{c_t^2 \sin 2\Theta_l \sin 2\Theta_0 + c_l^2 \cos^2 2\Theta_0}, \qquad \frac{A_l}{A_0} = \frac{2c_l c_t \sin 2\Theta_0 \cos 2\Theta_0}{c_t^2 \sin 2\Theta_l \sin 2\Theta_0 + c_l^2 \cos^2 2\Theta_0} .$$

3. Man bestimme die Frequenzen der radialen Eigenschwingungen einer elastischen Kugel vom Radius $R$.

Lösung. Wir wählen Kugelkoordinaten mit dem Ursprung im Kugelmittelpunkt. Im Falle von Radialschwingungen hat $\boldsymbol{u}$ die Richtung des Radius und hängt nur von $r$ (und $t$) ab. Aus diesem Grunde ist rot $\boldsymbol{u} = 0$. Wir führen das „Verschiebungspotential" $\varphi$ durch die Beziehung $u_r = u = \partial\varphi/\partial r$ ein. Indem wir die Bewegungsgleichung durch $\varphi$ ausdrücken, kommen wir zu der Wellengleichung $c_l^2\, \Delta\varphi = \ddot{\varphi}$, d. h. bei zeitlich periodischen Schwingungen ($\sim e^{-i\omega t}$) zu

$$\Delta\varphi \equiv \frac{1}{r^2} \frac{\partial}{\partial r}\left(r^2 \frac{\partial\varphi}{\partial r}\right) = -k^2\varphi , \qquad k = \frac{\omega}{c_l} . \tag{1}$$

Eine im gesamten Kugelvolumen einschließlich des Zentrums endliche Lösung ist

$$\varphi = A \frac{\sin kr}{r}$$

(den Zeitfaktor lassen wir weg). Für die Radialspannungen erhalten wir

$$\sigma_{rr} = \varrho\{(c_l^2 - 2c_t^2)\, u_{ii} + 2c_t^2 u_{rr}\} = \varrho\{(c_l^2 - 2c_t^2)\, \Delta\varphi + 2c_t^2 \varphi''\}$$

oder unter Benutzung von Gleichung (1)

$$\frac{1}{\varrho}\, \sigma_{rr} = -\omega^2\varphi - 4c_t^2 \frac{1}{r}\, \varphi' . \tag{2}$$

Die Grenzbedingung $\sigma_{rr}(R) = 0$ führt zu der Gleichung

$$\frac{\tan kR}{kR} = \frac{1}{1 - (kRc_l/2c_t)^2} . \tag{3}$$

Ihre Wurzeln bestimmen die Frequenzen der Eigenschwingungen $\omega_l = c_l k$.

4. Man bestimme die Eigenfrequenzen der Radialschwingungen eines kugelförmigen Hohlraumes in einem unbegrenzten elastischen Medium, in dem $c_l \gg c_t$ ist (M. A. Isakowitsch, 1949).

---

[1]) Wenn die Schwingungen senkrecht zur Einfallsebene stattfinden, so wird die Welle totalreflektiert, d. h., es ist $R_t = 1$.

Lösung. Im unbegrenzten Medium sind die Radialschwingungen von einer Abstrahlung von Schallwellen begleitet, was zu Energieverlusten und damit Dämpfung der Schwingungen führt. Im Falle $c_l \gg c_t$ (d. h. $k \gg M$) ist die Abstrahlung schwach, und man kann wegen des kleinen Dämpfungsfaktors von Eigenfrequenzen sprechen.

Wir suchen eine Lösung von (1), Aufgabe 3, in Form auslaufender Kugelwellen:

$$\varphi = A\frac{e^{ikr}}{r}, \qquad k = \frac{\omega}{c_l}.$$

Mit Hilfe von (2) erhalten wir aus der Randbedingung $\sigma_{rr}(R) = 0$

$$\left(kR\frac{c_l}{c_t}\right)^2 = 4(1 - ikR).$$

Daraus folgt (bei $c_l \gg c_t$)

$$\omega = \frac{2c_t}{R}\left(1 - i\frac{c_t}{c_l}\right).$$

Der Realteil von $\omega$ ist die Eigenfrequenz der Schwingungen, der Imaginärteil der Dämpfungsfaktor. Im inkompressiblen Medium ($c_l \to \infty$) wäre natürlich keine Dämpfung vorhanden. Diese Schwingungen sind ein spezifisches Resultat des Widerstandes gegenüber einem Abscheren ($\mu \neq 0$). Wir machen darauf aufmerksam, daß für sie $kR = 2c_t/c_l \ll 1$ gilt, d. h., die Wellenlänge der Schwingungen ist groß gegenüber $R$. (Es ist interessant, dieses Ergebnis mit den Schwingungen einer elastischen Kugelfläche zu vergleichen, für die bei $c_l \gg c_t$ die Grundfrequenz nach (3) durch $kR = \pi$ bestimmt ist.)

## § 23. Elastische Wellen in Kristallen

Die Ausbreitung elastischer Wellen in anisotropen Medien, d. h. in Kristallen, unterliegt komplizierteren Gesetzmäßigkeiten als die Ausbreitung von Wellen in isotropen Körpern. Um solche Wellen untersuchen zu können, müssen wir von der allgemeinen Bewegungsgleichung

$$\varrho \ddot{u}_i = \frac{\partial \sigma_{ik}}{\partial x_k}$$

ausgehen und für $\sigma_{ik}$ den allgemeinen Ausdruck (10,3) benutzen:

$$\sigma_{ik} = \lambda_{iklm} u_{lm}.$$

Unter $\lambda_{iklm}$ ist überall der adiabatische Wert der Elastizitätsmoduln zu verstehen.

Wir setzen $\sigma_{ik}$ in die Bewegungsgleichungen ein und erhalten

$$\varrho \ddot{u}_i = \lambda_{iklm}\frac{\partial u_{lm}}{\partial x_k} = \frac{\lambda_{iklm}}{2}\frac{\partial}{\partial x_k}\left(\frac{\partial u_l}{\partial x_m} + \frac{\partial u_m}{\partial x_l}\right)$$

$$= \frac{1}{2}\lambda_{iklm}\frac{\partial^2 u_l}{\partial x_k\,\partial x_m} + \frac{1}{2}\lambda_{iklm}\frac{\partial^2 u_m}{\partial x_k\,\partial x_l}.$$

Der Tensor $\lambda_{iklm}$ ist in den Indizes $l$ und $m$ symmetrisch. Wenn wir daher im zweiten Glied die Summationsindizes $l$ und $m$ vertauschen, sehen wir, daß das erste und das zweite Glied identisch sind. Somit erhalten wir die Bewegungsgleichungen in der Form

$$\varrho \ddot{u}_i = \lambda_{iklm}\frac{\partial^2 u_m}{\partial x_k\,\partial x_l}. \tag{23,1}$$

Wir betrachten jetzt eine monochromatische elastische Welle im Kristall. Dazu suchen wir die Lösung der Bewegungsgleichungen in der Form

$$u_i = u_{0i}\, \mathrm{e}^{\mathrm{i}(\boldsymbol{k}\boldsymbol{r} - \omega t)}$$

($u_{0i}$ sind Konstanten), wobei die Beziehung zwischen dem Wellenvektor $\boldsymbol{k}$ und der Frequenz $\omega$ so bestimmt werden muß, daß die hingeschriebene Funktion tatsächlich der Gleichung (23,1) genügt. Differenzieren von $u_i$ nach der Zeit führt zur Multiplikation mit $-\mathrm{i}\omega$, und Differenzieren nach $x_k$ führt zur Multiplikation mit $\mathrm{i}k_k$. Die Gleichung (23,1) geht daher über in

$$\varrho\omega^2 u_i = \lambda_{iklm} k_k k_l u_m .$$

Mit Hilfe von $u_i = \delta_{im} u_m$ schreiben wir diese Gleichung in der Form

$$(\varrho\omega^2 \delta_{im} - \lambda_{iklm} k_k k_l)\, u_m = 0 . \tag{23,2}$$

Dieses ist ein homogenes System von drei Gleichungen erster Ordnung bezüglich der Unbekannten $u_x$, $u_y$, $u_z$. Ein solches System hat bekanntlich nur dann eine nichttriviale Lösung, wenn die Determinante der Koeffizienten bei $u_m$ verschwindet. Es muß daher folgende Bedingung erfüllt sein:

$$|\lambda_{iklm} k_k k_l - \varrho\omega^2 \delta_{im}| = 0 . \tag{23,3}$$

Diese Gleichung bestimmt die Abhängigkeit der Wellenfrequenz vom Wellenvektor. Man nennt diesen Zusammenhang Dispersionsgesetz. Die zugehörige Dispersionsgleichung (23,3) ist eine Gleichung dritter Ordnung in $\omega^2$. Sie hat im allgemeinen drei verschiedene Wurzeln $\omega^2 = \omega_j^2(\boldsymbol{k})$, welche auch als drei Zweige des Dispersionsgesetzes bezeichnet werden. Setzt man die Wurzeln nacheinander wieder in (23,2) ein, so erhält man die Richtungen des Verschiebungsvektors $\boldsymbol{u}$ in diesen Wellen oder, wie man auch sagt, die Richtungen ihrer Polarisation. (Da die Gleichungen (23,2) homogen sind, bleibt der Betrag des Vektors $\boldsymbol{u}$ unbestimmt.)[1]) Die Polarisationsrichtungen der drei Wellen mit ein und demselben Wellenvektor $\boldsymbol{k}$ sind zueinander orthogonal. Diese wichtige Aussage erhält man, wenn (23,3) als Bestimmungsgleichung der Eigenwerte des symmetrischen Tensors zweiter Stufe $\lambda_{iklm} k_k k_l$[2]) betrachtet wird. Die Gleichungen (23,2) bestimmen dann die Hauptachsen dieses Tensors, und diese stehen bekanntlich senkrecht aufeinander.

Die Ausbreitungsgeschwindigkeit der Welle (Gruppengeschwindigkeit) ergibt sich aus der Ableitung der Frequenz nach dem Wellenvektor

$$\boldsymbol{U} = \frac{\partial\omega}{\partial\boldsymbol{k}} \tag{23,4}$$

(s. VI, § 67). In isotropen Körpern ist die Frequenz dem Betrag von $\boldsymbol{k}$ proportional, weshalb die Richtung der Ausbreitungsgeschwindigkeit mit der Richtung des Wellenvektors zu-

[1]) In einem isotropen Körper entsprechen diesen Zweigen die Lösung $\omega = c_l k$ (longitudinal polarisierte Wellen) und zwei zusammenfallende Wurzeln $\omega = c_t k$, welche für Wellen mit zwei unabhängigen transversalen Polarisationsrichtungen stehen.

[2]) Wegen der Symmetrie des Tensors $\lambda_{iklm}$ gilt

$$\lambda_{iklm} k_k k_l = \lambda_{kiml} k_k k_l = \lambda_{mlki} k_k k_l .$$

Der letzte Ausdruck unterscheidet sich von $\lambda_{mkli} k_k k_l$ nur durch die Bezeichnung der Summationsindizes $k$ und $l$, d. h., der Tensor $\lambda_{iklm} k_k k_l$ ist wirklich symmetrisch.

sammenfällt. In Kristallen sind die Verhältnisse nicht so einfach, und im allgemeinen stimmen die Richtungen der Wellenausbreitung und des Wellenvektors nicht überein. Nur für einige ausgezeichnete Richtungen, d. h. in bestimmten Symmetrieachsen eines Kristalls sind die Vektoren $\boldsymbol{k}$ und $\boldsymbol{U}$ kollinear.

Aus der Dispersionsgleichung (23,3) ist ersichtlich, daß $\omega$ eine homogene Funktion ersten Grades der Komponenten des Vektors $\boldsymbol{k}$ ist. (Wenn man das Verhältnis $\omega/k$ als unbekannte Größe einführt, hängen die Koeffizienten der Gleichung nicht mehr von $k$ ab.) Die Ausbreitungsgeschwindigkeit $\boldsymbol{U}$ ist daher eine homogene Funktion nullter Ordnung von $k_x$, $k_y$ und $k_z$. Mit anderen Worten: Die Wellenausbreitungsgeschwindigkeit ist eine Funktion ihrer Richtung und frequenzunabhängig.

Im $\boldsymbol{k}$-Raum (d. h. in den Koordinaten $k_x$, $k_y$, $k_z$) ist die Normale einer Fläche konstanter Frequenz $\omega(\boldsymbol{k}) = \text{const}$ für jeden Zweig des Dispersionsgesetzes identisch mit der Richtung des Vektors (23,4). Falls die Fläche konstanter Frequenz überall konvex ist, existiert offensichtlich ein eineindeutiger Zusammenhang zwischen den Richtungen von $\boldsymbol{U}$ und $\boldsymbol{k}$. Jeder $\boldsymbol{k}$-Richtung entspricht eine bestimmte Richtung von $\boldsymbol{U}$ und umgekehrt. Wenn die Fläche nicht überall konvex ist, bleibt dieser Zusammenhang nicht eineindeutig. Jeder $\boldsymbol{k}$-Richtung entspricht weiterhin eine Richtung von $\boldsymbol{U}$ (im gegebenen Zweig des Dispersionsgesetzes), aber eine gegebene $\boldsymbol{U}$-Richtung kann mit verschiedenen Richtungen von $\boldsymbol{k}$ kombiniert auftreten.

## Aufgaben

1. Man bestimme das Dispersionsgesetz elastischer Wellen in einem kubischen Kristall, die sich a) in der kristallographischen Ebene (001) (Seitenebene des Würfels); b) in der kristallographischen Richtung [111] (Richtung der Würfeldiagonalen) ausbreiten.

Lösung. In einem kubischen Kristall sind folgende Komponenten des Elastizitätstensors von Null verschieden: $\lambda_{xxxx} = \lambda_1$, $\lambda_{xxyy} = \lambda_2$, $\lambda_{xyxz} = \lambda_3$ (sowie die mit ihnen identischen Tensorkomponenten, bei denen die Indizes $x, y$ durch andere Paare von $x, y, z$ ersetzt sind — s. § 10); die Achsen $x$, $y$ und $z$ liegen auf den Würfelkanten.

a) Wir legen die $xy$-Ebene in die (001)-Ebene und bezeichnen mit $\theta$ den Winkel zwischen dem Wellenvektor $\boldsymbol{k}$ und der $x$-Achse. Als Lösungen der Dispersionsgleichung (23,3) erhalten wir dann folgende drei Zweige des Dispersionsgesetzes:

$$\varrho\omega_{1,2}^2 = \frac{1}{2}k^2\{\lambda_1 + \lambda_3 \pm [(\lambda_1 - \lambda_3)^2 - 4(\lambda_1 + \lambda_2)(\lambda_1 - \lambda_2 - 2\lambda_3)\sin^2\theta\cos^2\theta]^{1/2}\},$$

$$\varrho\omega_3^2 = \lambda_3 k^2 .$$

Die Wellen des dritten Zweiges sind transversal in $z$-Richtung polarisiert. Die Wellen der ersten beiden Zweige sind in der $xy$-Ebene polarisiert. Aus Symmetriegründen liegt der Geschwindigkeitsvektor $\boldsymbol{U} = \partial\omega/\partial\boldsymbol{k}$ aller drei Wellen ebenfalls in der $xy$-Ebene. Deshalb sind die gefundenen Ausdrücke hinreichend zu seiner Berechnung.

Für $\theta = 0$ ($\boldsymbol{k}$ in $x$-Richtung) erhalten wir

$$\varrho\omega_1^2 = \lambda_1 k^2 , \qquad \varrho\omega_2^2 = \lambda_3 k^2 ,$$

wobei die erste Gleichung (in $x$-Richtung polarisierte) longitudinale Wellen und die zweite Gleichung (in $y$-Richtung polarisierte) transversale Wellen repräsentiert.

Für $\theta = \pi/4$ ($\boldsymbol{k}$ in Richtung der Diagonalen der Würfelseitenflächen) gilt

$$\varrho\omega_1^2 = \frac{1}{2}(\lambda_1 + \lambda_2 + 2\lambda_3)\,k^2 , \qquad \varrho\omega_2^2 = \frac{1}{2}(\lambda_1 - \lambda_2)\,k^2 .$$

Im ersten Falle handelt es sich um longitudinale, im zweiten Falle um transversale Wellen, die jeweils in der $xy$-Ebene polarisiert sind.

b) In diesem Falle hat der Wellenvektor die Komponenten $k_x = k_y = k_z/\sqrt{3}$. Die Lösung der Dispersionsgleichung ergibt

$$\varrho\omega_1^2 = \frac{1}{3}k^2(\lambda_1 + 2\lambda_2 + 4\lambda_3)\,,$$

$$\varrho\omega_{2,3}^2 = \frac{1}{3}k^2(\lambda_1 - \lambda_2 + \lambda_3)\,.$$

Im ersten Fall liegen longitudinale Wellen vor, während die anderen beiden Wellen transversal sind.

2. Man bestimme das Dispersionsgesetz elastischer Wellen in einem hexagonalen Kristall.

Lösung. Ein hexagonaler Kristall weist fünf unabhängige elastische Moduln auf, für welche wir folgende Bezeichnungen einführen:

$$\lambda_{xxxx} = \lambda_{yyyy} = a\,,\quad \lambda_{xyxy} = b\,,\quad \lambda_{xxyy} = a - 2b\,,$$

$$\lambda_{xxzz} = \lambda_{yyzz} = c\,,\quad \lambda_{xzxz} = \lambda_{yzyz} = d\,,\quad \lambda_{zzzz} = f\,.$$

Die $z$-Achse legen wir in die Symmetrieachse sechster Ordnung, die Richtungen der $x$- und $y$-Achse können beliebig sein. Die Ebene $x$, $z$ wählen wir so, daß sie den Wellenvektor $\boldsymbol{k}$ enthält. Dann wird $k_x = k\sin\theta$, $k_y = 0$, $k_z = k\cos\theta$, wenn $\theta$ den Winkel zwischen $\boldsymbol{k}$ und der $z$-Achse bezeichnet. Als Lösungen der Gleichung (23,3) finden wir jetzt

$$\varrho\omega_1^2 = k^2(b\sin^2\theta + d\cos^2\theta)\,,$$

$$\varrho\omega_{2,3}^2 = \frac{1}{2}k^2\{a\sin^2\theta + f\cos^2\theta + d \pm [((a-d)\sin^2\theta + (d-f)\cos^2\theta)^2 + 4(c-d)^2\sin^2\theta\cos^2\theta]^{1/2}\}\,.$$

Für $\theta = 0$ erhält man

$$\varrho\omega_{1,2}^2 = k^2 d\,,\qquad \varrho\omega_3^2 = k^2 f\,.$$

Die dritte Welle ist longitudinal, die ersten beiden sind transversal.

## § 24. Oberflächenwellen

Eine besondere Erscheinungsform elastischer Wellen sind solche, die sich in der Nähe der Körperoberfläche ausbreiten, ohne in das Innere des Körpers einzudringen (RAYLEIGH-Wellen).

Wir schreiben die Bewegungsgleichungen in der Form (22,11) und (22,12),

$$\frac{\partial^2 u}{\partial t^2} - c^2\,\Delta u = 0 \tag{24,1}$$

(wo $u$ irgendeine Komponente der Vektoren $\boldsymbol{u}_1$, $\boldsymbol{u}_t$ ist und $c$ die entsprechende Geschwindigkeit $c_1$ bzw. $c_t$), und suchen die Lösungen, welche derartigen Oberflächenwellen entsprechen. Die Oberfläche des elastischen Körpers sei eben (und unbegrenzt) und stelle die $xy$-Ebene dar. Das Körperinnere sei durch $z < 0$ gekennzeichnet.

Wir betrachten eine ebene monochromatische Oberflächenwelle, die sich in $x$-Richtung ausbreitet. Dementsprechend suchen wir $u$ in der Form

$$u = e^{i(kx-\omega t)} f(z)\,,$$

wo $f(z)$ der Gleichung $f'' = \varkappa^2 f$ genügt, mit

$$\varkappa = (k^2 - \omega^2/c^2)^{1/2}\,. \tag{24,2}$$

Für $k^2 - \omega^2/c^2 < 0$ ist $f(z)$ eine periodische Funktion, so daß wir in diesem Fall eine ebene Welle erhalten würden, die das ganze Körpervolumen ausfüllt. Daher können wir $k^2 - \omega^2/c^2 > 0$ und damit die Realität von $\varkappa$ annehmen. Für $f$ bekommen wir dann Lösungen der Art $\exp(\pm \varkappa z)$, aus denen wir diejenige auswählen müssen, die für $z \to -\infty$ abklingt. Auf diese Weise gelangen wir zu der folgenden Lösung der Bewegungsgleichung:

$$u = \text{const}\, e^{i(kx - \omega t)}\, e^{\varkappa z}\,. \tag{24,3}$$

Sie entspricht einer im Körperinnern rasch (exponentiell) abklingenden Welle, d. h. einer solchen, die sich nur in Oberflächennähe ausbreitet. $\varkappa$ charakterisiert die Abklinglänge.

Der eigentliche Verschiebungsvektor $\boldsymbol{u}$ der Welle besteht aus der Summe der Vektoren $\boldsymbol{u}_l$ und $\boldsymbol{u}_t$, deren jede Komponente der Gleichung (24,1) mit der Geschwindigkeit $c = c_l$ bzw. $c = c_t$ genügt. Im Falle von Volumenwellen im unbegrenzten Medium breiten sich diese beiden Wellenanteile unabhängig voneinander aus. Bei Oberflächenwellen ist eine solche Zerlegung in zwei voneinander unabhängige Teile (wegen der Randbedingungen) nicht möglich. Der Verschiebungsvektor $\boldsymbol{u}$ muß als lineare Kombination der Vektoren $\boldsymbol{u}_l$ und $\boldsymbol{u}_t$ dargestellt werden. Letztere lassen sich hier nicht mehr anschaulich als zur Ausbreitungsrichtung parallele bzw. orthogonale Verschiebungen interpretieren.

Um eine lineare Kombination der Vektoren $\boldsymbol{u}_l$ und $\boldsymbol{u}_t$ so zu bestimmen, daß sie den wahren Verschiebungsvektor $\boldsymbol{u}$ liefert, muß man die Grenzbedingungen am Körperrand benutzen. Hieraus ergibt sich auch die Beziehung zwischen dem Wellenvektor $\boldsymbol{k}$ und der Frequenz $\omega$ und folglich auch die Ausbreitungsgeschwindigkeit der Welle. Auf der freien Oberfläche müssen die Bedingungen $\sigma_{ik} n_k = 0$ erfüllt sein. Da die Normale $\boldsymbol{n}$ in $z$-Richtung zeigt, folgt hieraus die Bedingung

$$\sigma_{xz} = \sigma_{yz} = \sigma_{zz} = 0\,,$$

und daraus ergibt sich

$$u_{xz} = 0\,, \qquad u_{yz} = 0\,, \qquad \sigma(u_{xx} + u_{yy}) + (1 - \sigma)\, u_{zz} = 0\,. \tag{24,4}$$

Da keine der Größen von $y$ abhängt, liefert die zweite der Gleichungen

$$u_{yz} = \frac{1}{2}\left(\frac{\partial u_y}{\partial z} + \frac{\partial u_z}{\partial y}\right) = \frac{1}{2}\,\frac{\partial u_y}{\partial z} = 0\,.$$

Unter Berücksichtigung von (24,3) folgt hieraus

$$u_y = 0\,. \tag{24,5}$$

Der Verschiebungsvektor der Oberflächenwelle liegt somit in einer Ebene, welche die Ausbreitungsrichtung schneidet und zur Oberfläche orthogonal ist.

Der „Transversalanteil“ der Welle $\boldsymbol{u}_t$ muß der Bedingung (22,8) $\operatorname{div} \boldsymbol{u}_t = 0$ genügen oder

$$\frac{\partial u_{tx}}{\partial x} + \frac{\partial u_{tz}}{\partial z} = 0\,.$$

Unter Berücksichtigung von (24,3) führt diese Bedingung auf die Gleichung

$$iku_{tx} + \varkappa_t u_{tz} = 0\,,$$

welche das Verhältnis $u_{tx}/u_{tz}$ bestimmt. Wir können daher mit der Konstanten $a$

$$\begin{aligned} u_{tx} &= \varkappa_t a \exp(ikx + \varkappa_t z - i\omega t)\,, \\ u_{tz} &= -ika \exp(ikx + \varkappa_t z - i\omega t) \end{aligned} \tag{24,6}$$

schreiben.

Der „Longitudinalanteil" $\boldsymbol{u}_l$ genügt der Bedingung (22,9) rot $\boldsymbol{u}_l = 0$ oder

$$\frac{\partial u_{lx}}{\partial z} - \frac{\partial u_{lz}}{\partial x} = 0\,,$$

woraus

$$iku_{lz} - \varkappa_l u_{lx} = 0 \quad \left(\varkappa_l = \sqrt{k^2 - \frac{\omega^2}{c_l^2}}\right)$$

folgt. Es muß somit gelten

$$u_{lx} = kb\, e^{ikx + \varkappa_l z - i\omega t}\,, \qquad u_{lz} = -i\varkappa_l b\, e^{ikx + \varkappa_l z - i\omega t}\,, \tag{24,7}$$

wobei $b$ eine Konstante ist.

Jetzt benutzen wir die erste und dritte der Bedingungen (24,4). Die $u_{ik}$ drücken wir durch Ableitungen von $u_i$ aus, und nachdem wir die Geschwindigkeiten $c_l$ und $c_t$ eingeführt haben, schreiben wir diese Bedingungen in der Form

$$\frac{\partial u_x}{\partial z} + \frac{\partial u_z}{\partial x} = 0\,, \qquad c_l^2 \frac{\partial u_z}{\partial z} + (c_l^2 - 2c_t^2)\frac{\partial u_x}{\partial x} = 0\,. \tag{24,8}$$

Hierin muß

$$u_x = u_{lx} + u_{tx}\,, \qquad u_z = u_{lz} + u_{tz}$$

eingesetzt werden. Im Ergebnis liefert die erste der Bedingungen (24,8) die Gleichung

$$a(k^2 + \varkappa_t^2) + 2bk\varkappa_l = 0\,. \tag{24,9}$$

Die zweite führt auf die Gleichung

$$2ac_t^2\varkappa_t k + b[c_l^2(\varkappa_l^2 - k^2) + 2c_t^2 k^2] = 0\,.$$

Diese Gleichung dividieren wir durch $c_t^2$ und setzen in sie

$$\varkappa_l^2 - k^2 = -\frac{\omega^2}{c_l^2} = -(k^2 - \varkappa_t^2)\frac{c_t^2}{c_l^2}$$

ein. Sie erhält dann die Form

$$2a\varkappa_t k + b(k^2 + \varkappa_t^2) = 0\,. \tag{24,10}$$

Die Bedingung für die Widerspruchsfreiheit der homogenen Gleichungen (24,9) und (24,10) liefert die Beziehung

$$(k^2 + \varkappa_t^2)^2 = 4k^2\varkappa_t\varkappa_l$$

oder, wenn man letztere quadriert und $\varkappa_t^2 = k^2 - \omega^2/c_t^2$, $\varkappa_l^2 = k^2 - \omega^2/c_l^2$ einsetzt,

$$\left(2k^2 - \frac{\omega^2}{c_t^2}\right)^4 = 16k^4\left(k^2 - \frac{\omega^2}{c_t^2}\right)\left(k^2 - \frac{\omega^2}{c_l^2}\right). \tag{24,11}$$

Aus dieser Gleichung erhält man eine Beziehung zwischen $\omega$ und $k$. Offensichtlich gilt $\omega = \text{const} \cdot k$. Zur Bestimmung des Proportionalitätsfaktors schreiben wir

$$\omega = c_t k \xi . \tag{24,12}$$

Dann kürzt sich $k^8$ auf beiden Seiten weg, und wir erhalten nach Auflösung der Klammern für $\xi$ die Gleichung

$$\xi^6 - 8\xi^4 + 8\xi^2 \left(3 - 2\frac{c_t^2}{c_l^2}\right) - 16\left(1 - \frac{c_t^2}{c_l^2}\right) = 0 . \tag{24,13}$$

Man sieht, $\xi$ hängt nur von dem Verhältnis $c_t/c_l$ ab, welches eine für jeden Stoff charakteristische Konstante ist und seinerseits nur vom POISSON-Koeffizienten abhängt:

$$\frac{c_t}{c_l} = \sqrt{\frac{1 - 2\sigma}{2(1 - \sigma)}} .$$

Die Größe $\xi$ muß natürlich positiv reell sein, und außerdem muß $\xi < 1$ gelten (so daß $\varkappa_t$, $\varkappa_l$ reell bleiben). Die Gleichung (24,13) hat nur eine Wurzel, die diesen Bedingungen genügt, so daß man zu jedem gegebenen $c_t/c_l$ nur ein bestimmtes $\xi$ erhält.[1])

Somit ist die Frequenz der Oberflächenwellen, ebenso wie die der Volumenwellen, zum Wellenvektor proportional. Der Proportionalitätsfaktor stellt die Ausbreitungsgeschwindigkeit der Welle dar:

$$U = c_t \xi . \tag{24,14}$$

Damit ist die Ausbreitungsgeschwindigkeit der Oberflächenwellen durch die Geschwindigkeiten $c_t$ und $c_l$ der transversalen bzw. longitudinalen Volumenwellen ausgedrückt. Das Amplitudenverhältnis des Transversalteils und des Longitudinalteils läßt sich durch $\xi$ gemäß

$$\frac{a}{b} = -\frac{2 - \xi^2}{2\sqrt{1 - \xi^2}} \tag{24,15}$$

ausdrücken.

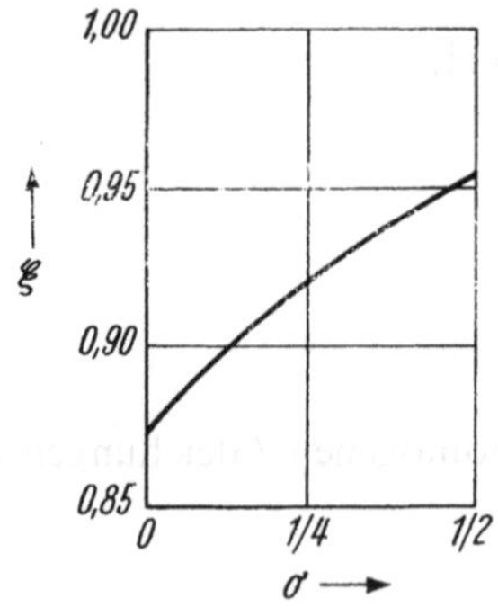


Abb. 21

---

[1]) Beim Übergang von der Gleichung (24,11) zu (24,13) geht die Wurzel $\omega^2 = 0$ ($\varkappa_t = \varkappa_l = k$), die dem Wert $\xi = 0$ entspricht und damit die Bedingung $\xi < 1$ erfüllt, verloren. Aus den Gleichungen (24,9) und (24,10) kan mann jedoch ablesen, daß dieser Wurzel die Gleichung $a = -b$ entspricht und deshalb für die Gesamtverschiebung $\boldsymbol{u} = \boldsymbol{u}_l + \boldsymbol{u}_t = 0$ gilt; es gibt also keine Bewegung.

Das Verhältnis $c_t/c_l$ ändert sich für die verschiedenen Stoffe praktisch in den Grenzen von $1/\sqrt{2}$ bis 0, was einer Änderung von $\sigma$ in den Grenzen von 0 bis 1/2 entspricht; dabei ändert sich $\xi$ von 0,874 bis 0,955. In Abb. 21 ist die Abhängigkeit $\xi$ von $\sigma$ dargestellt.

### Aufgabe

Eine planparallele Platte (Medium 1) von der Stärke $h$ liege auf einem elastischen Halbraum (Medium 2). Man bestimme die Abhängigkeit der Frequenz vom Wellenvektor für Transversalwellen in der Platte, deren Schwingungsrichtung zu den Plattengrenzflächen parallel ist.

Lösung. Die Grenzfläche zwischen der Platte und dem Halbraum sei die $xy$-Ebene, im elastischen Halbraum sei $z < 0$, und in der Platte sei $h \leqq z \leqq 0$. In der Platte gilt

$$u_{x1} = u_{z1} = 0\,, \qquad u_{y1} = f(z)\,\mathrm{e}^{\mathrm{i}(kx - \omega t)}\,,$$

und im Medium 2 schreiben wir für die mit wachsender Tiefe abklingende Welle

$$u_{x2} = u_{z2} = 0\,, \qquad u_{y2} = A\,\mathrm{e}^{\varkappa_2 z}\,\mathrm{e}^{\mathrm{i}(kx - \omega t)}\,, \qquad \varkappa_2 = \sqrt{k^2 - \frac{\omega^2}{c_{t2}^2}}$$

Die Funktion $f(z)$ genügt der Gleichung

$$\frac{\mathrm{d}^2 f}{\mathrm{d}z^2} + \varkappa_1 f^2 = 0\,, \qquad \varkappa_1 = \sqrt{\frac{\omega^2}{c_{t1}^2} - k^2}$$

(wir werden sehen, daß $\varkappa_1^2 > 0$ sein muß), woraus

$$f(z) = B \sin \varkappa_1 z + C \cos \varkappa_1 z$$

folgt. Auf der freien Grenzfläche der Platte ($z = h$) muß $\sigma_{zy} = 0$ sein, d. h. $\partial u_{y1}/\partial z = 0$ gelten. An der Berührungsfläche zwischen den beiden Medien ($z = 0$) haben wir die Bedingungen

$$u_{y1} = u_{y2}\,, \qquad \mu_1 \frac{\partial u_{y1}}{\partial z} = \mu_2 \frac{\partial u_{y2}}{\partial z}$$

($\mu_1$, $\mu_2$ sind die Schubmoduln der beiden Medien). Aus diesen Bedingungen erhalten wir drei Gleichungen für $A$, $B$, $C$. Die Bedingung für ihre Widerspruchsfreiheit liefert dann

$$\tan \varkappa_1 h = \frac{\mu_2 \varkappa_2}{\mu_1 \varkappa_1}\,.$$

Diese Gleichung bestimmt implizit die Abhängigkeit des $\omega$ von $k$, sie besitzt nur für reelle $\varkappa_1$, $\varkappa_2$ Lösungen, so daß stets

$$c_{t2} > \frac{\omega}{k} > c_{t1}$$

gelten muß. Hieraus folgt, daß eine Ausbreitung der betrachteten Wellen nur unter der Voraussetzung $c_{t2} > c_{t1}$ möglich ist.

## § 25. Schwingungen von Stäben und Platten

Wellen in dünnen Platten und Stäben unterscheiden sich wesentlich von den Wellen, die sich im unendlich ausgedehnten Medium ausbreiten. Bei dieser Feststellung denken wir an Wellen, deren Wellenlänge im Vergleich zur Platten- bzw. Stabstärke groß ist. Im entgegengesetzten Grenzfall, wenn die Wllenlänge klein gegenüber dieser Dicke ist, kann man den

Stab bzw. die Platte als unendlich ausgedehnt betrachten, und man erhielte die bereits abgeleiteten Beziehungen.

Man muß Wellen, deren Schwingungen in Achsrichtung des Stabes bzw. in der Plattenebene vonstatten gehen, von Wellen mit orthogonalen Schwingungen unterscheiden. Wir beginnen mit der Untersuchung von Longitudinalwellen in Stäben.

Die longitudinale (im Stabquerschnitt homogene) Deformation eines Stabes, auf dessen Seitenflächen keine äußeren Kräfte wirken, ist eine einfache Dehnung oder Kompression. Longitudinalwellen im Stab stellen daher die Ausbreitung einfacher Dehnungen und Kompressionen dar. Bei einfacher Dehnung (Streckung) ist nur die Komponente $\sigma_{zz}$ des Spannungstensors von Null verschieden. (Die $z$-Achse liegt in der Stabachse.) $\sigma_{zz}$ hängt mit dem Verzerrungstensor durch die Beziehung (vgl. § 5)

$$\sigma_{zz} = E u_{zz} = E \frac{\partial u_z}{\partial z}$$

zusammen. Setzt man diesen Ausdruck in die Bewegungsgleichung

$$\varrho \ddot{u}_z = \frac{\partial \sigma_{zk}}{\partial x_k}$$

ein, so erhält man

$$\frac{\partial^2 u_z}{\partial z^2} - \frac{\varrho}{E} \frac{\partial^2 u_z}{\partial t^2} = 0 . \tag{25,1}$$

Das ist die Gleichung der Longitudinalschwingungen in Stäben. Sie hat die Form einer gewöhnlichen Wellengleichung. Die Ausbreitungsgeschwindigkeit der Longitudinalwellen in Stäben ist somit

$$\sqrt{\frac{E}{\varrho}} . \tag{25,2}$$

Der Vergleich mit dem Ausdruck (22,4) für $c_l$ zeigt, daß sie kleiner ist als die Ausbreitungsgeschwindigkeit longitudinaler Wellen in unbegrenzten Medien.

Wir betrachten jetzt Longitudinalwellen in dünnen Platten. Die Bewegungsgleichungen für solche Schwingungen lassen sich sofort aufschreiben, indem man in die Gleichungen (13,4) anstelle von $P_x$ und $P_y$ die Ausdrücke $-\varrho h\, \partial^2 u_x/\partial t^2$ bzw. $-\varrho h\, \partial^2 u_y/\partial t^2$ einsetzt:

$$\left.\begin{aligned} \frac{\varrho}{E} \frac{\partial^2 u_x}{\partial t^2} &= \frac{1}{1-\sigma^2} \frac{\partial^2 u_x}{\partial x^2} + \frac{1}{2(1+\sigma)} \frac{\partial^2 u_x}{\partial y^2} + \frac{1}{2(1-\sigma)} \frac{\partial^2 u_y}{\partial x\, \partial y} , \\ \frac{\varrho}{E} \frac{\partial^2 u_y}{\partial t^2} &= \frac{1}{1-\sigma^2} \frac{\partial^2 u_y}{\partial y^2} + \frac{1}{2(1+\sigma)} \frac{\partial^2 u_y}{\partial x^2} + \frac{1}{2(1-\sigma)} \frac{\partial^2 u_x}{\partial x\, \partial y} . \end{aligned}\right\} \tag{25,3}$$

Wir untersuchen eine „ebene" Welle in Richtung der $x$-Achse, d. h. eine solche Welle, in der die Deformation nur von $x$ abhängt. Die Gleichungen (25,3) vereinfachen sich dann sehr und nehmen die folgende Form an:

$$\frac{\partial^2 u_x}{\partial t^2} - \frac{E}{\varrho(1-\sigma^2)} \frac{\partial^2 u_x}{\partial x^2} = 0 , \qquad \frac{\partial^2 u_y}{\partial t^2} - \frac{E}{2\varrho(1+\sigma)} \frac{\partial^2 u_y}{\partial x^2} = 0 . \tag{25,4}$$

Wir haben somit wiederum einfache Wellengleichungen. Die Koeffizienten darin sind für $u_x$ und $u_y$ verschieden. Die Ausbreitungsgeschwindigkeit der Welle mit parallelen Schwingungen zur Ausbreitungsrichtung ($u_x$) ist

$$\sqrt{\frac{E}{\varrho(1-\sigma^2)}} . \tag{25,5}$$

Dagegen ist die Geschwindigkeit der Welle ($u_y$) mit orthogonalen Schwingungen (die aber in der Plattenebene liegen) der Geschwindigkeit $c_t$ der Transversalwellen im unbegrenzten Medium gleich.

Wir sehen also, daß die „Longitudinalwellen" in Stäben und Platten den gleichen Charakter besitzen wie Wellen im unbegrenzten Medium und sich nur durch die Geschwindigkeit unterscheiden, welche nach wie vor nicht von der Frequenz abhängt.

Gänzlich andere Beziehungen erhält man für sogenannte *Biegewellen* in Platten und Stäben, bei denen die Schwingungen eine zur Stabachse bzw. Plattenebene orthogonale Richtung besitzen, d. h. eine Biegung hervorrufen.

Die Gleichungen der freien Schwingungen in der Platte können unmittelbar auf der Grundlage der Gleichung (12,5) erhalten werden. Dazu muß in ihr $P$ durch das Produkt aus $\ddot{\zeta}$ und der Masse $\varrho h$ pro Flächeneinheit der Platte ersetzt werden. Dann erhält man

$$\varrho \frac{\partial^2 \zeta}{\partial t^2} + \frac{D}{h} \Delta^2 \zeta = 0 \tag{25,6}$$

($\Delta$ ist der zweidimensionale LAPLACE-Operator).

Wir betrachten eine monochromatische elastische Welle und suchen die Lösung der Gleichung (25,6) in der Form

$$\zeta = \text{const} \cdot e^{i(\boldsymbol{kr} - \omega t)} . \tag{25,7}$$

(Der Wellenvektor $\boldsymbol{k}$ hat natürlich nur die zwei Komponenten $k_x$ und $k_y$.) In (25,6) eingesetzt, liefert das

$$-\varrho\omega^2 + \frac{D}{h} k^4 = 0 .$$

Hieraus ergibt sich folgende Beziehung zwischen der Frequenz und dem Wellenvektor:

$$\omega = k^2 \sqrt{\frac{D}{\varrho h}} = k^2 \sqrt{\frac{h^2 E}{12\varrho(1-\sigma^2)}} . \tag{25,8}$$

Somit ist die Frequenz dem Quadrat des Betrages des Wellenvektors proportional, während sie im unbegrenzten Medium vom Wellenvektor linear abhängt.

Ausgehend vom Dispersionsgesetz kann die Ausbreitungsgeschwindigkeit der Welle mit Hilfe der Gleichung (23,4) bestimmt werden. Im gegebenen Fall erhalten wir

$$U = \left[\frac{h^2 E}{3\varrho(1-\sigma^2)}\right]^{1/2} k . \tag{25,9}$$

Wie man sieht, ist die Ausbreitungsgeschwindigkeit von Biegungswellen in Platten proportional zum Wellenvektor und nicht konstant, wie im unbegrenzten dreidimensionalen Kontinuum.[1])

Analoge Ergebnisse erhält man für Biegungswellen in dünnen Stäben. Die Biegeschwingungen selbst werden als klein angenommen. Die Bewegungsgleichungen erhalten wir, indem wir in den Gleichungen (20,4) für einen schwach gebogenen Stab $-K_x$, $-K_y$ durch die Produkte aus $\ddot{X}$ bzw. $\ddot{Y}$ und der Masse $\varrho S$ pro Längeneinheit des Stabes ($S$ ist seine Querschnittsfläche) ersetzen. Wir haben dann

$$\varrho S \ddot{X} = E I_y \frac{\partial^4 X}{\partial z^4}, \qquad \varrho S \ddot{Y} = E I_x \frac{\partial^4 Y}{\partial z^4}. \tag{25,10}$$

Die Lösung dieser Gleichungen suchen wir wiederum in der Form

$$X = \text{const} \cdot e^{i(kz - \omega t)}, \qquad Y = \text{const} \cdot e^{i(kz - \omega t)}.$$

Durch Einsetzen in (25,10) erhält man folgendes Dispersionsgesetz:

$$\omega^{(x)} = \sqrt{\frac{EI_y}{\varrho S}}\, k^2, \qquad \omega^{(y)} = \sqrt{\frac{EI_x}{\varrho S}}\, k^2 \tag{25,11}$$

(für die Schwingungen in $x$- bzw. $y$-Richtung). Die entsprechenden Ausbreitungsgeschwindigkeiten sind

$$U^{(x)} = 2\sqrt{\frac{EI_y}{\varrho S}}\, k, \qquad U^{(y)} = 2\sqrt{\frac{EI_x}{\varrho S}}\, k. \tag{25,12}$$

Abschließend betrachten wir Torsionsschwingungen von Stäben. Die Bewegungsgleichungen für einen solcherart schwingenden Stab erhält man, indem man $C\,\partial\tau/\partial z$ (vgl. § 18) der Ableitung des Drehimpulses pro Längeneinheit nach der Zeit gleichsetzt. Dieser Drehimpuls ist gleich $\varrho I\,\partial\varphi/\partial t$, wobei $\partial\varphi/\partial t$ die Winkelgeschwindigkeit darstellt ($\varphi$ ist der Drehwinkel des gegebenen Querschnitts) und

$$I = \int (x^2 + y^2)\, df$$

das Trägheitsmoment des Querschnitts bezüglich seines Schwerpunkts ist. (Bei reinen Torsionsschwingungen vollführt jeder Querschnitt Drehschwingungen um seinen Schwerpunkt, welcher ruht.) Mit $\tau = \partial\varphi/\partial z$ erhalten wir die Bewegungsgleichungen in der Form

$$C \frac{\partial^2 \varphi}{\partial z^2} = \varrho I \frac{\partial^2 \varphi}{\partial t^2}. \tag{25,13}$$

Hieraus folgt für die Ausbreitungsgeschwindigkeit der Torsionsschwingungen im Stab

$$\sqrt{\frac{C}{\varrho I}}. \tag{25,14}$$

---

[1]) Der Wellenvektor ist $k = 2\pi/\lambda$, wobei $\lambda$ die Wellenlänge ist. Die Ausbreitungsgeschwindigkeit müßte daher unbegrenzt wachsen, wenn $\lambda$ gegen Null geht. Daß dies physikalisch unsinnig ist, hängt damit zusammen, daß (25,9) für Wellen mit kleinem $\lambda$ nicht mehr gilt.

## Aufgaben

1. Man bestimme die Frequenzen der longitudinalen Eigenschwingungen eines Stabes (Länge $l$), dessen eines Ende eingespannt und dessen anderes frei sei.

Lösung. Am eingespannten Ende ($z = 0$) muß $u_z = 0$ sein und am freien Ende ($z = l$) $\sigma_{zz} = Eu_{zz} = 0$, d. h. $\partial u_z/\partial z = 0$. Die Lösung der Gleichung (25,1) suchen wir in der Form $u_z = A \cos(\omega t + \alpha) \sin kz$ mit $k = \omega \sqrt{\varrho/E}$. Aus der Bedingung bei $z = l$ folgt $\cos kl = 0$, und hieraus ergibt sich für die Eigenfrequenzen der Ausdruck

$$\omega = \sqrt{\frac{E}{\varrho}} \frac{\pi}{2l} (2n + 1) .$$

($n$ sind ganze Zahlen.)

2. Das gleiche wie in Aufgabe 1 für einen Stab, dessen beide Enden eingespannt oder frei seien.

Lösung. In beiden Fällen ist

$$\omega = \sqrt{\frac{E}{\varrho}} \frac{\pi}{l} n .$$

3. Man bestimme die Eigenschwingungen einer Saite (Länge $l$).

Lösung. Die Bewegungsgleichung einer Saite ist

$$\frac{\partial^2 X}{\partial z^2} - \frac{\varrho S}{T} \frac{\partial^2 X}{\partial t^2} = 0$$

(vgl. Gleichung (20,17)). Die Randbedingungen sind $X = 0$ für $z = 0, l$. Für die Eigenschwingungen ergibt sich

$$\omega = \sqrt{\frac{T}{\varrho S}} \frac{n\pi}{l} .$$

4. Man bestimme die transversalen Eigenschwingungen eines Stabes (Länge $l$) mit eingespannten Enden.

Lösung. Setzt man in die Gleichung (25,10) den Ausdruck

$$X = X_0(z) \cos(\omega t + \alpha)$$

ein, so ergibt sich

$$\frac{d^4 X_0}{dz^4} = \varkappa^4 X_0 , \qquad \varkappa^4 = \omega^2 \frac{\varrho S}{EI_y} .$$

Das allgemeine Integral dieser Gleichung ist

$$X_0 = A \cos \varkappa z + B \sin \varkappa z + C \operatorname{ch} \varkappa z + D \operatorname{sh} \varkappa z .$$

Die Konstanten $A, B, C, D$ werden aus den Randbedingungen $X = 0$, $dX/dz = 0$ für $z = 0, l$ bestimmt. Das Ergebnis ist

$$X_0 = A\{\sin \varkappa l - \operatorname{sh} \varkappa l)(\cos \varkappa z - \operatorname{ch} \varkappa z) - (\cos \varkappa l - \operatorname{ch} \varkappa l)(\sin \varkappa z - \operatorname{sh} \varkappa z)\}$$

und die Gleichung

$$\cos \varkappa l \operatorname{ch} \varkappa l = 1 ,$$

aus deren Wurzeln sich die Eigenfrequenzen ergeben. Die kleinste Eigenfrequenz ist

$$\omega_{\min} = \frac{22{,}4}{l^2} \sqrt{\frac{EI_y}{\varrho S}} .$$

5. Das gleiche wie in Aufgabe 4 für einen Stab mit gestützten Enden.

Die Lösung erfolgt analog zur Lösung der Aufgabe 4. Das Ergebnis ist

$$X_0 = A \sin \varkappa z ,$$

und die Frequenzen werden aus $\sin \varkappa l = 0$ bestimmt, d. h.

$$\varkappa = \frac{n\pi}{l} \quad (n = 1, 2, ...) .$$

Die kleinste Frequenz ist

$$\omega_{\min} = \frac{9{,}87}{l^2} \sqrt{\frac{EI_y}{\varrho S}} .$$

6. Das gleiche wie in Aufgabe 4 für einen Stab, der an einem Ende befestigt und am anderen Ende frei ist.

Lösung. Für die Verschiebung erhalten wir

$$X_0 = A\{\cos \varkappa l + \operatorname{ch} \varkappa l) (\cos \varkappa z - \operatorname{ch} \varkappa z) + (\sin \varkappa l - \operatorname{sh} \varkappa l) (\sin \varkappa z - \operatorname{sh} \varkappa z)\}$$

(wenn das eingespannte Ende $z = 0$ und das freie Ende $z = l$ ist) und die Gleichung

$$\cos \varkappa l \operatorname{ch} \varkappa l + 1 = 0$$

für die Eigenschwingungen. Die kleinste Frequenz ist

$$\omega_{\min} = \frac{3{,}52}{l^2} \sqrt{\frac{EI_y}{\varrho S}} .$$

7. Man bestimme die Eigenschwingungen einer rechteckigen Platte (Seitenlängen $a$, $b$) mit gestützten Rändern.

Lösung. Wenn man in die Gleichungen (25,6) den Ausdruck

$$\zeta = \zeta_0(x, y) \cos (\omega t + \alpha)$$

einsetzt, ergibt sich

$$\Delta \Delta\zeta_0 - \varkappa^4\zeta_0 = 0 , \qquad \varkappa^4 = \omega^2 \frac{12\varrho(1 - \sigma^2)}{h^2 E} .$$

Die Plattenseiten wählen wir als Koordinatenachsen. Die Randbedingungen (12,11) werden zu

$$x = 0, a\colon \; \zeta = 0 , \; \frac{\partial^2\zeta}{\partial x^2} = 0 ; \qquad y = 0, b\colon \; \zeta = 0 , \; \frac{\partial^2\zeta}{\partial y^2} = 0 .$$

Die dazugehörige Lösung ist

$$\zeta_0 = A \sin \frac{m\pi x}{a} \sin \frac{n\pi y}{b}$$

($m$, $n$ sind ganze Zahlen), wobei wir für die Frequenzen

$$\omega = h \sqrt{\frac{E}{12\varrho(1 - \sigma^2)}}\, \pi^2 \left[\left(\frac{m}{a}\right)^2 + \left(\frac{n}{b}\right)^2\right]$$

erhalten.

8. Man bestimme die Eigenschwingungen einer rechteckigen Membran (mit den Seitenlängen $a$ und $b$).

Lösung. Die Schwingungsgleichung für eine Membran lautet

$$T\,\Delta\zeta = \varrho h\ddot{\zeta}$$

(vgl. Gleichung (14,9)). Die Ränder der Membran sollen eingespannt sein, so daß $\zeta = 0$ gilt. Die entsprechende Lösung für eine rechteckige Membran ist

$$\zeta = A \sin \frac{m\pi x}{a} \sin \frac{n\pi y}{b} \cos \omega t ,$$

wobei die Eigenfrequenzen die Form

$$\omega^2 = \frac{T}{\varrho h} \pi^2 \left(\frac{m^2}{a^2} + \frac{n^2}{b^2}\right)$$

haben ($m$, $n$ sind ganze Zahlen).

9. Man bestimme die Ausbreitungsgeschwindigkeit von Torsionsschwingungen in Stäben, deren Querschnitt die Form eines Kreises, einer Ellipse und eines gleichseitigen Dreiecks hat, sowie in einem Stab von der Form einer langen rechteckigen dünnen Platte.

Lösung. Beim kreisförmigen Querschnitt (Radius $R$) ist das Trägheitsmoment $I = \pi R^4/2$; mit $C$ aus der Aufgabe 1, § 16, erhalten wir für die Geschwindigkeit den Wert $\sqrt{\mu/\varrho}$, welcher mit der Geschwindigkeit $c_t$ übereinstimmt.

Analog (mit Hilfe der Ergebnisse der Aufgabem 2–4, § 16) erhalten wir für einen elliptischen Querschnitt die Geschwindigkeit

$$\frac{2ab}{a^2 + b^2} \sqrt{\frac{\mu}{\varrho}};$$

für einen Querschnitt in Form eines gleichseitigen Dreiecks

$$\sqrt{\frac{3\mu}{5\varrho}};$$

für einen Stab in Form einer rechteckigen Platte

$$2\frac{h}{d}\sqrt{\frac{\mu}{\varrho}}.$$

Alle diese Geschwindigkeiten sind kleiner als $c_t$.

10. Die Oberfläche einer tiefen inkompressiblen Flüssigkeit sei mit einer dünnen elastischen Platte bedeckt. Man bestimme die Beziehung zwischen dem Wellenvektor und der Frequenz der Wellen, welche sich gleichzeitig in der Platte und in der Oberflächenschicht der Flüssigkeit ausbreiten.

Lösung. Die Plattenebene sei die Ebene $z = 0$, und die $x$-Achse zeige in Ausbreitungsrichtung der Welle; im Flüssigkeitsbereich sei $z < 0$. Die Bewegungsgleichung für eine kräftefreie Platte ist

$$\varrho_0 h \frac{\partial^2 \zeta}{\partial t^2} = -D \frac{\partial^4 \zeta}{\partial x^4}.$$

($\varrho_0$ ist die Dichte des Plattenmaterials.) Bei Anwesenheit einer Flüssigkeit muß auf der rechten Seite dieser Gleichung noch die Kraft, die von seiten der Flüssigkeit auf 1 cm² Plattenoberfläche wirkt (Druck $p$ der Flüssigkeit), hinzugefügt werden. Der Druck in einer Welle läßt sich aber durch das Geschwindigkeitspotential über $p = -\varrho \, d\varphi/dt$ (das Gravitationsfeld wird vernachlässigt) ausdrücken. Wir erhalten daher die Gleichung

$$\varrho_0 h \frac{\partial^2 \zeta}{\partial t^2} = -D \frac{\partial^4 \zeta}{\partial x^4} - \varrho \left.\frac{\partial \varphi}{\partial t}\right|_{z=0}. \tag{1}$$

Die Normalkomponente der Flüssigkeitsgeschwindigkeit auf der Oberfläche der Flüssigkeit muß mit der Geschwindigkeit der Plattenpunkte übereinstimmen, woraus folgende Bedingung folgt:

$$\frac{\partial \zeta}{\partial t} = \left.\frac{\partial \varphi}{\partial z}\right|_{z=0}. \tag{2}$$

Das Potential $\varphi$ muß im gesamten Flüssigkeitsvolumen der Gleichung

$$\frac{\partial^2 \varphi}{\partial x^2} + \frac{\partial^2 \varphi}{\partial z^2} = 0 \tag{3}$$

genügen. $\zeta$ hat die Form einer laufenden Welle $\zeta = \zeta_0 \, e^{ikx - i\omega t}$; dementsprechend suchen wir die Lösung der Gleichung (3) in Form einer mit der Flüssigkeitstiefe abklingenden Oberflächenwelle $\varphi = \varphi_0 \, e^{i(kx - \omega t)} \cdot e^{kz}$.

Setzt man diese Ausdrücke in (1) und (2) ein, so erhält man zwei Gleichungen für $\varphi_0$ und $\zeta_0$. Die Bedingung ihrer Verträglichkeit ist

$$\omega^2 = D \frac{k^5}{\varrho + h\varrho_0 k}.$$

## § 26. Anharmonische Schwingungen

Die dargelegte Theorie der elastischen Schwingungen ist eine genäherte Theorie, und zwar in dem Sinne, in welchem die auf dem HOOKEschen Gesetz basierende Elastizitätstheorie überhaupt eine Näherung darstellt. Die Grundlage dieser Theorie bildeten die Entwicklung der elastischen Energie nach Potenzen des Verzerrungstensors und die Vernachlässigung aller Glieder von höherer als zweiter Ordnung. Dementsprechend sind die Komponenten des Spannungstensors lineare Funktionen der Komponenten des Verzerrungstensors, und die Bewegungsgleichungen sind linear.

Die charakteristischste Besonderheit elastischer Wellen in dieser Näherung ist, daß man sie als Überlagerung, d. h. als lineare Kombinationen einzelner monochromatischer Wellen, darstellen kann. Jede dieser monochromatischen Wellen breitet sich unabhängig von den anderen aus und kann auch allein für sich, ohne von irgendwelchen anderen Bewegungen begleitet zu werden, existieren. Man kann sagen, daß die verschiedenen monochromatischen Wellen, die sich in einem Medium gleichzeitig ausbreiten, miteinander „nicht wechselwirken".

Alle diese Eigenschaften verschwinden jedoch beim Übergang zur nächsten Näherungsstufe. Wenn auch die Effekte der nächsten Näherung klein sind, so können sie doch in einigen Erscheinungen eine wesentliche Rolle spielen. Diese Effekte nennt man gewöhnlich *anharmonische*, da die entsprechenden Bewegungsgleichungen nichtlinear sind und keine einfachen periodischen (harmonischen) Lösungen zulassen.

Wir betrachten hier anharmonische Effekte dritter Ordnung, die von kubischen Deformationsgliedern in der elastischen Energie herrühren. Es wäre langwierig, die entsprechenden Bewegungsgleichungen in allgemeiner Form hinzuschreiben. Man kann aber den allgemeinen Charakter der auftretenden Effekte mit Hilfe folgender Überlegungen erkennen. Die kubischen Glieder in der elastischen Energie liefern quadratische Glieder im Spannungstensor und daher auch in den Bewegungsgleichungen. Man denke sich in diesen Gleichungen alle linearen Glieder auf die linke Seite und alle quadratischen Glieder auf die rechte Seite der Gleichung gebracht. Wendet man jetzt die Methode der sukzessiven Näherung an, so müssen die quadratischen Glieder in erster Näherung vernachlässigt werden. Dann bleiben aber gewöhnliche lineare Gleichungen, deren Lösung $\boldsymbol{u}_0$ als Überlagerung monochromatischer laufender Wellen const $\cdot\, e^{i(\boldsymbol{kr} - \omega t)}$ mit bestimmter Beziehung zwischen $\omega$ und $\boldsymbol{k}$ dargestellt werden kann. Beim Übergang zur zweiten Näherung muß man $\boldsymbol{u} = \boldsymbol{u}_0 + \boldsymbol{u}_1$ setzen, wobei man auf der rechten Seite der Gleichungen (in den quadratischen Gliedern) nur die Glieder mit $\boldsymbol{u}_0$ beläßt. Da $\boldsymbol{u}_0$ definitionsgemäß homogenen linearen Gleichungen (ohne rechte Seite) genügt, heben sich die Glieder mit $\boldsymbol{u}_0$ auf der linken Seite gegenseitig auf. Wir erhalten dann für die Komponenten des Vektors $\boldsymbol{u}_1$ ein System inhomogener linearer Gleichungen, in denen auf der rechten Seite bekannte Funktionen der Koordinaten und der Zeit stehen. Diese Funktionen, die man durch Einsetzen von $\boldsymbol{u}_0$ in die rechten Seiten der Ausgangsgleichungen erhält, stellen eine Summe dar, deren jedes Glied zu einem Faktor $e^{i[(\boldsymbol{k}_1 - \boldsymbol{k}_2)\boldsymbol{r} - (\omega_1 - \omega_2)t]}$ bzw. $e^{i[(\boldsymbol{k}_1 + \boldsymbol{k}_2)\boldsymbol{r} - (\omega_1 + \omega_2)t]}$ proportional ist, wobei $\omega_1$, $\omega_2$ und $\boldsymbol{k}_1$, $\boldsymbol{k}_2$ die Frequenzen bzw. Wellenvektoren zweier beliebiger monochromatischer Wellen der ersten Näherung darstellen.

Bekanntlich besteht das spezielle Integral solcher linearer Gleichungen aus einer Summe von Gliedern mit den gleichen Exponentialfaktoren, wie sie in den Inhomogenitäten (rechten Seiten) der Gleichungen mit entsprechend ausgewählten Koeffizienten stehen. Jedes dieser Glieder entspricht einer laufenden Welle mit der Frequenz $\omega_1 \pm \omega_2$ und dem Wellenvektor $\boldsymbol{k}_1 \pm \boldsymbol{k}_2$ (die Summe bzw. Differenz der Frequenzen der Ausgangswellen nennt man *Kombinationsfrequenzen*).

Die anharmonischen Effekte dritter Ordnung führen somit dazu, daß die monochromatischen Hauptwellen (mit den Frequenzen $\omega_1, \omega_2, \ldots$ und den Wellenvektoren $\boldsymbol{k}_1, \boldsymbol{k}_2, \ldots$) von gewissen anderen „Wellen" schwacher Intensität mit den Kombinationsfrequenzen $\omega_1 \pm \omega_2$ und den Wellenvektoren $\boldsymbol{k}_1 \pm \boldsymbol{k}_2$ überlagert werden. Wir sprechen hier nur bedingt von Wellen und meinen damit, daß es sich nur um einen Korrektionseffekt handelt und daß diese Wellen für sich allein nicht existieren können (ausgenommen einige Spezialfälle, siehe unten). Zwischen $\omega_1 \pm \omega_2$ und $\boldsymbol{k}_1 \pm \boldsymbol{k}_2$ gelten im allgemeinen nicht die Beziehungen, denen die Frequenzen und Wellenvektoren der gewöhnlichen monochromatischen Wellen genügen.

Natürlich kann man auch solche spezielle $\omega_1$, $\boldsymbol{k}_1$ und $\omega_2$, $\boldsymbol{k}_2$ auswählen, bei denen zwischen $\omega_1 + \omega_2$ und $\boldsymbol{k}_1 + \boldsymbol{k}_2$ (der Bestimmtheit wegen sprechen wir von den Summen und nicht von den Differenzen) eine der Beziehungen für monochromatische Wellen im gegebenen Medium gilt. Wenn man die Bezeichnungen $\omega_3 = \omega_1 + \omega_2$, $\boldsymbol{k}_3 = \boldsymbol{k}_1 + \boldsymbol{k}_2$ einführt, kann man sagen: $\omega_3$, $\boldsymbol{k}_3$ entsprechen in solchen Fällen Wellen, die homogenen linearen Bewegungsgleichungen (ohne rechte Seite) in erster Näherung genügen. Wenn die rechte Seite der Bewegungsgleichungen in zweiter Näherung Glieder enthält, die zu $e^{i(\boldsymbol{k}_3\boldsymbol{r} - \omega_3 t)}$ mit solchen $\omega_3$, $\boldsymbol{k}_3$ proportional sind, so stellt das spezielle Integral dieser Gleichungen eine Welle mit dieser Frequenz dar, deren Amplitude zeitlich unbegrenzt wächst.

Die Überlagerung zweier monochromatischer Wellen $\omega_1$, $\boldsymbol{k}_1$ und $\omega_2$, $\boldsymbol{k}_2$, deren Summe $\omega_3$, $\boldsymbol{k}_3$ der erwähnten Bedingung genügt, führt somit im Ergebnis des anharmonischen Effekts zur Resonanzerscheinung; es entsteht eine richtige monochromatische Welle $\omega_3$, $\boldsymbol{k}_3$, deren Amplitude zeitlich wächst und schließlich nicht mehr als klein angesehen werden kann. Nehmen wir an, daß bei der Überlagerung der Wellen $\omega_1$, $\boldsymbol{k}_1$ und $\omega_2$, $\boldsymbol{k}_2$ die Welle $\omega_3$, $\boldsymbol{k}_3$ entsteht. Dann führt die Überlagerung der Wellen $\omega_1$, $\boldsymbol{k}_1$ und $\omega_3$, $\boldsymbol{k}_3$ ebenfalls zur Resonanz, und es entsteht die Welle $\omega_2 = \omega_3 - \omega_1$, $\boldsymbol{k}_2 = \boldsymbol{k}_3 - \boldsymbol{k}_1$, während bei der Überlagerung der Wellen $\omega_2$, $\boldsymbol{k}_2$ und $\omega_3$, $\boldsymbol{k}_3$ die Welle $\omega_1$, $\boldsymbol{k}_1$ entsteht.

Im isotropen Körper hängt $\omega$ mit $\boldsymbol{k}$ über die spezielle Beziehung $\omega = c_t k$ bzw. $\omega = c_l l$ zusammen ($c_l > c_t$). Man sieht leicht, in welchen Fällen eine dieser Bedingungen für jede der drei Wellen $\omega_1$, $\boldsymbol{k}_1$; $\omega_2$, $\boldsymbol{k}_2$ und $\omega_3 = \omega_1 + \omega_2$, $\boldsymbol{k}_3 = \boldsymbol{k}_1 + \boldsymbol{k}_2$ erfüllt ist. Wenn die Richtungen von $\boldsymbol{k}_1$ und $\boldsymbol{k}_2$ verschieden sind, ist $k_3 < k_1 + k_2$; es ist klar, daß die Resonanz bei solchen $\boldsymbol{k}_1$, $\boldsymbol{k}_2$ nur in den folgenden zwei Fällen möglich ist: 1. Die Wellen $\omega_1$, $\boldsymbol{k}_1$ und $\omega_2$, $\boldsymbol{k}_2$ sind transversal, und die Welle $\omega_3$, $\boldsymbol{k}_3$ ist longitudinal; 2. eine der Wellen, $\omega_1$, $\boldsymbol{k}_1$ oder $\omega_2$, $\boldsymbol{k}_2$, ist longitudinal, die andere transversal, und die Welle $\omega_3$, $\boldsymbol{k}_3$ ist longitudinal. Wenn dagegen die Vektoren $\boldsymbol{k}_1$ und $\boldsymbol{k}_2$ die gleiche Richtung besitzen, so kann eine Resonanz auftreten, wenn alle drei Wellen entweder longitudinal oder transversal sind.

Ein anharmonischer Effekt mit Resonanz tritt nicht nur bei der Überlagerung einiger monochromatischer Wellen auf, sondern auch dann, wenn nur eine einzige Welle $\omega_1$, $\boldsymbol{k}_1$ vorhanden ist. In diesem Falle enthält die rechte Seite der Bewegungsgleichungen zu $e^{2i(\boldsymbol{k}_1\boldsymbol{r}-\omega_1 t)}$ proportionale Glieder. Wenn aber zwischen $\omega_1$ und $\boldsymbol{k}_1$ die gewöhnliche Beziehung besteht, so besteht sie auch (weil diese Beziehung homogen und vom ersten Grade ist) zwischen $2\omega_1$ und $2\boldsymbol{k}_1$. Somit führt der anharmonische Effekt dazu, daß neben den vorhandenen monochromatischen Wellen $\omega_1$, $\boldsymbol{k}_1$ auch noch Wellen $2\omega_1$, $2\boldsymbol{k}_1$ auftreten, wobei die Amplitude dieser Wellen zeitlich wächst.

Abschließend betrachten wir kurz die Bewegungsgleichungen unter Berücksichtigung der anharmonischen Glieder. Der Verzerrungstensor wird jetzt durch den vollständigen Ausdruck (1,3)

$$u_{ik} = \frac{1}{2}\left(\frac{\partial u_i}{\partial x_k} + \frac{\partial u_k}{\partial x_i} + \frac{\partial u_l}{\partial x_i}\frac{\partial u_l}{\partial x_k}\right) \tag{26,1}$$

beschrieben, in dem die in $u_i$ quadratischen Glieder nicht vernachlässigt werden dürfen. Weiter muß der Ausdruck für die Energiedichte $\mathscr{E}$[1]) bei Körpern mit gegebener Symmetrie als Skalar geschrieben werden, der aus den Komponenten des Tensors $u_{ik}$ und aus gewissen für den jeweiligen Stoff charakteristischen konstanten Tensoren aufgebaut ist und der Glieder bis zur gewünschten Potenz in $u_{ik}$ enthält. Setzt man dann (26,1) für $u_{ik}$ ein und vernachlässigt alle Glieder von zu hoher Ordnung in $u_i$, so erhält man die Energie $\mathscr{E}$ als Funktion der Ableitungen $\partial u_i/\partial x_k$ mit gewünschtem Genauigkeitsgrad.

Die Bewegungsgleichungen kann man auf folgende Weise erhalten. Die Variation $\delta\mathscr{E}$ kann in der Form

$$\delta\mathscr{E} = \frac{\partial\mathscr{E}}{\partial\left(\dfrac{\partial u_i}{\partial x_k}\right)}\,\delta\frac{\partial u_i}{\partial x_k}$$

geschrieben werden oder mit der Bezeichnung

$$\sigma_{ik} = \frac{\partial\mathscr{E}}{\partial\left(\dfrac{\partial u_i}{\partial x_k}\right)} \tag{26,2}$$

in der Form

$$\delta\mathscr{E} = \sigma_{ik}\frac{\partial\delta u_i}{\partial x_k} = \frac{\partial}{\partial x_k}(\sigma_{ik}\delta u_i) - \delta u_i\frac{\partial\sigma_{ik}}{\partial x_k}.$$

Die Koeffizienten bei $-\delta u_i$ stellen die Komponenten der auf eine Volumeneinheit bezogenen Kraft dar. Sie haben formal das übliche Aussehen, so daß die Bewegungsgleichungen in der üblichen Form geschrieben werden können:

$$\varrho_0\ddot{u}_i = \frac{\partial\sigma_{ik}}{\partial x_k}, \tag{26,3}$$

wobei $\varrho_0$ die Dichte des nichtdeformierten Körpers ist; die Komponenten $\sigma_{ik}$ werden jetzt durch (26,2) mit einem in der gewünschten Genauigkeit berechneten $\mathscr{E}$ bestimmt. Der Tensor $\sigma_{ik}$ ist nicht symmetrisch.

---

[1]) Wir sprechen hier von der inneren Energie $\mathscr{E}$, nicht von der freien Energie $F$, da es sich um adiabatische Schwingungen handelt.

Wir weisen darauf hin, daß $\sigma_{ik}$ jetzt nicht die Impulsstromdichte (Spannungstensor) bedeutet. In der anfangs vorgetragenen Theorie ergab sich eine solche Interpretation im Anschluß an die Integration der Dichte der Volumenkraft $\partial\sigma_{ik}/\partial x_k$ über das Körpervolumen. Dabei war wesentlich, daß bei der Integration Körperpunkte vor und nach der Deformation nicht unterschieden wurden, d. h., der Unterschied zwischen beiden wurde vernachlässigt. Beim Übergang zu höheren Näherungen ist aber eine solche Vernachlässigung nicht mehr zulässig, und die Fläche, welche das Integrationsgebiet umschließt, unterscheidet sich von der realen Fläche des betrachteten Körperabschnittes nach der Deformation.

In § 2 wurde gezeigt, daß die Symmetrie des Tensors $\sigma_{ik}$ mit der Erhaltung des Drehimpulses zusammenhängt. Dies gilt jetzt nicht mehr, da die „Drehimpulsdichte" nicht in der Form $x_i\dot{u}_k - x_k\dot{u}_i$, sondern in der Form

$$(x_i + u_i)\,\dot{u}_k - (x_k + u_k)\,\dot{u}_i$$

geschrieben werden muß.

### Aufgabe

Man gebe den allgemeinen Ausdruck für die elastische Energie eines isotropen Körpers in dritter Näherung an.

Lösung. Aus den Komponenten eines symmetrischen Tensors zweiter Stufe kann man zwei quadratische ($u_{ik}^2$ und $u_{ll}^2$) und drei kubische Skalare ($u_{ll}^3$, $u_{ll}u_{ik}^2$, $u_{ik}u_{il}u_{kl}$) aufbauen. Die allgemeinste Form eines skalaren Ausdrucks, der Glieder zweiter und dritter Ordnung in $u_{ik}$ und skalare Koeffizienten (isotroper Körper) enthält, ist daher

$$\mathscr{E} = \mu u_{ik}^2 + \left(\frac{K}{2} - \frac{\mu}{3}\right) u_{ll}^2 + \frac{A}{3} u_{ik}u_{il}u_{kl} + B u_{ik}^2 u_{ll} + \frac{C}{3} u_{ll}^3$$

(die Koeffizienten bei $u_{ik}^2$ und $u_{ll}^2$ sind durch die Kompressions- und Scherungsmoduln ausgedrückt; $A$, $B$, $C$ sind drei neue Konstanten). Setzt man jetzt (26,1) ein und beläßt Glieder bis zur dritten Ordnung einschließlich, so erhält man die elastische Energie in der Form

$$\begin{aligned}\mathscr{E} = {} & \frac{\mu}{4}\left(\frac{\partial u_i}{\partial x_k} + \frac{\partial u_k}{\partial x_i}\right)^2 + \left(\frac{K}{2} - \frac{\mu}{3}\right)\left(\frac{\partial u_l}{\partial x_l}\right)^2 + \left(\mu + \frac{A}{4}\right)\frac{\partial u_i}{\partial x_k}\frac{\partial u_l}{\partial x_i}\frac{\partial u_l}{\partial x_k} \\ & + \left(\frac{B+K}{2} - \frac{\mu}{3}\right)\frac{\partial u_l}{\partial x_l}\left(\frac{\partial u_i}{\partial x_k}\right)^2 + \frac{A}{12}\frac{\partial u_i}{\partial x_k}\frac{\partial u_k}{\partial x_l}\frac{\partial u_l}{\partial x_i} \\ & + \frac{B}{2}\frac{\partial u_i}{\partial x_k}\frac{\partial u_k}{\partial x_i}\frac{\partial u_l}{\partial x_l} + \frac{C}{3}\left(\frac{\partial u_l}{\partial x_l}\right)^3.\end{aligned}$$

# IV VERSETZUNGEN[1])

## § 27. Elastische Deformationen bei Anwesenheit von Versetzungen

Elastische Deformationen im Kristall müssen nicht immer durch äußere Krafteinwirkung hervorgerufen sein, sie können auch infolge innerer Strukturdefekte im Kristall auftreten. Die wichtigste Form solcher, die mechanischen Eigenschaften von Kristallen wesentlich beeinflussenden Defekte sind die sogenannten *Versetzungen*. Die Untersuchung der Eigenschaften von Versetzungen vom mikroskopischen, atomaren Standpunkt aus geht natürlich über den Rahmen dieses Buches hinaus; wir wollen hier nur die makroskopischen Aspekte dieser Erscheinung vom Standpunkt der Elastizitätstheorie aus betrachten. Zum besseren Verständnis des physikalischen Inhalts der im weiteren abgeleiteten Beziehungen sei jedoch zunächst an zwei einfachen Beispielen gezeigt, worin das Wesen von Versetzungsdefekten unter dem Aspekt der Struktur des Kristallgitters besteht.

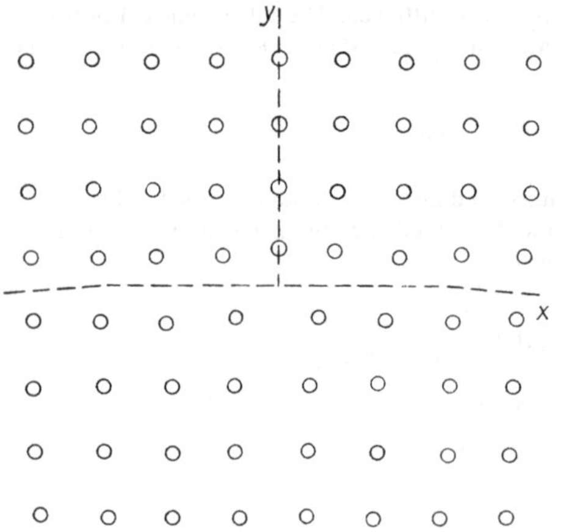


Abb. 22

Wir wollen uns vorstellen, daß in ein Kristallgitter (Abb. 22 zeigt einen Schnitt durch dieses Gitter) eine „überflüssige" (in der Abbildung mit der oberen $yz$-Halbebene zusammenfallende) Kristallhalbfläche eingeschoben ist. Die Kantenlinie dieser Halbfläche bezeichnet man in diesem Falle als *Stufenversetzung*. Die Störung der Gitterstruktur in unmittelbarer Nähe der Versetzung ist groß, aber bereits in Abständen von einigen Gitterperioden schließen sich die Kristallflächen wieder in nahezu richtiger Weise aneinander an. Die Deformation ist jedoch auch in großer Entfernung von der Versetzung vorhanden.

[1]) Dieses Kapitel wurde zusammen mit A. M. Kosewitsch verfaßt.

Dies kommt klar zum Ausdruck, wenn man einen Umlauf um den Koordinatenursprung längs einer geschlossenen Linie in der $xy$-Ebene durch die Gitterknotenpunkte ausführt. Definiert man die Lage jedes Knotenpunktes im idealen Gitter durch den Vektor $\boldsymbol{u}$, so ist der Zuwachs dieses Vektors bei einem Umlauf verschieden von Null und gleich einer Periode in Richtung der $x$-Achse.

Einen anderen Versetzungstyp kann man sich anschaulich als Ergebnis eines „Schnittes" durch eine Halbebene des Gitters vorstellen, der zur Folge hat, daß sich Teile des Gitters beiderseitig des Schnittes um eine Gitterperiode parallel zum Rand des Einschnittes (der in diesem Falle als *Schraubenversetzung* bezeichnet wird) aufeinander zu bewegen. Die Anwesenheit solch einer Versetzung bewirkt, daß die Kristallflächen des Gitters die Form schraubenförmiger Flächen annehmen (ähnlich einer Wendeltreppe ohne Stufen). Bei einem Umlauf um die Versetzungslinie (die Achse der Schraubenfläche) erhält der Verschiebungsvektor der Knotenpunkte einen Zuwachs von einer Periode parallel zu dieser Achse. In Abb. 23 ist ein Einschnitt der oben beschriebenen Art schematisch dargestellt.

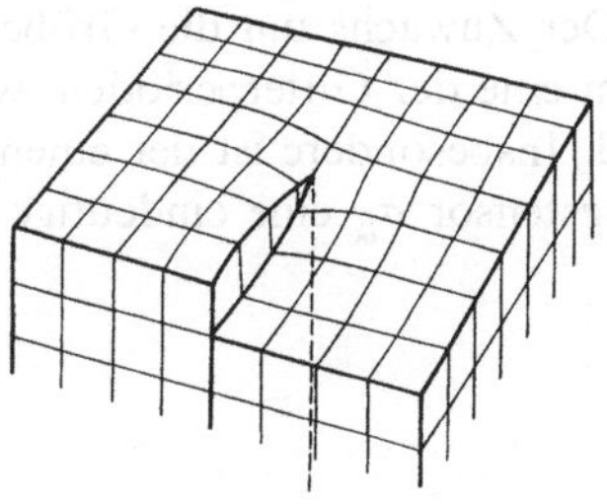

Abb. 23

Vom makroskopischen Standpunkt aus besitzt eine Versetzungsdeformation in einem als Kontinuum aufgefaßten Kristall im allgemeinen folgende Eigenschaften: Beim Umlauf längs einer beliebigen geschlossenen, die Versetzungslinie $D$ umfassenden Linie $L$ erhält der Vektor der elastischen Verschiebung $\boldsymbol{u}$ einen bestimmten endlichen Zuwachs $\boldsymbol{b}$, der (nach Betrag und Richtung) gleich einer der Gitterperioden ist; der konstante Vektor $\boldsymbol{b}$ wird als BURGERS-*Vektor* der betrachteten Versetzung bezeichnet. Diese Eigenschaft kann man in der Form

$$\int_L \mathrm{d}u_i = \oint_L \frac{\partial u_i}{\partial x_k}\, \mathrm{d}x_k = -b_i \tag{27,1}$$

aufschreiben, wobei angenommen wird, daß die Umlaufrichtung der Linie durch die Schraubenregel mit einer gewählten Richtung des Tangentenvektors $\boldsymbol{\tau}$ zur Versetzungslinie verknüpft ist (Abb. 24). Die Versetzungslinie selbst stellt dabei eine Linie singulärer Punkte des Deformationsfeldes dar.

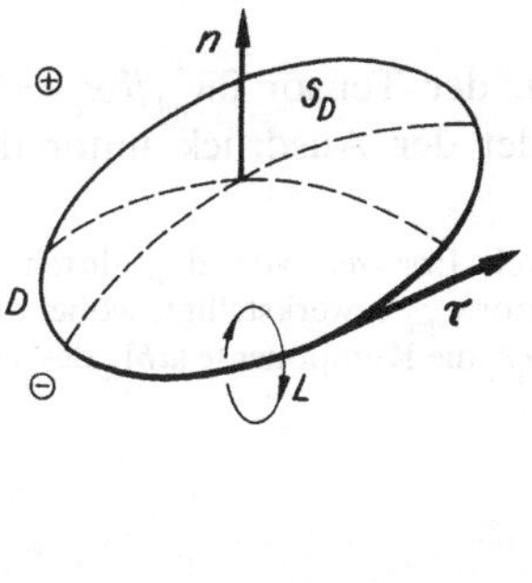


Abb. 24

Den oben erwähnten einfachen Fällen von Stufen- und Schraubenversetzungen entsprechen gerade Linien $D$, längs deren $\boldsymbol{\tau} \perp \boldsymbol{b}$ oder $\boldsymbol{\tau} \parallel \boldsymbol{b}$ ist. Weiterhin sei angemerkt, daß sich in der Darstellung von Abb. 22 Stufenversetzungen mit entgegengesetzter Richtung von $\boldsymbol{b}$ dadurch unterscheiden, daß die „zusätzliche" Halbfläche entweder oberhalb oder unterhalb der $zx$-Ebene eingeschoben ist (man spricht von Versetzungen verschiedenen Vorzeichens).

Im allgemeinen ist eine Versetzung eine krumme Linie, entlang der sich der Winkel zwischen $\boldsymbol{\tau}$ und $\boldsymbol{b}$ ändert. Der BURGERS-Vektor selbst muß über die ganze Länge der Versetzungslinie konstant sein. Außerdem ist offensichtlich, daß die Versetzungslinie nicht irgendwo im Kristall enden kann (s. die spätere Bemerkung auf S. 135). Sie muß entweder mit beiden Enden in die Kristalloberfläche einmünden oder aber (wie es in den realen Fällen gewöhnlich ist) eine geschlossene Schleife bilden.

Die Bedingung (27,1) besagt mit anderen Worten, daß der Verschiebungsvektor bei Anwesenheit von Versetzungen eine vieldeutige Funktion der Koordinaten ist, indem er einen vorgegebenen Zuwachs bei jedem Umlauf um die Versetzungslinie erhält. Physikalisch liegt natürlich keinerlei Vieldeutigkeit vor: Der Zuwachs um die Größe $\boldsymbol{b}$ bedeutet eine zusätzliche Verschiebung der Gitterpunkte um eine der Gitterperioden, wodurch der Zustand des Gitters in keiner Weise geändert wird. Insbesondere ist der einen elastischen Zustand des Kristalls charakterisierende Spannungstensor $\sigma_{ik}$ eine eindeutige und stetige Funktion der Koordinaten.

Es ist zweckmäßig, die Bezeichnung

$$w_{ik} = \frac{\partial u_k}{\partial x_i} \tag{27,2}$$

einzuführen, mit deren Hilfe die Bedingung (27,1) die Form

$$\oint_L w_{ik}\, \mathrm{d}x_i = -b_k \tag{27,3}$$

annimmt.

Der (unsymmetrische) Tensor $w_{ik}$ wird gewöhnlich als *Distorsionstensor* bezeichnet. Sein symmetrischer Teil ergibt den gewöhnlichen Deformationstensor

$$u_{ik} = 1/2(w_{ik} + w_{ki})\,. \tag{27,4}$$

Aus dem Gesagten folgt, daß die Tensoren $w_{ik}$ und $u_{ik}$ (und mit ihnen auch der Spannungstensor $\sigma_{ik}$) eindeutige Funktionen der Koordinaten sind, im Gegensatz zu der mehrdeutigen Funktion $\boldsymbol{u}(\boldsymbol{r})$. Die Bedingung (27,3) kann auch in differentieller Form angegeben werden. Zu diesem Zweck formen wir das Integral über die Linie $L$ in ein Integral über irgendeine auf der Linie $L$ basierende Fläche $S_L$ um[1]):

$$\oint_L w_{mk}\, \mathrm{d}x_m = \int_{S_L} e_{ilm} \frac{\partial w_{mk}}{\partial x_l}\, \mathrm{d}f_i\,. \tag{27,5}$$

Da der Tensor $e_{ilm}$ antisymmetrisch in $l$ und $m$, der Tensor $\partial w_{mk}/\partial x_l = \partial^2 u_k/\partial x_l\, \partial x_m$ aber symmetrisch in diesen Indizes ist, verschwindet der Ausdruck unter dem Integral

---

[1]) Die Umformung wird nach dem STOKESschen Satz durch Ersetzen von $\mathrm{d}x_m$ durch den Operator $\mathrm{d}x_m = \mathrm{d}f_i\, e_{ilm}\, \partial/\partial x_l$ mit dem antisymmetrischen Einheitsoperator $e_{ilm}$ bewerkstelligt, wobei $\mathrm{d}f$ das Flächenelement ist. Wir erinnern daran, daß ein Ausdruck der Art $e_{ilm} a_i b_l$ die Komponente $[\boldsymbol{ab}]_m$ des Vektorprodukts der Vektoren $\boldsymbol{a}$ und $\boldsymbol{b}$ darstellt.

überall, außer auf dem Schnittpunkt der Linie $D$ mit der Fläche $S_L$. Die Versetzung selbst ist eine Linie singulärer Punkte, so daß auf ihr ein durch die Ableitung (27,2) definierter Tensor $w_{ik}$ seinen Sinn verliert.[1]) In ihren Punkten müssen vielmehr die Größen $w_{ik}$ mit Hilfe einer geeigneten $\delta$-Funktion so definiert werden, daß das Integral (27,5) den geforderten Wert $-b_k$ annimmt. Es sei $\xi$ ein zweidimensionaler Radiusvektor, der in einer zum Vektor $\boldsymbol{\tau}$ senkrechten Ebene liegt und seinen Ursprung im Durchstoßungspunkt der Versetzungslinie mit dieser Ebene hat. Ein Flächenelement der letzteren kann durch ein Element $\mathrm{d}\boldsymbol{f}$ der Fläche $S_L$ in der Form $\boldsymbol{\tau}\,\mathrm{d}\boldsymbol{f}$ ausgedrückt werden. Gemäß der Definition der zweidimensionalen $\delta$-Funktion $\delta(\xi)$ gilt

$$\int \delta(\xi)\,\boldsymbol{\tau}\,\mathrm{d}\boldsymbol{f} = \tau_i \int_{S_L} \delta(\xi)\,\mathrm{d}f_i = 1\,.$$

Von hier aus ist ersichtlich, daß das Flächenintegral (27,5) den geforderten Wert annimmt, wenn folgender Zusammenhang hergestellt wird:

$$e_{ilm}\frac{\partial w_{mk}}{\partial x_l} = -\tau_i b_k\,\delta(\xi)\,. \tag{27,6}$$

Dies ist die gesuchte differentielle Schreibweise.

Das Verschiebungsfeld $\boldsymbol{u}(\boldsymbol{r})$ um die Versetzung herum kann in allgemeiner Form angegeben werden, wenn der GREENsche Tensor $G_{ik}(\boldsymbol{r})$ der Gleichgewichtsbedingung des gegebenen anisotropen Mediums bekannt ist, d. h. die Funktion welche die Komponente $u_i$ derjenigen Verschiebung bestimmt, die durch eine im unbegrenzten Medium im Koordinatenursprung angreifende Punktkraft mit Richtung der Achse $x_k$ (siehe § 8) hervorgerufen wird. Dies kann man leicht mit Hilfe des folgenden formalen Schrittes erreichen.

Anstatt die vieldeutigen Lösungen der Gleichgewichtsbedingung aufzusuchen, sehen wir $\boldsymbol{u}(\boldsymbol{r})$ als eindeutige Funktion an, indem wir vereinbaren, daß sie einen vorgegebenen Sprung $\boldsymbol{b}$ auf der willkürlich gewählten, auf der Versetzungsschleife $D$ basierenden Fläche $S_D$ erleidet. Wenn $\boldsymbol{u}_+$ und $\boldsymbol{u}_-$ die Funktionswerte am oberen und unteren Ufer der „Sprungfläche" $S_D$ sind, erhalten wir

$$\boldsymbol{u}_+ - \boldsymbol{u}_- = \boldsymbol{b}\,. \tag{27,7}$$

(Das „obere" und das „untere" Ufer sind in Abb. 24 definiert. Die Normale $\boldsymbol{n}$ der Fläche $S_D$ zeigt in Richtung vom unteren zum oberen Ufer.) Durch Integration entlang $L$ vom oberen zum unteren Ufer erhält man dann das Ergebnis (27,3) mit richtigem Vorzeichen. Die durch (27,3) und (27,4) formal definierten Tensoren $w_{ik}$ und $u_{ik}$ weisen auf der Sprungfläche eine $\delta$-artige Singularität auf:

$$w_{ik}^{(S)} = n_i b_k \delta(\zeta)\,, \qquad u_{ik}^{(S)} = \frac{1}{2}(n_i b_k + n_k b_i)\,\delta(\zeta)\,. \tag{27,8}$$

Dabei bedeutet $\zeta$ eine Koordinate, die von der Fläche $S_D$ längs der Normalen $\boldsymbol{n}$ gemessen wird. ($\mathrm{d}\zeta = \boldsymbol{n}\,\mathrm{d}\boldsymbol{l}$, wenn $\mathrm{d}\boldsymbol{l}$ ein Längenelement der Linie $L$ ist.)

Da in der Umgebung der Versetzung in Wirklichkeit keine physikalische Singularität vorhanden ist, muß der Spannungstensor, wie bereits angedeutet wurde, eine eindeutige,

[1]) Würde die Versetzungslinie in irgendeinem Punkt innerhalb des Körpers enden, könnte die Fläche $S_L$ so gewählt werden, daß sie diesen Punkt umfaßt und solcherart die Linie D nirgends schneidet. Dann würde das Integral (27,5) im Widerspruch zu den getroffenen Voraussetzungen den Wert Null haben.

überall im Raum stetige Funktion sein. Der Deformationstensor (27,8) ist mit dem Spannungstensor formal durch die Beziehung

$$\sigma_{ik} = \lambda_{iklm} u_{lm}^{(S)}$$

verknüpft. Letzterer besitzt ebenfalls eine Singularität auf der Fläche $S_D$. Um sie zu eliminieren, müssen wir fiktive Volumenkräfte einführen, die mit bestimmter Dichte $f^{(S)}$ über die Fläche $S_D$ verteilt sind. Die Gleichgewichtsbedingung bei Anwesenheit von Volumenkräften hat die Form

$$\frac{\partial \sigma_{ik}}{\partial x_k} + f_i^{(S)} = 0 .$$

Daraus ist zu ersehen, daß man

$$f_i^{(S)} = -\frac{\partial \sigma_{ik}^{(S)}}{\partial x_k} = -\lambda_{iklm} \frac{\partial u_{lm}^{(S)}}{\partial x_k} \tag{27,9}$$

annehmen muß. Damit ist die Aufgabe der Auffindung der vieldeutigen Funktion $\boldsymbol{u}(\boldsymbol{r})$ auf die Suche nach einer eindeutigen, aber unstetigen Funktion bei Anwesenheit von durch die Formeln (27,8) und (27,9) bestimmten Volumenkräften zurückgeführt. Wir können uns jetzt der Formel

$$u_i(\boldsymbol{r}) = \int G_{ij}(\boldsymbol{r} - \boldsymbol{r}') f_j^{(S)}(\boldsymbol{r}') \, \mathrm{d}V'$$

bedienen. Wir setzen (27,9) ein und integrieren partiell. Das Integral über eine unendlich ausgedehnte Fläche verschwindet, und im verbleibenden Volumenintegral kann die $\delta$-Funktion trivial integriert werden. Unter Berücksichtigung der Beziehung $\partial G_{ij}/\partial x_k' = -\partial G_{ij}/\partial x_k$ erhalten wir schließlich

$$u_i(\boldsymbol{r}) = -\lambda_{jklm} b_m \int\limits_S n_l \frac{\partial}{\partial x_k} G_{ij}(\boldsymbol{r} - \boldsymbol{r}') \, \mathrm{d}f' . \tag{27,10}$$

Damit ist die gestellte Aufgabe gelöst[1]).

Die einfachste Form besitzt die Deformation (27,9) in großer Entfernung von einer geschlossenen Versetzungsschleife. Legt man die Schleife in die Nähe des Koordinatenursprunges, so kann in (gegenüber den linearen Abmessungen der Schleife) großer Entfernung in der Ableitung $\partial G_{ij}/\partial x_k$ näherungsweise $\boldsymbol{r} - \boldsymbol{r}' \approx \boldsymbol{r}$ gesetzt und diese aus dem Integral herausgezogen werden. Wir erhalten dann

$$u_i(\boldsymbol{r}) = -\lambda_{jklm} d_{lm} \frac{\partial G_{ij}(\boldsymbol{r})}{\partial x_k} \tag{27,11}$$

mit

$$d_{ik} = S_i b_k , \qquad S_i = \int\limits_{S_D} n_i \, \mathrm{d}f = 1/2 \, e_{ikl} \oint\limits_D x_k \, \mathrm{d}x_l \tag{27,12}$$

und $e_{ikl}$ = antisymmetrischer Einheitstensor.

---

[1]) Der Tensor $G_{ij}$ für anisotrope Medien wurde in der auf S. 32 angeführten Arbeit von I. M. Lifschitz und L. N. Rosenzweig abgeleitet. Dieser Tensor ist im allgemeinen sehr kompliziert. Im Falle einer geradlinigen Versetzung, in dem eine ebene Aufgabe der Elastizitätstheorie vorliegt, kann es sich als einfacher erweisen, die Gleichgewichtsbedingung unmittelbar zu lösen.

Die Komponenten des axialen Vektors $S_i$ sind den Flächen der Projektionen der Schleife $D$ auf die zu den entsprechenden Koordinatenachsen senkrechten Ebenen gleich; den Tensor $d_{ik}$ wird man naheliegenderweise als *Versetzungsmoment* bezeichnen. Die Komponenten des Tensors $G_{ij}$ sind homogene Funktionen 1. Ordnung der Koordinaten $x$, $y$, $z$. Man kann darum leicht erkennen, daß $u_i \sim 1/r^2$ ist. Für das Spannungsfeld hingegen gilt $\sigma_{ik} \sim 1/r^3$.

Auch für eine geradlinige Versetzung kann man den Charakter der $\boldsymbol{r}$-Abhängigkeit der elastischen Spannungen leicht erkennen. In Zylinderkoordinaten $z$, $r$, $\varphi$ (mit der $z$-Achse in Richtung der Versetzungslinie) hängt die Deformation nur von $r$ und $\varphi$ ab. Der Wert des Integrals (27,3) darf sich insonderheit bei einer beliebigen ähnlichen Veränderung der Abmessungen einer willkürlichen Kurve in der $xy$-Ebene nicht ändern. Das ist offensichtlich nur dann möglich, wenn alle $w_{ik} \sim 1/r$ sind. Die gleiche $r$-Abhängigkeit besitzt auch der Tensor $u_{ik}$, und damit wird der Spannungstensor $\sigma_{ik} \sim 1/r$.[1])

Die abgeleiteten Beziehungen gelten, obwohl im Vorangegangenen nur von Versetzungen gesprochen wurde, auch für Deformationen, die durch andere Defekte der Kristallstruktur hervorgerufen werden. Die Versetzungen sind lineare Strukturdefekte. Daneben gibt es aber auch Defekte, bei denen sich die Störung der idealen Gitterstruktur auf Bereiche in der Umgebung bestimmter Flächen ausbreitet.[2])

Aus makroskopischer Sicht kann ein derartiger Defekt als Sprungfläche des Vektors $\boldsymbol{u}$ beschrieben werden (dagegen bleibt die Spannung $\sigma_{ik}$ wegen der Gleichgewichtsbedingungen stetig). Wenn auf der ganzen Fläche die Größe des Sprunges $\boldsymbol{b}$ konstant ist, so unterscheidet sich solch eine Diskontinuität bezüglich der durch sie erzeugten Deformation nicht wesentlich von einer Versetzung (die längs ihres Randes verläuft). Der einzige Unterschied besteht darin, daß der Vektor $\boldsymbol{b}$ im allgemeinen nicht gleich einer Gitterperiode ist. Die Lage der oben erwähnten Fläche $S_D$ ist aber nicht mehr willkürlich, sondern sie muß mit der tatsächlichen Lage der physikalischen Diskontinuität zusammenfallen. Mit einer derartigen Diskontinuitätsfläche ist eine bestimmte zusätzliche Energie verbunden, die durch Einführung eines entsprechenden Oberflächenspannungskoeffizienten berücksichtigt werden kann.

## Aufgaben

1. Es sind die Differentialgleichungen für das Gleichgewicht einer Versetzungsdeformation, ausgedrückt durch den Verschiebungsvektor, herzuleiten.[3])

---

[1]) Wir machen auf eine gewisse Analogie zwischen dem Spannungsfeld einer elastischen Deformation in der Umgebung einer Versetzungslinie und dem Magnetfeld eines linearen stromdurchflossenen Leiters aufmerksam. Die Rolle der Stromstärke spielt hier der BURGERS-Vektor (seine Konstanz längs der Versetzungslinie ist ebenso selbstverständlich wie die Konstanz der Stromstärke). Ähnliche Analogien kann man auch in den später dargelegten Beziehungen erkennen. Jedoch haben sie, abgesehen von der völlig verschiedenen Natur beider physikalischer Erscheinungen, keine tiefere Bedeutung wegen des unterschiedlichen Tensorcharakters der entsprechenden Größen.

[2]) Ein bekanntes Beispiel für Defekte dieser Art sind die Zwillingsgrenzen (двойниковая прослойка) in Kristallen.

[3]) Der physikalische Sinn dieser Aufgabe und überhaupt all derer, in denen ein isotropes Medium zugrunde gelegt wird, ist begrenzt, da reale Versetzungen ihrem Wesen nach nur Kristallen eigen sein können, d. h. anisotropen Medien. Jedoch besitzen diese Aufgaben einigen illustrativen Wert.

Lösung. Ausgedrückt durch den Spannungstensor oder den Deformationstensor, lauten die Gleichgewichtsbedingungen in allgemeiner Form $\partial \sigma_{ik}/\partial x_k = 0$ oder, nach Einsetzen von $\sigma_{ik}$ aus (5,11),

$$\frac{\partial u_{ik}}{\partial x_k} + \frac{\sigma}{1-2\sigma} \frac{\partial u_{ll}}{\partial x_i} = 0 . \tag{1}$$

Beim Übergang zum Vektor $\boldsymbol{u}$ ist die differentielle Beziehung (27,6) zu berücksichtigen. Durch Multiplikation von (27,6) mit $e_{ikn}$ und *Verjüngung* nach $i$, $k$ erhalten wir[1])

$$\frac{\partial w_{nk}}{\partial x_k} - \frac{\partial w_{kk}}{\partial x_n} = -[\boldsymbol{\tau b}]_n \, \delta(\xi) . \tag{2}$$

Wir bringen (1) in die Form

$$\frac{1}{2} \frac{\partial w_{ik}}{\partial x_k} + \frac{1}{2} \frac{\partial w_{ki}}{\partial x_k} + \frac{\sigma}{1-2\sigma} \frac{\partial w_{ll}}{\partial x_i} = 0$$

und setzen (2) in diese Beziehung ein. Es ergibt sich

$$\frac{\partial w_{ki}}{\partial x_k} + \frac{1}{1-2\sigma} \frac{\partial w_{ll}}{\partial x_i} = [\boldsymbol{\tau b}]_i \, \delta(\xi) .$$

Nachdem wir somit die Bedingungen auf der Versetzungslinie berücksichtigt haben, können wir über (27,2) zu $\boldsymbol{u}$ übergehen und erhalten die gesuchte Gleichung in der Form

$$\Delta \boldsymbol{u} + \frac{1}{1-2\sigma} \nabla \operatorname{div} \boldsymbol{u} = [\boldsymbol{\tau b}] \, \delta(\xi) . \tag{3}$$

Die Lösung dieser Gleichung muß der Bedingung (27,3) genügen.

2. Es ist die Deformation in der Umgebung einer geradlinigen Schraubenversetzung im isotropen Medium zu bestimmen.

Lösung. Wir wählen Zylinderkoordinaten $z$, $r$, $\varphi$ mit der $z$-Achse in Richtung der Versetzungslinie; der BURGERS-Vektor hat die Komponenten $b_x = b_y = 0$, $b_z = b$. Aus Symmetriegründen ist offensichtlich, daß die Verschiebung $\boldsymbol{u}$ parallel zur $z$-Achse und unabhängig von der $z$-Koordinate ist. Die Gleichgewichtsbedingung (3) aus Aufgabe 1 reduziert sich auf $\Delta u_z = 0$. Die der Bedingung (27,1) genügende Lösung lautet[2])

$$u_z = \frac{b}{2\pi} \varphi .$$

Von den Tensoren $u_{ik}$ und $\sigma_{ik}$ sind lediglich die Komponenten

$$u_{z\varphi} = \frac{b}{4\pi r}, \qquad \sigma_{z\varphi} = \frac{\mu b}{2\pi r}$$

verschieden von Null, so daß die Deformation eine reine Scherung darstellt. Die freie Energie der Versetzung (bezogen auf die Längeneinheit) ist durch das Integral

$$F = \frac{1}{2} \int 2 u_{z\varphi} \sigma_{z\varphi} \, \mathrm{d}V = \frac{\mu b^2}{4\pi} \int \frac{\mathrm{d}r}{r}$$

gegeben, das an beiden Grenzen logarithmisch divergiert. Als untere Grenze ist eine Größe von der Größenordnung der Atomabstände ($\sim b$) zu wählen, da unterhalb dieser Größe die Deformation groß und die makroskopische Theorie nicht anwendbar ist. Als obere Grenze hat man einen Betrag von der Größenordnung der Länge $L$ der Versetzung einzusetzen. Dann entsteht

$$F = \frac{\mu b^2}{4\pi} \ln \frac{L}{b} .$$

---

[1]) Wir erinnern an die Formel

$$e_{ilm} e_{ikn} = \delta_{lk} \delta_{mn} - \delta_{ln} \delta_{mk} .$$

[2]) In allen Aufgaben über lineare Versetzungen wählen wir als Richtung von $\tau$ die Richtung der negativen $z$-Achse.

Die Energie im „Kern“ der Versetzung, d. h. in der Nähe ihrer Achse (in einem Gebiet mit der Schnittfläche $\sim b^2$), ist näherungsweise durch $\mu b^2$ gegeben. Bei $\ln (L/b) \gg 1$ ist diese Energie klein gegenüber der Energie des elastischen Spannungsfeldes.[1])

3. Es sind die inneren Spannungen im anisotropen Medium in der Umgebung einer Schraubenversetzung senkrecht zur Symmetrieachse des Kristalle zu bestimmen.

Lösung. Wir wählen das Koordinatensystem $x, y, z$ so, daß die $z$-Achse mit der Versetzungslinie zusammenfällt (dann ist wieder $b_z = b$). Der Vektor $\boldsymbol{u}$ hat wiederum nur die Komponente $u_z = u(x, y)$. Da die Symmetrieebene in die $xy$-Ebene fällt, verschwinden alle Komponenten des Tensors $\lambda_{iklm}$, in deren Index $z$ in ungerader Anzahl auftritt. Aus diesem Grunde sind nur zwei Komponenten des Tensors $\sigma_{ik}$ verschieden von Null, nämlich

$$\sigma_{xz} = \lambda_{xzxz}\frac{\partial u}{\partial x} + \lambda_{xzyz}\frac{\partial u}{\partial y}, \qquad \sigma_{yz} = \lambda_{yzxz}\frac{\partial u}{\partial x} + \lambda_{yzyz}\frac{\partial u}{\partial y}.$$

Wir führen nun den zweidimensionalen Vektor $\sigma$ und den Tensor $\lambda_{\alpha\beta}$ ein: $\sigma_\alpha = \sigma_{\alpha z}$, $\lambda_{\alpha\beta} = \lambda_{\alpha z\beta z}$ $(\alpha = 1{,}2)$. Dann ist

$$\sigma_\alpha = \lambda_{\alpha\beta}\frac{\partial u}{\partial x_\beta},$$

und die Gleichgewichtsbedingung nimmt die Form $\operatorname{div}\boldsymbol{\sigma} = 0$ an. Die gesuchte Lösung dieser Gleichung muß der Bedingung (27,1) genügen: $\oint \nabla u \, d\boldsymbol{l} = b$.

In dieser Form ist die Aufgabe identisch mit dem Problem der Bestimmung von Induktion und Spannung des Magnetfeldes (denen im vorliegenden Falle $\boldsymbol{\sigma}$ bzw. $\nabla u$ entsprechen) im anisotropen Medium (mit der Permeabilität $\lambda_{\alpha\beta}$) in der Umgebung eines vom Strom $I = cb/2\pi$ durchflossenen linearen Leiters. Unter Verwendung der aus der Elektrodynamik bekannten Lösung dieser Aufgabe erhalten wir (siehe VIII, Aufgabe 5 zu § 29)

$$\sigma_{\alpha z} = -\frac{b}{2\pi}\frac{\lambda_{\alpha\beta}e_{\beta\gamma z}x_\gamma}{\sqrt{|\lambda|}\,\lambda^{-1}_{\alpha'\beta'}x_{\alpha'}x_{\beta'}}.$$

$|\lambda|$ ist die Determinante des Tensors $\lambda_{\alpha\beta}$ (s. VIII, Aufgabe 5 zu § 30).

4. Es ist die Deformation in der Umgebung einer linearen Stufenversetzung im isotropen Medium zu bestimmen.

Lösung. Die $z$-Achse habe die Richtung der Versetzungslinie. Dann sind die Komponenten des BURGERS-Vektors $b_x = b$, $b_y = b_z = 0$. Aus Symmetriegründen ist der Deformationsvektor unabhängig von der $z$-Koordinate und liegt in der $xy$-Ebene. In den folgenden Rechnungen sind alle Vektoren und Vektoroperatoren zweidimensional und beziehen sich auf die $xy$-Ebene. Wir suchen eine Lösung der Gleichung

$$\Delta\boldsymbol{u} + \frac{1}{1-2\sigma}\nabla\operatorname{div}\boldsymbol{u} = -b\boldsymbol{j}\delta(\boldsymbol{r})$$

(siehe Aufgabe 1). Es ist $\boldsymbol{j}$ der Einheitsvektor in $y$-Richtung, $\boldsymbol{u} = \boldsymbol{u}^{(0)} + \boldsymbol{w}$ und $\boldsymbol{u}^{(0)}$ ein Vektor mit den Komponenten

$$u_x^{(0)} = \frac{b}{2\pi}\varphi, \qquad u_y^{(0)} = \frac{b}{2\pi}\ln r$$

(Imaginär- und Realteil von $(b/2\pi)\ln(x+iy)$); $r$ und $\varphi$ sind Polarkoordinaten in der $xy$-Ebene. Dieser Vektor genügt der Bedingung (27,1). Damit ist die Aufgabe auf die Bestimmung einer eindeutigen Funktion $\boldsymbol{w}$ zurückgeführt. Da, wie man sich leicht überzeugen kann,

$$\operatorname{div}\boldsymbol{u}^{(0)} = 0, \qquad \Delta\boldsymbol{u}^{(0)} = b\boldsymbol{j}\,\delta(\boldsymbol{r})$$

[1]) Diese Abschätzungen haben allgemeinen Charakter und sind größenordnungsmäßig für beliebige (nicht nur schraubenförmige) Versetzungen richtig. Es ist zu beachten, daß gewöhnlich die tatsächlichen Werte von $\ln(L/b)$ nicht so groß sind, daß die Energie des „Kernes“ einen vernachlässigbaren Teil der Gesamtenergie der Versetzung darstellt.

ist, erfüllt $\boldsymbol{w}$ die Gleichung

$$\Delta \boldsymbol{w} + \frac{1}{1-2\sigma} \nabla \operatorname{div} \boldsymbol{w} = -2b\,\delta(\boldsymbol{r})\,.$$

Dies ist die Gleichgewichtsbedingung beim Vorhandensein von auf der $z$-Achse konzentrierten Kräften mit der Volumendichte $Eb\boldsymbol{j}\,\delta(\boldsymbol{r})/2(1+\sigma)$ (siehe Gleichung (1) aus Aufgabe zu § 8). Benutzen wir den in derselben Aufgabe gefundenen GREENschen Tensor für ein unbegrenztes Medium, so haben wir die Bestimmung von $\boldsymbol{w}$ auf die Lösung des Integrals

$$\boldsymbol{w} = \frac{b}{8\pi(1-\sigma)^2} \int_0^\infty \left[\frac{(3-4\sigma)\,\boldsymbol{j}}{R} + \frac{\boldsymbol{r}y}{R^3}\right] \mathrm{d}z'\,, \qquad R = \sqrt{r^2 + r'^2}\,,$$

zurückgeführt.

Wir erhalten

$$u_x = \frac{b}{2\pi}\left\{\operatorname{arc\,tan}\frac{y}{x} + \frac{1}{2(1-\sigma)}\,\frac{xy}{x^2+y^2}\right\},$$

$$u_y = -\frac{b}{2\pi}\left\{\frac{1-2\sigma}{2(1-\sigma)}\ln\sqrt{x^2+y^2} + \frac{1}{2(1-\sigma)}\,\frac{x^2}{x^2+y^2}\right\}.$$

Der sich hieraus ergebende Spannungstensor hat die kartesischen Komponenten

$$\sigma_{xx} = -bD\,\frac{y(3x^2+y^2)}{(x^2+y^2)^2}\,, \qquad \sigma_{yy} = bD\,\frac{y(x^2-y^2)}{(x^2+y^2)^2}\,, \qquad \sigma_{xy} = bD\,\frac{x(x^2-y^2)}{(x^2+y^2)^2}$$

oder in Polarkoordinaten

$$\sigma_{rr} = \sigma_{\varphi\varphi} = -bD\,\frac{\sin\varphi}{r}\,, \qquad \sigma_{r\varphi} = bD\,\frac{\cos\varphi}{r}$$

mit $D = \mu/2\pi(1-\sigma)$.

5. Es sei in einem isotropen Medium eine unendlich große Zahl von parallelen linearen Stufenversetzungen vorhanden, die in der senkrecht zum BURGERS-Vektor liegenden Ebene in gleichen Abständen $h$ voneinander verlaufen.

Man bestimme die Spannungen der Gleitung, die eine derartige „Versetzungswand" in im Vergleich zu $h$ großen Abständen hervorruft.

Lösung. Wir wählen das Koordinatensystem so, daß die Versetzungslinien die Richtung der $z$-Achse haben und in der $xy$-Ebene liegen. Aus den Ergebnissen der vorangegangenen Aufgabe entnehmen wir, daß die von allen Versetzungen im Punkt $x$, $y$ hervorgerufene Gesamtspannung durch die Summe

$$\sigma_{xy}(x, y) = bDx \sum_{n=-\infty}^{\infty} \frac{x^2 - (y-nh)^2}{[x^2 + (y-nh)^2]^2}$$

gegeben ist. Wir bringen diese Summe in die Form

$$\sigma_{xy} = -bD\,\frac{\alpha}{h}\left[J(\alpha,\beta) + \alpha\,\frac{\partial J(\alpha,\beta)}{\partial\alpha}\right]$$

mit

$$J(\alpha,\beta) = \sum_{n=-\infty}^{\infty} \frac{1}{\alpha^2 + (\beta-n)^2}\,, \qquad \alpha = \frac{x}{h}\,, \qquad \beta = \frac{y}{h}\,.$$

Mit Hilfe der POISSONschen Summenformel

$$\sum_{n=-\infty}^{\infty} f(n) = \sum_{k=-\infty}^{\infty} \int_{-\infty}^{\infty} f(x)\,\mathrm{e}^{2\pi i k x}\,\mathrm{d}x$$

erhalten wir

$$J(\alpha,\beta) = \int_{-\infty}^{\infty} \frac{\mathrm{d}\xi}{\alpha^2+\xi^2} + 2\,\mathrm{Re}\sum_{k=1}^{\infty} \mathrm{e}^{2\pi i k\beta} \int_{-\infty}^{\infty} \frac{\mathrm{e}^{2\pi i k\xi}\,\mathrm{d}\xi}{\alpha^2+\xi^2} = \frac{\pi}{\alpha} + \frac{2\pi}{\alpha}\sum_{k=1}^{\infty} \mathrm{e}^{-2\pi k\alpha}\cos 2\pi k\beta\,.$$

Bei $\alpha = x/h \gg 1$ kann man alle Glieder der Summe über $k$ bis auf das erste vernachlässigen, und es ergibt sich

$$\sigma_{xy} = 4\pi^2 D \frac{bx}{h^2} e^{-2\pi x/h} \cos\left(2\pi \frac{y}{h}\right).$$

Die Spannungen nehmen also mit zunehmendem Abstand von der Wand nach einem Exponentialgesetz ab.

6. Man bestimme die Deformation eines isotropen Mediums in der Umgebung einer Versetzung (J. M. BURGERS, 1939).

Lösung. Wir gehen von Gleichung (27,10) aus. Den Tensor $\lambda_{iklm}$ eines isotropen Mediums kann man nach (5,9) und (5,11) in folgender Weise darstellen:

$$\lambda_{iklm} = \mu \left\{ \frac{2\sigma}{(1-\sigma)} \delta_{ik}\delta_{lm} + \delta_{il}\delta_{km} + \delta_{im}\delta_{kl} \right\}.$$

Den GREENschen Tensor eines isotropen Mediums entnehmen wir der Aufgabe zu § 8 und schreiben ihn in der Form

$$G_{ik}(\boldsymbol{R}) = \frac{1}{16\pi\mu(1-\sigma)\,R}\{(3-4\sigma)\,\delta_{ik} + v_i v_k\}.$$

Hier bezeichnen $\boldsymbol{R} = \boldsymbol{r} - \boldsymbol{r}'$ den Radiusvektor vom Element $\mathrm{d}\boldsymbol{f}'$ (im Punkt $\boldsymbol{r}'$) zum Beobachtungspunkt ($\boldsymbol{r}$) und $\boldsymbol{v} = \boldsymbol{R}/R$ den Einheitsvektor in dieser Richtung. Wir setzen diese Ausdrücke in (27,10) ein und führen die Differentiation unter dem Integral aus. Dann ergibt sich

$$\boldsymbol{u}(\boldsymbol{r}) = \frac{1-2\sigma}{8\pi(1-\sigma)} \int_{S_D} \frac{1}{R^2} \{\boldsymbol{b}(\boldsymbol{v}\,\mathrm{d}\boldsymbol{f}') + (\boldsymbol{b}\boldsymbol{v})\,\mathrm{d}\boldsymbol{f}' - \boldsymbol{v}(\boldsymbol{b}\,\mathrm{d}\boldsymbol{f}')\} + \frac{3}{8\pi(1-\sigma)} \int_{S_D} \frac{1}{R^2} \boldsymbol{v}(\boldsymbol{b}\boldsymbol{v})\,(\boldsymbol{v}\,\mathrm{d}\boldsymbol{f}'). \tag{1}$$

Die nun entstandenen Integrale können in Linienintegrale über die Versetzungsschleife $D$ umgeformt werden. Dazu benutzen wir folgende Formeln:

$$\oint_D \frac{1}{R}[\boldsymbol{b}\,\mathrm{d}\boldsymbol{l}'] = \int_{S_D} \frac{1}{R^2} \{(\boldsymbol{b}\boldsymbol{v})\,\mathrm{d}\boldsymbol{f}' - \boldsymbol{v}(\boldsymbol{b}\,\mathrm{d}\boldsymbol{f}')\},$$

$$\oint_D [\boldsymbol{b}\boldsymbol{v}]\,\mathrm{d}\boldsymbol{l}' = -\int_{S_D} \frac{1}{R} \{\boldsymbol{b}\,\mathrm{d}\boldsymbol{f}' + (\boldsymbol{b}\boldsymbol{v})\,(\boldsymbol{v}\,\mathrm{d}\boldsymbol{f}')\}.$$

Diese Integralbeziehungen erhält man bei Anwendung des Satzes von STOKES, indem $\mathrm{d}\boldsymbol{l}'$ durch $[\mathrm{d}\boldsymbol{f}' \cdot \nabla']$ (mit $\nabla' = \partial/\partial\boldsymbol{r}'$) ersetzt wird. Da der Ausdruck unter dem Integral nur von der Differenz $\boldsymbol{r} - \boldsymbol{r}'$ abhängt, kann $\mathrm{d}\boldsymbol{l}'$ auch in der Form $-[\mathrm{d}\boldsymbol{f}' \cdot \nabla]$ (mit $\nabla = \partial/\partial\boldsymbol{r}$) geschrieben werden. Wir führen noch den Raumwinkel $\Omega$ ein, unter welchem die Schleife $D$ vom Beobachtungspunkt aus gesehen wird:

$$\Omega = \int \frac{1}{R^2}\,\boldsymbol{v}\,\mathrm{d}\boldsymbol{f}'.$$

Dann stellt sich das Verschiebungsfeld in folgender Form dar:

$$\boldsymbol{u}(\boldsymbol{r}) = \boldsymbol{b}\frac{\Omega}{4\pi} + \frac{1}{4\pi}\oint_D \frac{1}{R}[\boldsymbol{b}\,\mathrm{d}\boldsymbol{l}'] + \frac{1}{8\pi(1-\sigma)} \nabla \oint ([\boldsymbol{b}\boldsymbol{v}]\,\mathrm{d}\boldsymbol{l}').$$

Die Mehrdeutigkeit dieser Funktion liegt im ersten Glied. Der Winkel $\Omega$ ändert sich jedesmal um $4\pi$, wenn man einmal die Linie $D$ umfährt.

In großer Entfernung von der Schleife führt Gleichung (1) auf

$$\boldsymbol{u}(\boldsymbol{r}) = \frac{1-2\sigma}{8\pi(1-\sigma)\,R^2}\{\boldsymbol{S}(\boldsymbol{b}\boldsymbol{v}) + \boldsymbol{b}(\boldsymbol{S}\boldsymbol{v}) - \boldsymbol{v}(\boldsymbol{S}\boldsymbol{b})\} + \frac{3}{8\pi(1-\sigma)\,R^2}(\boldsymbol{S}\boldsymbol{v})\,(\boldsymbol{b}\boldsymbol{v})\,\boldsymbol{v}.$$

Dieses Resultat hätte auch unmittelbar aus (27,11) und (27,12) gewonnen werden können.

## § 28. Die Wirkung eines Spannungsfeldes auf Versetzungen

Wir betrachten eine Versetzungsschleife $D$ in einem durch äußere Belastung erzeugten elastischen Spannungsfeld $\sigma_{ik}^{(e)}$ und wollen die Kraft berechnen, die dieses Feld auf die Versetzung ausübt. Den allgemeinen Regeln folgend hat man zu diesem Zweck die Arbeit $\delta R$ zu ermitteln, die von den inneren Spannungen bei einer infinitesimalen Verschiebung der Schleife $D$ geleistet wird.

Wir erinnern uns an die Vorstellung aus § 27, daß die Versetzungsschleife $D$ eine Linie ist, auf der die Sprungfläche ($S_D$) des Verschiebungsvektors basiert. Die Größe des Sprunges wird durch Formel (27,7) gegeben. Eine Verschiebung der Versetzungslinie $D$ führt zur Änderung der Fläche $S_D$. Wenn wir mit $\delta \boldsymbol{x}$ den Verschiebungsvektor der Punkte der Linie $D$ bezeichnen, dann überstreicht ein um $\delta \boldsymbol{x}$ verschobenes Längenelement $\mathrm{d}\boldsymbol{l}$ dieser Linie die Fläche $\mathrm{d}\boldsymbol{f} = [\delta \boldsymbol{x} \cdot \mathrm{d}\boldsymbol{l}] = [\delta \boldsymbol{x} \cdot \boldsymbol{\tau}]\, \mathrm{d}l$. Damit ist der Zuwachs der Fläche beschrieben. Da wir reale physikalische Versetzungsverschiebungen untersuchen wollen, müssen wir berücksichtigen, daß der beschriebene Vorgang mit einer Änderung des Volumens des Mediums einhergeht. Die Verschiebung der Punkte des Mediums auf einer Seite der Fläche unterscheidet sich von denen auf der anderen Seite um die Größe $\boldsymbol{b}$, so daß die Volumenänderung durch

$$\delta V = \boldsymbol{b}\, \mathrm{d}\boldsymbol{f} = [\delta \boldsymbol{x}\, \boldsymbol{\tau}]\, \boldsymbol{b}\, \mathrm{d}f = \delta \boldsymbol{x} [\boldsymbol{\tau} \boldsymbol{b}]\, \mathrm{d}f \tag{28,1}$$

gegeben ist. In diesem Zusammenhang können zwei verschiedene physikalische Erscheinungen auftreten. Es handelt sich um Versetzungsverschiebungen ohne Volumenänderung ($\delta V = 0$), wenn diese in der durch die Vektoren $\boldsymbol{\tau}$ und $\boldsymbol{b}$ aufgespannten Ebene vonstatten gehen. Man nennt diese Ebene die *Gleitebene* des betreffenden Versetzungselements. Die Einhüllende der Gleitebenen aller Längenelemente der Schleife $D$ bezeichnet man als *Gleitfläche* der Versetzung. Diese stellt eine zylindrische Mantelfläche mit parallel zum BURGERS-Vektor $\boldsymbol{b}$ verlaufenden Erzeugenden dar.[1]) Die physikalische Besonderheit der Gleitebene besteht darin, daß nur in ihr eine relativ leichte Verschiebung der Versetzung möglich ist. (Deshalb spricht man auch von Gleiten der Versetzung.[2])

Mit der Änderung der Fläche $S_D$ bei einer Versetzungsverschiebung ist auch eine Änderung der unmittelbar auf die Linie $D$ bezogenen singulären Deformation (27,8) verbunden. Die Deformationsänderung kann in der Form

$$\delta u_{ik}^{(\mathrm{pl})} = \frac{1}{2} \{ b_i [\delta \boldsymbol{x}\, \boldsymbol{\tau}]_k + b_k [\delta \boldsymbol{x}\, \boldsymbol{\tau}]_i \}\, \delta(\boldsymbol{\xi}) \tag{28,2}$$

geschrieben werden, wobei $\delta(\boldsymbol{\xi})$ die im § 27 eingeführte zweidimensionale $\delta$-Funktion ist. Im Gegensatz zu (27,8) wird die Deformation (28,2) eindeutig durch die Form der Linie $D$ und die Verschiebung $\delta \boldsymbol{x}$ bestimmt und ist unabhängig von der willkürlich gewählten Fläche $S_D$.

Der Ausdruck (28,2) beschreibt eine nichtelastische bleibende (plastische) Deformation,

---

[1]) Mögliche Gleitebenen in anisotropen Medien sind praktisch durch deren Kristallstruktur bestimmt.

[2]) So sind für die Bewegung der in Abb. 22 dargestellten Stufenversetzung in ihrer Gleitebene ($xz$-Ebene) verhältnismäßig kleine Verschiebungen der Atome ausreichend. Infolge dieser Atomverschiebungen der Atome ausreichend. Infolge dieser Atomverschiebungen wird eine (zur $yz$-Ebene parallele) Kristallhalbebene nach der anderen zur „überflüssigen".

die nicht von elastischen Spannungen begleitet ist. Die mit ihr zusammenhängende Arbeit, letztendlich von äußeren Kräften verrichtet, ergibt sich aus dem Integral

$$\int \sigma_{ik}^{(e)} \, \delta u_{ik} \, \mathrm{d}V$$

(s. (3,2)), wobei unter $\delta u_{ik}$ die vollständige geometrische Deformationsänderung, welche sich aus einem elastischen und einem plastischen Anteil zusammensetzt, verstanden wird. Uns interessiert hier nur die mit den plastischen Deformationsänderungen gekoppelte Arbeit.[1]) Setzt man in das Integral $\delta u_{ik}^{(\mathrm{pl})}$ aus (28,2) ein, so verbleibt wegen der auftretenden $\delta$-Funktion nur noch ein Linienintegral über die Versetzungsschleife $D$:

$$\delta R_D = - \oint_D b_k e_{imn} \, \sigma_{ki}^{(e)} \, \delta x_m \, \tau_n \, \mathrm{d}l \, . \tag{28,3}$$

Der Koeffizient bei $\delta x_l$ unter dem Integral ist die auf eine Längeneinheit der Versetzung wirkende Kraft $f_l$, d. h.

$$f_i = e_{ikl} b_m \tau_k \sigma_{lm}^{(e)} \tag{28,4}$$

(M. O. Peach, J. S. Köhler, 1950). Wir sehen, daß die Kraft $\boldsymbol{f}$ senkrecht zum Vektor $\boldsymbol{\tau}$ und damit senkrecht zur Versetzungslinie wirkt.

Die Gleichung (28,3) erlaubt eine anschauliche Interpretation. Wie bereits bemerkt, kann die Verschiebung eines Linienelementes einer Versetzung als Herausschneiden eines Flächenelementes $\mathrm{d}\boldsymbol{f}$, verbunden mit einer Verschiebung des oberen Schnittufers gegen das untere um die Länge $\boldsymbol{b}$, angesehen werden. Die auf $\mathrm{d}\boldsymbol{f}$ wirkende Kraft der inneren Spannungen $\sigma_{ik}^{(e)} \, \mathrm{d}f_k$ leistet bei der Verschiebung die Arbeit $b_i \sigma_{ik}^{(e)} \, \mathrm{d}f_k$.

Da die Gleichung (28,4) in der angegebenen Form nur auf Verschiebungen in der Gleitebene bezogen ist, gibt man sinnvollerweise die Projektion der Kraft $\boldsymbol{f}$ auf diese Ebene an. Es sei $\boldsymbol{\varkappa}$ der Normaleneinheitsvektor der Versetzungslinie in der Gleitebene. Dann ist die gesuchte Kraftkomponente (wir bezeichnen sie mit $f_\perp$)

$$f_\perp = \varkappa_i f_i = e_{ikl} \varkappa_i \tau_k b_m \sigma_{lm}^{(e)}$$

oder

$$f_\perp = v_l \sigma_{lm}^{(e)} b_m \tag{28,5}$$

mit $\boldsymbol{v} = [\boldsymbol{\varkappa\tau}]$ als Normalenvektor der Gleitebene. Wir sehen, daß die Kraft $f_\perp$ nur von *einer* Komponente des Tensors $\sigma_{lm}^{(e)}$ bestimmt wird, denn die Vektoren $\boldsymbol{b}$ und $\boldsymbol{v}$ sind orthogonal, und wir können zwei Koordinatenachsen in die Richtungen dieser Vektoren legen.

Liegen die Versetzungsverschiebungen nicht in einer Gleitebene, so ist $\delta V \neq 0$. Das würde bedeuten, daß die Verschiebung der Schnittufer zum Materieüberschuß (wenn ein Ufer sich über das andere schiebt) oder Materiemangel (Bildung von Spalten zwischen den sich voneinander wegbewegenden Schnittufern) führt. Solche Erscheinungen können aber ausgeschlossen werden, wenn vorausgesetzt wird, daß das Material während der Versetzungsbewegung nicht zerstört wird und seine Dichte (Abweichungen in der Größenordnung der elastischen Deformationen) unverändert bleibt. In realen Kristallen werden Überschuß und Mangel an Materie durch Diffusion ausgeglichen. (Die Versetzungsachse

---

[1]) Beim Aufstellen der Bewegungsgleichungen müssen virtuelle plastische und elastische Deformationen als unabhängige Variablen angesehen werden. Interessiert man sich für die Bewegungsgleichung einer Versetzung, kann man sich auf die Betrachtung plastischer Deformationen beschränken.

ist Quelle oder Senke von diffundierenden Materieströmen.)[1]) Eine von Defektdiffusion begleitete Versetzungsverschiebung bezeichnet man als Klettern von Versetzungen.[2])

Es leuchtet ein, daß virtuelle Versetzungsverschiebungen in Form von Klettern, genauso wie beim Gleiten, ohne lokale Volumenänderungen vonstatten gehen. Deshalb kann im Ausdruck (28,2) für die Deformation das eine Volumenänderung beschreibende Glied $\frac{1}{3}\,\delta_{ik}u_{ll}^{(\mathrm{pl})}$ entfallen, womit sich folgender Tensor der plastischen Deformationen ergibt:

$$\delta u_{ik}^{(\mathrm{pl})} = \left\{\frac{1}{2}\,b_i[\delta \boldsymbol{x}\boldsymbol{\tau}]_k + \frac{1}{2}\,b_k[\delta \boldsymbol{x}\boldsymbol{\tau}]_i - \frac{1}{3}\,\delta_{ik}\boldsymbol{b}[\delta \boldsymbol{x}\boldsymbol{\tau}]\right\}\delta(\xi)\,. \tag{28,6}$$

Anstelle von (28,4) erhalten wir folgende Formel für die auf ein Versetzungselement wirkende Kraft[3]):

$$f_i = e_{ikl}\tau_k b_m\left(\sigma_{lm}^{(\mathrm{e})} - \frac{1}{3}\,\delta_{lm}\sigma_{nn}^{(\mathrm{e})}\right) \tag{28,7}$$

(J. Weertmann, 1965). Die auf die ganze Versetzungsschleife wirkende Gesamtkraft beträgt

$$F_i = e_{ikl}b_m \oint_D \left(\sigma_{lm}^{(\mathrm{e})} - \frac{1}{3}\,\delta_{lm}\sigma_{nn}^{(\mathrm{e})}\right)\mathrm{d}x_k\,. \tag{28,8}$$

Sie ist nur in einem inhomogenen Spannungsfeld von Null verschieden (bei $\sigma_{lm}^{(\mathrm{e})} = \mathrm{const}$ gilt $\oint \mathrm{d}x_k \equiv 0$). Wenn sich das Spannungsfeld im Ausdehnungsbereich der Versetzungsschleife nur wenig ändert, kann man

$$F_i = e_{ikl}b_m\,\frac{\partial}{\partial x_p}\left(\sigma_{ml}^{(\mathrm{e})} - \frac{1}{3}\,\delta_{lm}\sigma_{nn}^{(\mathrm{e})}\right)\oint_D x_p \mathrm{d}x_k$$

schreiben. (Die Schleife möge in der Nähe des Koordinatenursprungs liegen.) Die im letzten Ausdruck auftretenden Integrale bilden einen antisymmetrischen Tensor

$$\oint x_p\,\mathrm{d}x_k = -\oint x_k\,\mathrm{d}x_p\,.$$

Unter Berücksichtigung dieser Tatsache läßt sich die Kraft leicht durch das in (27,12) eingeführte Versetzungsmoment $d_{kl}$ ausdrücken[4]):

$$F_i = d_{lm}\,\frac{\partial \sigma_{lm}^{(\mathrm{e})}}{\partial x_i} + \frac{1}{3}\left(d_{il}\,\frac{\partial \sigma_{nn}^{(\mathrm{e})}}{\partial x_l} - d_{ll}\,\frac{\partial \sigma_{nn}^{(\mathrm{e})}}{\partial x_i}\right). \tag{28,9}$$

In einem homogenen Spannungsfeld verschwindet diese Kraft, wie bereits erwähnt wurde. Allerdings wirkt auf die Versetzungsschleife noch das Moment

$$K_i = e_{ilm}\oint x_l f_m\,\mathrm{d}l\,,$$

[1]) So kann sich die in Abb. 22 dargestellte Versetzung nur bei Materiediffusion aus der „überflüssigen" Halbebene in der $yz$-Ebene verschieben.

[2]) Da ein solcher Prozeß nur infolge Diffusion zustande kommt, spielt er erst bei hinreichend hohen Temperaturen eine Rolle.

[3]) Es ist offensichtlich, daß eine allseitige (gleichmäßige) Kompression des Kristalls nicht zum Auftreten der Kraft $\boldsymbol{f}$ führen kann. Diese Eigenschaft besitzt der Ausdruck (28,7).

[4]) Bei der Herleitung wurden auch die Formel $e_{ikl}e_{imn} = \delta_{km}\delta_{ln} - \delta_{kn}\delta_{lm}$ und die Gleichgewichtsgleichung $\partial\sigma_{ln}^{(\mathrm{e})}/\partial x_m = 0$ benutzt.

welches ebenfalls mit Hilfe des Versetzungsmoments ausgedrückt werden kann:

$$K_i = e_{ikl} d_{km} \left( \sigma_{lm}^{(e)} - \frac{1}{3} \delta_{lm} \sigma_{nn}^{(e)} \right). \tag{28,10}$$

## Aufgaben

1. Man bestimme die Wechselwirkungskraft zwischen zwei Schraubenversetzungen im homogenen Medium.

Lösung. Die auf die Längeneinheit einer Versetzung im Spannungsfeld einer zweiten Versetzung wirkende Kraft folgt aus Formel (28,4) in Verbindung mit den Ergebnissen der Aufgabe 2 zu § 27. Sie beträgt

$$f = \frac{\mu b_1 b_2}{2\pi r}.$$

Versetzungen mit gleichem Vorzeichen stoßen sich ab ($b_1 b_2 > 0$), und Versetzungen mit entgegengesetzten Vorzeichen ziehen sich an.

2. Eine lineare Schraubenversetzung liege parallel zu einer ebenen freien Oberfläche eines isotropen Mediums. Man finde die auf die Versetzung wirkende Kraft.

Lösung. Die $yz$-Ebene falle mit der Oberfläche des Körpers zusammen. Die Versetzung liege parallel zur $z$-Achse und habe die Koordinaten $x = x_0$, $y = 0$.

Das Spannungsfeld, welches die Oberfläche des Körpers frei hält, ist gegeben durch die Summe des Feldes der Versetzung und ihres Spiegelbildes in der $yz$-Ebene, welche Felder so zu berechnen sind, als ob sich die Versetzungen im unbegrenzten Medium befinden würden:

$$\sigma_{xz} = \frac{\mu b}{2\pi} \left[ \frac{y}{(x - x_0)^2 + y^2} - \frac{y}{(x + x_0)^2 + y^2} \right],$$

$$\sigma_{yz} = -\frac{\mu b}{2\pi} \left[ \frac{x - x_0}{(x - x_0)^2 + y^2} - \frac{x + x_0}{(x + x_0)^2 + y^2} \right].$$

Dieses Feld wirkt auf die betrachtete Versetzung mit der gleichen Kraft wie die Anziehungskraft durch ihr Spiegelbild, d. h., die Versetzung wird auf die Oberfläche des Mediums mit der Kraft

$$f = \frac{\mu b^2}{4\pi x_0}$$

gedrückt.

3. Man bestimme die Wechselwirkungskraft zwischen zwei parallelen Stufenversetzungen mit parallelen Gleitebenen im isotropen Medium.

Lösung. Die Gleitebene liege parallel zur $xz$-Ebene und die Versetzungslinien parallel zur $z$-Achse. Wie in § 27, Aufgabe 4, nehmen wir wiederum $\tau_z = -1$, $b_x = b$ an. Dann hat die Kraft pro Längeneinheit der Versetzung im elastischen Spannungsfeld die Komponenten

$$f_x = b\sigma_{xy}, \qquad f_y = -b\sigma_{xx}.$$

Im vorliegenden Falle ist $\sigma_{ik}$ durch die in § 27, Aufgabe 4, gefundenen Ausdrücke gegeben. Wenn eine der Versetzungen in der $z$-Achse liegt, so wirkt sie auf die zweite, die durch den Punkt $(x, y)$ auf der $xy$-Ebene geht, mit einer Kraft, deren Komponenten in Polarkoordinaten gleich

$$f_r = \frac{b_1 b_2 D}{r}, \qquad f_\varphi = \frac{b_1 b_2 D}{r} \sin 2\varphi, \qquad D = \frac{\mu}{2\pi(1 - \sigma)},$$

sind. Die Projektion dieser Kraft auf die Gleitebene ist

$$f_x = b_1 b_2 D \frac{\cos\varphi \cdot \cos 2\varphi}{r}.$$

Sie verschwindet bei $\varphi = \pi/2$ und $\varphi = \pi/4$. Die erste der beiden Lagen entspricht einem stabilen Gleichgewicht bei $b_1 b_2 > 0$, die zweite bei $b_1 b_2 < 0$.

## § 29. Stetige Verteilung von Versetzungen

Wenn im Kristall gleichzeitig viele dichtbenachbarte [obwohl in endlicher und (relativ zur Gitterkonstanten) großer Entfernung liegende] Versetzungen vorhanden sind, so wird es zweckmäßig, diese gemittelt zu betrachten. Mit anderen Worten: Es werden „physikalisch unendlich kleine“ Volumenelemente des Kristalls betrachtet, durch die eine genügend große Anzahl von Versetzungslinien verlaufen. Die Formulierung der Gleichung für die Grundeigenschaft der Versetzungsdeformation erreicht man durch naheliegende Verallgemeinerung der Gleichung (27,6). Wir führen einen Tensor $\varrho_{ik}$ (*Tensor der Versetzungsdichte*) so ein, daß sein Integral über eine auf der willkürlichen geschlossenen Linie $L$ basierende Oberfläche gleich der Summe $\boldsymbol{b}$ der BURGERS-Vektoren aller Versetzungslinien ist, die von der genannten Kurve umschlossen werden:

$$\int_{S_L} \varrho_{ik} \, \mathrm{d}f_i = b_k . \tag{29,1}$$

Durch die stetige Funktion $\varrho_{ik}$ wird die Verteilung der Versetzungen im Kristall beschrieben. Dieser Tensor ersetzt jetzt den Ausdruck auf der rechten Seite von Gleichung (27,6):

$$e_{ilm} \frac{\partial w_{mk}}{\partial x_l} = -\varrho_{ik} . \tag{29,2}$$

Aus dieser Gleichung folgt, daß der Tensor $\varrho_{ik}$ der Bedingung

$$\frac{\partial \varrho_{ik}}{\partial x_i} = 0 \tag{29,3}$$

genügen muß. (Im Falle einer einzelnen Versetzung drückt diese Bedingung einfach die Konstanz des BURGERS-Vektors über die Länge der Versetzungslinie aus.)

Bei dieser Betrachtungsweise wird der Distorsionstensor $w_{ik}$ zu einer primären Größe; er beschreibt die Deformation und bestimmt nach (27,4) den Deformationstensor. Der Verschiebungsvektor $\boldsymbol{u}$ hingegen, der mit $w_{ik}$ durch die Definition (27,2) verknüpft ist, kann hierbei überhaupt nicht eingeführt werden. (Das ersieht man schon daraus, daß bei solcher Definition die linke Seite von Gleichung (29,2) im gesamten Kristallvolumen identisch verschwinden würde.)

Bisher haben wir vorausgesetzt, daß die Versetzungen unbeweglich sind. Wir wollen jetzt klären, wie ein Gleichungssystem beschaffen sein muß, mit dessen Hilfe man im Prinzip die elastischen Deformationen und Spannungen in einem Medium beschreiben kann, wenn die Versetzungen eine vorgeschriebene Bewegung ausführen (E. KRÖNER, G. RIEDER, 1956).[1])

Gleichung (29,2) ist unabhängig vom Bewegungszustand der Versetzungen. Der Tensor $w_{ik}$ bleibt nach wie vor die Bestimmungsgröße für die elastischen Deformationen; sein symmetrischer Teil ist der elastische Deformationstensor, der in der üblichen Weise durch das HOOKEsche Gesetz mit dem Spannungstensor verknüpft ist.

---

[1]) Wir beschäftigen uns hier nicht mit der Bewegung von Versetzungen unter dem Einfluß äußerer Kräfte. Die Behandlung dieser Frage erfordert eine detaillierte Betrachtung des mikroskopischen Mechanismus der Bewegung von Versetzungen und ihrer Bremsung an in realen Kristallen stets vorhandenen Defekten verschiedener Art.

Diese Gleichung reicht aber nun nicht mehr zur vollständigen Beschreibung des Problems aus. Durch das vollständige Gleichungssystem muß auch die Geschwindigkeit $\boldsymbol{v}$ der Verschiebung der materiellen Punkte des Mediums bestimmt werden.

Dabei ist zu berücksichtigen, daß diese Bewegung neben einer Veränderung der elastischen Deformationen auch eine nicht durch Spannungen verursachte Formänderung — eine *plastische Deformation des Kristalles* — verursacht. Denn bekanntlich besteht der Mechanismus der plastischen Deformation gerade in der Bewegung von Versetzungen. (Der Zusammenhang der Bewegung von Versetzungen mit plastischen Deformationen wird in Abb. 25 deutlich illustriert: Die Bewegung der Stufenversetzung von links nach rechts führt zu einer Verschiebung eines Teils des Kristalles — des Teiles über der Gleitebene — um eine Gitterperiode; da die Gitterstruktur dabei korrigiert wird, bleibt der Kristall im spannungslosen Zustand zurück.) Im Gegensatz zur elastischen Deformation, die eindeutig durch den thermodynamischen Zustand des Körpers charakterisiert wird, ist die plastische Deformation eine Funktion des Prozesses. Bei der Betrachtung ruhender Versetzungen tritt die Frage nach der Trennung von elastischer und plastischer Deformation nicht auf: Es interessieren in diesem Falle lediglich die von der Vorgeschichte des Kristalles unabhängigen Spannungen.

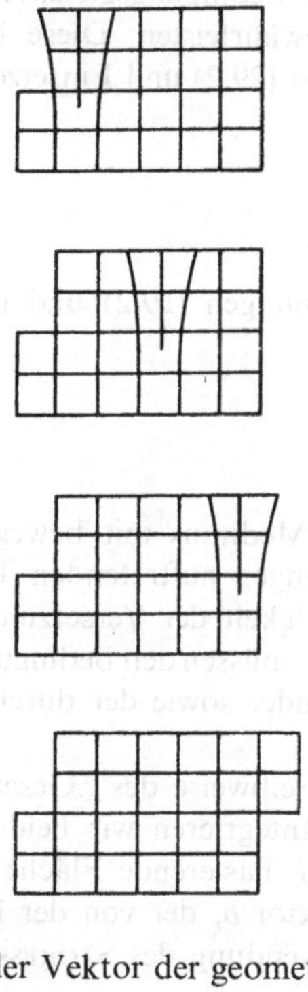

Abb. 25

Es sei $\boldsymbol{u}$ der Vektor der geometrischen Verschiebung eines etwa von seiner Lage vor dem Beginn des Deformationsprozesses aus gemessenen Punktes des Mediums; die zeitliche Ableitung ist $\dot{\boldsymbol{u}} = \boldsymbol{v}$. Bildet man mit Hilfe des Vektors $\boldsymbol{u}$ die *Gesamtdistorsion* $W_{ik} = \partial u_k/\partial x_i$, so erhalten wir seinen „plastischen Teil" $w_{ik}^{(\mathrm{pl})}$, indem wir von $W_{ik}$ den Tensor der „elastischen Distorsion" abziehen. Letzterer ist mit dem in (29,2) figurierenden Tensor $w_{ik}$ identisch.

Wir führen die Bezeichnung

$$-j_{ik} = \frac{\partial w_{ik}^{(\mathrm{pl})}}{\partial t} \tag{29,4}$$

ein. Der symmetrische Teil von $j_{ik}$ bestimmt die Änderungsgeschwindigkeit des Tensors der plastischen Deformation: Die Änderung von $u_{ik}^{(\mathrm{pl})}$ im Zeitelement $\delta t$ beträgt

$$\delta u_{ik}^{(\mathrm{pl})} = -1/2(j_{ik} + j_{ki})\,\delta t\,. \tag{29,5}$$

Wir erkennen daraus, daß die Spur des Tensors $j_{ik}$ gleich Null ist, wenn die plastische Deformation ohne Dichteänderung im Körper vonstatten geht. Nun führt in der Tat die plastische Deformation zu keiner Streckung oder Kompression des Körpers (die immer mit dem Auftreten innerer Spannungen verbunden sind), d. h., es ist $u_{kk}^{(\mathrm{pl})} = 0$ und darum $j_{kk} = -\partial u_{kk}^{(\mathrm{pl})}/\partial t = 0$. Durch Einsetzen von $w_{ik}^{(\mathrm{pl})} = W_{ik} - w_{ik}$ in die Definition (29,4) erhalten wir die Gleichung

$$\frac{\partial w_{ik}}{\partial t} = \frac{\partial v_k}{\partial x_i} + j_{ik}\,, \tag{29,6}$$

welche die Geschwindigkeit der Änderung von plastischer und elastischer Deformation verknüpft. Die darin enthaltenen Größen $j_{ik}$ sind durch Bedingungsgleichungen fixiert, die die gleichzeitige Erfüllung von (29,6) und (29,2) gewährleisten. Diese Bedingungsgleichungen erhält man durch zeitliche Differentiation von (29,2) und Einsetzen in (29,6). Sie lauten

$$\frac{\partial \varrho_{ik}}{\partial t} + e_{ilm}\frac{\partial j_{mk}}{\partial x_l} = 0\,. \tag{29,7}$$

Das vollständige Gleichungssystem ist durch die Gleichungen (29,2) und (29,6) sowie die dynamischen Gleichungen

$$\varrho \dot{v}_i = \frac{\partial \sigma_{ik}}{\partial x_k}\,, \qquad \sigma_{ik} = \lambda_{iklm}u_{lm} = \lambda_{iklm}w_{lm} \tag{29,8}$$

gegeben. Es beschreibt die Dynamik eines elastischen Mediums mit bewegten Versetzungen (A. M. Kosewitsch, 1962). Die in den Gleichungen auftretenden Tensoren $\varrho_{ik}$ und $j_{ik}$ sind vorgegebene Funktionen der die Geschwindigkeit der Versetzungen charakterisierenden Koordinaten (und der Zeit). Diese Funktionen müssen den Bedingungen für die gleichzeitige Erfüllung der Gleichungen (29,2) untereinander sowie der durch (29,3) und (29,7) gegebenen Gleichungen (29,6) genügen.

Die Bedingung (29,7) kann man als differentielle Schreibweise des „Gesetzes der Erhaltung des Burgers-Vektors“ im Körper betrachten. Integrieren wir beide Seiten der Gleichung (29,7) über eine auf der geschlossenen Linie $L$ basierende Fläche und führen den durch (29,1) gegebenen gesamten Burgersschen Vektor $b_k$ der von der Linie $L$ umschlossenen Versetzungen ein, so erhalten wir nach Anwendung des Stokesschen Satzes

$$\frac{\mathrm{d}b_k}{\mathrm{d}t} = -\oint j_{ik}\,\mathrm{d}x_i\,. \tag{29,9}$$

Das Integral auf der rechten Seite dieser Gleichung bestimmt den pro Zeiteinheit durch die Linie $L$ „hindurchfließenden Betrag“ des Burgers-Vektors, d. h. den von den die Linie $L$

durchschneidenden Versetzungen abgeführten Betrag dieses Vektors. Es liegt deshalb nahe, die Größe $j_{ik}$ als Tensor der „Versetzungsstromdichte" zu bezeichnen.

Für eine einzelne Versetzungsschleife gilt, wie man sich leicht klarmachen kann,

$$j_{ik} = e_{ilm}\varrho_{lk}V_m = e_{ilm}\tau_l V_m b_k\,\delta(\xi) \tag{29,10}$$

in Übereinstimmung mit dem Ausdruck (28,2) für die plastische Deformation bei Versetzungsverschiebung, $\boldsymbol{V}$ ist die Geschwindigkeit der Versetzungslinie im gegebenen Punkt.

Der Vektor $j_{ik}\,\mathrm{d}l_i$ des Stromes durch das Element $\mathrm{d}\boldsymbol{l}$ der Linie $L$ ist proportional $\mathrm{d}\boldsymbol{l}[\boldsymbol{\tau}\boldsymbol{V}] = \boldsymbol{V}[\mathrm{d}\boldsymbol{l}\,\boldsymbol{\tau}]$, d. h., er ist proportional der Projektion von $\boldsymbol{V}$ auf die zu $\mathrm{d}\boldsymbol{l}$ und $\boldsymbol{\tau}$ senkrechte Richtung. Diese Tatsache ist aus geometrischen Überlegungen offensichtlich, dann nur diese Geschwindigkeitskomponente bewirkt, daß die Versetzung das Element $\mathrm{d}\boldsymbol{l}$ schneidet.

Wir weisen darauf hin, daß die Spur des Tensors (29,10) proportional der Projektion der Geschwindigkeit der Versetzung auf die Normalenrichtung der Gleitebene ist. An früherer Stelle hatten wir festgestellt, daß die Abwesenheit unelastischer Veränderungen der Dichte im Körper durch die Bedingung $j_{ii} = 0$ gesichert ist. Diese Bedingung bedeutet im Falle einer einzelnen Versetzung, daß die Bewegung in der Gleitebene vonstatten geht, entsprechend unserer Bemerkung über die physikalische Natur der Bewegung einer Versetzung im Kristall (siehe S. 142).

Wir wollen abschließend den Fall betrachten, daß Versetzungsschleifen derart im Kristall verteilt sind, daß ihr gesamter BURGERS-Vektor (den wir mit $\boldsymbol{B}$ bezeichnen wollen) verschwindet.[1]) Diese Bedingung bedeutet, daß bei der Integration über einen beliebigen Querschnitt des Körpers

$$\int \varrho_{ik}\,\mathrm{d}f_i = 0 \tag{29,11}$$

gilt. Die Versetzungsdichte ist dann durch

$$\varrho_{ik} = e_{ilm}\frac{\partial P_{mk}}{\partial x_l} \tag{29,12}$$

gegeben (F. KROUPA, 1962). In diesem Falle wird (29,11) zu einem Integral über eine außerhalb des Körpers verlaufende Linie und verschwindet. Wir stellen ferner fest, daß der Ausdruck (29,12) automatisch der Bedingung (29,3) genügt.

Es ist leicht einzusehen, daß der solcherart definierte Tensor $P_{ik}$ die Dichte des Versetzungsmomentes im deformierten Kristall darstellt (die man naheliegenderweise als „Versetzungspolarisation" bezeichnet). Das gesamte Versetzungsmoment ist per definitionem gleich

$$D_{ik} = \sum S_i b_k = \frac{1}{2}\,e_{ilm}\sum b_k \oint_D x_l\,\mathrm{d}x_m = \int e_{ilm}x_l\varrho_{mk}\,\mathrm{d}V\,,$$

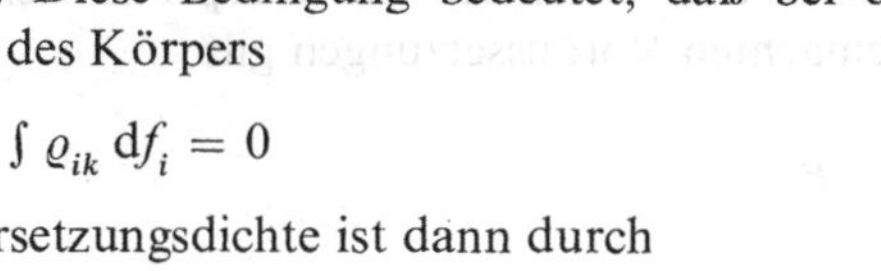

Abb. 26

[1]) Die Anwesenheit einer Versetzung ist, wie in Abb. 26 schematisch dargestellt, mit einer gewissen Verbiegung des Kristalles verknüpft. Die Bedingung $\boldsymbol{B} = 0$ bedeutet, daß keine makroskopische Verbiegung des Gesamtkristalles vorhanden ist.

worin sich die Summierung über alle Versetzungslinien und die Integration über das gesamte Kristallvolumen erstreckt. Setzen wir in diese Beziehung (29,12) ein, so erhalten wir

$$D_{ik} = \frac{1}{2} \int e_{ilm} e_{mpq} x_l \frac{\partial P_{qk}}{\partial p} \, \mathrm{d}V = \frac{1}{2} \int x_m \left( \frac{\partial P_{mk}}{\partial x_i} - \frac{\partial P_{ik}}{\partial x_m} \right) \mathrm{d}V$$

und nach partieller Integration der beiden Glieder

$$D_{ik} = \int P_{ik} \, \mathrm{d}V \,. \tag{29,13}$$

Die Versetzungsstromdichte, ausgedrückt durch den Tensor $P_{ik}$, ist durch

$$j_{ik} = -\frac{\partial P_{ik}}{\partial t} \tag{29,14}$$

gegeben. Davon überzeugt man sich leicht, indem man z. B. das Integral $\int j_{ik} \, \mathrm{d}V$ über einen beliebigen Teil des Körpervolumens entsprechend (29,10) als Summe über alle im Volumen eingeschlossenen Versetzungsschleifen berechnet. Der Ausdruck (29,14) genügt zusammen mit (29,12) automatisch der Bedingung (29,7). Durch Vergleich von (29,14) mit (29,4) erhalten wir $\delta w_{ik}^{(\mathrm{pl})} = \delta P_{ik}$. Wenn man vereinbart, daß keine plastischen Deformationen im Zustand $P_{ik} = 0$ vorhanden sein sollen, so folgt $w_{ik}^{(\mathrm{pl})} = P_{ik}$. Es wird angenommen, daß im Verlauf des Deformationsprozesses *immer* $\boldsymbol{B} = 0$ ist. Wir unterstreichen dies, weil zwischen den Tensoren $P_{ik}$ und $w_{ik}^{(\mathrm{pl})}$ ein prinzipieller Unterschied besteht: Während $P_{ik}$ eine Funktion des Zustandes ist, trifft dies für den Tensor $w_{ik}^{(\mathrm{pl})}$ nicht zu. Letzterer hängt vielmehr von dem Prozeß ab, durch den der Körper in den gegebenen Zustand gebracht wurde. Unter den gemachten Voraussetzungen gilt

$$w_{ik} = W_{ik} - w_{ik}^{(\mathrm{pl})} = \frac{\partial u_k}{\partial x_i} - P_{ik} \,, \tag{29,15}$$

worin $u_k$ wieder der Vektor der gesamten geometrischen Verschiebung gegenüber der Lage im undeformierten Zustand ist. Die Gleichung (29,6) ist dann identisch erfüllt, und die dynamische Gleichung (29,8) nimmt die Form

$$\varrho \ddot{u}_i - \lambda_{iklm} \frac{\partial^2 u_m}{\partial x_k \, \partial x_l} = -\lambda_{iklm} \frac{\partial P_{lm}}{\partial x_k} \tag{29,16}$$

an. Damit haben wir die Ermittlung der durch sich bewegende Versetzungen mit $\boldsymbol{B} = 0$ hervorgerufenen elastischen Deformation auf die Lösung einer Aufgabe der gewöhnlichen Elastizitätstheorie mit Volumenkräften, die im Kristall mit der Dichte $-\lambda_{iklm} \, \partial P_{lm}/\partial x_k$ verteilt sind, zurückgeführt.

## § 30. Verteilung von miteinander wechselwirkenden Versetzungen

Wir betrachten die Gesamtheit einer großen Anzahl identischer linearer Versetzungen, die parallel zueinander in einer Gleitebene liegen, und leiten die Bedingungen für ihre Gleichgewichtsverteilung ab. Das Koordinatensystem wählen wir so, daß die $z$-Achse die Richtung der Versetzungslinien hat und die Gleitebene in die $xz$-Ebene fällt.

Wenn wir annehmen, daß die BURGERS-Vektoren der Versetzungen in $x$-Richtung zeigen, so ist die in der Gleitebene auf die Längeneinheit einer Versetzung wirkende Kraft gleich $b\sigma_{xy}$, wenn $\sigma_{xy}$ die Spannung am Ort der Versetzung ist.

Die von einer geradlinigen Versetzung erzeugte (auf eine andere Versetzung wirkende) Spannung nimmt umgekehrt proportional mit dem Abstand ab. Die von einer im Punkt $x'$ liegenden Versetzung erzeugte Spannung im Punkt $x$ ist also von der Form $bD/(x - x')$, worin $D$ eine Konstante von der Größenordnung der Elastizitätsmoduln des Kristalles ist. Man kann zeigen, daß $D > 0$ ist, d. h., zwei identische Versetzungen in einer Gleitebene stoßen einander ab. Für ein isotropes Medium wurde dies in § 28, Aufgabe 3, gezeigt.

Wir bezeichnen mit $\varrho_x$ die lineare Versetzungsdichte im Abschnitt $(a_1, a_2)$ der $x$-Achse; $\varrho_x \, \mathrm{d}x$ ist die Summe der BURGERS-Vektoren, die durch die Punkte des Intervalls $\mathrm{d}x$ hindurchgehen. Dann stellt sich die von allen Versetzungen im Punkt $x$ der $x$-Achse erzeugte Spannung in Form des Integrals

$$\sigma_{xy}(x) = -D \int_{a_1}^{a_2} \frac{\varrho(\zeta)\,\mathrm{d}\zeta}{\zeta - x} \tag{30,1}$$

dar. Für Punkte innerhalb der Strecke $(a_1, a_2)$ ist dieses Integral im Sinne des Hauptwertes zu verstehen, damit die physikalisch sinnlose Wirkung einer Versetzung auf sich selbst ausgeschlossen wird.

Wenn im Kristall außerdem ein ebenes (in der $xy$-Ebene liegendes) von äußeren Belastungen herrührendes Spannungsfeld $\sigma^{(e)}_{xy}(x, y)$ vorhanden ist, so unterliegt die Versetzung der Kraft $b(\sigma_{xy} + p(x))$, wenn wir die Abkürzung $p(x) = \sigma^{(e)}_{xy}(x, y)$ einführen. Die Gleichgewichtsbedingung fordert das Verschwinden dieser Kraft: $\sigma_{xy} + p = 0$, d. h.

$$\fint_{a_1}^{a_2} \frac{\varrho(\zeta)\,\mathrm{d}\zeta}{\zeta - x} = \frac{p(x)}{D} \equiv \omega(x)\,, \tag{30,2}$$

worin der Hauptwert wie üblich durch das durchgestrichene Integralzeichen gekennzeichnet ist. Dies ist die Integralgleichung für die Gleichgewichtsverteilung $\varrho(x)$. Sie ist vom Typ der singulären Integralgleichung mit CAUCHYschem Kern.

Die Lösung dieser Gleichung führt zu einer Aufgabe der Funktionentheorie, die in folgender Weise formuliert ist.[1]

Wir bezeichnen mit $\Omega(z)$ eine Funktion, die in der komplexen $z$-Ebene (mit einem Schnitt längs der Strecke $(a_1, a_2)$) als Integral

$$\Omega(z) = \int_{a_1}^{a_2} \frac{\varrho(\zeta)\,\mathrm{d}\zeta}{\zeta - z} \tag{30,3}$$

erklärt ist. Mit $\Omega^+(x)$ und $\Omega^-(x)$ bezeichnen wir die Grenzwerte von $\Omega(z)$ am oberen und unteren Rand des Schnittes. Diese Grenzwerte sind gleich dem Integral (30,3) über der Strecke $(a_1, a_2)$, wenn der Punkt $x = z$ auf der Unter- bzw. Oberseite auf einem unendlich kleinen Halbkreis umlaufen wird, d. h.

$$\Omega^{\pm}(x) = \fint_{a_1}^{a_2} \frac{\varrho(\zeta)\,\mathrm{d}\zeta}{\zeta - x} \pm \mathrm{i}\,\pi\varrho(x)\,. \tag{30,4}$$

---

[1]) Wir folgen hier einer von N. I. MUSCHELISCHWILI ausgearbeiteten Methode.

Wenn $\varrho(\zeta)$ der Gleichung (30,2) genügt, so ist der Hauptwert des Integrals gleich $\omega(x)$. Es wird also

$$\Omega^+(x) + \Omega^-(x) = 2\omega(x)\,, \tag{30,5}$$

$$\Omega^+(x) - \Omega^-(x) = 2\pi\, \mathrm{i}\varrho(x)\,. \tag{30,6}$$

Das Lösen der Gleichung (30,2) besteht somit im Auffinden von analytischen Funktionen $\Omega(z)$ mit der Eigenschaft (30,5) und darauffolgender Bestimmung von $\varrho(x)$ aus Gleichung (30,6). Aus physikalischen Überlegungen folgt die Bedingung $\Omega(\infty) = 0$, da in großer Entfernung vom Versetzungssystem ($x \to \pm\infty$) die Spannungen $\sigma_{xy}$ verschwinden müssen (nach der Definition (30,3) ist $\sigma_{xy}(x) = -D\Omega(x)$ außerhalb der Strecke $(a_1, a_2)$).

Wir untersuchen zunächst den Fall, daß keine äußeren Spannungen vorhanden sind ($p(x) = 0$) und die Versetzungen durch Hindernisse irgendwelcher Art (Gitterdefekte) an den Enden des Abschnittes $(a_1, a_2)$ festgehalten werden. Für $\omega(x) = 0$ folgt aus (30,5) $\Omega^+(x) = -\Omega^-(x)$, d. h., die Funktion $\Omega(z)$ muß beim Umlauf um die Punkte $a_1$ und $a_2$ ihr Vorzeichen ändern. Diese Forderung erfüllen beliebige Funktionen der Form

$$\Omega(z) = \frac{P(z)}{\sqrt{(a_2 - z)(z - a_1)}}\,, \tag{30,7}$$

worin $P(z)$ ein Polynom bedeutet. Die Bedingung $\Omega(\infty) = 0$ fordert (bis auf einen konstanten Koeffizienten) $P(z) = 1$. Somit gilt

$$\Omega(z) = \frac{1}{\sqrt{(a_2 - z)(z - a_1)}}\,. \tag{30,8}$$

Die gleiche Form muß nach (30,6) auch die gesuchte Funktion $\varrho(x)$ besitzen. Den Koeffizienten bestimmen wir aus der Bedingungsgleichung

$$\int_{a_1}^{a_2} \varrho(\zeta)\, \mathrm{d}\zeta = B \tag{30,9}$$

($B$ ist die Summe der BURGERS-Vektoren aller Versetzungen) und erhalten schließlich

$$\varrho(x) = \frac{B}{\pi\sqrt{(a_2 - x)(x - a_1)}}\,. \tag{30,10}$$

Man erkennt daraus, daß sich die Versetzungen in der Nähe der Hindernisse (der Enden des Abschnittes) konzentrieren und daß die Versetzungsdichte in diesen Gebieten umgekehrt proportional den Abständen zwischen den Hindernissen ist. Nach dem gleichen Gesetz wachsen die Spannungen außerhalb des Abschnittes bei Annäherung an $a_1$ oder $a_2$. So gilt bei $x > a_2$

$$\sigma_{xy} \approx \frac{BD}{\sqrt{(x - a_2)(a_2 - a_1)}}\,.$$

Mit anderen Worten, die Konzentration der Versetzungen an einem Ende des Abschnittes führt zur gleichen Konzentration der Spannungen am anderen Ende.

Es soll jetzt unter sonst gleichen Bedingungen (Hindernisse an den Enden des Abschnittes) noch ein äußeres Spannungsfeld $p(x)$ vorhanden sein. Wir führen eine Funktion

$\Omega_0(z)$ vom Typ (30,7) ein und formen Gleichung (30,5) (indem wir durch $\Omega_0^+ = -\Omega_0^-$ dividieren) in

$$\frac{\Omega^+(x)}{\Omega_0^+(x)} - \frac{\Omega^-(x)}{\Omega_0^-(x)} = \frac{2\omega(x)}{\Omega_0^+(x)}$$

um. Aus dem Vergleich dieser Beziehung mit (30,6) folgt

$$\frac{\Omega(z)}{\Omega_0(z)} - \frac{1}{\mathrm{i}\,\pi} \int\limits_{a_1}^{a_2} \frac{\omega(\zeta)}{\Omega_0^+(\zeta)} \frac{\mathrm{d}\zeta}{\zeta - z} + \mathrm{i}\,\pi P(z) \tag{30,11}$$

mit $P(z)$ als einem beliebigen Polynom. Eine der Bedingung $\Omega(\infty) = 0$ genügende Lösung dieser Gleichung erhalten wir, wenn wir für $\Omega_0(z)$ die Funktion (30,8) wählen und $P(z) = C$ (mit einer Konstanten $C$) setzen. Die gesuchte Funktion $\varrho(x)$ erhält man dann nach Gleichung (30,6):

$$\varrho x = -\frac{1}{\pi^2 \sqrt{(a_2 - x)(x - a_1)}} \,\fint\limits_{a_1}^{a_2} \omega(\zeta) \sqrt{(a_2 - \zeta)(\zeta - a_1)} \frac{\mathrm{d}\zeta}{\zeta - x}$$
$$+ \frac{C}{\sqrt{(a_2 - x)(x - a_1)}}\,. \tag{30,12}$$

Die Konstante $C$ ist aus der Bedingungsgleichung (30,9) zu bestimmen. Wir sehen, daß $\varrho(x)$ bei $x \to a_2$ nach dem Gesetz $(a_2 - x)^{-1/2}$ anwächst und daß auf der anderen Seite des Hindernisses eine gleichgroße Spannungskonzentration auftritt.

Ist nur an einem Ende des Abschnittes (z. B. in $a_2$) ein Hindernis vorhanden, so tritt als zusätzliche Forderung auf, daß die Spannungen bei allen $x < a_2$ einschließlich des Punktes $x = a_1$ endlich bleiben müssen. Die Lage des Punktes $a_1$ liegt dabei nicht von vornherein fest; sie muß bei der Lösung der Aufgabe bestimmt werden. Für die Funktion $\Omega(z)$ bedeutet das, daß $\Omega(a_1)$ endlich bleiben muß. Eine solche Funktion (die gleichzeitig auch der Forderung $\Omega(\infty) = 0$ genügt) erhalten wir aus der Formel (30,11), wenn wir $\Omega_0(z)$ in der Form

$$\Omega_0(z) = \sqrt{\frac{z - a_1}{a_2 - z}}$$

wählen, die auch zum Typ (30,9) gehört, und in (30,11) $P(z) = 0$ setzen. Wir erhalten dann

$$\varrho(x) = -\frac{1}{\pi^2} \sqrt{\frac{x - a_1}{a_2 - x}} \,\fint\limits_{a_1}^{a_2} \sqrt{\frac{a_2 - \zeta}{\zeta - a_1}} \frac{\omega(\zeta)\,\mathrm{d}\zeta}{\zeta - x}\,. \tag{30,13}$$

Bei $x \to a_1$ geht $\varrho(x) \to 0$ wie $\sqrt{a_1 - x}$. Nach dem gleichen Gesetz verschwindet die Gesamtspannung $\sigma_{xy}(x) + p(x)$ auf der anderen Seite des Punktes $a_1$.

Abschließend nehmen wir an, daß an beiden Enden des Abschnittes keine Hindernisse vorhanden sind und die Versetzungen nur durch äußere Spannungen $p(x)$ festgehalten werden. Die entsprechende Funktion $\Omega(z)$ erhalten wir, indem wir in Gleichung (30,11)

$$\Omega_0(z) = \sqrt{(a_2 - z)(z - a_1)}\,, \qquad P(z) = 0$$

einsetzen. Aus der Bedingung $\Omega(\infty) = 0$ folgt jetzt noch eine zusätzliche Forderung: Wenn wir in (30,11) den Grenzübergang $z \to \infty$ ausführen, sehen wir, daß

$$\int_{a_1}^{a_2} \frac{\omega(\zeta)\,\mathrm{d}\zeta}{\sqrt{(a_2 - \zeta)(\zeta - a_1)}} = 0 \tag{30,14}$$

gelten muß. Die gesuchte Funktion $\varrho(x)$ ist durch den Ausdruck

$$\varrho(x) = -\frac{1}{\pi^2}\sqrt{(a_2 - x)(x - a_1)} \fint_{a_1}^{a_2} \frac{\omega(\zeta)}{\sqrt{(a_2 - \zeta)(\zeta - a_1)}} \frac{\mathrm{d}\zeta}{\zeta - x} \tag{30,15}$$

gegeben, wobei die Koordinate $a_1$, $a_2$ der Enden des Abschnittes durch die Bedingungsgleichungen (30,9) und (30,14) festgelegt sind.

## Aufgabe

Man finde die Verteilung von Versetzungen im homogenen Spannungsfeld ($p(x) = p_0$) auf einem Abschnitt mit Hindernissen an einem Ende und an beiden Enden.

Lösung. Im Falle eines Hindernisses an einem Ende ($a_2$) liefert die Berechnung des Integrals (30,13)

$$\varrho(x) = \frac{p_0}{\pi D}\sqrt{\frac{x - a_1}{a_2 - x}}.$$

Aus der Bedingung (30,9) folgt für die Länge des Abschnittes, auf dem die Versetzungen liegen,

$$a_2 - a_1 = 2BD/p_0 .$$

Auf der anderen Seite des Hindernisses treten die Spannungen

$$\sigma_{xy} = p_0 \sqrt{\frac{a_2 - a_1}{x - a_2}}$$

auf.

Im Falle eines von zwei Hindernissen begrenzten Abschnittes (der Länge $2L$) wählen wir den Ursprung in seiner Mitte und erhalten aus (30,12)

$$\varrho(x) = \frac{1}{\pi\sqrt{l^2 - x^2}}\left(\frac{p_0}{D}x + B\right).$$

# V WÄRMELEITUNG UND ZÄHIGKEIT FESTER KÖRPER

## § 31. Die Wärmeleitungsgleichung für feste Körper

Die *ungleichmäßige* Erwärmung eines festen Mediums führt nicht zur Konvektionserscheinung, wie das gewöhnlich bei Flüssigkeiten der Fall ist. Die Wärme wird hier nur durch Wärmeleitung übertragen. Dementsprechend werden die Wärmeleitungsprozesse in festen Körpern durch einfachere Gleichungen beschrieben als in Flüssigkeiten.

Die Wärmeleitungsgleichung für feste Körper kann unmittelbar aus dem in Form einer „Kontinuitätsgleichung" für die Wärmemenge ausgedrückten Energiesatz abgeleitet werden. Die in der Zeiteinheit von der Volumeneinheit aufgenommene Wärmemenge ist $T\,\partial S/\partial t$, wobei $S$ die Entropie der Volumeneinheit darstellt. Diese Größe muß $-\operatorname{div}\boldsymbol{q}$ gleichgesetzt werden, wobei $\boldsymbol{q}$ die Wärmestromdichte ist. Letztere kann praktisch stets in der Form $\boldsymbol{q} = -\varkappa \operatorname{grad} T$, d. h. zum Temperaturgradienten proportional geschrieben werden. ($\varkappa$ ist die Wärmeleitfähigkeit.) Somit haben wir

$$T\frac{\partial S}{\partial t} = \operatorname{div}(\varkappa \operatorname{grad} T)\,. \tag{31,1}$$

Nach (6,4) kann man die Entropie auf folgende Weise ausdrücken:

$$S = S_0(T) + K\alpha u_{ii}\,,$$

wobei $\alpha$ der Wärmeausdehnungskoeffizient ist und $S_0$ die Entropie des nichtdeformierten Körpers. Wir nehmen an, daß die im Körper auftretenden Temperaturdifferenzen genügend klein sind, so daß man solche Größen wie $\varkappa$, $\alpha$ u. a. als konstant betrachten kann. Praktisch ist das gewöhnlich der Fall. Gleichung (31,1) nimmt dann mit dem Ausdruck für $S$ folgende Form an:

$$T\frac{\partial S_0}{\partial t} + \alpha K T\frac{\partial u_{ii}}{\partial t} = \varkappa\,\Delta T\,.$$

Nach einem bekannten thermodynamischen Ausdruck ist

$$C_p - C_v = K\alpha^2 T\,.$$

Die Zeitableitung von $S_0$ kann dann in der Form

$$\frac{\partial S_0}{\partial t} = \frac{\partial S_0}{\partial T}\frac{\partial T}{\partial t} = \frac{C_v}{T}\frac{\partial T}{\partial t}$$

geschrieben werden. (Die Ableitung $\partial S_0/\partial T$ wird bei $u_{ii} \equiv \operatorname{div}\boldsymbol{u} = 0$, d. h. bei konstantem Volumen gebildet.)

Im Ergebnis erhalten wir die Wärmeleitungsgleichung in der Form

$$C_v \frac{\partial T}{\partial t} + \frac{C_p - C_v}{\alpha} \frac{\partial}{\partial t} \operatorname{div} \boldsymbol{u} = \varkappa \, \Delta T . \tag{31,2}$$

Um ein vollständiges Gleichungssystem zu erhalten, muß zu (31,2) noch eine Gleichung, welche die Deformation des ungleichmäßig erwärmten Körpers beschreibt, hinzugefügt werden. Eine solche Gleichung ist die Gleichgewichtsbedingung (7,8)

$$2(1 - \sigma) \operatorname{grad} \operatorname{div} \boldsymbol{u} - (1 - 2\sigma) \operatorname{rot} \operatorname{rot} \boldsymbol{u} = \frac{2\alpha(1 + \sigma)}{3} \operatorname{grad} T . \tag{31,3}$$

Aus der Gleichung (31,3) kann die Deformation des Körpers bei beliebig vorgegebener Temperaturverteilung im Prinzip bestimmt werden. Setzt man den auf diese Weise erhaltenen Ausdruck für div $\boldsymbol{u}$ in (31,2) ein, so erhält man eine Gleichung für die Temperaturverteilung, in welcher Gleichung als unbekannte Funktion allein $T(x, y, z, t)$ auftritt.

Als Beispiel betrachten wir die Wärmeleitung in einem unbegrenzten festen Medium mit einer Temperaturverteilung, die nur einer Bedingung genügt: Im Unendlichen strebe die Temperatur gegen einen endlichen Grenzwert $T_0$, und es gebe dort keine Deformationen. In einem solchen Falle führt die Gleichung (31,3) zur folgenden Abhängigkeit zwischen div $\boldsymbol{u}$ und $T$ (vgl. Aufgabe 8, § 7):

$$\operatorname{div} \boldsymbol{u} = \frac{1 + \sigma}{3(1 - \sigma)} \alpha(T - T_0) .$$

Setzt man diesen Ausdruck in (31,2) ein, so erhält man eine Gleichung

$$\frac{(1 + \sigma) C_p + 2(1 - 2\sigma) C_v}{3(1 - \sigma)} \frac{\partial T}{\partial t} = \varkappa \, \Delta T \tag{31,4}$$

vom Typ der einfachen Wärmeleitungsgleichung.

Durch eine Gleichung von demselben Typ wird die Wärmeleitung in einem dünnen geraden Stab beschrieben, wenn wenigstens ein Stabende frei ist. Die Temperaturverteilung in jedem Stabquerschnitt kann als konstant betrachtet werden, so daß $T$ nur eine Funktion der Koordinate entlang des Stabes (und der Zeit) ist. Die Wärmeausdehnung eines solchen Stabes ändert nur seine Länge, ohne seine Geradlinigkeit zu beeinflussen und ohne daß innere Spannungen auftreten. Es ist daher klar, daß die Ableitung $\partial S/\partial t$ in der allgemeinen Gleichung (31,1) bei konstantem Druck genommen werden muß. Wegen $(\partial S/\partial t)_p = (C_p/T)\,(\partial T/\partial t)$ wird sodann die Temperaturverteilung durch die eindimensionale Wärmeleitungsgleichung

$$C_p \frac{\partial T}{\partial t} = \varkappa \frac{\partial^2 T}{\partial x^2}$$

beschrieben.

Übrigens kann die Temperaturverteilung in festen Körpern mit praktisch genügender Genauigkeit durch die einfache Wärmeleitungsgleichung beschrieben werden. Denn das zweite Glied auf der linken Seite der Gleichung (31,2) stellt eine Korrektion von der Ordnung $(C_p - C_v)/C_v$ im Vergleich zum ersten Glied dar. Nun ist aber die Differenz der Wärmekapazitäten bei festen Körpern gewöhnlich sehr klein, und wenn man sie vernachlässigt, kann man die Wärmeleitungsgleichung in festen Körpern stets in der Form

$$\frac{\partial T}{\partial t} = \chi \, \Delta T \tag{31,5}$$

schreiben. Hierbei ist die Temperaturleitfähigkeit $\chi$ durch $\chi = \varkappa/C$ definiert, d. h. durch das Verhältnis von $\varkappa$ zu einer gewissen mittleren Wärmekapazität $C$ pro Volumeneinheit.

## § 32. Wärmeleitung in Kristallen

Im anisotropen Körper ist die Richtung des Wärmestromes $\boldsymbol{q}$ im allgemeinen von der Richtung des Temperaturgradienten verschieden. An die Stelle der Beziehung $\boldsymbol{q} = -\varkappa \operatorname{grad} T$ zwischen $\boldsymbol{q}$ und dem Temperaturgradienten tritt daher im Kristall eine allgemeinere Beziehung

$$q_i = -\varkappa_{ik} \frac{\partial T}{\partial x_k} . \tag{32,1}$$

Der Tensor zweiter Stufe $\varkappa_{ik}$ heißt *Wärmeleitfähigkeitstensor* des Kristalls. Entsprechend dieser Beziehung hat die Wärmeleitungsgleichung (31,5) ebenfalls eine allgemeinere Form

$$C \frac{\partial T}{\partial t} = \varkappa_{ik} \frac{\partial^2 T}{\partial x_i \, \partial x_k} . \tag{32,2}$$

Der Wärmeleitungstensor $\varkappa_{ik}$ ist symmetrisch:

$$\varkappa_{ik} = \varkappa_{ki} . \tag{32,3}$$

Diese Beziehung, deren Beweis wir hier übergehen, ist eine Folge des Symmetrieprinzips der kinetischen Koeffizienten (s. V, § 120).

Die Geschwindigkeit des Anwachsens der Gesamtentropie des Körpers ist wegen der Irreversibilität der Wärmeleitungsprozesse gleich

$$\dot{S}_{\text{ges}} = -\int \frac{\operatorname{div} \boldsymbol{q}}{T} \, dV = -\int \operatorname{div} \frac{\boldsymbol{q}}{T} \, dV + \int \boldsymbol{q} \operatorname{grad} \frac{1}{T} \, dV .$$

Das erste Integral verschwindet nach einer Umformung in ein Oberflächenintegral. Wir haben somit

$$\dot{S}_{\text{ges}} = \int \boldsymbol{q} \operatorname{grad} \frac{1}{T} \, dV = -\int \frac{\boldsymbol{q} \operatorname{grad} T}{T^2} \, dV$$

oder

$$\dot{S}_{\text{ges}} = -\int \frac{1}{T^2} q_i \frac{\partial T}{\partial x_i} \, dV . \tag{32,4}$$

Entsprechend der allgemeinen Definition der kinetischen Koeffizienten[1]) folgt aus (32,4), daß diese Koeffizienten im gegebenen Falle durch die Koeffizienten $T^2\varkappa_{ik}$ in den Beziehungen

$$q_i = -T^2 \varkappa_{ik} \left( \frac{1}{T^2} \frac{\partial T}{\partial x_k} \right)$$

dargestellt sind. Aus der Symmetrie der kinetischen Koeffizienten folgt unmittelbar die gesuchte Beziehung (32,3).

---

[1]) Wir benutzen hier die Definition in der Form, wie sie in VI, § 59 gegeben wurde.

Die quadratische Form

$$-q_i \frac{\partial T}{\partial x_i} = \varkappa_{ik} \frac{\partial T}{\partial x_i} \frac{\partial T}{\partial x_k}$$

muß positiv definit sein, da die Ableitung der Entropie nach der Zeit (32,4) positiv sein muß. Die Bedingung dafür, daß eine quadratische Form positiv definit ist, ist die Positivität der Eigenwerte der Matrix ihrer Koeffizienten. Daher sind sämtliche Eigenwerte des Wärmeleitungstensors $\varkappa_{ik}$ stets positiv, was auch aus einfachen Überlegungen über die Richtung des Wärmestroms folgt.

Die Anzahl der verschiedenen unabhängigen Komponenten des Tensors $\varkappa_{ik}$ hängt von der Kristallsymmetrie ab. Da der Tensor $\varkappa_{ik}$ symmetrisch ist, ist diese Anzahl offensichtlich die gleiche wie beim symmetrischen Tensor zweiter Stufe $\alpha_{ik}$ (Wärmeausdehnungstensor; vgl. § 10).

## § 33. Die Zähigkeit fester Körper

Bei der Untersuchung der Bewegung in festen Körpern wurde bisher vorausgesetzt, daß der Deformationsprozeß reversibel ist. In Wirklichkeit ist ein Prozeß thermodynamisch nur dann reversibel, wenn er mit unendlich kleiner Geschwindigkeit verläuft, so daß sich zu jedem Zeitpunkt im Körper ein thermodynamischer Gleichgewichtszustand einstellen kann. Die reale Bewegung verläuft jedoch mit endlicher Geschwindigkeit, der Körper befindet sich nicht zu jedem Zeitpunkt im Gleichgewicht, und daher gehen in seinem Innern Prozesse vor sich, die ihn in den Gleichgewichtszustand zu bringen streben. Die Existenz solcher Prozesse führt zur Irreversibilität der Bewegung, die sich u. a. in der Dissipation der mechanischen Energie[1]) äußert, welche letzten Endes in Wärme übergeht.

Die Dissipation der Energie wird durch Prozesse von zweierlei Art bedingt: Erstens treten in Körpern wegen der Temperaturverschiedenheiten an verschiedenen Stellen irreversible Wärmeleitungsprozesse auf. Zweitens treten irreversible Prozesse auf, die mit der Endlichkeit der Geschwindigkeit von Bewegungen zusammenhängen, die im Körperinnern stattfinden; solche Dissipationsprozesse der Energie kann man, wie bei Flüssigkeiten, Prozesse der *inneren Reibung* oder der *Zähigkeit* nennen.

In den meisten Fällen ist die Geschwindigkeit der makroskopischen Bewegung so klein, daß die Dissipation der Energie unwesentlich ist. Solche ,,beinahe reversiblen“ Prozesse können mit Hilfe einer sogenannten *Dissipationsfunktion*[2]) beschrieben werden.

Wenn nämlich die Bewegung in einem mechanischen System von einer Dissipation der Energie begleitet wird, so kann man diese Bewegung durch die gewöhnlichen Bewegungsgleichungen beschreiben, in denen man lediglich zu den äußeren Kräften, die auf das System wirken, sogenannte *dissipative Kräfte* oder *Reibungskräfte*, welche linear von der Geschwindigkeit abhängen, hinzuzufügen hat. Diese Kräfte können mit Hilfe einer in den Geschwindigkeiten quadratischen Funktion, der Dissipationsfunktion $R$ dargestellt werden,

---

[1]) Unter mechanischer Energie verstehen wir hier die Summe der kinetischen Energie der makroskopischen Bewegung im elastischen Körper und seiner potentiellen (elastischen) Energie, die durch die Deformation bedingt ist.

[2]) Siehe V, § 121.

indem $R$ nach den Geschwindigkeiten abgeleitet wird. Die „Reibungskraft" $f_a$, die irgendeiner der verallgemeinerten Koordinaten $q_n$ entspricht, hat dann die Form

$$f_a = -\frac{\partial R}{\partial \dot{q}_a}.$$

Die Dissipationsfunktion $R$ ist eine positiv definite quadratische Form der Geschwindigkeiten $\dot{q}_a$. Die obige Beziehung ist der Beziehung

$$\delta R = -\sum_a f_a\, \delta \dot{q}_a \tag{33,1}$$

äquivalent, wobei $R$ die Änderung der Dissipationsfunktion darstellt, welche einer unendlich kleinen Geschwindigkeitsänderung entspricht. Man kann auch zeigen, daß die mit Zwei multiplizierte Dissipationsfunktion $R$ die Verminderung der mechanischen Energie des Systems in der Zeiteinheit darstellt.

Die Beziehung (33,1) läßt sich leicht auf eine Bewegung mit Reibung im Kontinuum verallgemeinern. In diesem Falle wird ein Zustand des Systems durch eine unendliche Menge verallgemeinerter Koordinaten beschrieben. Diese Koordinaten sind durch den Verschiebungsvektor $\boldsymbol{u}$ gegeben, der in jedem Punkt des Körpers definiert ist. Die der Formel (33,1) entsprechende Beziehung muß in Integralform geschrieben werden,

$$\delta \int R\, \mathrm{d}V = -\int f_i \delta \dot{u}_i\, \mathrm{d}V, \tag{33,2}$$

wo $f_i$ die Komponente des Vektors $\boldsymbol{f}$ der dissipativen Kraft, welche auf eine Volumeneinheit des Körpers wirkt, darstellt; die Dissipationsfunktion für den Gesamtkörper schreiben wir in der Integralform $\int R\, \mathrm{d}V$, wenn $R$ die auf eine Volumeneinheit bezogene Dissipationsfunktion bezeichnet.

Wir bestimmen jetzt die allgemeine Form der Dissipationsfunktion für deformierte Körper. Die die innere Reibung beschreibende Funktion $R$ muß verschwinden, wenn im Körper keine Reibung vorhanden ist, z. B., wenn der Körper als Ganzes nur eine Translations- oder Rotationsbewegung ausführt. Mit anderen Worten, die Dissipationsfunktion muß bei $\dot{\boldsymbol{u}} = \text{const}$ bzw. $\dot{\boldsymbol{u}} = [\boldsymbol{\Omega r}]$ verschwinden. Das bedeutet aber, daß sie nicht von der Geschwindigkeit selbst, sondern von ihrem Gradienten abhängen muß, wobei sie nur solche Kombinationen der Ableitungen enthalten darf, die für $\dot{\boldsymbol{u}} = [\boldsymbol{\Omega r}]$ verschwinden. Solche Kombinationen sind die Ableitungen $u_{ik}$ des Verzerrungstensors nach der Zeit[1])

$$\dot{u}_{ik} = \frac{\partial \dot{u}_i}{\partial x_k} + \frac{\partial \dot{u}_k}{\partial x_i}.$$

Die Dissipationsfunktion muß daher in $\dot{u}_{ik}$ quadratisch sein. Die allgemeinste Form einer solchen Funktion ist

$$R = \frac{1}{2}\eta_{iklm}\dot{u}_{ik}\dot{u}_{lm}. \tag{33,3}$$

[1]) Vgl. mit den vollkommen analogen Überlegungen bei zähen Flüssigkeiten: VI, § 15.

Den Tensor vierter Stufe $\eta_{iklm}$ kann man *Zähigkeitstensor* nennen. Er besitzt folgende offensichtliche Symmetrieeigenschaften[1]):

$$\eta_{iklm} = \eta_{lmik} = \eta_{kilm} = \eta_{ikml} \,. \tag{33,4}$$

Der Ausdruck (33,3) hat die gleiche Form wie der Ausdruck (10,1) für die freie Energie eines Kristalls: Anstelle des Elastizitätstensors steht jetzt der Tensor $\eta_{iklm}$ und anstelle $u_{ik}$ der Tensor $\dot{u}_{ik}$. Deshalb gelten sämtliche Ergebnisse des § 10 für den Tensor $\lambda_{iklm}$ in Kristallen verschiedener Symmetrie genauso für den Tensor $\eta_{iklm}$.

Im besonderen hat der Tensor $\eta_{iklm}$ im isotropen Körper nur zwei unabhängige Komponenten, und $R$ kann in der gleichen Form geschrieben werden wie der Ausdruck (4,3) für die elastische Energie eines isotropen Körpers:

$$R = \eta \left( \dot{u}_{ik} - \frac{1}{3}\, \delta_{ik} \dot{u}_{ll} \right)^2 + \frac{\zeta}{2}\, \dot{u}_{ll}^2 \,, \tag{33,5}$$

wobei $\eta$ und $\zeta$ Zähigkeitskoeffizienten sind. Da $R$ eine positiv definite Funktion ist, müssen $\eta$ und $\zeta$ positiv sein.

Die Beziehung (33,2) ist völlig analog der Beziehung für die freie elastische Energie

$$\delta \int F \, \mathrm{d}V = - \int F_i \delta u_i \, \mathrm{d}V \,,$$

worin $F_i = \partial \sigma_{ik} / \partial x_k$ die auf eine Volumeneinheit des Körpers wirkende Kraft ist. Man kann daher die „dissipative Kraft" $f_i$ durch $\dot{u}_{ik}$ genauso ausdrücken wie $F_i$ durch $u_{ik}$. Es ist

$$f_i = \frac{\partial \sigma'_{ik}}{\partial x_k} \,, \tag{33,6}$$

wo der „dissipative" Spannungstensor $\sigma'_{ik}$ durch

$$\sigma'_{ik} = \frac{\partial R}{\partial \dot{u}_{ik}} = \eta_{iklm} \dot{u}_{lm} \tag{33,7}$$

gegeben ist. Die Zähigkeit wird daher in den Bewegungsgleichungen einfach so berücksichtigt, daß der Spannungstensor $\sigma_{ik}$ in diesen Gleichungen durch die Summe $\sigma_{ik} + \sigma'_{ik}$ ersetzt wird.

Im isotropen Körper ist

$$\sigma'_{ik} = 2\eta \left( \dot{u}_{ik} - \frac{1}{3}\, \delta_{ik} \dot{u}_{ll} \right) + \zeta \dot{u}_{ll} \delta_{ik} \,. \tag{33,8}$$

Dieser Ausdruck stimmt natürlich formal mit dem Ausdruck für den Spannungstensor in zähen Flüssigkeiten überein.

---

[1]) Es sei daran erinnert, daß die Existenz der Dissipationsfunktion auf dem Symmetrieprinzip der kinetischen Koeffizienten (ONSAGER-Relationen) beruht. Die erste Gleichung in (33,4), eine Folge dieses Prinzips (für die Koeffizienten in den linearen Beziehungen (33,7)), ist eine zu der quadratischen Form (33,3) äquivalente Aussage, wie in § 41 gezeigt werden wird.

## § 34. Schallabsorption in festen Körpern

Der Schallabsorptionskoeffizient fester Körper kann auf die gleiche Weise berechnet werden, wie das bei Flüssigkeiten getan wird (s. VI, § 79). Wir führen hier die entsprechende Rechnung für einen isotropen Körper aus.

Die im Körper dissipierte mechanische Energie kann durch die Summe

$$\dot{E}_{\text{mech}} = -\frac{\varkappa}{T}\int (\operatorname{grad} T)^2\, dV - 2\int R\, dV$$

angegeben werden, wobei der erste Teil durch die Wärmeleitfähigkeit, der zweite durch die Zähigkeit des Körpers bedingt sind. Mit Hilfe von (33,5) erhält man den Ausdruck

$$\dot{E}_{\text{mech}} = -\frac{\varkappa}{T}\int (\operatorname{grad} T)^2\, dV - 2\eta\int\left(\dot{u}_{ik} - \frac{1}{3}\,\delta_{ik}\dot{u}_{ll}\right)^2 dV - \zeta\int \dot{u}_{ll}^2\, dV\,. \quad (34{,}1)$$

Bei der Berechnung des Temperaturgradienten berücksichtigen wir die Tatsache, daß die Schallschwingungen in erster Näherung adiabatisch verlaufen. Mit Hilfe des Ausdrucks (6,4) für die Entropie schreiben wir die adiabatische Bedingung in der Form

$$S_0(T) + K\alpha u_{ii} = S_0(T_0)\,,$$

wobei $T_0$ die Temperatur im undeformierten Zustand ist. Entwickelt man die Differenz $S_0(T) - S_0(T_0)$ nach Potenzen von $(T - T_0)$, so erhält man, bis auf Glieder höherer Ordnung,

$$S_0(T) - S_0(T_0) = (T - T_0)\frac{\partial S_0}{\partial T_0} = \frac{C_v}{T_0}(T - T_0)\,.$$

(Die Ableitung der Entropie wird bei $u_{ii} = 0$, d. h. bei konstantem Volumen genommen.) Wir haben somit

$$T - T_0 = -\frac{T\alpha K}{C_v}\,u_{ii}\,.$$

Mit Hilfe der Beziehungen

$$K \equiv K_{\text{is}} = \frac{C_v}{C_p}K_{\text{ad}} \quad \text{und} \quad \frac{K_{\text{ad}}}{\varrho} = c_l^2 - \frac{4}{3}c_t^2$$

kann dieser Ausdruck in die Form

$$T - T_0 = -\frac{T\alpha\varrho\left(c_l^2 - \frac{4}{3}\,c_t^2\right)}{C_p}\,u_{ii} \quad (34{,}2)$$

gebracht werden.

Wir betrachten zunächst die Absorption transversaler elastischer Wellen. Die Wärmeleitung kann in der betrachteten Näherung überhaupt nicht zur Absorption solcher Wellen führen. Denn in der transversalen Welle ist $u_{ii} = 0$, und daher ist die Temperatur in ihr nach (34,2) konstant. Die Ausbreitungsrichtung der Welle falle mit der Richtung der $x$-Achse zusammen, es ist dann $u_x = 0$, $u_y = u_{0y} \cos(kx - \omega t)$, $u_z = u_{0z} \cos(kx - \omega t)$, und von den Komponenten des Verzerrungstensors sind nur

$$u_{xy} = -\frac{u_{0y}k}{2} \sin(kx - \omega t)\,, \qquad u_{xz} = -\frac{u_{0z}k}{2} \sin(kx - \omega t)$$

von Null verschieden. Wir beziehen die Dissipation der Energie auf die Volumeneinheit des Körpers; für den (zeitlichen) Mittelwert dieser Größe erhalten wir aus (34,1)

$$\bar{\dot{E}}_{\text{mech}} = -\frac{\eta\omega^4}{2c_t^2}(u_{0y}^2 + u_{0z}^2)\,,$$

worin $k = \omega/c_t$ eingesetzt wurde. Die gesamte mittlere Energie der Welle ist jedoch der doppelten mittleren kinetischen Energie gleich, d. h., es ist $\bar{E} = \varrho \int \overline{\dot{u}^2}\, \mathrm{d}V$; bezieht man diese Größe ebenfalls auf die Volumeneinheit, so erhält man

$$\bar{E} = \frac{\varrho\omega^2}{2}(u_{0y}^2 + u_{0z}^2)\,.$$

Der Schallabsorptionskoeffizient ist definiert als das Verhältnis von mittlerer Energiedissipation zum doppelten Energiestrom in der Welle; er charakterisiert die Änderung der Amplitude, die mit dem Abstand wie $e^{-\gamma x}$ abnimmt. Wir erhalten somit für den Absorptionskoeffizienten transversaler Wellen den folgenden Ausdruck:

$$\gamma_t = \frac{\left|\bar{\dot{E}}_{\text{mech}}\right|}{2c_t\bar{E}} = \frac{\eta\omega^2}{2\varrho c_t^3}\,. \tag{34,3}$$

In der longitudinalen Schallwelle ist $u_x = u_0 \cos(kx - \omega t)$, $u_y = u_z = 0$. Eine analoge Rechnung führt mit Hilfe von (34,1) und (34,2) auf

$$\gamma_l = \frac{\omega^2}{2\varrho c_l^3}\left[\left(\frac{4}{3}\eta + \zeta\right) + \frac{\varkappa T\alpha^2\varrho^2c_l^2}{C_p^2}\left(1 - \frac{4c_t^2}{3c_l^2}\right)^2\right]. \tag{34,4}$$

Strenggenommen beziehen sich diese Ausdrücke nur auf vollständig isotrope amorphe Körper. Die Größenordnung nach jedoch charakterisieren sie die Schallabsorption auch in anisotropen Einkristallen.

Die Schallabsorption in Polykristallen weist einige Besonderheiten auf. Wenn die Wellenlänge $\lambda$ des Schalls im Vergleich zu den Dimensionen $a$ der einzelnen Kristallite klein ist, geht die Schallabsorption in den einzelnen Kristalliten so wie im großen Kristall vonstatten, und der Absorptionskoeffizient ist zu $\omega^2$ proportional.

Wenn dagegen $\lambda \gg a$ ist, ändert sich der Charakter der Absorption. Man kann annehmen, daß in einer solchen Welle jeder Kristallit einem homogen verteilten Druck ausgesetzt ist. Die dabei auftretende Deformation ist jedoch wegen der Anisotropie der Kristallite und der Randbedingungen an ihren Berührungsflächen inhomogen. Wesentliche Änderungen wird sie in Abständen von der Größenordnung der Kristallitdimensionen erfahren und nicht, wie im homogenen Körper, in Abständen der Wellenlänge. Für die Schallabsorption sind die Änderungsgeschwindigkeiten der Deformation $\dot{u}_{ik}$ und die auftretenden Temperaturgradienten wesentlich. Die ersten werden nach wie vor von gewöhnlicher Größenordnung sein. Die Temperaturgradienten dagegen sind innerhalb eines jeden Kristalliten anormal groß. Die durch Wärmeleitung bedingte Schallabsorption wird daher im Vergleich zu der durch die Zähigkeit bedingten groß sein, und es genügt, die erstere zu berechnen.

Wir betrachten zwei Grenzfälle. Die Zeit, in welcher sich die Temperatur in Abständen von der Größenordnung $a$ durch Wärmeleitung ausgleicht, ist von der Größenordnung $a^2/\chi$ (Relaxationszeit für Wärmeleitung). Wir nehmen zunächst $\omega \ll \chi/a^2$ an. Das bedeutet, daß die Relaxationszeit im Vergleich zur Schwingungsperiode der Welle klein ist, so daß sich das Wärmegleichgewicht in jedem Kristalliten in hohem Maße einstellen kann; wir haben es hier mit beinahe isothermen Schwingungen zu tun.

Es seien $T'$ die im Kristalliten auftretenden Temperaturdifferenzen und $T_0'$ die Temperaturdifferenzen, die beim adiabatischen Prozeß auftreten würden. Der Wärmeverbrauch durch Wärmeleitung ist (bezogen auf die Volumeneinheit)

$$-\operatorname{div} \boldsymbol{q} = \varkappa\, \Delta T' \sim \frac{\varkappa T'}{a^2}.$$

Die bei der Deformation ausgeschiedene Wärmemenge ist dagegen von der Größenordnung $\dot{T}_0'C \sim \omega T_0'C$ ($C$ ist dabei die Wärmekapazität). Vergleicht man diese beiden Ausdrücke, so erhält man

$$T' \sim T_0' \frac{\omega a^3}{\chi}.$$

Die Temperaturänderung in Abständen von der Größenordnung des Kristalliten ist $\sim T'$, und der Temperaturgradient ist daher $\sim T'/a$. Schließlich setzen wir (mit $u$ als der Amplitude des Verschiebungsvektors) in (34,2) $u_{ii} \sim ku \sim \omega u/c$ und erhalten

$$T_0' \sim \frac{T\alpha\varrho c\omega}{C} u. \tag{34,5}$$

(Da wir nur die Größenordnungen abschätzen, unterscheiden wir nicht die verschiedenen Schallgeschwindigkeiten $c$.) Mit Hilfe dieser Ergebnisse berechnen wir die Energiedissipation in der Volumeneinheit

$$\bar{\dot{E}}_{\text{mech}} \sim \frac{\varkappa}{T} (\operatorname{grad} T)^2 \sim \frac{\varkappa}{T}\left(\frac{T'}{a}\right)^2,$$

und wenn wir diese durch den Energiestrom $c\bar{E} \sim c\varrho\omega^2 u^2$ dividieren, erhalten wir die gesuchte Abklingkonstante

$$\gamma \sim \frac{T\alpha^2\varrho c a^2}{\chi C}\omega^2 \quad \text{für} \quad \omega \ll \frac{\eta}{a^2} \tag{34,6}$$

(C. Zener, 1938). Vergleicht man jetzt diesen Ausdruck mit dem gewöhnlichen Ausdruck (34,3) und (34,4), so kann man schlußfolgern, daß im gegebenen Falle die Schallabsorption im polykristallinen Körper so vor sich geht, als ob der Körper eine Zähigkeit

$$\eta \sim \frac{T\alpha^2\varrho^2 c^4 a^2}{\chi C}$$

besäße, die wesentlich größer ist als die wirkliche Zähigkeit der im Körper enthaltenen Kristallite.

Der andere Grenzfall ist $\omega \gg \chi/a^2$, d. h., die Relaxationszeit ist im Vergleich zur Schwingungsperiode in der Welle groß, und die bei der Deformation auftretenden Temperaturdifferenzen können sich während jeder Schwingungsperiode kaum merklich ausgleichen. Es wäre jedoch falsch anzunehmen, daß die die Schallabsorption bestimmenden Temperaturgradienten von der Größenordnung $T_0'/a$ sind. Denn dann wäre nur die Wärmeleitung im Inneren eines jeden Kristalls berücksichtigt. Die Hauptrolle spielt jedoch in diesem Falle der Wärmeaustausch zwischen benachbarten Kristalliten (M. A. ISSAKOWITSCH, 1948). Wenn die einzelnen Kristallite voneinander wärmeisoliert wären, so würden an ihren Berührungsflächen die gleichen Temperaturdifferenzen $\sim T_0'$ auftreten wie in ihrem Innern. Die Randbedingungen fordern jedoch einen stetigen Temperaturübergang an den Berührungsflächen der Kristallite. Im Ergebnis entstehen „Temperaturwellen", die sich vom Rand aus in das Innere des Kristallites „ausbreiten" und in Abständen

$$\delta \sim \sqrt{\frac{\chi}{\omega}}$$

abklingen.[1]) Im betrachteten Falle ist $\delta \ll a$, d. h., der Haupttemperaturgradient ist von der Größenordnung $T_0'/\delta$ und tritt in Abständen auf, die im Vergleich zu den Kristallitdimensionen klein sind. Der entsprechende Volumenteil des Kristallites ist $\sim a^2\delta$; bezieht man ihn auf das Gesamtvolumen $\sim a^3$, so erhält man die Energiedissipation

$$\bar{\dot{E}}_{\text{mech}} \sim \frac{\varkappa}{T}\left(\frac{T_0'}{\delta}\right)^2 \frac{a^2\delta}{a^3} \sim \frac{\varkappa T_0'^2}{Ta\delta}\,.$$

Setzt man für $T_0'$ den Ausdruck (34,5) ein und dividiert durch $c\bar{E} \sim c\varrho\omega^2u^2$, so ergibt sich der gesuchte Absorptionskoeffizient

$$\gamma \sim \frac{T\alpha^2\varrho c}{aC}\sqrt{\chi\omega} \quad \text{für} \quad \omega \gg \frac{\chi}{a^2}\,. \tag{34,7}$$

Er ist der Wurzel aus der Frequenz proportional.[2])

Somit ändert sich der Schallabsorptionskoeffizient in Polykristallen im Bereich der kleinsten Frequenzen ($\omega \ll \chi/a^2$) wie $\omega^2$; dann folgt ein Gebiet (für $\chi/a^2 \ll \omega \ll c/a$), in dem der Absorptionskoeffizient zu $\sqrt{\omega}$ proportional ist, und für $\omega \gg c/a$ ändert er sich wieder wie $\omega^2$.

Analoge Überlegungen gelten auch bei der Dämpfung transversaler Wellen in dünnen Stäben und Platten (C. ZENER, 1938). Wenn $h$ die Stab- bzw. Plattenstärke ist, so ist bei $\lambda \gg h$ der Temperaturgradient in der Querrichtung wesentlich, und die Dämpfung ist hauptsächlich durch die Wärmeleitung bedingt (vgl. Aufgaben dieses Paragraphen). Wenn dabei die Ungleichung $\omega \ll \chi/h^2$ erfüllt ist, können die Schwingungen als isotherm aufgefaßt werden; bei der Bestimmung z. B. der Eigenfrequenzen des Stabes bzw. der Platte müssen daher in diesem Falle die isothermen Elastizitätsmoduln benutzt werden.

---

[1]) Wenn ein wärmeleitendes Medium durch die Ebene $x = 0$ begrenzt ist, deren Temperatur sich periodisch gemäß $T' = T_0' \,\mathrm{e}^{-i\omega t}$ ändert, dann wird die Temperaturverteilung im Medium durch die „Temperaturwelle"

$$T' = T_0' \,\mathrm{e}^{-i\omega t}\, \mathrm{e}^{-(1+i)x\sqrt{\omega/2\chi}}$$

beschrieben (s. VI, § 52).

[2]) Eine ebensolche Frequenzabhängigkeit besitzt die Absorption des Schalls, der sich in einer Flüssigkeit oder in einem Gas in der Nähe einer starren Trennwand ausbreitet (z. B. in einem Rohr); s. VI, § 79.

## Aufgaben

1. Man bestimme die Abklingkonstante der longitudinalen Eigenschwingungen im Stab.

Lösung. Die zeitliche Abklingkonstante der Schwingungen ist durch

$$\beta = \frac{|\bar{\dot{E}}_{\text{mech}}|}{2E}$$

definiert; die Amplitude der Schwingungen nimmt ab wie $e^{-\beta t}$.

In der Longitudinalwelle tritt in jedem kleinen Stabbereich eine einfache Dehnung bzw. Kompression auf; die Komponenten des Verzerrungstensors sind

$$u_{zz} = \frac{\partial u_z}{\partial z}, \qquad u_{xx} = u_{yy} = -\sigma_{\text{ad}} \frac{\partial u_z}{\partial z}.$$

Für $u_z$ schreiben wir $u_z = u_0 \cos kz \cos \omega t$ mit

$$k = \frac{\omega}{\sqrt{E_{\text{ad}}/\varrho}}.$$

Rechnungen analog denen im Text führen auf folgenden Ausdruck für die Abklingkonstante:

$$\beta = \frac{\omega^2}{2\varrho}\left\{\frac{\eta}{3}\frac{3c_l^2 - 4c_t^2}{(c_l^2 - c_t^2)\,c_t^2} + \frac{\zeta c_t^2}{(c_l^2 - c_t^2)\,(3c_l^2 - 4c_t^2)} + \frac{\varkappa T \varrho^2 \alpha^2}{9C_p^2}\right\}.$$

Anstelle von $E_{\text{ad}}$, $\sigma_{\text{ad}}$ werden hier die Geschwindigkeiten $c_l$, $c_t$ nach (22,4) eingeführt.

2. Das gleiche wie in Aufgabe 1 für Longitudinalschwingungen einer Platte.

Lösung. Für Longitudinalwellen (Ausbreitungsrichtung $x$) haben wir folgende von Null verschiedene Komponenten des Verzerrungstensors:

$$u_{xx} = \frac{\partial u_x}{\partial x}, \qquad u_{zz} = -\frac{\sigma_{\text{ad}}}{1-\sigma_{\text{ad}}}\frac{\partial u_x}{\partial x}$$

(vgl. (13,1)). Die Ausbreitungsgeschwindigkeit dieser Welle ist

$$\sqrt{\frac{E_{\text{ad}}}{\varrho(1-\sigma_{\text{ad}}^2)}}.$$

Die Rechnung führt auf

$$\beta = \frac{\omega^2}{2\varrho}\left\{\frac{\eta}{3}\frac{3c_l^4 + 4c_t^4 - 6c_l^2 c_t^2}{c_t^2 c_l^2 (c_l^2 - c_t^2)} + \frac{\zeta c_t^2}{c_l^2 (c_l^2 - c_t^2)} + \frac{\varkappa T \alpha^2 \varrho^2 (1+\sigma_{\text{ad}})^2}{9C_p^2}\right\}.$$

Wenn die Schwingungsrichtung zur Wellenrichtung orthogonal ist, haben wir $u_{ll} = 0$, und die Dämpfung ist nur durch die Zähigkeit $\eta$ bedingt. Die Abklingkonstante ist in solchen Fällen stets

$$\beta = \frac{\eta\omega^2}{2\varrho c_t^2}.$$

Ein derartiger Fall ist auch die Dämpfung von Torsionsschwingungen in Stäben.

3. Man bestimme die Abklingkonstante der transversalen Eigenschwingungen im Stab (deren Frequenzen der Bedingung $\omega \gg \chi/h^2$ genügen möge, $h$ ist die Stabstärke).

Lösung. Wesentlich ist die Dämpfung durch Wärmeleitung. Nach § 17 ist in jedem Volumenelement des Stabes

$$u_{zz} = \frac{x}{R}, \qquad u_{xx} = u_{yy} = -\sigma_{\text{ad}} \frac{x}{R}$$

(Biegung in der $xz$-Ebene); für $\omega \gg \chi/h^2$ sind die Schwingungen adiabatisch. Bei schwacher Biegung ist der Krümmungsradius $R = 1/X''$, so daß

$$u_{ii} = (1 - 2\sigma_{\text{ad}})\, xX''.$$

(Der Strich bedeutet Differentiation nach $z$.) Die stärkste Temperaturveränderung tritt in der Querrichtung im Stab auf; es ist daher $(\text{grad } T)^2 \approx (\partial T/\partial x)^2$. Mit Hilfe von (34,1) und (34,2) erhalten wir für die mittlere Energiedissipation im gesamten Stab den Ausdruck

$$-\frac{\varkappa T \alpha^2 E_{\text{ad}}^2 S}{9 C_p^2} \int \overline{X''^2} \, dz \, .$$

($S$ ist die Querschnittsfläche des Stabes.) Die mittlere Gesamtenergie erhält man als doppelte potentielle Energie

$$E_{\text{ad}} I_y \int \overline{X''^2} \, dz \, .$$

Im Ergebnis ist die Abklingkonstante

$$\beta = \frac{\varkappa T \alpha^2 S E_{\text{ad}}}{18 I_y C_p^2} \, .$$

4. Das gleiche wie in Aufgabe 3 für Transversalschwingungen einer Platte.

Lösung. Nach (11,4) gilt in jedem Volumenelement der Platte

$$u_{ii} = -\frac{1 - 2\sigma_{\text{ad}}}{1 - \sigma_{\text{ad}}} z \frac{\partial^2 \zeta}{\partial x^2}$$

(Biegung in der $xz$-Ebene). Die Energiedissipation erhält man nach (34,1) und (34,2) und die vollständige mittlere Energie, indem man den Ausdruck (11,6) verdoppelt. Die Abklingkonstante ist

$$\beta = \frac{2\varkappa T \alpha^2 E_{\text{ad}}}{3 C_p^2 h^2} \frac{1 + \sigma_{\text{ad}}}{1 - \sigma_{\text{ad}}} = \frac{2\varkappa T \alpha^2 \varrho}{3 C_p^2 h^2} \frac{(3c_l^2 - 4c_t^2)\, c_t^2}{(c_l^2 - c_t^2)\, c_l^2} \, .$$

5. Man bestimme die Änderung der Eigenfrequenzen transversaler Schwingungen im Stab, welche mit dem nichtadiabatischen Verlauf dieser Schwingungen zusammenhängt. Der Stab habe die Form einer langen Platte der Stärke $h$. Die Staboberfläche sei wärmeisoliert.

Lösung. Es sei $T_{\text{ad}}(x, t)$ die Temperaturverteilung im Stab bei adiabatischen Schwingungen, und $T(x, t)$ sei die wirkliche Temperaturverteilung. ($x$ ist die Koordinate senkrecht zur Stabachse, die Temperaturänderung in der $yz$-Ebene wird als unwesentlich vernachlässigt.) Da bei $T = T_{\text{ad}}$ zwischen den einzelnen Stabbereichen kein Wärmeaustausch stattfindet, muß die Wärmeleitungsgleichung folgende Form besitzen:

$$\frac{\partial}{\partial t}(T - T_{\text{ad}}) = \chi \frac{\partial^2 T}{\partial x^2} \, .$$

Bei periodischen Schwingungen mit der Frequenz $\omega$ sind die Abweichungen der Temperatur $\tau_{\text{ad}} = T_{\text{ad}} - T_0$, $\tau = T - T_0$ vom Gleichgewichtswert $T_0$ zu $e^{-i\omega t}$ proportional, und wir haben

$$\tau'' + \frac{i\omega}{\chi} \tau = \frac{i\omega}{\chi} \tau_{\text{ad}} \, .$$

(Der Strich bedeutet Differentiation nach $x$.) Da $\tau_{\text{ad}}$ nach (34,2) zu $u_{ll}$ proportional ist und die Komponenten $u_{ik}$ zu $x$ proportional sind (vgl. § 17), ist $\tau_{\text{ad}} = Ax$, wobei $A$ eine Konstante ist, die nicht berechnet zu werden braucht, da sie im Ergebnis nicht auftritt. Die Lösung der Gleichung

$$\tau'' + \frac{i\omega\tau}{\chi} = \frac{i\omega}{\chi} Ax$$

mit der Randbedingung $\tau' = 0$ für $x = \pm h/2$ (die Staboberfläche ist wärmeisoliert) lautet

$$\tau = A \left( x - \frac{\sin kx}{k \cos k \frac{h}{2}} \right), \qquad k = (1 + i) \sqrt{\frac{\omega}{2\chi}} \, .$$

Das Drehmoment der inneren Spannungen im gebogenen Stab $M_y$ (Biegung in der $xz$-Ebene) setzt sich aus einem isothermen Teil $M_{y\,\text{is}}$ (Drehmoment bei isothermer Biegung) und einem Teil, der durch die ungleichmäßige Erwärmung des Stabes bedingt ist, zusammen. Wenn $M_{y\,\text{ad}}$ das Drehmoment bei adiabatischer

Biegung ist, dann verkleinert sich der zusätzliche Anteil des Drehmoments bei nicht genau adiabatischem Prozeß im Vergleich zu $M_{yad} - M_{yis}$ im Verhältnis

$$1 + f(\omega) = \frac{\int_{-h/2}^{h/2} z\tau \, dz}{\int_{-h/2}^{h/2} z\tau_{ad} \, dz}.$$

Wenn man bei beliebiger Frequenz $\omega$ den YOUNGschen Modul $E_\omega$ als Proportionalitätsfaktor zwischen $M_y$ und $I_y/R$ (vgl. (17,8)) definiert und $E_{ad} - E = E^2 T\alpha^2/9C_p$ (vgl. (6,8)) berücksichtigt ($E$ ist der isotherme YOUNGsche Modul), kann man

$$E_\omega = E + [1 + f(\omega)] \, E^2 \frac{T\alpha^2}{9C_p}$$

schreiben. Die Rechnung liefert für $f(\omega)$ den Ausdruck

$$f(\omega) = \frac{24}{h^3 k^3} \left( \frac{kh}{2} - \tan \frac{kh}{2} \right).$$

Für $\omega \to \infty$ wird $f = 1$, so daß $E_\infty = E_{ad}$ gilt, und für $\omega \to 0$ haben wir $f = 0$, $E_0 = E$.

Die Eigenfrequenzen sind der Wurzel aus dem YOUNGschen Modul proportional (vgl. Aufgaben 4—6, § 25). Es gilt daher

$$\omega = \omega_0 \left[ 1 + f(\omega_0) \frac{ET\alpha^2}{18C_p} \right],$$

wobei $\omega_0$ die Eigenfrequenzen vollständig adiabatischer Schwingungen sind. Dieses $\omega$ ist komplex. Trennt man Real- und Imaginärteil ($\omega = \omega' + i\beta$), so erhält man für die Eigenfrequenz den endgültigen Ausdruck

$$\omega' = \omega_0 \left[ 1 - \frac{ET\alpha^2}{3C_p} \frac{1}{\xi^3} \frac{\operatorname{sh} \xi - \sin \xi}{\operatorname{ch} \xi + \cos \xi} \right]$$

und für die Abklingkonstante

$$\beta = \frac{2ET\alpha^2\chi}{3C_p h^2} \left[ 1 - \frac{1}{\xi} \frac{\operatorname{sh} \xi + \sin \xi}{\operatorname{ch} \xi + \cos \xi} \right]$$

mit $\xi = h \sqrt{\omega_0/2\chi}$.

Bei großen $\xi$ strebt $\omega$ gegen $\omega_0$, wie es auch sein muß, und die Abklingkonstante geht gegen $\beta$,

$$\beta = \frac{2ET\alpha^2\chi}{3C_p h^2},$$

in Übereinstimmung mit dem Ergebnis der Aufgabe 3.

Kleine $\xi$ dagegen entsprechen beinahe isothermen Bedingungen; in diesem Falle ist

$$\omega \approx \omega_0 \left( 1 - \frac{ET\alpha^2}{18C_p} \right) \approx \omega_0 \sqrt{\frac{E}{E_{ad}}},$$

und für die Abklingkonstante haben wir

$$\beta = \frac{RT^2\alpha^2 h^2}{180 C_p \chi} \omega_0^2.$$

## § 35. Sehr zähe Flüssigkeiten

Die NAVIER-STOKESschen Gleichungen sind so lange auf typische Flüssigkeiten anwendbar, wie die Bewegungsperioden im Vergleich zu den molekularen Zeiten groß sind. Das gilt jedoch nicht für sehr zähe Flüssigkeiten. Auf solche Flüssigkeiten sind die hydrodynamischen Gleichungen bereits bei wesentlich größeren Bewegungsperioden nicht mehr anwendbar. Es gibt zähe Flüssigkeiten, die sich in genügend kleinen Zeitabschnitten (welche aber im Vergleich zu den molekularen Zeiten groß sind) wie feste Körper verhalten (z. B. Glyzerin, Harz). Die amorphen Körper (z. B. Glas) können als Grenzfall solcher Flüssigkeiten mit sehr großer Zähigkeit betrachtet werden.

Die Eigenschaften solcher Flüssigkeiten können mit Hilfe der folgenden (von MAXWELL vorgeschlagenen Methode) beschrieben werden: Innerhalb kleiner Zeitabschnitte werden sie elastisch deformiert. Nach der Deformation verbleiben in ihnen Scherspannungen, die jedoch zeitlich abklingen, so daß nach genügend langer Zeit praktisch keine inneren Spannungen in der Flüssigkeit vorhanden sind. Es sei $\tau$ die Größenordnung der Abklingzeit der Spannungen. ($\tau$ wird manchmal MAXWELL*sche Relaxationszeit* genannt.) Man setze die Flüssigkeit bestimmten äußeren Kräften aus, die sich periodisch mit der Frequenz $\omega$ ändern. Wenn die Periode $1/\omega$ im Vergleich zur Relaxationszeit $\tau$ groß ist, d. h., wenn $\omega\tau \ll 1$ ist, verhält sich die Flüssigkeit wie eine normale zähe Flüssigkeit. Bei genügend großen $\omega$ dagegen ($\omega\tau \gg 1$) verhält sich die Flüssigkeit wie ein amorpher Körper.

Entsprechend diesen „Zwischeneigenschaften" der betrachteten Flüssigkeiten kann man letztere gleichzeitig durch einen Zähigkeitskoeffizienten $\eta$ und durch einen „Scherungsmodul" $\mu$ charakterisieren.

Man kann leicht die Größenordnung der Größen $\eta$, $\mu$ und $\tau$ in Zusammenhang bringen. Bei Einwirkung periodischer Kräfte mit genügend kleiner Frequenz, wenn sich die Zähigkeit normal verhält, hat der Spannungstensor die gewöhnliche Form

$$\sigma_{ik} = 2\eta \dot{u}_{ik} = -2\mathrm{i}\,\eta\omega u_{ik}$$

für zähe Spannungen in Flüssigkeiten.

Im entgegengesetzten Grenzfall großer Frequenzen verhält sich die Flüssigkeit wie ein fester Körper, und die inneren Spannungen müssen im Rahmen der Elastizitätstheorie ausgedrückt werden, d. h., es ist $\sigma_{ik} = 2\mu u_{ik}$. (Es handelt sich stets um „reine Scherungen", so daß $u_{ii} = 0$, $\sigma_{ii} = 0$.) Bei Frequenzen $\omega \sim 1/\tau$ müssen die beiden Spannungen in der Größenordnung übereinstimmen. Wir haben somit $\eta u/\lambda\tau \sim \mu u/\lambda$, und hieraus folgt

$$\eta \sim \tau\mu\,. \tag{35,1}$$

Das ist aber die gesuchte Beziehung.

Schließlich leiten wir die Bewegungsgleichung ab, die qualitativ das Verhalten solcher Flüssigkeiten beschreibt. Wir gehen dabei von der einfachsten Voraussetzung über das Abklinggesetz für die inneren Spannungen aus (nach Beendigung der Bewegung); wir nehmen nämlich an, daß die inneren Spannungen einfach exponentiell abklingen. Dem entspricht die Gleichung

$$\frac{\mathrm{d}\sigma_{ik}}{\mathrm{d}t} = -\frac{1}{\tau}\sigma_{ik}\,.$$

Andererseits hatten wir in festen Körpern $\sigma_{ik} = 2\mu u_{ik}$ und daher

$$\frac{\mathrm{d}\sigma_{ik}}{\mathrm{d}t} = 2\mu\frac{\mathrm{d}u_{ik}}{\mathrm{d}t}\,.$$

Man kann sich leicht davon überzeugen, daß die Gleichung

$$\frac{\mathrm{d}\sigma_{ik}}{\mathrm{d}t} + \frac{1}{\tau}\sigma_{ik} = 2\mu\frac{\mathrm{d}u_{ik}}{\mathrm{d}t} \tag{35,2}$$

in beiden Grenzfällen langsamer und schneller Bewegungen zu richtigen Ergebnissen führt. Sie kann daher als Interpolationsgleichung für solche mittleren Fälle dienen.

So haben wir z. B. nach (35,2) bei periodischer Bewegung, wenn $u_{ik}$ und $\sigma_{ik}$ über $e^{-i\omega t}$ von der Zeit abhängen,

$$-i\,\omega\sigma_{ik} + \frac{1}{\tau}\sigma_{ik} = -2i\,\omega\mu u_{ik}\,,$$

und hieraus folgt

$$\sigma_{ik} = \frac{2\mu}{1+\frac{i}{\omega\tau}}\,u_{ik}\,. \qquad (35,3)$$

Für $\omega\tau \gg 1$ wird (35,3) zum gewöhnlichen Ausdruck $\sigma_{ik} = 2\mu u_{ik}$ für feste Körper, und für $\omega\tau \ll 1$ erhalten wir den gewöhnlichen Ausdruck

$$\sigma_{ik} = -2i\,\mu\tau\omega u_{ik} = 2\mu\tau\dot{u}_{ik}$$

für Flüssigkeiten mit der Zähigkeit $\mu\tau$.

# VI MECHANIK FLÜSSIGER KRISTALLE[1])

## § 36. Statische Deformationen nematischer Flüssigkeiten

Flüssige Kristalle sind makroskopisch anisotrope, strömungsfähige Körper. Sie besitzen sowohl Eigenschaften gewöhnlicher Flüssigkeiten als auch Eigenschaften elastischer Körper. Deshalb greift die Mechanik der flüssigen Kristalle Ideen der Hydrodynamik und der Elastizitätstheorie auf.

Es existieren verschiedene Typen von flüssigen Kristallen. Zur Gruppe der *nematischen Flüssigkristalle* (im folgenden *nematische Flüssigkeiten* genannt) zählen Körper, die im deformationsfreien Zustand makroskopisch und mikroskopisch homogen, aber anisotrop hinsichtlich der räumlichen Verteilung ihrer Moleküle sind (s. V, §§ 139, 140). Die Mehrzahl der bekannten nematischen Flüssigkeiten gehört zu deren einfachstem Typ, bei welchem die Anisotropie durch die Angabe eines Einheitsvektors $\boldsymbol{n}$ in jedem Punkt des Körpers vollständig bestimmt ist. Der Vektor $\boldsymbol{n}$ definiert eine ausgewählte Richtung und wird *Direktor* genannt. Die Vektoren $\boldsymbol{n}$ und $-\boldsymbol{n}$ sind physikalisch gleichwertig; d. h., es wird lediglich eine bestimmte Achse festgelegt. Die beiden zueinander entgegengesetzten Richtungen entlang dieser Achse sind physikalisch äquivalent. Schließlich sind die Eigenschaften dieses Typs nematischer Flüssigkeiten (in jedem Volumenelement) invariant gegen Inversion, worunter man die Vorzeichenumkehr aller drei Koordinaten versteht.[2]) Im weiteren betrachten wir ausschließlich diesen Typ nematischer Flüssigkeiten.

Zu den den Zustand einer nematischen Flüssigkeit beschreibenden Größen gehört somit neben den für Flüssigkeiten üblichen Größen Dichte $\varrho$, Druck $p$ und Geschwindigkeit $\boldsymbol{v}$ auch der Direktor $\boldsymbol{n}$. Alle diese Größen gehen als unbekannte Funktionen der Koordinaten und der Zeit in die Bewegungsgleichungen nematischer Flüssigkeiten ein.

Im Gleichgewicht, wenn keine äußeren Kräfte wirken (auch nicht von den umgebenden Wänden), ist eine ruhende nematische Flüssigkeit homogen, d. h., im gesamten Volumen des Körpers gilt $\boldsymbol{n} = \text{const}$. In einer deformierten nematischen Flüssigkeit ist die räumliche Richtungsänderung des Direktors klein. „Klein" hat hier die für eine makroskopische Theorie gebräuchliche Bedeutung: Alle charakteristischen Längen, über welche sich die Deformation wesentlich ändert, sind groß im Vergleich zu den Molekülmaßen, so daß die Ableitungen $\partial n_i/\partial x_k$ als kleine Größen angesehen werden können.

In diesem Kapitel werden alle thermodynamischen Größen auf ein Volumenelement des deformierten Körpers bezogen, im Gegensatz zu den vorangegangenen Kapiteln, in denen auf ein Volumenelement des undeformierten Körpers Bezug genommen wurde.

---

[1]) Dieses Kapitel wurde gemeinsam mit L. P. PITAJEWSKI geschrieben.

[2]) Nematische Flüssigkeiten, die nicht invariant gegen Inversion sind, verhalten sich instabil bei bestimmten Deformationen, welche sie in sogenannte cholesterinische Flüssigkeiten umwandeln (s. § 43).

Die auf diese Weise normierte spezifische freie Energie $F$ einer nematischen Flüssigkeit setzt sich aus dem Anteil der undeformierten Flüssigkeit $F_0(\varrho, T)$ und der Deformationsenergie $F_d$ zusammen. Die letztere ist ein in den Ableitungen von $\boldsymbol{n}$ quadratischer Ausdruck von folgender allgemeiner Form

$$F_d = F - F_0 = \frac{K_1}{2}(\operatorname{div}\boldsymbol{n})^2 + \frac{K_2}{2}(\boldsymbol{n}\operatorname{rot}\boldsymbol{n})^2 + \frac{K_3}{2}[\boldsymbol{n}\operatorname{rot}\boldsymbol{n}]^2 \tag{36,1}$$

(C. W. OSEEN, 1933; F. C. FRANK, 1958; J. L. ERICKSEN, 1962; s. V, § 140). Da für den Einheitsvektor $\boldsymbol{n}$ infolge der Identität $\nabla \boldsymbol{n}^2 = 0$ die Gleichung

$$[\boldsymbol{n}\operatorname{rot}\boldsymbol{n}] = -(\boldsymbol{n}\nabla)\,\boldsymbol{n} \tag{36,2}$$

gilt, kann das letzte Glied in (36,1) auch in der Form

$$K_3((\boldsymbol{n}\nabla)\,\boldsymbol{n})^2/2$$

geschrieben werden.

Dafür, daß die Mechanik nematischer Flüssigkeiten einige Elemente der Elastizitätstheorie enthält, ist gerade die Energie (36,1) verantwortlich, da sie die gleiche Bedeutung hat wie die elastische Energie eines deformierten festen Körpers.[1])

Die drei quadratischen Kombinationen von Ableitungen zu (36,1) sind linear unabhängig voneinander. Deshalb folgt aus den Stabilitätskriterien im undeformierten Zustand, daß alle drei Koeffizienten $K_1$, $K_2$, $K_3$ (als Funktionen der Dichte und der Temperatur) positiv sind. Man nennt diese Koeffizienten *Elastizitätsmoduln* der nematischen Flüssigkeit oder FRANK*sche Moduln*.

Deformationen, bei denen nur eine der drei Größen $\operatorname{div}\boldsymbol{n}$, $\operatorname{rot}\boldsymbol{n}$ oder $[\boldsymbol{n}\operatorname{rot}\boldsymbol{n}]$ von Null verschieden ist, werden entsprechend *Querbiegung*, *Torsion* und *Längsbiegung* genannt.[2]) Im allgemeinen Fall enthält die Deformation einer nematischen Flüssigkeit natürlich alle drei Arten.

Anhang einiger einfacher Beispiele seien diese drei Grundarten etwas anschaulicher charakterisiert. Man betrachtet eine nematische Flüssigkeit, die den Raum zwischen zwei koaxialen Zylinderflächen ausfüllt; $r$, $\varphi$, $z$ seien die entsprechenden Zylinderkoordinaten, wobei die $z$-Achse mit der Zylinderachse zusammenfällt. Wenn der Direktor $\boldsymbol{n}$ in jedem Körperpunkt radial gerichtet ist ($n_r = 1, n_\varphi = n_z = 0$), liegt Querbiegung vor ($\operatorname{div}\boldsymbol{n} = 1/r$). Hat $\boldsymbol{n}$ in jedem Körperpunkt die Richtung der Tangente an einen Kreis um die $z$-Achse ($n_\varphi = 1$, $n_r = n_z = 0$), handelt es sich um reine Längsbiegung ($\operatorname{rot}_z \boldsymbol{n} = 1/r$). Von reiner Verdrehung oder Torsion ($\boldsymbol{n}\operatorname{rot}\boldsymbol{n} = -\varphi'(z)$) spricht man, wenn über die Dicke der zylindrischen Schicht der nematischen Flüssigkeit die Richtung des Direktors $\boldsymbol{n}$ sich nach folgender Regel ändert:

$$n_x = \cos\varphi(z)\,, \qquad n_y = \sin\varphi(z)\,, \qquad n_z = 0\,.$$

Umgebende Wände und freie Oberflächen üben auf flüssige Kristalle eine orientierende Wirkung aus. (Dieser Effekt wird weiter unten ausführlicher behandelt.) Deshalb

---

[1]) Die Deformation eines Flüssigkristalls führt auch zu dessen dielektrischer Polarisation und dem dadurch entstehenden elektrischen Feld (s. VIII, § 17). Dieser Effekt ist meistens schwach, und sein Einfluß auf die mechanischen Eigenschaften des Körpers wird vernachlässigt. Ebenso wird der Einfluß eines äußeren Magnetfeldes auf die Eigenschaften des Flüssigkristalls vernachlässigt. Infolge der anisotropen magnetischen (faktisch diamagnetischen) Suszeptibilität hat ein Magnetfeld orientierende Wirkung.

[2]) englisch: splay, twist und bend

führt allein schon die Existenz begrenzender Flächen zur Deformation von ruhenden flüssigen Kristallen. Es erhebt sich die Frage, wie die Bestimmungsgleichungen für diese Deformationen gefunden werden können, oder anders ausgedrückt, welche Gleichungen die Gleichgewichtsverteilung $\boldsymbol{n}(\boldsymbol{r})$ bei gegebenen Randbedingungen bestimmen (J. H. Ericksen, 1966).

Ausgangspunkt zur Beantwortung dieser Frage ist die allgemeine thermodynamische Gleichgewichtsbedingung: das Minimum der gesamten freien Energie des Körpers, d. h. des Integrals $\int F \, \mathrm{d}V$, welches ein Funktional der Funktion $\boldsymbol{n}(\boldsymbol{r})$ darstellt. Da $\boldsymbol{n}$ ein Einheitsvektor ist, muß dieses Funktional bei der Nebenbedingung $\boldsymbol{n}^2 = 1$ minimal werden. Unter Verwendung der bekannten Methode der Lagrangeschen Multiplikatoren muß folgende Variation verschwinden:

$$\delta \int \left\{ F - \frac{1}{2} \lambda(\boldsymbol{r}) \, \boldsymbol{n}^2 \right\} \mathrm{d}V . \tag{36,3}$$

$\lambda(\boldsymbol{r})$ ist eine beliebige Funktion von $\boldsymbol{r}$. Der Ausdruck unter dem Integral (36,3) hängt sowohl von den Funktionen $n_i(\boldsymbol{r})$ als auch von deren Ableitungen ab. Es gilt[1])

$$\begin{aligned} \delta \int F \, \mathrm{d}V &= \int \left\{ \frac{\partial F}{\partial n_i} \delta n_i + \frac{\partial F}{\partial(\partial_k n_i)} \partial_k \, \delta n_i \right\} \mathrm{d}V \\ &= \int \left\{ \frac{\partial F}{\partial n_i} - \partial_k \frac{\partial F}{\partial(\partial_k n_i)} \right\} \delta n_i \, \mathrm{d}V + \oint \frac{\partial F}{\partial(\partial_k n_i)} \delta n_i \, \mathrm{d} f_k . \end{aligned} \tag{36,4}$$

Das Integral über die Oberfläche des Körpers ist nur für das Auffinden der Randbedingungen von Bedeutung. Wird vorerst an den Grenzen $\boldsymbol{n} = 0$ gesetzt, erhält man als Variation der gesamten freien Energie

$$\delta \int F \, \mathrm{d}V = - \int \boldsymbol{H} \delta \boldsymbol{n} \, \mathrm{d}V , \tag{36,5}$$

dabei ist $\boldsymbol{H}$ ein Vektor mit den Komponenten

$$H_i = \partial_k \pi_{ki} - \frac{\partial F}{\partial n_i} , \qquad \pi_{ki} = \frac{\partial F}{\partial(\partial_k n_i)} . \tag{36,6}$$

Die Größe $\boldsymbol{H}$ läßt sich als Feld interpretieren, das bestrebt ist, die Richtungen von $\boldsymbol{n}$ im gesamten Volumen des Flüssigkristalls „gleichzurichten“; es wird *Molekularfeld* genannt.

Die Gleichung (36,3) erhält nun folgendes Aussehen:

$$\int (\boldsymbol{H} + \lambda \boldsymbol{n}) \, \delta \boldsymbol{n} \, \mathrm{d}V = 0 .$$

Da die Variationen $\delta \boldsymbol{n}$ beliebig sind, folgt daraus die Gleichgewichtsbedingung in der Form $\boldsymbol{H} = -\lambda \boldsymbol{n}$.

Damit gilt aber auch $\lambda = -\boldsymbol{H}\boldsymbol{n}$, d. h., die Längskomponente der Gleichgewichtsbedingung wird durch die Wahl von $\lambda$ bestimmt. Deshalb resultiert aus der Gleichgewichtsbedingung die Forderung, daß die Vektoren $\boldsymbol{H}$ und $\boldsymbol{n}$ in jedem Körperpunkt kollinear seien. Die Längskomponente von $\boldsymbol{H}$ hat keine physikalische Bedeutung.

---

[1]) Der Einfachheit halber wird in diesem Kapitel die in der modernen Literatur bekannte verkürzte Koordinatenschreibweise des Differentialoperators angewendet: $\partial_i = \partial / \partial x_i$.

Indem der Vektor $\boldsymbol{h}$, der die Bedingung $\boldsymbol{hn} = 0$ erfüllt, eingeführt wird, kann die Gleichgewichtsbedingung in der Form

$$\boldsymbol{h} \equiv \boldsymbol{H} - \boldsymbol{n}(\boldsymbol{nH}) = 0 \tag{36,7}$$

geschrieben werden.

Es läßt sich ein eindeutiger Ausdruck für das Molekularfeld angeben, welches der freien Energie (36,1) entspricht. Zur Durchführung der Differentiation werden die folgenden Beziehungen benötigt:

$$\operatorname{div} \boldsymbol{n} = \partial_i n_i\,, \qquad \operatorname{rot}_l \boldsymbol{n} = e_{lki}\,\partial_k n_i\,,$$
$$\frac{\partial \operatorname{div} \boldsymbol{n}}{\partial(\partial_k n_i)} = \delta_{ik}\,, \qquad \frac{\partial}{\partial(\partial_k n_i)} \operatorname{rot}_l \boldsymbol{n} = e_{lki}\,.$$

Der Tensor $e_{lki}$ ist der antisymmetrische Einheitstensor. Für den Tensor $\pi_{ki}$ erhält man

$$\pi_{ki} = K_1 \delta_{ik} \operatorname{div} \boldsymbol{n} + K_2(\boldsymbol{n} \operatorname{rot} \boldsymbol{n})\, n_l e_{lki} + K_3[[\boldsymbol{n} \operatorname{rot} \boldsymbol{n}]\, \boldsymbol{n}]_l\, e_{lki}\,. \tag{36,8}$$

Weiteres Differenzieren führt unter Berücksichtigung der Definition (36,6) zu folgender recht umfangreicher Formel für das Molekularfeld:

$$\boldsymbol{H} = \nabla(K_1 \operatorname{div} \boldsymbol{n}) - \{K_2(\boldsymbol{n} \operatorname{rot} \boldsymbol{n}) \operatorname{rot} \boldsymbol{n} + \operatorname{rot}(K_2(\boldsymbol{n} \operatorname{rot} \boldsymbol{n})\, \boldsymbol{n})\}$$
$$+ \{K_3[[\boldsymbol{n} \operatorname{rot} \boldsymbol{n}] \operatorname{rot} \boldsymbol{n}] + \operatorname{rot}[K_3 \boldsymbol{n}[\boldsymbol{n} \operatorname{rot} \boldsymbol{n}]]\}\,. \tag{36,9}$$

Die Randbedingungen der Gleichung für das Gleichgewicht können nicht allgemein formuliert werden. Sie hängen nicht nur von der elastischen Energie ab, sondern auch von der konkreten Art der Wechselwirkung der Flüssigkeit mit den umgebenden Wänden. Die Oberflächenenergie muß in der freien Energie, deren Minimum die Gleichgewichtsbedingung bestimmt, Berücksichtigung finden. Gewöhnlich sind diese Oberflächenkräfte so groß, daß sie die Richtung von $\boldsymbol{n}$ am Rand unabhängig von der Art der Deformation im Inneren des Körpers bestimmen. Eine feste anisotrope Grenzfläche ordnet $\boldsymbol{n}$ am Rand eine definierte Richtung (oder eine von mehreren definierten Richtungen) zu. Bei einer isotropen Grenzfläche (dazu zählt auch die freie Oberfläche) ist lediglich der Winkel zwischen $\boldsymbol{n}$ und der Flächennormalen bestimmt. Falls dieser Winkel gleich Null ist, so ist $\boldsymbol{n}$ identisch mit dem Normalenvektor der Oberfläche. Wenn der Winkel ungleich Null ist, so liegen die zulässigen Richtungen von $\boldsymbol{n}$ auf einem Kegel mit definiertem Öffnungswinkel.

Im letzten Fall muß eine zusätzliche Randbedingung aufgestellt werden. Diese erhält man aus der Forderung, daß das Flächenintegral in (36,4) für Variationen $\delta\boldsymbol{n}$ verschwindet, welche Drehungen von $\boldsymbol{n}$ um die Normale in jedem Oberflächenpunkt mit konstantem Neigungswinkel darstellen (d. h. Variationen, die nicht die Oberflächenenergie verändern). Eine solche Variation hat die Form $\delta\boldsymbol{n} = [\boldsymbol{\nu n}]\,\delta\varphi$ mit $\boldsymbol{\nu}$ als Normaleneinheitsvektor und $\delta\varphi$ als beliebigem Drehungswinkel (für jeden Oberflächenpunkt). Schreibt man das Oberflächenelement in der Form $\mathrm{d}\boldsymbol{f} = \boldsymbol{\nu}\,\mathrm{d}f$, ergibt sich

$$\oint \pi_{ki} e_{imn} n_n \nu_m \nu_k\, \delta\varphi\, \mathrm{d}f = 0\,.$$

Da $\delta\varphi$ beliebig gewählt werden kann, folgt daraus die Randbedingung

$$\pi_{ki} e_{imn} n_n \nu_m \nu_k = 0 \tag{36,10}$$

oder, falls die $z$-Achse längs $\boldsymbol{\nu}$ gerichtet ist,

$$\pi_{zx} n_y - \pi_{zy} n_x = 0\,. \tag{36,11}$$

Anschließend noch einige Bemerkungen zu den in (36,1) auftretenden Elastizitätsmoduln. Da sie als Koeffizienten der freien Energie eingeführt wurden, bestimmen sie die isothermen Deformationen des Körpers. Man kann jedoch leicht sehen, daß dieselben Koeffizienten auch adiabatische Deformationen in nematischen Flüssigkeiten bestimmen.

Wie in § 6 gezeigt wurde, entsteht der Unterschied zwischen isothermen und adiabatischen Moduln fester Körper dadurch, daß in der freien Energie Glieder vorkommen, die im Deformationstensor linear sind. Bei nematischen Flüssigkeiten würde ein Glied, das linear in den Ableitungen $\partial_k n_i$ ist, eine analoge Rolle spielen. Ein solches Glied müßte ein Skalar sein und invariant bezüglich einer Vorzeichenänderung von $\boldsymbol{n}$.

Offensichtlich ist es unmöglich, eine solche Größe zu konstruieren. (Die Ableitung $\boldsymbol{n}$ rot $\boldsymbol{n}$ ist ein Pseudoskalar; der einzige echte Skalar div $\boldsymbol{n}$ wechselt das Vorzeichen gemeinsam mit $\boldsymbol{n}$.) Aus diesem Grund fallen isotherme und adiabatische Moduln nematischer Flüssigkeiten zusammen (genau so, wie das für den Schubmodul eines isotropen Festkörpers gilt, s. § 6). Diese Überlegung kann man auch etwas anders ausdrücken: Beim Fehlen eines linearen Gliedes stellt die quadratische Energie (36,1) die erste „kleine Korrektur" der thermodynamischen Größen eines undeformierten Körpers dar; diese ist, ausgedrückt durch die entsprechenden thermodynamischen Variablen (Temperatur oder Entropie), infolge des „Theorems der kleinen Größen" übereinstimmend für freie Energie und innere Energie.

## § 37. Geradlinige Disklinationen in nematischen Flüssigkeiten

Ein Gleichgewichtszustand einer nematischen Flüssigkeit bei gegebenen Randbedingungen ist nicht unbedingt identisch mit einer stetigen Verteilung $\boldsymbol{n}(\boldsymbol{r})$, bei welcher der Vektor $\boldsymbol{n}$ in jedem Punkt eine eindeutig definierte Richtung hat. In der Mechanik nematischer Flüssigkeiten müssen auch Deformationen mit solchen Feldern $\boldsymbol{n}(\boldsymbol{r})$ untersucht werden, welche singuläre Punkte oder Linien enthalten, auf denen die Richtung von $\boldsymbol{n}$ unbestimmt ist. Linienförmige Singularitäten nennt man *Disklinationen.*

Die Möglichkeit der Entstehung von Disklinationen kann an einfachen Beispielen gezeigt werden. Wir betrachten eine nematische Flüssigkeit in einem langen zylindrischen Behälter und fordern, daß $\boldsymbol{n}$ am Rande senkrecht auf der Behälterfläche steht. Man erwartet, daß im Gleichgewichtszustand der Vektor $\boldsymbol{n}$ in jedem Punkt in einer Querschnittsfläche des Zylinders liegt und die Richtung des Radius dieses Kreisquerschnittes hat (s. Abb. 27a)). Auf der Zylinderachse ist die Richtung von $\boldsymbol{n}$ offensichtlich unbestimmt, diese Achse ist eine Disklination. Wir verändern die Randbedingungen und fordern, daß $\boldsymbol{n}$ am Rande jeder Querschnittsfläche parallel zur Behälterwand ist. Dann wird sich eine Vertei-

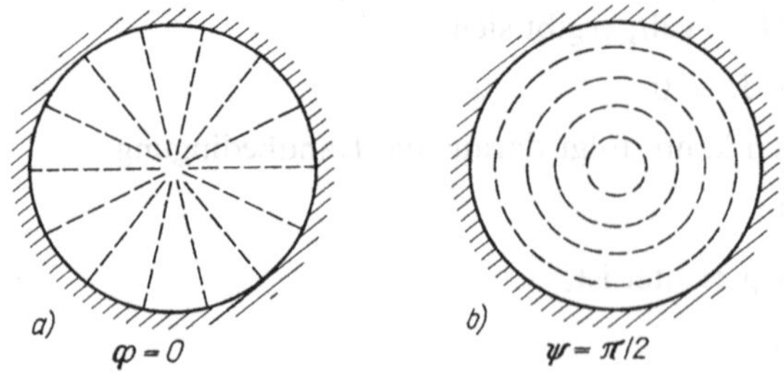


Abb. 27

lung $\boldsymbol{n}(\boldsymbol{r})$ einstellen, bei der die Vektoren $\boldsymbol{n}$ in den Querschnittsflächen tangential auf konzentrischen Kreisen um die Zylinderachse liegen (Abb. 27b)). Auch in diesem Fall wird die Richtung von $\boldsymbol{n}$ auf der Zylinderachse unbestimmt sein.

Diese beiden Beispiele sind einfache Fälle geradliniger Disklinationen. Wir untersuchen nun das Problem der möglichen Verteilungen $\boldsymbol{n}(\boldsymbol{r})$ in einem unendlichen Medium in Anwesenheit einer solchen Disklination, unabhängig von deren Längskoordinate. Es ist ausreichend, die Verteilung in Flächen senkrecht zur Achse der Disklination zu betrachten. Wir nehmen an, daß auch der Vektor $\boldsymbol{n}$ selbst stets in diesen Flächen liegt. Damit liegt ein ebenes mechanisches Problem vor. Einige allgemeine Eigenschaften der Lösung dieser Aufgabe können bereits aus allgemeinen Überlegungen, ohne Berücksichtigung der konkreten Gleichgewichtsbedingungen, gewonnen werden.

Wir führen Zylinderkoordinaten $r$, $\varphi$, $z$ ein, wobei die $z$-Achse mit der Achse der Disklination zusammenfällt. Wie bereits bemerkt, ist die Verteilung $\boldsymbol{n}(\boldsymbol{r})$ unabhängig von $z$. Sie kann auch nicht von $r$ abhängen, da in der gestellten Aufgabe (Disklinationen im unendlichen Medium) keine Parameter mit der Dimension einer Länge vorkommen. Diese wären notwendig, um eine dimensionslose Funktion der Variablen $r$ (wie sie $\boldsymbol{n}(\boldsymbol{r})$ darstellt) zu konstruieren. Die gesuchte Verteilung ist demnach nur eine Funktion des Winkels: $\boldsymbol{n} = \boldsymbol{n}(\varphi)$.

Mit $\psi$ bezeichnen wir den Winkel zwischen $\boldsymbol{n}$ und dem Radiusvektor im gegebenen Punkt der Ebene $z = \text{const}$ (Abb. 28). Die Komponenten des 2dimensionalen Vektors $\boldsymbol{n}$ sind

$$n_r = \cos\psi\,, \qquad n_\varphi = \sin\psi\,.$$

Den polaren Winkel $\varphi$ zählen wir von der polaren Achse, einer beliebig gewählten Richtung in der Ebene. Für den Winkel $\vartheta$ zwischen $\boldsymbol{n}$ und der polaren Achse gilt $\vartheta = \varphi + \psi$.

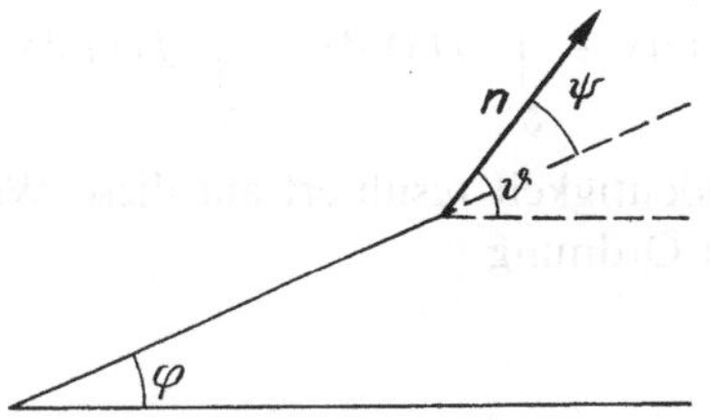


Abb. 28

Die Funktion $\psi(\varphi)$ ist die gesuchte Lösung des Problems. Sie muß bei einer Änderung der Variablen $\varphi$ um $2\pi$ (was gleichbedeutend mit einer vollen Drehung um den Koordinatenursprung ist), physikalisch eindeutig bleiben. Der Vektor $\boldsymbol{n}$ muß dabei bis auf das Vorzeichen unverändert bleiben (Vorzeichenänderung ist wegen der physikalischen Äquivalenz der Richtungen $\boldsymbol{n}$ und $-\boldsymbol{n}$ zulässig). Das bedeutet, es muß

$$\vartheta(\varphi + 2\pi) = \vartheta(\varphi) + 2\pi n$$

gelten. Dabei ist $n$ ein ganz- oder halbzahliger, positiver oder negativer Wert ($n = 0$ entspricht dem „undeformierten" Zustand $\boldsymbol{n} = \text{const}$). Für die Funktion $\psi(\varphi) = \vartheta - \varphi$ erhalten wir daher

$$\psi(\varphi + 2\pi) = 2\pi(n - 1) + \psi(\varphi) \tag{37,1}$$

Die Zahl $n$ wird Frank*scher Index* der Disklination genannt.

Die Gleichgewichtsbedingung (deren konkrete Form weiter unten angegeben wird) bestimmt die Ableitung $d\psi/d\varphi$ in der Form

$$\frac{d\psi}{d\varphi} = \frac{1}{f(\psi)}. \tag{37,2}$$

Diese Gleichung ist invariant bezüglich einer beliebigen Drehung um die $z$-Achse (d. h. bezüglich einer Abbildung $\varphi \to \varphi + \varphi_0$), da auf der rechten Seite die Variable $\varphi$ nicht vorkommt. Die Funktion $f(\psi)$ ist periodisch mit der Periode $\pi$, weil die Werte $\psi$ und $\psi + \pi$ physikalisch gleichwertig sind. Damit gilt

$$\varphi = \int_0^{\psi} f(x)\, dx, \tag{37,3}$$

wobei die Integrationskonstante so gewählt wurde, daß bei $\psi = 0$ auch $\varphi = 0$ ist. Bringen wir diesen Ausdruck mit (37,1) in Verbindung, so ergibt sich[1])

$$\bar{f} \equiv \frac{1}{\pi} \int_0^{\pi} f(x)\, dx = \frac{1}{n-1} \tag{37,4}$$

mit $n \neq 1$. (Der Querstrich über dem Symbol kennzeichnet den Mittelwert über die Funktionsperiode.)

Daraus können wir eine wichtige Symmetrieeigenschaft der Disklination schlußfolgern: Bei einer Drehung des ganzen Körpers um einen Winkel $\varphi_0 = 2\pi/2(n-1)$ um die $z$-Achse ändert sich der Winkel $\psi$ um $\pi$, d. h., die Verteilung bleibt unverändert. Das ist leicht einzusehen, wenn eine solche Abbildung, unter Berücksichtigung der Periodizität der Funktion $f(\psi)$, durchgeführt wird:

$$\varphi + \frac{2\pi}{2(n-1)} = \varphi + \bar{f}\pi = \int_0^{\psi} f(x)\, dx + \int_{\psi}^{\psi+\pi} f(x)\, dx = \int_0^{\psi+\pi} f(x)\, dx .$$

Aus der Forderung nach physikalischer Eindeutigkeit resultiert auf diese Weise, daß die $z$-Achse gleichzeitig Symmetrieachse ($C_m$) der Ordnung

$$m = 2\,|n-1|, \qquad n \neq 1, \tag{37,5}$$

ist.

Als „Stromlinien" eines Direktors bezeichnet man Linien, deren Längenelement $d\boldsymbol{l}$ ($dl_r = dr$, $dl_\varphi = r\, d\varphi$) in jedem Punkt parallel zu $\boldsymbol{n}$ ist. Die Differentialgleichung dieser Linien ist

$$dl_\varphi/dl_r = n_\varphi/n_r .$$

Die gleiche Differentialgleichung lautet in anderer Form

$$\frac{d\varphi}{d \ln r} = \tan\psi . \tag{37,6}$$

---

[1]) Anmerkung des Herausgebers. Es ist:

$$2\pi = \int_0^{\psi(2\pi)} f(x)\, dx = \int_0^{2\pi(n-1)} f(x)\, dx = 2(n-1) \int_0^{\pi} f(x)\, dx .$$

Man kann daraus unter anderem schlußfolgern, daß es unter den Stromlinien Geraden der Form $\psi = p\pi$ (mit ganzzahligem $p$) gibt. Diese Linien sind $2(n - 1)$ radiale Strahlen

$$\varphi = \frac{\pi}{|n-1|} p \equiv \varphi_p, \qquad \psi = p\pi, \qquad p = 0, 1, 2, \dots, m - 1. \tag{37,7}$$

Eine Querschnittsfläche der Disklination wird durch diese Strahlen in $m$ gleiche, sich wiederholende Sektoren geteilt.

Wir wollen nun die konkrete Lösung für eine nematische Flüssigkeit, deren Deformationsenergie durch (36,1) gegeben ist, herleiten.[1])

Für eine ebene Verteilung gilt

$$\operatorname{div} \boldsymbol{n} = \frac{1}{r}\frac{\mathrm{d}n_\varphi}{\mathrm{d}\varphi} + \frac{n_r}{r} = \frac{1}{r}\cos\psi(1 + \psi'),$$

$$\operatorname{rot}_z \boldsymbol{n} = -\frac{1}{r}\frac{\mathrm{d}n_r}{\mathrm{d}\varphi} + \frac{n_\varphi}{r} = \frac{1}{r}\sin\psi(1 + \psi'),$$

$$\boldsymbol{n} \operatorname{rot} \boldsymbol{n} = 0$$

($\psi' \equiv \mathrm{d}\psi/\mathrm{d}\varphi$). Der Ausdruck für die freie Energie enthält nur noch die Glieder mit $K_1$ und $K_3$:[2])

$$\int F_{\mathrm{d}} r \,\mathrm{d}r\,\mathrm{d}\varphi = \frac{K_1 + K_3}{4}\int (1 - \alpha\cos 2\psi)(1 + \psi'^2)\frac{\mathrm{d}\varphi\,\mathrm{d}r}{r},$$

$$\alpha = \frac{K_3 - K_1}{K_3 + K_1}.$$

Das Integral über $r$ divergiert logarithmisch. In realen Aufgabenstellungen ist es durch eine Länge $R$ in der Größenordnung der Probenausmaße nach oben begrenzt. Die untere Grenze des Integrals wird durch eine molekulare Länge $a$ bestimmt, welche die Grenze der Anwendbarkeit der makroskopischen Betrachtungsweise angibt. Für eine uns interessierende Lösung im Bereich $a \ll r \ll R$ können wir annehmen, daß der Faktor

$$L = \int \frac{\mathrm{d}r}{r} \approx \ln\frac{R}{a}$$

eine beliebige Konstante darstellt, so daß das Minimum des Funktionals

$$\int_0^{2\pi} (1 - \alpha\cos 2\psi)(1 + \psi'^2)\,\mathrm{d}\varphi = \min \tag{37,8}$$

zur Bestimmung der Gleichgewichtsverteilung $\psi(\varphi)$ benutzt werden kann.

---

[1]) Diese Aufgabe wurde von C. W. Oseen (1933) und F. C. Frank (1958) für den Spezialfall nematischer Flüssigkeiten mit $K_1 = K_3$ gelöst. Die hier angegebene allgemeine Lösung fand J. E. Dsjaloschinski (1970).

[2]) Unter dem Integral wurde das Glied mit dem Faktor $(1 - \alpha\cos 2\psi)\, 2\psi' = (2\psi - \alpha\sin 2\psi)'$ vernachlässigt, da es die Formulierung der Variationsaufgabe nicht beeinflußt. Die Gleichgewichtsbedingung wird hier neu abgeleitet, ohne Verwendung der allgemeinen Gleichungen (36,7—8), welche umfangreiche Rechnungen erfordern würde.

Als EULERsche Gleichung dieser Variationsaufgabe erhält man

$$(1 - \alpha \cos 2\psi)\,\psi'' = \alpha \sin 2\psi(1 - \psi')^2\,. \tag{37,9}$$

Diese Gleichung hat zwei triviale Lösungen:

$$\psi = 0 \tag{37,10}$$

und

$$\psi = \pi/2\,. \tag{37,11}$$

Das sind axialsymmetrische Lösungen, die den in den Abbildungen 27a) und 27b) dargestellten Fällen[1]) entsprechen. Die Lösungen sind gleichwertig, d. h., der FRANKsche Index dieser Disklinationen ist $n = 1$ (s. (37,1)).

Um die Lösung mit $n \neq 1$ zu finden, gehen wir vom ersten Integral der Differentialgleichung (37,9) aus,[2])

$$(1 - \alpha \cos 2\psi)\,(\psi'^2 - 1) = \text{const} \equiv \frac{1}{q^2} - 1\,. \tag{37,12}$$

Daraus ergibt sich die Lösung in der Form (37,3) mit

$$f(\psi) = q\left[\frac{1 - \alpha \cos 2\psi}{1 - \alpha q^2 \cos 2\psi}\right]^{1/2}. \tag{37,13}$$

Die Konstante $q$ kann mit Hilfe der Bedingung (37,4) vermöge

$$(n - 1)\,q \int_0^\pi \left[\frac{1 - \alpha \cos 2\psi}{1 - \alpha q^2 \cos 2\psi}\right]^{1/2} \mathrm{d}\psi = \pi \tag{37,14}$$

berechnet werden. (Dabei muß $|\alpha|\,q^2 < 1$ gelten.) Diese Formeln bestimmen die gesuchte Lösung. Für jedes $n$ ist die Lösung eindeutig, denn die Bedingung (37,14) wird nur von jeweils einem bestimmten Wert $q$ erfüllt, da ihre linke Seite eine monoton wachsende Funktion von $q$ ist. Die Funktion $f(\psi)$ ist gerade, darum muß die Funktion $\varphi(\psi)$ ungerade sein. Das bedeutet, $\varphi = 0$ ist eine Symmetriefläche der Verteilung. Wegen der Existenz einer Symmetrieachse $C_m$ entstehen somit $m - 1$ Symmetrieflächen, die alle die $z$-Achse enthalten. Schließlich ist auch $z = 0$ eine Symmetriefläche. Daraus ersieht man, daß eine Disklination des Index $n$ die vollständige Symmetrie-Punktgruppe $D_{mn}$ besitzt.

Für $n = 2$ folgt aus (37,14) $q = 1$ und die entsprechende Lösung

$$\psi = \varphi = \vartheta/2\,. \tag{37,15}$$

Zur Interpretation der gefundenen Lösungen untersuchen wir das Verhalten der Stromlinien in der Nähe der radialen Strahlen $\varphi = \varphi_p$ (37,7). Auf diesen Strahlen gilt $\varphi = p\pi$.

---

[1]) Es sei bemerkt, daß im Falle der „Entartung" $K_1 = K_3$ jedes beliebige $\psi = \text{const}$ eine Lösung ist.

[2]) Wenn man den Ausdruck unter dem Integral in (37,8) als LAGRANGE-Funktion eines eindimensionalen Systems betrachtet ($\psi$ aufgefaßt als verallgemeinerte Koordinate, $\varphi$ als Zeit), dann ist (37,12) das Energieintegral.

Indem wir annehmen, daß in ihrer Nähe $\psi \approx p\pi$ gilt, erhalten wir für die Funktion (37,13) eine Konstante:

$$\frac{d\varphi}{d\psi} = f(\psi) \approx q \left(\frac{1-\alpha}{1-\alpha q^2}\right)^{1/2} \equiv \lambda \,. \tag{37,16}$$

Daraus folgt

$$\psi - \pi p \approx \frac{1}{\lambda}(\varphi - \varphi_p) \,.$$

Die Differentialgleichung der Stromlinien hat jetzt die Gestalt

$$\frac{d \ln r}{d\varphi} = \cot \psi \approx \frac{1}{\psi - \psi_p} \approx \frac{\lambda}{\varphi - \varphi_p} \,.$$

Die Lösung dieser Gleichung gibt die Form der Stromlinien an:

$$r = \text{const} \cdot |\varphi - \varphi_p|^\lambda \,. \tag{37,17}$$

Führt man kartesische Koordinaten ein, mit der $x$-Achse entlang eines Strahles, so gilt in dessen Nähe $r \approx x$, $\varphi - \varphi_p \approx y/x$, und die Gleichung der Stromlinien nimmt die Form

$$y = \text{const} \cdot x^{1+1/\lambda} \tag{37,18}$$

an.

Im weiteren müssen verschiedene Fälle betrachtet werden. Wenn $n \geqq 3/2$ ist, gilt $n - 1 > 0$ und wegen (37,14) auch $q > 0$, woraus wiederum $\lambda > 0$ folgt. In diesem Fall laufen die Stromlinien, den Radialstrahl berührend, aus dem Koordinatenursprung heraus.

Für $n = 1/2$ wird der Parameter $q < 0$ und mit ihm auch $\lambda < 0$. Die numerische Auswertung der Gleichung (37,14) zeigt, daß $q^2 > 1$ ist, was seinerseits auf $|\lambda| > 1$ schließen läßt. Aus (37,18) ist ersichtlich, daß $y$ gemeinsam mit $x$ wächst. Die nähere Umgebung des Koordinatenursprungs kann deshalb nicht in diese Betrachtungen eingeschlossen werden, denn entsprechend (37,17) sind kleine Werte von $\varphi - \varphi_p$ für $\lambda < 0$ gleichbedeutend mit großen Werten von $r$.

Schließlich liegt im Falle $n < 0$ der Parameter $\lambda$ im Bereich $-1 < \lambda < 0$, und wegen (37,18) gilt $y \to 0$ für $x \to \infty$. Die Stromlinien nähern sich asymptotisch dem Radialstrahl.

Schematische Darstellungen der Stromlinien für Disklinationen mit $n = 3/2$, $n = 1/2$ und $n = -1/2$ zeigt Abb. 29.

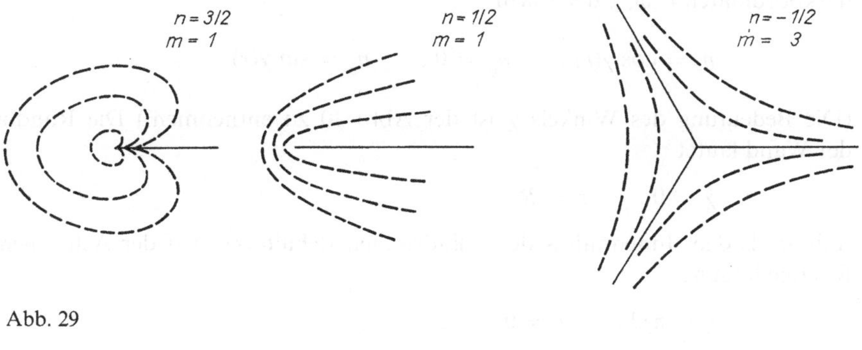


Abb. 29

## § 38. Nichtsinguläre axialsymmetrische Lösung der Gleichungen für das Gleichgewicht nematischer Flüssigkeiten

Axialsymmetrische Deformationen (37,10—11) (s. Abb. 27), welche Disklinationen mit dem FRANKschen Index $n = 1$ darstellen, sind exakte Lösungen der Gleichungen für das Gleichgewicht nematischer Flüssigkeiten bei vorgegebenen Randbedingungen an den Behälterwänden. Es sind die einzigen ebenen Lösungen dieser Art. Im allgemeinen Fall existieren jedoch noch andere Lösungen. Wenn die Voraussetzung fallengelassen wird, daß $\boldsymbol{n}$ stets in Querschnittsflächen senkrecht zur Behälterachse liegt, dann sind auch Lösungen möglich, die keine Singularität auf der Achse besitzen. Fordern die Randbedingungen, daß $\boldsymbol{n}$ senkrecht zur Behälterwand ist, liegen die Stromlinien der singularitätenfreien Lösungen auf Meridianflächen der in Abb. 30 dargestellten Form. Sie beginnen an der Wand in Normalrichtung und sind zur Achse $r = 0$ hin gebogen. Auf der Achse ist damit die Richtung von $\boldsymbol{n}$ vollständig bestimmt. Außerdem kann man sehen, daß (wegen kleinerer freier elastischer Energie) die singularitätenfreie Lösung im Vergleich zu der mit Singularitäten behafteten thermodynamisch günstiger ist (P. E. CLADIS, M. KLEMAN, 1972). Im folgenden wird diese Lösung erklärt.

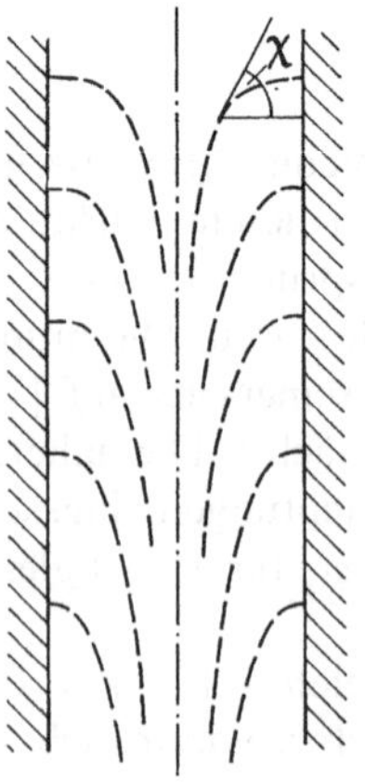


Abb. 30

Wir suchen eine axialsymmetrische, in $z$-Richtung nicht veränderliche Lösung in Zylinderkoordinaten $r$, $\varphi$, $z$ der Form

$$n_r = \cos \chi(r) , \qquad n_\varphi = 0 , \qquad n_z = \sin \chi(r) . \tag{38,1}$$

(Die Bedeutung des Winkels $\chi$ ist der Abb. 30 zu entnehmen.) Die Randbedingung an der Wand lautet

$$\chi = 0 , \qquad r = R \tag{38,2}$$

(mit $R$ als dem Innenradius des zylindrischen Behälters). Auf der Achse nehmen wir die Randbedingung

$$\chi = \pi/2 , \qquad r = 0 \tag{38,3}$$

an, welche, wie ersichtlich, die Singularität beseitigt. Es gilt nach (38,1)

$$\mathrm{rot}_\varphi\, \boldsymbol{n} = -\frac{\mathrm{d}n_z}{\mathrm{d}r} = -\cos\chi \frac{\mathrm{d}\chi}{\mathrm{d}r},$$

$$\mathrm{div}\, \boldsymbol{n} = \frac{1}{r}\frac{\mathrm{d}(rn_r)}{\mathrm{d}r} = -\sin\chi \frac{\mathrm{d}\chi}{\mathrm{d}r} + \frac{\cos\chi}{r}.$$

Die freie Energie der Deformation pro Längeneinheit entlang der $z$-Achse errechnet sich aus dem Integral

$$\int_0^R F_d 2\pi r\, \mathrm{d}r = \pi \int_{-\infty}^{\ln R} \{(K_1 \sin^2\chi + K_3\cos^2\chi)\,\chi'^2 + K_1\cos^2\chi - K_1 \sin 2\chi \cdot \chi'\}\, \mathrm{d}\xi\,. \tag{38,4}$$

Dabei bedeutet ( )' eine Differentiation nach der Integrationsvariablen $\xi = \ln r$.[1])

Das erste Integral der Gleichgewichtsbedingung (d. h. der dem Funktional (38,4) entsprechenden EULERschen Gleichung) ist:

$$(K_1 \sin^2\chi + K_3 \cos^2\chi)\,\chi'^2 - K_1\cos^2\chi = \mathrm{const}\,. \tag{38,5}$$

Entsprechend der Bedingung (38,3) muß $\chi \to \pi/2$ für $\xi \to -\infty$ gelten. Daraus folgt, daß $\chi' \to 0$, wenn $\chi \to \pi/2$, so daß const = 0 gesetzt werden muß. Damit erhält man

$$\chi' = -\frac{\sqrt{K_1}\cos\chi}{(K_1\sin^2\chi + K_3\cos^2\chi)^{1/2}}\,.$$

Nunmehr können wir die gesuchte, der Randbedingung (38,2) genügende Lösung aufschreiben:

$$\ln\frac{R}{r} = \frac{1}{\sqrt{K_1}} \int_0^\varkappa \frac{(K_1\sin^2\chi + K_3\cos^2\chi)^{1/2}}{\cos\chi}\,\mathrm{d}\chi\,. \tag{38,6}$$

Diese Lösung ist im Gegensatz zur Disklination (37,10) nicht selbstähnlich, sie enthält den Längenparameter $R$. Das Integral (38,6) ist durch elementare Funktionen darstellbar. Unter der Voraussetzung $K_3 > K_1$ erhält man

$$\frac{r}{R} = \left\{\frac{\sqrt{1-k^2\sin^2\chi} - k'\sin\chi}{\sqrt{1-k^2\sin^2\chi} + k'\sin\chi}\right\}^{1/2} \exp\left\{-\frac{k}{k'}\,\mathrm{arc\,sin}\,(k\sin\chi)\right\},$$

$$k^2 = \frac{K_3 - K_1}{K_3}, \qquad k'^2 = 1 - k^2 = \frac{K_1}{K_3}.$$

Für $r \to 0$ strebt die Differenz $\pi/2 - \chi$ proportional zu $r$ gegen Null, und die Stromlinien nähern sich der $z$-Achse nach dem Gesetz $r \sim \exp(\mathrm{const}\cdot z)$.

---

[1]) Das erste Glied unter dem Integral ist für die Formulierung der Variationsaufgabe unwesentlich, aber notwendig zur Berechnung der freien Energie.

Die zu dieser Lösung gehörende freie Energie berechnet sich zu

$$\int_0^R F_d \, 2\pi r \, \mathrm{d}r = \pi K_1 \left\{ 2 + \frac{2}{kk'} \arcsin k \right\} . \tag{38,8}$$

Wir weisen darauf hin, daß dieser Ausdruck unabhängig vom Radius $R$ ist. In dem entsprechenden Ausdruck

$$\int_0^R F_d \, 2\pi r \, \mathrm{d}r = \pi K_1 L \, , \qquad L = \ln (R/a) \, , \tag{38,9}$$

welcher zu der die Disklination (Abb. 27a)) beschreibenden Lösung (37,10) gehört, ist die Ursache der Abhängigkeit von $R$ gerade die Singularität auf der Achse. Wir sehen, daß die Lösung ohne Singularität im Vergleich zur Lösung mit Singularität energetisch günstiger ist, wenn nur der Parameter $K_1$ nicht anormal klein ist.

Das Feld $\boldsymbol{n}(\boldsymbol{r})$ der hier betrachteten axialsymmetrischen, singularitätenfreien Lösung kann für $n = 1$ aus dem mit der Disklination behafteten Feld $\boldsymbol{n}(\boldsymbol{r})$ konstruiert werden. Das letztere wird dabei durch schrittweises Herausführen des Vektors $\boldsymbol{n}$ aus den Flächen $z = \text{const}$ stetig (d. h. ohne irgendwelche Sprünge) verformt. Diese Interpretation entspricht einer ganz allgemeinen Erscheinung, die in den folgenden Paragraphen erläutert wird.

### Aufgaben

1. Man gebe die axialsymmetrische singularitätenfreie Lösung der Gleichungen für das Gleichgewicht einer nematischen Flüssigkeit in einem zylindrischen Behälter an, die den Randbedingungen der Abb. 27b) genügen.

Lösung. Gesucht ist eine Lösung der Art

$$n_r = 0 \, , \qquad n_\varphi = \cos \chi(r) \, , \qquad n_z = \sin \chi(r)$$

mit den Randbedingungen

$$\chi(R) = 0 \, , \qquad \chi(0) = \pi/2 \, .$$

Es gilt

$$\operatorname{rot}_\varphi \boldsymbol{n} = -\cos \chi \frac{\mathrm{d}\chi}{\mathrm{d}r} \, , \qquad \operatorname{rot}_z \boldsymbol{n} = \frac{\cos \chi}{r} - \sin \chi \frac{\mathrm{d}\chi}{\mathrm{d}r} \, , \qquad \operatorname{div} \boldsymbol{n} = 0 \, .$$

Die freie Energie der Deformation berechnet sich zu

$$\int_0^R 2\pi r F_d \, \mathrm{d}r = \pi \int_{-\infty}^{\ln R} \{ K_2 (\sin \chi \cos \chi - \chi')^2 + K_3 \cos^4 \chi \} \, \mathrm{d}\xi \, .$$

Das erste Integral der Gleichgewichtsbedingung lautet

$$K_2 \chi'^2 - (K_2 \sin^2 \chi \cos^2 \chi + K_3 \cos^4 \chi) = 0 \, .$$

Die Integration dieser Gleichung führt zu folgendem Ergebnis (vorausgesetzt $K_3 > K_2$):

$$\frac{r}{R} = \left\{ \frac{\sqrt{1 - k^2 \sin^2 \chi} - k' \sin \chi}{\sqrt{1 - k^2 \sin^2 \chi} + k' \sin \chi} \right\}^{1/2} , \qquad k^2 = \frac{K_3 - K_2}{K_3} \, , \qquad k'^2 = \frac{K_2}{K_3} \, .$$

Für $r \to 0$ folgt $\chi \to \pi/2$ nach der Regel

$$\frac{\pi}{2} - \chi = 2k' \frac{r}{R} \, .$$

Die freie Energie dieser Deformation ist dann

$$\int_0^R F_{\rm d}\, 2\pi r\, {\rm d}r = \pi K_2 \left\{2 + \frac{1}{kk'} \arcsin k\right\},$$

während die freie Energie der entsprechenden Disklination (Abb. 27b)) $\pi K_3 L$ beträgt.

2. Man untersuche die Stabilität einer Disklination mit dem Index $n = 1$ bezüglich einer kleinen Störung der Art $\delta \boldsymbol{n}(\varphi)$ (S. J. ANISSIMOW, J. E. DSJALOSCHINSKI, 1972).

Lösung. a) Das ungestörte Feld der entsprechenden radialen Disklination (Abb. 27b)) wird durch $n_r = 1$, $n_\varphi = n_z = 0$ beschrieben. Die Störung dieses Feldes geben wir in folgender Weise an:

$$n_r = \cos\Theta \cos\Phi \approx 1 - \frac{1}{2}(\Theta^2 + \Phi^2),$$

$$n_\varphi = \cos\Theta \sin\Phi \approx \Phi,$$

$$n_z = \sin\Theta \approx \Theta,$$

wobei die Winkel $\Theta$ und $\Phi$ Funktionen der Koordinate $\varphi$ sind. Die zu diesen Störungen gehörende Energie ist

$$\int F_{\rm d} r\, {\rm d}r\, {\rm d}\varphi = \frac{R^2}{4} \int \{K_1 \Phi'^2 + K_2 \Theta'^2 + (K_3 - K_1)\Phi^2 - K_1 \Theta^2\}\, {\rm d}\varphi .$$

Eine allgemeine Betrachtung muß nun Reihenansätze der Form

$$\Theta(\varphi) = \sum_{s=-\infty}^{\infty} \Theta_s\, {\rm e}^{{\rm i}s\varphi}, \qquad \Phi(\varphi) = \sum_{s=-\infty}^{\infty} \Phi_s\, {\rm e}^{{\rm i}s\varphi}$$

machen und die Energie für alle $\Theta_s$ und $\Phi_s$ angeben. Man sieht aber auch ohne eine solche Rechnung, daß die betrachtete Disklination stets instabil gegenüber einer Störung $\Theta_0$ ist (s. das Glied $-K_1\Theta_0^2$ in der Energie).

b) Das ungestörte Feld der zirkularen Disklination (Abb. 27b)) ist durch $n_r = n_z = 0$, $n_\varphi = 1$ gegeben. Wir schreiben die Störung in der Form

$$n_r = \cos\Theta \cos\left(\frac{\pi}{2} + \Phi\right) \approx -\Phi,$$

$$n_\varphi = \cos\Theta \sin\left(\frac{\pi}{2} + \Phi\right) \approx -\frac{1}{2}(\Theta^2 + \Phi^2),$$

$$n_z = \sin\Theta \approx \Theta .$$

(Die Definition des Winkels $\Phi$ ist von der des Falls a) verschieden.) Die entsprechende Energie ist

$$\int F_{\rm d} r\, {\rm d}r\, {\rm d}\varphi = \frac{R^2}{4} \int \{K_3(\Theta'^2 + \Phi'^2) + (K_1 - K_3)\Phi^2 + (K_2 - 2K_3)\Theta^2\}\, {\rm d}\varphi .$$

Die Stabilitätsbedingungen gegenüber den „gefährlichsten" Störungen $\Theta_0$ und $\Phi_0$ lauten

$$K_1 > K_3, \qquad K_2 > 2K_3 .$$

Die im Text und in Aufgabe 1 erhaltene Aussage, daß die freie Energie der Deformation in Disklinationen mit dem Index $n = 1$ die Energie der singularitätenfreien axialsymmetrischen Lösung übersteigt, bedeutet nur, daß diese Disklinationen im besten Falle metastabil sein können. Wie wir sahen, ist die radiale Disklination stets instabil, während die zirkulare Disklination stabil (gegenüber Störungen der betrachteten Art) ist, wenn bestimmte Verhältnisse zwischen den Molekülen eingehalten werden.

3. Ein nematischer Körper füllt das Volumen zwischen zwei parallelen Ebenen aus. Die Randbedingungen sollen auf der einen Fläche Normalität, auf der anderen Parallelität des Direktors fordern. Es ist die Gleichgewichtsverteilung $\boldsymbol{n}(\boldsymbol{r})$ zu bestimmen.

Lösung. Die Gleichgewichtskonfiguration wird offensichtlich eben sein. Für ihre Beschreibung wählen wir die $xz$-Ebene, mit der $z$-Achse senkrecht zu den begrenzenden Ebenen (den Ebenen $z = 0$ und $z = h$).

Wir machen den Ansatz

$$n_x = \sin \chi(z)\,, \qquad n_z = \cos \chi(z)\,.$$

Die freie Energie ist

$$\int F_d \, \mathrm{d}z = \frac{1}{2} \int \{K_1 \sin^2 \chi + K_2 \cos^2 \chi\} \, \chi'^2 \, \mathrm{d}z\,.$$

Daraus folgt das erste Integral der Gleichgewichtsbedingung

$$(K_1 \sin^2 \chi + K_2 \cos^2 \chi) \, \chi'^2 = \text{const.}$$

Unter Berücksichtigung der Randbedingungen ergibt sich

$$\int_0^{\chi} (K_1 \sin^2 \chi + K_2 \cos^2 \chi)^{1/2} \, \mathrm{d}\chi = \frac{z}{h} \int_0^{\pi/2} (K_1 \sin^2 \chi + K_2 \cos^2 \chi)^{1/2} \, \mathrm{d}\chi$$

oder

$$z = \frac{hE(\chi, k)}{E(\pi/2, k)}\,, \qquad k^2 = (K_2 - K_1)/K_1$$

mit dem elliptischen Integral zweiter Art $E(\chi, k)$.

## § 39. Topologische Eigenschaften von Disklinationen

Die im § 37 erfolgte Definition des Frankschen Index war wesentlich an zwei Voraussetzungen gebunden: Die Deformation ist eben und homogen bezüglich der durch die Disklination bestimmten Richtung. Wir zeigen im folgenden, wie dieser Gedanke auf den allgemeinen Fall einer beliebig krummlinigen Disklination in einer nematischen Flüssigkeit übertragen werden kann.

Die Energie einer nematischen Flüssigkeit bleibt unverändert, wenn der Direktor in allen Punkten dieselbe beliebige Drehung erfährt. In diesem Sinne kann eine nematische Flüssigkeit als entartet hinsichtlich der Richtung des Direktors bezeichnet werden. Diese Richtungen spielen die Rolle eines *Parameters der Entartung*. Wir führen die Idee vom *Entartungsraum* ein, dem Bereich der zulässigen Änderung des Entartungsparameters ohne Energieänderung. In unserem Fall ist der Entartungsraum eine Kugelfläche mit dem Einheitsradius. Jeder Punkt auf dieser Kugel entspricht einer bestimmten Richtung von $\boldsymbol{n}$. Es muß allerdings noch berücksichtigt werden, daß Zustände einer nematischen Flüssigkeit, die sich nur im Vorzeichen von $\boldsymbol{n}$ unterscheiden, physikalisch gleichwertig sind. Anders ausgedrückt: Diametral entgegengesetzt liegende Punkte auf der Kugelfläche sind physikalisch äquivalent. Der Entartungsraum einer nematischen Flüssigkeit ist also eine Kugelfläche, auf der diametral gegenüberliegende Punkte gleichwertig sind.[1])

In Gedanken gehen wir jetzt auf einem geschlossenen Weg um eine in einer nematischen Flüssigkeit gelegene Disklination herum. (Wir nennen diesen Weg die Kontur $\gamma$.) Während dieses Umlaufs beobachten wir die Richtung des Vektors $\boldsymbol{n}$. Der den Vektor beschreibende Punkt im Entartungsraum (auf der Kugel) beschreibt ebenfalls eine geschlossene Kontur $\Gamma$. Nun müssen zwei Fälle unterschieden werden.

---

[1]) Dieser geometrischen Gestalt entspricht in der Topologie die sogenannte Projektionsfläche.

Im ersten ist die Kontur $\Gamma$ im wörtlichen Sinne geschlossen. Der Punkt im Entartungsraum beschreibt bis zur Rückkehr in seine Ausgangsposition $n$ Schleifen, wobei $n$ eine ganze Zahl ist. (Für die Konturen $\Gamma_1$ und $\Gamma_2$ in Abb. 31 ist diese Zahl gleich 1 bzw. 2.) Diese Zahl entspricht dem ganzzahligen FRANKschen Index.

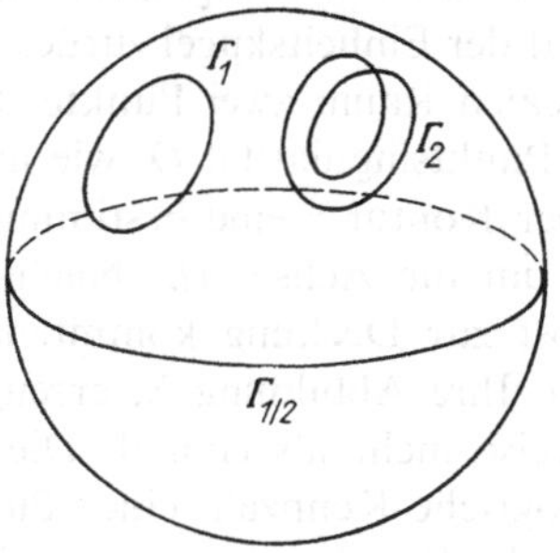


Abb. 31

Im anderen Fall endet die Kontur, ausgehend von einem beliebigen Punkt auf der Kugel, im diametral entgegenliegenden Punkt. Wegen der Äquivalenz der diametral gegenüberliegenden Punkte muß eine solche Kontur ebenfalls als „geschlossen" betrachtet werden. Der FRANKsche Index ist definiert als die halbzahlige „Anzahl der Schleifen", welche der die Kontur bildende Punkt beschreibt. (Für einen Halbkreis $\Gamma_{1/2}$ ist diese Zahl $n = 1/2$.)

Eine beliebige geschlossene Kontur auf der Kugeloberfläche kann in eine beliebige andere geschlossene Kontur übergehen mittels einer stetigen (d. h. ohne Unterbrechung der Kontur vonstatten gehenden) Deformation. Mehr noch, eine beliebige geschlossene Kontur kann auf stetige Weise in einen Punkt zusammengezogen werden.[1])

Man kann auch beliebige Konturen, die an diametral gegenüberliegenden Punkten beginnen bzw. enden, ineinander überführen. Allerdings können solche Konturen nicht in einen Punkt zusammengezogen werden. Die Enden dieser Konturen können sich bewegen, befinden sich aber dabei immer an den Endpunkten eines Durchmessers der Kugel.

Wir erkennen auf diese Weise, daß der FRANKsche Index topologisch nicht invariant ist. Topologisch invariant ist nur der Fakt seiner Ganz- oder Halbzahligkeit.

Aus den bisherigen Überlegungen folgt, daß alle Disklinationen in einer nematischen Flüssigkeit in zwei Kategorien einteilbar sind. Alle Disklinationen einer Kategorie sind topologisch äquivalent, sie können durch stetige Deformation des Feldes $\boldsymbol{n}(\boldsymbol{r})$ ineinander überführt werden (S. I. ANISSIMOW, I. E. DSJALOSCHINSKI, 1972).

Die eine Kategorie bilden die Disklinationen mit ganzzahligem FRANKschen Index. Diese Disklinationen sind außerdem topologisch instabil. Sie können mittels stetiger Deformation völlig beseitigt werden. Disklinationen mit ganzzahligem Index können somit (im Volumen der nematischen Flüssigkeit) vernachlässigt werden.

Die andere Kategorie besteht aus Disklinationen mit halbzahligem Index. Diese kann man nicht beseitigen, sie sind topologisch stabil.

Welche der topologisch gleichwertigen Strukturen sich unter bestimmten Bedingungen einstellen wird, hängt davon ab, welche Struktur thermodynamisch am günstigsten ist. Die Beantwortung dieser Frage liegt nicht im Rahmen einer topologischen Analyse.

---

[1]) Eine Deformation der Kontur kann man sich vorstellen als Änderung der Kontur $\gamma$ im realen (physikalischen) Raum oder als Änderung des Feldes $\boldsymbol{n}(\boldsymbol{r})$.

Neben den linienförmigen Singularitäten, den Disklinationen, können in nematischen Flüssigkeiten auch punktförmige Singularitäten vorkommen. Das einfachste Beispiel einer solchen Singularität ist ein Punkt, von dem aus die Vektoren $\boldsymbol{n}$ in alle Richtungen zeigen („Igel").

Zur Aufklärung der topologischen Klassifikation von Punktsingularitäten kehren wir erneut zu den Darstellungen im Entartungsraum auf der Einheitskugel zurück. Wir wählen im von der nematischen Flüssigkeit angefüllten realen Raum zwei Punkte $A$ und $B$, die durch eine Kontur $\gamma$ verbunden sind, welche eine Punktsingularität $O$, wie in Abb. 32 gezeigt, umgeht. Auf der Einheitskugel entspricht der Kontur $\gamma$ eine bestimmte Kontur $\Gamma$. Wir drehen jetzt die Kontur im ganzen einmal um die Achse $AB$. Nach einer vollen Drehung, wenn die Kontur wieder mit sich selbst zur Deckung kommt, ist im realen Raum eine geschlossene Fläche $\sigma$ erzeugt worden. Ihre Abbildung $\Sigma$, erzeugt durch die Kontur $\Gamma$, bedeckt die Einheitskugel möglicherweise mehr als einmal. Die Zahl $N$ der Überdeckungen der Einheitskugel stellt die topologische Kennzahl einer Punktsingularität dar. Die Fläche $\Sigma$ kann man sich als eine über die Kugel gezogene geschlossene Haut vorstellen. Ganz offenbar ist es unmöglich, diese Haut auf irgendeine Weise in einen Punkt zusammenzuziehen (auch nicht mittels eines beliebigen Schnittes). Darin drückt sich die Unmöglichkeit aus, diese Singularitäten zu beseitigen. Nur wenn $N = 0$ ist, wäre das möglich. Dann umspannt die Haut die Kugel nicht völlig. Es existiert keine Singularität, oder man kann sie beseitigen. Das Vorzeichen von $N$ hat für nematische Flüssigkeiten keine Bedeutung. Seine Änderung ist gleichbedeutend mit einer Richtungsänderung von $\boldsymbol{n}$ im ganzen Raum, welche den Zustand einer nematischen Flüssigkeit nicht beeinflußt.

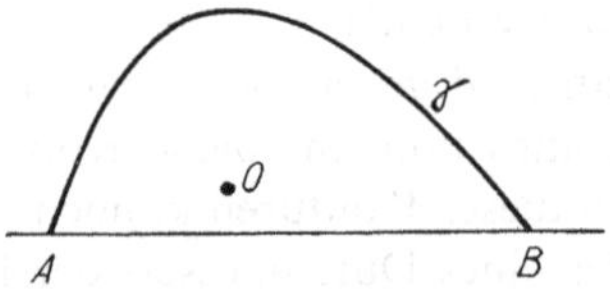

Abb. 32

Die eine Punktsingularität kennzeichnende Zahl $N$ kann nur ganzzahlig sein. Man sieht leicht, daß ein halbzahliges $N$ einer nichtzubeseitigenden linienförmigen Singularität entsprechen würde. Wenn $\Sigma$ nur die Hälfte der Kugel bedeckt ($N = 1/2$), bedeutet das, daß ein Punkt, der auf dieser Halbkugel eine erzeugende Kontur beschreibt, diametral gegenüber seinem Ausgangsort endet. Das entspricht einer Kontur der Art $\Gamma_{1/2}$ (Abb. 31), was wiederum von der Existenz einer nichtzubeseitigenden Disklination mit dem FRANKschen Index $n = 1/2$ zeugt.[1])

Im Zusammenhang mit der Erläuterung der topologischen Eigenschaften von Singularitäten in nematischen Flüssigkeiten wollen wir kurz auf die topologische Deutung von Versetzungen (singuläre Linien in Kristallgittern) eingehen. Wir stellen uns ein unendliches Kristallgitter vor und führen die Achsen $x_1$, $x_2$, $x_3$ entlang der drei Basisperioden des Gitters ein. Die Größe der drei Basisperioden sei $a_1$, $a_2$, $a_3$. Die Energie des Gitters bleibt unverändert, wenn dieses um einen beliebigen Abstand

[1]) Bei ganzzahligem $N$ führt die gleiche Überlegung nicht zu einem analogen Ergebnis, da Disklinationen mit ganzzahligem $n$ beseitigt werden können, aber Darstellungen mit ganzem $N$ nichtzubeseitigenden Punktsingularitäten entsprechen.

entlang einer Achse $x_1$, $x_2$ oder $x_3$ parallel verschoben wird. Die Bereiche, in welchen sich die Entartungsparameter (die Längen der Verschiebungen) ändern, sind die Längenabschnitte $a_1$, $a_2$, $a_3$. Dabei sind die beiden Endpunkte jedes dieser Längenabschnitte als äquivalent zu betrachten (da eine Verschiebung um eine Periode das Gitter in sich selbst überführt, d. h. den Gitterzustand unverändert läßt). Eine Strecke mit äquivalenten Endpunkten ist topologisch gesehen ein Kreis. Der Entartungsraum eines Kristallgitters stellt deshalb ein auf drei Kreisen aufbauendes dreidimensionales Gebiet dar. Man kann sich dieses Gebiet als einen Würfel vorstellen, dessen gegenüberliegende Seitenflächen paarweise äquivalent sind, oder als dreidimensionale Torusfläche in einem vierdimensionalen Raum.[1]) Auf einem solchen Torus existieren Konturen $\Gamma$, die nicht in einen Punkt zusammengezogen werden können. Jede dieser Konturen wird charakterisiert durch drei ganzzahlige topologische Invarianten $n_1$, $n_2$, $n_3$. Das sind die Zahlen, die angeben, wie oft die drei den Torus konstituierenden Kreise umlaufen werden. Wenn die Kontur $\Gamma$ das Bild einer Kontur $\gamma$ ist, die im realen Raum eine singuläre Linie (Versetzung) umfaßt, dann fallen ihre drei Invarianten mit den Komponenten des BURGERS-Vektors zusammen (dieser wird in Einheiten der entsprechenden Perioden $a_1$, $a_2$, $a_3$ gemessen). Im topologischen Sinne sind Versetzungen nichtzubeseitigende singuläre Linien und ihre BURGERS-Vektoren die topologischen Invarianten.

## § 40. Die Bewegungsgleichung nematischer Flüssigkeiten

Den Zustand einer bewegten nematischen Flüssigkeit bestimmen die räumlichen Verteilungen von vier Größen: des Direktors $\boldsymbol{n}$, der Massendichte $\varrho$, der Geschwindigkeit $\boldsymbol{v}$ und der Entropiedichte $S$. Dementsprechend besteht das vollständige hydrodynamische Gleichungssystem einer nematischen Flüssigkeit aus vier Gleichungen für die Zeitableitungen der genannten Größen (J. L. ERIKSEN, 1960; F. M. LESLIE, 1966).[2])

Wir beginnen mit der „Bewegungsgleichung" des Direktors. Befindet sich die nematische Flüssigkeit im Gleichgewicht ($\boldsymbol{h} = 0$) und bewegt sie sich als Ganzes mit einer räumlich konstanten Geschwindigkeit, dann muß diese Gleichung lediglich den Fakt ausdrücken, daß die Werte von $\boldsymbol{n}$ mit der gleichen Geschwindigkeit im Raum übertragen werden. Mit anderen Worten: Jedes Flüssigkeitsteilchen behält bei der Bewegung seinen $\boldsymbol{n}$-Wert. Das bedeutet, daß die totale (oder auch substantielle) Zeitableitung verschwindet,

$$\frac{\mathrm{d}\boldsymbol{n}}{\mathrm{d}t} = \frac{\partial \boldsymbol{n}}{\partial t} + (\boldsymbol{v}\nabla)\,\boldsymbol{n} = 0\,. \tag{40,1}$$

Im Falle beliebiger Bewegung werden auf der rechten Seite dieser Bewegungsgleichung Glieder auftreten, die von $\boldsymbol{h}$ und den räumlichen Ableitungen der Geschwindigkeit abhängen. In erster Näherung werden diese Glieder auf Terme begrenzt, die linear in den

[1]) Das ist das Analogon der Tatsache, daß ein Quadrat mit paarweise äquivalenten einander gegenüberliegenden Seiten einer zweidimensionalen Torusfläche in einem dreidimensionalen Raum topologisch äquivalent ist.

[2]) Wir folgen hier den Ausführungen von D. FOSTER, T. C. LUBENSKY, P. C. MARTIN, J. SWIFT, P. S. PERSHAN (1971).

genannten Größen sind. Die Ableitungen $\partial v_i/\partial x_k$ bilden einen Tensor, der in einen symmetrischen und einen antisymmetrischen Teil aufgespaltet werden kann:

$$v_{ik} = \frac{1}{2}(\partial_i v_k + \partial_k v), \qquad \Omega_{ik} = \frac{1}{2}(\partial_i v_k - \partial_k v_i). \tag{40,2}$$

Um die Abhängigkeit von $\Omega_{ik}$ festzustellen, ist folgende einfache Überlegung ausreichend. Bei einer Drehung der nematischen Flüssigkeit im ganzen mit der Winkelgeschwindigkeit $\boldsymbol{\Omega}$ wird sich auch das Feld $\boldsymbol{n}(\boldsymbol{r})$ mit dieser Geschwindigkeit drehen. Die diese Drehung beschreibende Gleichung lautet

$$\frac{\mathrm{d}\boldsymbol{n}}{\mathrm{d}t} = \frac{1}{2}[\operatorname{rot} \boldsymbol{v} \cdot \boldsymbol{n}] \quad \text{oder} \quad \frac{\mathrm{d}n_i}{\mathrm{d}t} = \Omega_{ki} n_k .$$

Man prüft das leicht nach. Die Geschwindigkeit eines sich drehenden Körpers ist $\boldsymbol{v} = [\boldsymbol{\Omega r}]$, wonach mit $\operatorname{rot} \boldsymbol{v} = 2\boldsymbol{\Omega}$ die Änderungsgeschwindigkeit des Direktors der Gleichung $\mathrm{d}\boldsymbol{n}/\mathrm{d}t = [\boldsymbol{\Omega n}]$ genügt. Glieder, die von $v_{ik}$ abhängen, können nur so auftreten, daß die Forderung $\boldsymbol{n}\, \mathrm{d}\boldsymbol{n}/\mathrm{d}t = 0$ erfüllt wird, welche ihrerseits aus der Bedingung $\boldsymbol{n}^2 = 1$ folgt. Mit dieser Bemerkung sind wir in der Lage, folgende allgemeine „Bewegungsgleichung" des Direktors aufzustellen:

$$\frac{\mathrm{d}n_i}{\mathrm{d}t} = \Omega_{ki} n_k + \lambda(\delta_{il} - n_i n_l)\, n_k v_{kl} + N_i \tag{40,3}$$

mit[1])

$$\boldsymbol{N} = \boldsymbol{h}/\gamma . \tag{40,4}$$

Das Glied $\boldsymbol{N}$ beschreibt die Relaxation des Direktors zum Gleichgewicht unter der Wirkung des Molekularfeldes, während das zweite Glied in (40,3) die orientierende Wirkung des Geschwindigkeitsgradienten auf den Direktor erfaßt. Die in diesen Gliedern auftretenden Koeffizienten $\gamma$ (mit der Dimension einer Zähigkeit) und $\lambda$ (dimensionslos) sind kinetischer (und nicht thermodynamischer) Natur.[2])

Die Gleichung für die Zeitableitung der Massendichte der Flüssigkeit ist die Kontinuitätsgleichung

$$\frac{\partial \varrho}{\partial t} + \operatorname{div}(\varrho \boldsymbol{v}) = 0 . \tag{40,5}$$

Wir weisen darauf hin, daß mit dieser Gleichung die hydrodynamische Geschwindigkeit ihrem Wesen nach als Materiestromdichte, bezogen auf die Masseneinheit, eingeführt wird.

Die Zeitableitung der Geschwindigkeit genügt der dynamischen Gleichung

$$\varrho \frac{\mathrm{d}\boldsymbol{v}}{\mathrm{d}t} = \boldsymbol{F} , \tag{40,6}$$

wobei $\boldsymbol{F}$ die Kraft ist, die auf eine Volumeneinheit wirkt.

---

[1]) Die Bezeichnung $\boldsymbol{N}$ wird eingeführt, um auftretende Formeln in ihrer Struktur klarer zu kennzeichnen, aber auch in Hinsicht auf eine weitere Verallgemeinerung in § 43.

[2]) Das Fehlen von Masse- und Entropie- (oder Temperatur-)Gliedern in (40,3) resultiert aus der Forderung nach Invarianz der Gleichungen bezüglich räumlicher Inversion und Vorzeichenänderung.

In Übereinstimmung mit den allgemeinen Überlegungen in § 2 können Volumenkräfte als Tensordivergenz dargestellt werden:

$$F_i = \partial_k \sigma_{ik} ,$$

$\sigma_{ik}$ ist der Spannungstensor. Somit hat die dynamische Gleichung die Gestalt

$$\varrho \frac{\mathrm{d}v_i}{\mathrm{d}t} \equiv \varrho \left( \frac{\partial v_i}{\partial t} + (\boldsymbol{v}\nabla)\, v_i \right) = \partial_k \sigma_{ik} . \tag{40,7}$$

Die Form des Spannungstensors wird weiter unten angegeben.

Es fehlt noch die Gleichung für die Entropie. Gibt es keine dissipativen Prozesse, dann ist die Bewegung der Flüssigkeit adiabatisch, d. h., jedes Flüssigkeitselement bewegt sich adiabatisch mit seinem konstanten Entropiewert. Die Gleichung, die eine derartige Entropieerhaltung beschreibt, ist eine einfache Kontinuitätsgleichung für die Entropie:

$$\frac{\partial S}{\partial t} + \operatorname{div}(S\boldsymbol{v}) = 0 ,$$

dabei sind $S$ die Entropie pro Einheitsvolumen und $\boldsymbol{v}S$ der Entropiedichtestrom.[1] Berücksichtigt man dissipative Prozesse, so hat die Entropiegleichung die Form

$$\frac{\partial S}{\partial t} + \operatorname{div}\left( S\boldsymbol{v} + \frac{\boldsymbol{q}}{T} \right) = \frac{2R}{T} . \tag{40,8}$$

Hier ist $R$ die sogenannte Dissipationsfunktion. $2R/T$ bestimmt die Geschwindigkeit der Entropiezunahme, die eine quadratische Form darstellt, bestehend aus den Komponenten des Tensors $v_{ik}$, des Vektors $\boldsymbol{h}$ und des Temperaturgradienten $\nabla T$.[2] Der Wärmestromvektor $\boldsymbol{q}$ steht im Zusammenhang mit der Wärmeleitfähigkeit. Seine Komponenten sind lineare Funktionen der Komponenten des Temperaturgradienten

$$q_i = -\varkappa_{ik}\, \partial_k T . \tag{40,9}$$

In einer nematischen Flüssigkeit hat der Tensor der Wärmeleitfähigkeitskoeffizienten $\varkappa_{ik}$ zwei unabhängige Komponenten:

$$\varkappa_{ik} = \varkappa_{\parallel} n_i n_k\, \varkappa_{\perp}(\delta_{ik} - n_i n_k) . \tag{40,10}$$

Dabei bezeichnen $\varkappa_{\parallel}$ und $\varkappa_{\perp}$ die Wärmeleitfähigkeiten in Längs- bzw. Querrichtung bezüglich $\boldsymbol{n}$.

Der Energieerhaltungssatz wird in der Hydrodynamik durch eine Gleichung folgender Art wiedergegeben:

$$\frac{\partial}{\partial t}\left[ \frac{\varrho \boldsymbol{v}^2}{2} + E \right] + \operatorname{div} \boldsymbol{Q} = 0 . \tag{40,11}$$

---

[1]) Diese Gleichung kann in der äquivalenten Form

$$\frac{\mathrm{d}}{\mathrm{d}t} \frac{S}{\varrho} = \frac{\partial}{\partial t} \frac{S}{\varrho} + (\boldsymbol{v}\nabla) \frac{S}{\varrho} = 0$$

geschrieben werden, welche die Erhaltung der durch die Flüssigkeiten transportierten Entropie bezogen auf eine Masseneinheit widerspiegelt.

[2]) Dieselbe Funktion $2R$ bestimmt auch (wie in § 33) die Dissipationsgeschwindigkeit der mechanischen Energie (s. VI, § 79).

$E$ ist die Dichte der inneren Energie und $\boldsymbol{Q}$ die Energiestromdichte. Die Dichte der inneren Energie kann man gemäß $E = E_0 + E_\mathrm{d}$ in die Energie $E_0(\varrho, S)$ des undeformierten, homogenen Körpers und die „Deformationsernergie" $E_\mathrm{d}$ in bezug auf das gesuchte Feld $\boldsymbol{n}(\boldsymbol{r})$ zerlegen. In Übereinstimmung mit den Aussagen im § 36 ist die Größe $E_\mathrm{d}$ identisch mit der freien Energie $F_\mathrm{d}$ (36,1), mit dem einzigen Unterschied, daß die Elastizitätsmoduln $K_1$, $K_2$, $K_3$ als Funktionen von Massendichte und Entropie, anstelle der Temperatur, aufgefaßt werden.

Der Energieerhaltungssatz ist natürlich in der Bewegungsgleichung enthalten. Wir benutzen ihn hier, um den Zusammenhang zwischen der oben eingeführten Funktion $R$, dem Tensor $\sigma_{ik}$ und dem Vektor $\boldsymbol{N}$ ausfindig zu machen.

Die Zeitableitung in der Gleichung (40,11) formen wir mit Hilfe der bekannten thermodynamischen Beziehungen

$$\left(\frac{\partial E}{\partial S}\right)_{\varrho,\boldsymbol{n}} = T\,, \qquad \left(\frac{\partial E}{\partial \varrho}\right)_{S,\boldsymbol{n}} = \mu$$

um. Hierbei ist $\mu$ das chemische Potential.[1]) Wir erhalten

$$\frac{\partial}{\partial t}\left[\frac{\varrho v^2}{2} + E\right] = \frac{\boldsymbol{v}^2}{2}\frac{\partial \varrho}{\partial t} + \varrho \boldsymbol{v}\frac{\partial \boldsymbol{v}}{\partial t} + \mu\frac{\partial \varrho}{\partial t} + T\frac{\partial S}{\partial t} + \left(\frac{\partial E_\mathrm{d}}{\partial t}\right)_{\varrho,S}. \tag{40,12}$$

Führt man die Beziehung $\pi_{ki}$ nach (36,6) ein, ergibt sich für den letzten Term in (40,12)

$$\left(\frac{\partial E_\mathrm{d}}{\partial t}\right)_{\varrho,S} = \left(\frac{\partial E_\mathrm{d}}{\partial n_i}\right)_{\varrho,S}\frac{\partial n_i}{\partial t} + \pi_{ki}\,\partial_k\frac{\partial n_i}{\partial t}$$

$$= \left\{\frac{\partial E_\mathrm{d}}{\partial n_i} - \partial_k \pi_{ki}\right\}\frac{\partial n_i}{\partial t} + \partial_k\left(\pi_{ki}\frac{\partial n_i}{\partial t}\right) = -\boldsymbol{h}\frac{\partial \boldsymbol{n}}{\partial t} + \partial_k\left(\pi_{ki}\frac{\partial n_i}{\partial t}\right).$$

(Anstelle von $\boldsymbol{H}$ steht hier $\boldsymbol{h}$, da die Längskomponente von $\boldsymbol{H}$ infolge der Bedingung $\boldsymbol{n}\,\partial\boldsymbol{n}/\partial t = 0$ herausfällt.) Durch Einsetzen von $\partial\boldsymbol{n}/\partial t$ aus (40,3) ergibt sich

$$\left(\frac{\partial E_\mathrm{d}}{\partial t}\right)_{\varrho,S} = (v_k\,\partial_k n_i + \Omega_{ik}n_k - \lambda v_{ik}n_k)\,h_i - \boldsymbol{N}\boldsymbol{h} + \operatorname{div}(\ldots)$$

und nach weiteren Umformungen

$$\left(\frac{\partial E_\mathrm{d}}{\partial t}\right)_{\varrho,S} = -\boldsymbol{G}\boldsymbol{v} - \frac{1}{\gamma}h^2 + \operatorname{div}(\ldots) \tag{40,13}$$

mit

$$G_i = -h_k\,\partial_i n_k + \frac{1}{2}\partial_k(n_i h_k - n_k h_i) - \frac{\lambda}{2}\partial_k(n_i h_k + n_k h_i)\,. \tag{40,14}$$

[1]) Wir unterstreichen nochmals, daß $E$ auf das Einheitsvolumen bezogen ist, die Zahl $N$ der Teilchen (Moleküle) in diesem sich aber ändern kann. In Bd. V war das chemische Potential stets pro Teilchen angegeben, als $\mu = \partial E/\partial N$. Wegen $N = \varrho/m$ ($m$ — Molekülmasse), unterscheidet sich die hier benutzte Definition von der in Bd. V nur um den Faktor $m$. Um Mißverständnisse beim Vergleich mit der thermodynamischen Beziehung (3,2a) zu vermeiden, sei daran erinnert, daß hier $E$ die innere Energie pro Volumeneinheit im wörtlichen Sinne ist, während im § 3 die Größe $\mathscr{E}$ als Energie der Stoffmenge definiert war, die in einer Volumeneinheit des undeformierten Körpers enthalten ist.

Vorübergehend schreiben wir den Divergenzausdruck nicht vollständig aus, um die Formeln übersichtlicher zu gestalten. Diese Glieder (zu denen wir am Schluß des Paragraphen noch einmal zurückkehren) sind zur Lösung der gestellten Aufgabe nicht wesentlich.

Mit Gleichung (40,14) gleichwertig ist die Beziehung

$$G_i = \partial_k \sigma_{ik}^{(r)} + (\partial_i E_d)_{\varrho, S} \tag{40,15}$$

mit

$$\sigma_{ik}^{(r)} = -\pi_{kl}\, \partial_i n_l - \frac{\lambda}{2}(n_i h_k + n_k h_i) + \frac{1}{2}(n_i h_k - n_k h_i)\,, \tag{40,16}$$

wobei die Identität

$$(\partial_i E_d)_{\varrho, S} = \frac{\partial E_d}{\partial n_k}\, \partial_i n_k + \pi_{lk}\, \partial_i\, \partial_l n_k$$

berücksichtigt wurde.

Die Definition des Tensors $\sigma_{ik}^{(r)}$ ist nicht eindeutig: Der Ausdruck (40,15) bleibt unverändert, wenn zu $\sigma_{ik}^{(r)}$ ein beliebiger Summand der Art $\partial_l \chi_{ikl}$ addiert wird, sofern der Tensor $\chi_{ikl}$ nur antisymmetrisch in seinem letzten Indexpaar ist ($\chi_{ilk} = -\chi_{ikl}$). Der nichtsymmetrische Tensor (40,16) kann durch Anfügen eines Gliedes dieser Art in einen symmetrischen Tensor überführt werden. Wir führen diese recht umfangreiche Operation am Ende des Kapitels durch. Vorerst wollen wir die Bewegungsgleichungen unter der Voraussetzung, daß $\sigma_{ik}^{(r)}$ schon symmetrisiert wurde, weiter auswerten.

Setzt man (40,15) in (40,13) ein und führt die Differentiation in einem der Glieder unter der Divergenz (unter der Berücksichtigung der Symmetrie von $\sigma_{ik}^{(r)}$) aus, so erhält man[1])

$$\left(\frac{\partial E_d}{\partial t}\right)_{\varrho, S} = -\boldsymbol{N}\boldsymbol{h} + \sigma_{ik}^{(r)} v_{ik} - (\partial_i E)_{\varrho, S}\, v_i + \operatorname{div}(\ldots)\,. \tag{40,17}$$

Zum Schluß setzen wir für die in (40,12) vorkommenden Zeitableitungen die Ausdrücke (40,5), (40,7—8) und (40,17) ein und drücken die partielle Ableitung von $E$ (bei konstantem $\varrho$ und $S$) über die totale Ableitung entsprechend

$$\partial_i E = (\partial_i E)_{\varrho, S} + \mu\, \partial_i \varrho + T\, \partial_i S$$

aus. Nach einer Reihe von Umformungen erhalten wir das Ergebnis

$$\frac{\partial}{\partial t}\left[\frac{\rho \boldsymbol{v}^2}{2} + E\right] = -\sigma'_{ik} v_{ik} - \boldsymbol{N}\boldsymbol{h} + \frac{1}{T}\boldsymbol{q}\, \nabla T + 2R + \operatorname{div}(\ldots)\,, \tag{40,18}$$

wobei $\sigma'_{ik}$ folgendermaßen mit dem Spannungstensor $\sigma_{ik}$ zusammenhängt:

$$\sigma_{ik} = -p\delta_{ik} + \sigma_{ik}^{(r)} + \sigma'_{ik}\,. \tag{40,19}$$

Der Druck wurde in Übereinstimmung mit seiner thermodynamischen Definition

$$p = \varrho\mu - E + TS \tag{40,20}$$

---

[1]) Da $E_0 = E_0(\varrho, S)$, gilt $(\partial_i E_d)_{\varrho, S} = (\partial_i E)_{\varrho, S}$.

eingeführt. ($\varrho\mu = \Phi$ ist das thermodynamische Potential (die freie Enthalpie) einer Volumeneinheit der untersuchten Substanz.) Wie erwartet werden muß, bestimmt der Druck den isotropen Teil des Spannungstensors.

Indem wir (40,18) mit dem Energieerhaltungssatz vergleichen, erkennen wir, daß

$$2R = \sigma'_{ik} v_{ik} + \boldsymbol{N h} - \frac{1}{T} \boldsymbol{q} \nabla T \tag{40,21}$$

gilt. Diese Funktion gibt den durch dissipative Prozesse hervorgerufenen Entropiezuwachs an. Wie zu erkennen ist, stellt der in (40,19) eingeführte Tensor $\sigma'_{ik}$ den dissipativen („viskosen") Teil des Spannungstensors dar. Der Tensor $\sigma^{(r)}_{ik}$ taucht in (40,21) nicht auf. Dieser Tensor ist der nichtdissipative (und mit dem Druck nicht in Verbindung stehende) Teil des Spannungstensors[1]), wie er für nematische (im Unterschied zu gewöhnlichen) Flüssigkeiten spezifisch ist.

Wir machen auch darauf aufmerksam, daß der Koeffizient $\lambda$ nicht in die Dissipationsfunktion eingeht. Da der durch diesen Koeffizienten beschriebene Effekt rein kinetischer (und nicht thermodynamischer) Natur ist, widerspiegelt er keine dissipativen Prozesse.[2])

Die Dichte der Volumenkräfte in einer bewegten nematischen Flüssigkeit ist

$$F_i = -\partial_i p + \partial_k \sigma^{(r)}_{ik} + \partial_k \sigma'_{ik} \equiv -\partial_i p + F^{(r)}_i + F'_i\,.$$

Im thermodynamischen Gleichgewicht gilt für einen ruhenden (aber im allgemeinen deformierten) Körper $\boldsymbol{F}' = 0$ und entsprechend der Gleichgewichtsbedingung (36,7) auch $\boldsymbol{h} = 0$. Wegen (40,14—15) gelten dann die Kraftgleichungen

$$\boldsymbol{F}^{(r)} = -(\nabla \boldsymbol{E}_d)_{\varrho,S}\,, \qquad \boldsymbol{F} = -\nabla p - (\nabla \boldsymbol{E}_d)_{\varrho,S}\,.$$

Wenn wir annehmen, daß die Elastizitätsmoduln konstante, von $\varrho$ und $S$ unabhängige Größen sind, dann gilt $(\nabla E_d)_{\varrho,S} = \nabla E_d$ und für die Kraft $\boldsymbol{F} = -\nabla(p + E_d)$. Im Gleichgewicht muß aber die Gesamtkraft verschwinden, $\boldsymbol{F} = 0$. Daraus folgt, daß (unter den getroffenen Voraussetzungen) die Druckverteilung in einer nematischen Flüssigkeit im Gleichgewicht durch die Formel[3])

$$p = \text{const} - E_d \tag{40,22}$$

gegeben wird.

Wir führen jetzt die oben angekündigte Symmetrisierung des Tensors $\sigma^{(r)}_{ik}$ durch. Vor allem werden wir den antisymmetrischen Teil dieses Tensors berechnen. Beim Bestimmen der Differenz $\sigma^{(r)}_{ik} - \sigma^{(r)}_{ki}$ muß man berücksichtigen, daß der Ausdruck

$$B_{ik} = \frac{\partial E_d}{\partial n_i} n_k + \pi_{li}\, \partial_l n_k - \pi_{kl}\, \partial_i n_l$$

---

[1]) Manchmal wird er als reaktiver Teil (daher der Index (r)) bezeichnet.

[2]) Dieser Effekt ist nicht einmalig, wir erinnern an den HALL-Effekt in der Elektrodynamik leitfähiger Körper, der ebenfalls nicht mit Dissipationen verbunden ist.

[3]) Ohne Benutzung der getroffenen Voraussetzungen kann die Kraft $\boldsymbol{F}$ bei konstanter Temperatur in $\boldsymbol{F} = -\varrho \nabla\mu$ umgeformt werden, so daß im Gleichgewicht die bekannte Beziehung $\mu = \text{const}$ gilt. Wird der Ausdruck (40,20) differenziert und die thermodynamische Beziehung $\mathrm{d}E = T\,\mathrm{d}S + \mu\,\mathrm{d}\varrho + (\mathrm{d}E_d)_{\varrho,S}$ berücksichtigt, finden wir $-\nabla p = -\varrho \nabla\mu - S \nabla T + (\nabla E_d)_{\varrho,S}$, woraus für $T = \text{const}$ der für $\boldsymbol{F}$ angegebene Ausdruck folgt.

symmetrisch in $i$, $k$ ist. Der direkte Beweis für diese Symmetrie ist nicht einfach zu führen. Einfacher ist ein indirekter Weg. Er benutzt die Tatsache, daß die Energie $E_d$ ein Skalar und als solcher invariant gegenüber einer beliebigen Drehung des Koordinatensystems ist. Bei einer infinitesimal kleinen Drehung um den Winkel $\delta\boldsymbol{\varphi}$ ändern sich die Koordinaten gemäß

$$\boldsymbol{r}' = \boldsymbol{r} + \delta\boldsymbol{r}\,, \qquad \delta\boldsymbol{r} = [\delta\boldsymbol{\varphi}\cdot\boldsymbol{r}]\,,$$

oder, anders ausgedrückt,

$$\delta x_i = \varepsilon_{ik} x_k\,, \qquad \varepsilon_{ik} = e_{ilk}\,\delta\varphi_l = -\varepsilon_{ki}\,.$$

Für die Änderungen des Vektors $\boldsymbol{n}$ und des Tensors $\partial_k n_i$ erhält man dementsprechend

$$\delta n_i = \varepsilon_{il} n_l\,, \qquad \delta(\partial_k n_i) = \varepsilon_{il}\,\partial_k n_l + \varepsilon_{kl}\,\partial_l n_i\,.$$

Die Invarianz von $E_d$ bei einer solchen Drehung kommt in der Gleichung $B_{ik}\varepsilon_{ik} = 0$ zum Ausdruck. Da aber $\varepsilon_{ik}$ ein beliebiger antisymmetrischer Tensor ist, folgt, daß $B_{ik}$ ein symmetrischer Tensor sein muß, was zu beweisen war.

Nun ist es leicht, den antisymmetrischen Teil von $\sigma_{ik}^{(r)}$ mit dem Tensor

$$\varphi_{ikl} = n_i \pi_{lk} - n_k \pi_{li}$$

in die Form (2,11) zu bringen. Nach dieser Symmetrisierung erhält man den Tensor $\sigma_{ik}^{(r)}$ unmittelbar aus der Formel (2,13). Im Anschluß an einige Umformungen können wir folgendes Resultat notieren:

$$\sigma_{ik}^{(r)} = -\frac{\lambda}{2}(n_i h_k + n_k h_i) - \frac{1}{2}(\pi_{kl}\,\partial_i n_l + \pi_{il}\,\partial_k n_l)$$
$$-\frac{1}{2}\,\partial_l[(\pi_{ik} + \pi_{ki})\,n_l - \pi_{kl} n_i - \pi_{il} n_k]\,. \qquad (40{,}23)$$

Wir bemerken, daß dieser Ausdruck nur die Komponenten des Tensors $\pi_{ik}$ enthält, die bezüglich des Index $k$ senkrecht zu $\boldsymbol{n}$ liegen. Wenn wir $\pi_{ik}$ in der Form

$$\pi_{ik} = \pi_{ik}^{(t)} + \pi_{il} n_k n_l$$

schreiben (wo $\pi_{ik}^{(t)} n_k = 0$), dann bleiben in (40,23) nur Glieder mit $\pi_{ik}^{(t)}$.

Zum Schluß kehren wir zu den Gliedern mit der Divergenz zurück, die wir bisher nicht vollständig ausgeschrieben haben. Wir sehen, indem wir (40,18) mit (40,11) vergleichen, daß der Ausdruck, der unter dem Divergenzzeichen steht, den Energiedichtestrom bestimmt. Wir führen hier das unter Berücksichtigung dessen gewonnene Endergebnis an:

$$Q_i = \left(W + \frac{v^2}{2}\right) v_i - \pi_{ik}\{-v_l\,\partial_l n_k + \Omega_{lk} n_l + \lambda n_l (v_{kl} - n_k n_m v_{lm})\}$$
$$+ \frac{1}{2}(n_i h_k - n_k h_i)\,v_k + \frac{\lambda}{2}(n_i h_k + n_k h_i)\,v_k - \sigma'_{ik} v_k - \varkappa_{ik}\,\partial_k T\,, \qquad (40{,}24)$$

dabei ist $W = p + E$ die Wärmefunktion (Enthalpie). Der erste Term stimmt mit dem Ausdruck für den Energiestrom einer gewöhnlichen Flüssigkeit überein.

## § 41. Dissipative Koeffizienten nematischer Flüssigkeiten

Die Glieder mit $\boldsymbol{N}$ und $\sigma'_{ik}$ in den Bewegungsgleichungen drücken Relaxationsprozesse aus, welche entstehen, wenn ein Körper sich nicht im thermodynamischen Gleichgewicht befindet. Das Nichtgleichgewicht seinerseits korrespondiert mit von Null verschiedenen Werten von $\boldsymbol{h}$ und $v_{ik}$. In der bekannten hydrodynamischen Näherung wird ein schwaches Nichtgleichgewicht angenommen, d. h., die Größen $\boldsymbol{h}$ und $v_{ik}$ sind in einem bestimmten Sinne klein. Dann ist $\sigma'_{ik}$ eine in $\boldsymbol{h}$ und $v_{ik}$ lineare Funktion.

Die vorausgesetzte Form der Bewegungsgleichungen gestattet es allerdings, die Abhängigkeit von $\boldsymbol{h}$ von vornherein zu vernachlässigen. Lineare Glieder in $\boldsymbol{h}$, bestehend aus den Komponenten von $\boldsymbol{h}$ und $\boldsymbol{n}$, hätten die Gestalt const $\cdot (n_i h_k + n_k h_i)$. Ein solches Glied existiert aber schon im nichtdissipativen Teil des Spannungstensors $\sigma^{(r)}_{ik}$ (40,23). Ein ähnliches Glied im dissipativen Teil des Spannungstensors $\sigma'_{ik}$ würde lediglich zu einer Neubestimmung des Koeffizienten $\lambda$ führen.

Die allgemeine Gestalt der linearen Abhängigkeit des Tensors $\sigma'_{ik}$ von den $v_{ik}$ ist

$$\sigma'_{ik} = \eta_{iklm} v_{lm} . \tag{41,1}$$

Da die Tensoren $\sigma'_{ik}$ und $v_{ik}$ symmetrisch sind, besitzt der Tensor vierter Stufe $\eta_{iklm}$ offensichtlich die folgenden Symmetrieeigenschaften:

$$\eta_{iklm} = \eta_{kilm} = \eta_{ikml} . \tag{41,2}$$

Eine tieferliegende Symmetrieeigenschaft dieses Tensors folgt aus den ONSAGER-Relationen, einem allgemeinen Symmetrieprinzip kinetischer Koeffizienten (s. V, § 120; wie bereits in § 32 benutzten wir in diesem Paragraphen die in VI, § 59 angegebene Formulierung dieses Prinzips und die dort definierten Größen $x_a$ und $X_a$). Wir betrachten den Ausdruck $2R/T$ als die Geschwindigkeit der Entropiezunahme (s. (40,21)).[1] Wenn man unter den Größen $\dot{x}_a$ die Komponenten des Tensors $\sigma'_{ik}$ versteht, so werden die zu diesen „thermodynamisch konjugierten" Größen $X_a$ die Komponenten des Tensors $-v_{lm}/T$ sein.[2])

Die Komponenten des Tensors $\eta_{iklm}$ spielen die Rolle der kinetischen Koeffizienten $\gamma_{ab}$. Die ONSAGER-Relationen fordern die Gleichheit $\gamma_{ab} = \gamma_{ba}$, d. h.

$$\eta_{iklm} = \eta_{lmik} . \tag{41,3}$$

Zur Darstellung des Tensors $\eta_{iklm}$ können nur der Einheitsvektor $\delta_{ik}$ und der Vektor $\boldsymbol{n}$ Verwendung finden, wobei die angezeigten Symmetrieeigenschaften zu berücksichtigen sind. Insgesamt gibt es fünf linear unabhängige Kombinationen der Komponenten von $\delta_{ik}$ und $\boldsymbol{n}$:

$$n_i n_k n_l n_m , \qquad n_i n_k \delta_{lm} + n_l n_m \delta_{ik} ,$$
$$n_i n_l \delta_{km} + n_k n_l \delta_{im} + n_i n_m \delta_{kl} + n_k n_m \delta_{il} ,$$
$$\delta_{ik} \delta_{l} , \qquad \delta_{il} \delta_{km} + \delta_{kl} \delta_{im} .$$

---

[1]) Wir erinnern daran, daß man diese Geschwindigkeit durch die Größen $x_a$ und $X_a$ mittels der Formel $2R/T = -\sum_a \dot{x}_a x_a$ ausdrücken kann.

[2]) In der Literatur werden die Größen $\dot{x}_a$ und $X_a$ oft als thermodynamische Flüsse bzw. thermodynamische Kräfte bezeichnet.

Dementsprechend hat auch der Tensor $\eta_{iklm}$ fünf unabhängige Komponenten, mit deren Hilfe wir den Spannungstensor in folgender Weise darstellen[1]):

$$\begin{aligned}\sigma'_{ik} = {} & 2\eta_1 v_{ik} + (\eta_2 - \eta_1)\,\delta_{ik} v_{ll} \\ & + (\eta_4 + \eta_1 - \eta_2)(\delta_{ik} n_l n_m v_{lm} + n_i n_k v_{ll}) \\ & + (\eta_3 - 2\eta_1)(n_i n_l v_{kl} + n_k n_l v_{il}) \\ & + (\eta_5 + \eta_1 + \eta_2 - 2\eta_3 - 2\eta_4)\, n_i n_k n_l n_m v_{lm}\,. \end{aligned} \tag{41,4}$$

Man erkennt die Zweckmäßigkeit einer solchen Definition der Koeffizienten am Ausdruck für die Dissipationsfunktion (40,21), wie er entsteht, wenn man eine Koordinatenachse ($z$-Achse) mit der Richtung von $\boldsymbol{n}$ zusammenfallen läßt:

$$\begin{aligned} 2R = {} & 2\eta_1 \left( v_{\alpha\beta} - \frac{1}{2}\,\delta_{\alpha\beta} v_{\gamma\gamma} \right)^2 + \eta_2 v_{\alpha\alpha}^2 + 2\eta_3 v_{\alpha z}^2 + 2\eta_4 v_{zz} v_{\alpha\alpha} \\ & + \eta_5 v_{zz}^2 + \frac{1}{T}\,\{\varkappa_{\parallel}(\partial_z T)^2 + \varkappa_{\perp}(\partial_\alpha T)^2\} + \frac{1}{\gamma}\,\boldsymbol{h}^2\,. \end{aligned} \tag{41,5}$$

Die Indizes $\alpha$, $\beta$, $\gamma$ können die beiden Werte $x$ und $y$ annehmen. Da stets $R > 0$ gilt (wegen des Anwachsens der Entropie), sind die Koeffizienten $\eta_1$, $\eta_2$, $\eta_3$, $\eta_5$, $\varkappa_\parallel$, $\varkappa_\perp$, $\gamma$ positiv, und außerdem besteht die Ungleichung

$$\eta_2 \eta_5 > \eta_4^2\,. \tag{41,6}$$

Auf diese Weise wird eine nematische Flüssigkeit durch insgesamt neun kinetische Koeffizienten charakterisiert: fünf Koeffizienten der Zähigkeit, zwei Koeffizienten der Wärmeleitfähigkeit, der Koeffizient $\gamma$ (ebenfalls von der Dimension der Zähigkeit) und der nichtdissipative Koeffizient $\lambda$.

Die Zahl der in der Bewegungsgleichung vorkommenden Zähigkeitskoeffizienten verringert sich in dem wichtigen Fall, daß die sich bewegende Flüssigkeit als inkompressibel angesehen werden kann (wofür ihre Geschwindigkeit im Verhältnis zur Schallgeschwindigkeit klein sein muß). Aus der Kontinuitätsgleichung ergibt sich für eine inkompressible Flüssigkeit die Identität $\operatorname{div} \boldsymbol{v} = v_{ll} = 0$. Der zweite Term im Spannungstensor (41,4) fällt daher völlig heraus, und der dritte Term nimmt die Gestalt $\text{const} \cdot \delta_{ik}(n_l n_m v_{lm})$ an. Dieser Term trägt nicht zur Dissipation bei. (Er fällt bei der Produktbildung $\sigma'_{ik} v_{ik}$ heraus, da $v_{ik}\,\delta_{ik} = v_{kk} = 0$.) Außerdem besitzt er die gleiche tensorielle Struktur wie das Glied $-p\,\delta_{ik}$ im vollständigen Spannungstensor $\sigma_{ik}$. In der Hydrodynamik inkompressibler Flüssigkeiten ist aber der Druck (genauso wie die Geschwindigkeit) lediglich eine unbekannte Funktion des Ortes und der Zeit, welche im Ergebnis der Lösung der Bewegungsgleichungen bestimmt wird. Er ist in diesem Falle keine thermodynamische Variable, die mit anderen thermodynamischen Variablen über die Zustandsgleichung verbunden ist. Deshalb können die Glieder $-p\,\delta_{ik}$ und $\text{const} \cdot \delta_{ik}(n_l n_m v_{lm})$ in der Bestimmungsgleichung des Spannungstensors miteinander vereinigt werden, wodurch nur eine Neubestimmung des Druckes entsteht. Im Endergebnis ergibt sich für den viskosen Spannungstensor einer

---

[1]) Dissipative Koeffizienten nematischer Flüssigkeiten wurden (auf andere Weise) von F. M. Leslie (1966) und O. Pavodi (1970) eingeführt. Eine allgemeingültige Definition der Zähigkeitskoeffizienten nematischer Flüssigkeiten ist bisher offensichtlich noch nicht aufgestellt worden.

inkompressiblen nematischen Flüssigkeit ein Ausdruck, der nur noch drei unabhängige Zähigkeitskoeffizienten enthält:

$$\begin{aligned}\sigma'_{ik} = 2\eta_1 v_{ik} + (\eta_3 - 2\eta_1)\,(n_i n_l v_{kl} + n_k n_l v_{il}) \\ + (\bar{\eta}_2 + \eta_1 - 2\eta_3)\, n_i n_k n_l n_m v_{lm}\end{aligned} \tag{41,7}$$

(mit $\bar{\eta}_2 = \eta_2 + \eta_5 - 2\eta_4$). Die entsprechende Dissipationsfunktion ($z$-Achse in Richtung von $\boldsymbol{n}$) ist

$$\begin{aligned}2R = 2\eta_1 \left(v_{\alpha\beta} - \frac{1}{2}\,\delta_{\alpha\beta} v_{\gamma\gamma}\right)^2 + \bar{\eta}_2 v_{zz}^2 + 2\eta_3 v_{\alpha z}^2 \\ + \frac{1}{T}\,\{\varkappa_{\|}(\partial_z T)^2 + \varkappa_{\perp}(\partial_\alpha T)^2\} + \frac{1}{\gamma}\,h^2 .\end{aligned} \tag{41,8}$$

(Wir erinnern, daß $v_{\alpha\alpha} + v_{zz} = 0$ ist.) Die Ungleichung (41,6) garantiert, daß der Koeffizient $\bar{\eta}_2$ positiv ist.

### Aufgabe

Man bestimme die Kraft, die auf eine geradlinige Disklination (mit dem FRANKschen Index $n = 1$) wirkt, welche sich senkrecht zu ihrer Achsenrichtung bewegt. (H. IMURA, K. OKANO, 1973.)

Lösung. Wir betrachten die Disklination in einem Koordinatensystem, in welchem sie ruht und mit der $z$-Achse zusammenfällt. Die Flüssigkeit bewegt sich mit konstanter Geschwindigkeit in $x$-Richtung. Die Verteilung $\boldsymbol{n}(\boldsymbol{r})$ ist in einem solchen System stationär und genügt den Formeln (für Disklinationen mit radialen „Stromlinien" des Direktors, Abb. 27a))

$$n_x = \cos\varphi\,, \qquad n_y = \sin\varphi\,.$$

Der polare Winkel $\varphi$ ist durch $\varphi = \arctan(x/y)$ gegeben. Aus der Gleichung (40,3) folgt wegen $\partial\boldsymbol{n}/\partial t = 0$ und $v_{ik} = 0$ (auf Grund der Homogenität der Strömung)

$$v\,\frac{\partial \boldsymbol{n}}{\partial x} = \frac{\boldsymbol{h}}{\gamma}\,.$$

Damit finden wir das infolge der Bewegung entstehende schwache Molekularfeld

$$\boldsymbol{h} = \gamma v[\boldsymbol{v}\boldsymbol{n}]\,\frac{\partial\varphi}{\partial x}\,.$$

$\boldsymbol{v}$ ist der Einheitsvektor in $z$-Richtung. (Bei fehlender Bewegung ist das Molekularfeld $\boldsymbol{h} = 0$, so daß eine ruhende Disklination einen Gleichgewichtszustand des Körpers darstellt.) Die Dissipationsfunktion ist

$$2R = \frac{\boldsymbol{h}^2}{\gamma} = \gamma v^2 \left(\frac{\partial\varphi}{\partial x}\right)^2 = \gamma v^2\,\frac{y^2}{(x^2 + y^2)^2}\,.$$

Die pro Zeiteinheit dissipierte Energie (bezogen auf eine Längeneinheit der Disklination) erhält man aus dem Integral

$$\int 2R\,\mathrm{d}x\,\mathrm{d}y = \pi\gamma v^2 L\,, \qquad L = \ln(R^*/a)\,.$$

Dabei bezeichnet $R^*$ ein mittleres Längenmaß im Gebiet der Bewegung und $a$ ein molekulares Längenmaß. Die berechnete Dissipation muß durch die Arbeit $\boldsymbol{v}\boldsymbol{f}$ kompensiert werden, welche von einer auf die Disklination wirkenden Kraft $\boldsymbol{f}$ geleistet wird. Daher finden wir die Lösung

$$f = \pi\gamma v L\,.$$

Für eine Disklination mit kreisförmigen Stromlinien (s. Abb. 27b)) erhält man das gleiche Resultat.

## § 42. Fortpflanzung kleiner Schwingungen in nematischen Flüssigkeiten

Das vollständige hydrodynamische Gleichungssystem nematischer Flüssigkeiten ist sehr kompliziert. Es vereinfacht sich im Falle kleiner Schwingungen, da dann die Gleichungen linearisiert werden können.

Bevor wir mit der Untersuchung der Fortpflanzung von kleinen Schwingungen in nematischen Flüssigkeiten beginnen, erinnern wir uns, welche Typen (Moden) von Schwingungen in gewöhnlichen Flüssigkeiten vorkommen. In erster Linie sind das die herkömmlichen akustischen Wellen mit dem Dispersionsgesetz (d. h. mit dem Zusammenhang zwischen der Frequenz $\omega$ und dem Wellenvektor $\boldsymbol{k}$) $\omega = ck$ und der Ausbreitungsgeschwindigkeit

$$c = \sqrt{\left(\frac{\partial p}{\partial \varrho}\right)_s}\,. \tag{42,1}$$

Die Schwingungen in einer akustischen Welle sind longitudinale Schwingungen (s. VI, § 64).

Weiterhin existieren stark abklingende viskose Wellen mit dem Dispersionsgesetz

$$\mathrm{i}\omega = \frac{\eta}{\varrho} k^2\,, \tag{42,2}$$

wobei $\eta$ der Zähigkeitskoeffizient ist (s. VI, § 24). Es handelt sich um Transversalwellen. (Die Geschwindigkeit $\boldsymbol{v}$ ist senkrecht zum Wellenvektor $\boldsymbol{k}$ gerichtet.) Sie werden auch oft als *Scherwellen* bezeichnet und können zwei voneinander unabhängige Polarisationsrichtungen aufweisen. Das Dispersionsgesetz ist unabhängig von der Polarisationsrichtung.

Schließlich breiten sich in einer ruhenden Flüssigkeit kleine Temperaturschwingungen (und Entropieschwingungen) aus, und zwar als gleich stark abklingende Wellen mit dem Dispersionsgesetz

$$\mathrm{i}\omega = \chi k^2\,. \tag{42,3}$$

$\chi$ ist die Temperaturleitfähigkeit des Körpers (s. VI, § 52).

Wellen dieser Typen existieren auch in nematischen Flüssigkeiten. Jedoch führt das Vorhandensein einer zusätzlichen dynamischen Variablen (des Direktors $\boldsymbol{n}$) zu ganz neuen, für nematische Flüssigkeiten spezifischen Wellentypen (P. G. DeGennes, 1968).

Wir beginnen mit gewöhnlichen Schallwellen in nematischen Flüssigkeiten. Es ist leicht einzusehen, daß im Falle genügend langer Wellen (d. h. hinreichend kleiner Werte $k$) die Korrekturen der Schallgeschwindigkeit, die von der Existenz der neuen dynamischen Variable herrühren, klein sind, so daß die einfache Formel (42,1) weiterhin die Schallgeschwindigkeit bestimmt. Wir machen für den Direktor in der zu Schwingungen angeregten Flüssigkeit den Ansatz $\boldsymbol{n} = \boldsymbol{n}_0 + \delta\boldsymbol{n}$, worin $\boldsymbol{n}_0$ den ungestörten Wert in der ungestörten Flüssigkeit und $\delta\boldsymbol{n}$ den kleinen veränderlichen Teil bezeichnet. (Wegen $\boldsymbol{n}^2 = \boldsymbol{n}_0^2 = 1$ gilt $\boldsymbol{n}_0\,\delta\boldsymbol{n} = 0$.) Ein Vergleich der linken Seite der Gleichung (40,3) mit den ersten beiden Gliedern ihrer rechten Seite zeigt, daß $\omega\delta n \sim kv$, d. h. $\delta n \sim v/c$. (Das Glied $\boldsymbol{N} = \boldsymbol{h}/\gamma$ stellt in der betrachteten Näherung eine kleine Größe höherer Ordnung dar, da entsprechend (36,9) das Molekularfeld $h$ von der Größenordnung $k^2$ ist.) Deshalb gilt für das Glied $E_\mathrm{d}$ in der Energiedichte der Flüssigkeit:

$$E_\mathrm{d} \sim K(k\delta n)^2 \sim K(vk/c)^2\,,$$

d. h., es ist von der Ordnung $k^2$. Im Vergleich dazu hat das Hauptglied der Energiedichte die Größenordnung $\varrho v^2$. In der betrachteten Näherung kann demzufolge diese Energie vernachlässigt werden, wodurdh die weiter oben getroffene Feststellung über die Schallgeschwindigkeit bestätigt wird.

Die nächste Näherung bezüglich $k$ ist mit dissipativen Prozessen der Schallabsorption verbunden. Die Besonderheit von nematischen Flüssigkeiten (im Vergleich zu herkömmlichen) besteht in der Anisotropie dieser Absorption, d. h. in deren Abhängigkeit von der Ausbreitungsrichtung der Schallwellen (s. Aufgabe 1).

Die anderen Schwingungstypen haben in nematischen Flüssigkeiten Dispersionsgesetze ähnlich (42,2—3): $\omega \sim k^2$. Das bedeutet, bei genügend kleinen $k$ wird stets $\omega \ll ck$. Andererseits folgt daraus, daß die Flüssigkeit bei diesen Schwingungen als inkompressibel angesehen werden kann.[1] Die Kontinuitätsgleichung führt dann zu $\operatorname{div} \boldsymbol{v} = 0$ oder für ebene Wellen zu $\boldsymbol{kv} = 0$. Es handelt sich demnach um transversale Schwingungen des Geschwindigkeitsvektors.

Wir linearisieren nun die Bewegungsgleichungen, indem wir in diese $\boldsymbol{n} = \boldsymbol{n}_0 + \delta\boldsymbol{n}$ und $p = p_0 + \delta p$ einsetzen. Das Molekularfeld (36,9) ist in erster Näherung linear in den ersten Ableitungen von $\boldsymbol{n}$ und damit auch linear in $\delta\boldsymbol{n}$:

$$\boldsymbol{H} = K_1 \nabla \operatorname{div} \delta\boldsymbol{n} - K_2 \operatorname{rot} (\boldsymbol{n}_0(\boldsymbol{n}_0 \operatorname{rot} \delta\boldsymbol{n})) + K_3 \operatorname{rot} [\boldsymbol{n}_0[\boldsymbol{n}_0 \operatorname{rot} \delta\boldsymbol{n}]] . \qquad (42,4)$$

Das erste Glied im „reaktiven“ Teil des Spannungstensors (40,16) ist quadratisch in $\delta\boldsymbol{n}$ und kann deshalb vernachlässigt werden. Gleiches gilt für die quadratischen Glieder, die bei der Bildung der Divergenz des Spannungstensors $\partial_k \sigma_{ik}^{(r)}$ in der Gleichung (40,7) entstehen, sowie für den Term $(\boldsymbol{v} \nabla)\, \boldsymbol{v}$ auf der linken Seite derselben Gleichung. Als Ergebnis erhält man die linearisierte Form dieser Gleichung

$$\varrho \frac{\partial v_i}{\partial t} = -\partial_i \,\delta p + \frac{1}{2}(n_{0i}\, \partial_k h_k - n_{0k}\, \partial_k h_i) - \frac{\lambda}{2}(n_{0i}\, \partial_k h_k + n_{0k}\, \partial_k h_i) + \partial_k \sigma'_{ik} . \qquad (42,5)$$

Was die Gleichung (40,3) betrifft, so kann mit hinreichender Genauigkeit in den ersten beiden Gliedern der rechten Seite $\boldsymbol{n}$ durch $\boldsymbol{n}_0$ ersetzt und auf der linken Seite das Glied $(\boldsymbol{v} \nabla)\, \delta\boldsymbol{n}$ weggelassen werden:

$$\frac{\partial \delta n_i}{\partial t} = \Omega_{ki} n_{0k} + \lambda(\delta_{il} - n_{0i} n_{0l})\, n_{0k} v_{kl} + \frac{1}{\gamma} h_i . \qquad (42,6)$$

Wegen der Bedingungen $\boldsymbol{n}_0\, \delta\boldsymbol{n} = 0$ und $\boldsymbol{vk} = 0$ haben die Vektoren $\delta\boldsymbol{n}$ und $\boldsymbol{v}$ je zwei unabhängige Komponenten. Die Beziehungen (42,5—6) stellen deshalb ein System von vier linearen Gleichungen dar, das vier Moden von miteinander gekoppelten Schwingungen des Geschwindigkeitsvektors und des Direktors beschreibt. Gewöhnlich vereinfacht sich die Situation jedoch durch die Tatsache, daß der dimensionslose Koeffizient

$$\mu = K\varrho/\eta^2 \qquad (42,7)$$

[1]) Wir erinnern daran (s. VI, § 10), daß Flüssigkeiten, die sich instationär bewegen, als inkompressibel betrachtet werden können, wenn die Bedingungen $v \ll c$ und $\tau \gg l/c$ erfüllt sind. Dabei sind $\tau$ und $l$ Mittelwerte der Zeit und der Entfernung, über deren Erstreckung die Flüssigkeit merkliche Veränderungen erfährt. Bei Schwingungen ist die erste Bedingung für genügend kleine Schwingungsamplituden immer erfüllt, während die zweite Bedingung gerade der Forderung $\omega/k \ll c$ entspricht.

eine kleine Größe der Ordnung $10^{-2}$—$10^{-4}$ darstellt. Die Koeffizienten $K$ und $\eta$ sind von der Größenordnung des Elastizitätsmoduls bzw. der Zähigkeitskoeffizienten $\eta_1$, $\bar{\eta}_2$, $\eta_3$ und $\gamma$ der nematischen Flüssigkeit. Wie weiter unten gezeigt werden wird, können in diesem Fall zwei wesentlich voneinander verschiedene Schwingungstypen unterschieden werden. Für jeden von diesen können die Gleichungen (42,5—6) auf bestimmte Weise vereinfacht werden.

Im ersten Fall ist die Frequenz durch eine zu (42,2) analoge Beziehung mit dem Wellenvektor $\boldsymbol{k}$ verbunden:

$$\mathrm{i}\omega \sim \eta k^2/\varrho \,. \tag{42,8}$$

(Aus Gründen, die weiter unten erläutert werden, nennt man diese Art *schnelle* Transversalschwingung.) In den beiden Gleichungen (42,5—6) können dann alle Glieder, die $\boldsymbol{h}$ enthalten, vernachlässigt werden. Denn aus (42,8) ergibt sich

$$\delta n \sim kv/\omega \sim \varrho v/\eta k \,;$$

deshalb gilt für das Molekularfeld

$$h \sim Kk^2\, \delta n \sim \varrho v k K/\eta \,,$$

und von diesen Abschätzungen ausgehend, kann man sich leicht davon überzeugen, daß Glieder, die $\boldsymbol{h}$ enthalten, im Vergleich zu Gliedern mit $v_{ik}$ um einen Faktor $\sim\mu$ kleiner sind. Auf diese Weise vereinfacht sich das Gleichungssystem für schnelle Transversalschwingungen zu

$$\varrho \frac{\partial v_i}{\partial t} = \partial_k \sigma_{ik} - \partial_i \delta p \,, \tag{42,9}$$

$$\frac{\partial \delta n_i}{\partial t} = \Omega_{ki} n_{0k} + \lambda(\delta_{il} - n_{0i} n_{0l})\, n_{0k} v_{kl} \,. \tag{42,10}$$

Durch die erste Gleichung, die $\delta\boldsymbol{n}$ nicht enthält, werden die Geschwindigkeitsschwingungen und das Dispersionsgesetz bestimmt, während die zweite Gleichung die begleitenden Direktorschwingungen widerspiegelt (s. Aufgabe 2).

Der zweite Typ von Transversalschwingungen unter der Bedingung $\mu \ll 1$ sind die für nematische Flüssigkeiten charakteristischen *langsamen* Direktorschwingungen. Bei diesen Schwingungen ergibt sich die Größenordnung des veränderlichen Teils des Direktors aus der Balance zwischen der Ableitung $\partial\delta\boldsymbol{n}/\partial t$ auf der linken Seite der Gleichung (42,6) und dem Glied $\boldsymbol{h}/\gamma$ auf der rechten Seite: $\omega\delta n \sim h/\gamma$, und weil $h \sim Kk^2\, \delta n$ ist, lautet das Dispersionsgesetz dieser Schwingungen

$$\mathrm{i}\omega \sim Kk^2/\gamma \,. \tag{42,11}$$

Offensichtlich kann die Ableitung $\varrho\, \partial\boldsymbol{v}/\partial t \sim \varrho v\omega$ auf der linken Seite von (42,5) gegenüber dem Glied $\partial_k \sigma'_{ik} \sim \eta v k^2$ als klein vernachlässigt werden. Die Gleichung

$$-\partial_i \delta p + \frac{1}{2}(n_{0i}\, \partial_k h_k - n_{0k}\, \partial_k h_i)$$
$$- \frac{\lambda}{2}(n_{0i}\, \partial_k h_k + n_{0k}\, \partial_k h_i) + \partial_k \sigma'_{ik} = 0 \tag{42,12}$$

bestimmt den Zusammenhang zwischen den Oszillationen der Geschwindigkeit und des Direktors. Im Anschluß an die Lösung dieser Gleichung kann das Dispersionsgesetz aus (42,6) ermittelt werden (s. Aufgabe 3).

Das Verhältnis der Frequenzen (42,11) und (42,8) $\omega_1/\omega_s$ ist proportional zu $\mu$. Das bedeutet, bei ein und demselben Wert $k$ ist die Frequenz $\omega_1$ klein gegenüber $\omega_s$. Deshalb bezeichnet man die entsprechenden Schwingungen als langsam bzw. schnell.

Temperaturschwingungen in ruhenden nematischen Flüssigkeiten unterscheiden sich von ähnlichen Schwingungen in gewöhnlichen Flüssigkeiten nur durch eine zu (42,3) analoge Anisotropie im Dispersionsgesetz (s. Aufgabe 4).

## Aufgaben

1. Man bestimme den Koeffizienten der Dämpfung von Schallwellen in nematischen Flüssigkeiten.

Lösung. Der Dämpfungskoeffizient ist das Verhältnis[1])

$$\Gamma = \bar{R}/c\varrho\bar{v}^2$$

(s. § 34). Die dissipative Funktion $R$ ist durch Formel (41,5) gegeben. Dabei kann man das Glied $\boldsymbol{h}^2/\gamma$ vernachlässigen, weil, wie bereits gezeigt, für das Molekularfeld $h \propto k^2$ und deshalb $h^2/\gamma \propto k^4$ gilt, während die anderen Glieder in $R$ proportional zu $k^2$ sind. Eine einfache Rechnung führt zu folgendem Resultat[2])

$$\Gamma = \frac{\omega^2}{2\varrho c^3}\Big\{(\eta_1+\eta_2) + 2(\eta_3+\eta_4-\eta_1-\eta_2)\cos^2\Theta + (\eta_1+\eta_2+\eta_5-2\eta_3-2\eta_4)\cos^4\Theta$$

$$+ [\varkappa_\perp + (\varkappa_\parallel - \varkappa_\perp)\cos^2\Theta]\left(\frac{1}{c_v}-\frac{1}{c_p}\right)\Big\},$$

wobei $\Theta$ der Winkel zwischen $\boldsymbol{k}$ (und damit auch $\boldsymbol{v}$) und $\boldsymbol{n}$ ist, während $c_v$ und $c_p$ die Wärmekapazitäten pro Masseneinheit sind. Die Berechnung der Wärmeleitungsanteile von $\Gamma$ kann in Analogie zur entsprechenden Rechnung bei gewöhnlichen Flüssigkeiten erfolgen (s. VI, § 79).

2. Man bestimme das Dispersionsgesetz schneller Transversalwellen.

Lösung. Für ebene Wellen ($\boldsymbol{v} \propto \exp i(\boldsymbol{kr} - \omega t)$) nimmt die Gleichung (42,9) die folgende Gestalt an:

$$-i\varrho\omega v_i = -ik_i\delta p + ik_k\sigma'_{ik}.$$

Der viskose Teil des Spannungstensors $\sigma'_{ik}$ einer inkompressiblen nematischen Flüssigkeit wird durch die Formel (41,7) gegeben. Unter Berücksichtigung des transversalen Charakters der Welle ($\boldsymbol{vk} = 0$) führt eine einfache Rechnung auf[3])

$$i\varrho\omega\boldsymbol{v} = i\boldsymbol{k}\delta p + a_1k^2\boldsymbol{v} + a_2k^2\boldsymbol{n}(\boldsymbol{nv}) + a_3\boldsymbol{kk}(\boldsymbol{nv})\,; \tag{1}$$

dabei wurden folgende Abkürzungen benutzt:

$$a_1 = \eta_1 + \frac{1}{2}(\eta_3 - 2\eta_1)\cos^2\Theta,$$

$$a_2 = \frac{1}{2}(\eta_3 - 2\eta_1) + (\bar{\eta}_2 + \eta_1 - 2\eta_3)\cos^2\Theta,$$

$$a_3 = \frac{1}{2}(\eta_3 - 2\eta_1)\cos\Theta$$

---

[1]) Wir bezeichnen diese Größe hier mit $\Gamma$, um eine Verwechslung mit dem dissipativen Koeffizienten $\gamma$ zu vermeiden.

[2]) Bei der Berechnung von quadratischen Ausdrücken schwingender Größen brauchen nur die Realteile berücksichtigt zu werden, deren Zeit- und Ortsabhängigkeit durch den Faktor cos ($\boldsymbol{kr} - \omega t$) gegeben ist.

[3]) Der Einfachheit halber wird in dieser und den folgenden Aufgaben der Index bei $\boldsymbol{n}_0$ stets weggelassen.

mit $\Theta$ als dem Winkel zwischen $\boldsymbol{k}$ und $\boldsymbol{n}$. Durch Multiplikation der Gleichung (1) mit $\boldsymbol{k}$ erhält man eine Formel, welche die aus den Oszillationen der Geschwindigkeit resultierenden Druckschwingungen widergibt:

$$\delta p = \mathrm{i}k(\boldsymbol{nv})\,(a_3 + a_2 \cos\Theta)\,. \tag{2}$$

Das gesuchte Dispersionsgesetz wird durch die transversalen Komponenten der Gleichung (1) bestimmt und kann deswegen durch Multiplikation der Gleichung mit $[\boldsymbol{nk}]$ ermittelt werden:

$$\mathrm{i}\omega_\perp = \frac{k^2}{\varrho}\, a_1(\Theta) = \frac{k^2}{\varrho}\left(\eta_1 \sin^2\Theta + \frac{1}{2}\eta_3 \cos^2\Theta\right).$$

Diesem Dispersionsgesetz genügen die Schwingungen von $\boldsymbol{v}$, die senkrecht zu der von den Vektoren $\boldsymbol{k}$ und $\boldsymbol{n}$ aufgespannten Ebene polarisiert sind. Das Dispersionsgesetz der Schwingungen, die in dieser Ebene polarisiert sind, erhält man durch Multiplikation von (1) mit $\boldsymbol{n}$ und Elimination von $\delta p$ mit Hilfe von (2):

$$\mathrm{i}\omega_{\parallel} = \frac{k^2}{\varrho}\{a_1(\Theta) + a_2(\Theta)\sin^2\Theta\} = \frac{k^2}{\varrho}\left\{\frac{1}{4}(\eta_1 + \bar{\eta}_2)\sin^2 2\Theta + \frac{1}{2}\eta_3\cos^2 2\Theta\right\}.$$

Beide Gesetze stimmen mit der die Größenordnung bestimmenden Beziehung (42,8) überein.

3. Man bestimme das Dispersionsgesetz langsamer Transversalwellen.

Lösung. Für ebene Wellen ($\delta\boldsymbol{n} \propto \exp \mathrm{i}(\boldsymbol{kr} - \omega t)$) ist das linearisierte Molekularfeld durch

$$\boldsymbol{h} = \boldsymbol{H} - \boldsymbol{n}(\boldsymbol{nH}) = -K_1\{\boldsymbol{k} - \boldsymbol{n}(\boldsymbol{nk})\}\,(\boldsymbol{k}\delta\boldsymbol{n}) - K_2\boldsymbol{v}(\boldsymbol{v}\delta\boldsymbol{n}) - K_3(\boldsymbol{kn})^2\,\delta\boldsymbol{n}$$

gegeben, mit

$$\boldsymbol{v} = [\boldsymbol{nk}] \qquad (v^2 = k^2 \sin^2\Theta)\,.$$

Mit $\sigma'_{ik}$ aus (41,7) bekommt die Gleichung (42,12) in diesem Fall folgendes Aussehen:

$$-\mathrm{i}\boldsymbol{k}\delta p - a_1k^2\boldsymbol{v} - a_2k^2\boldsymbol{n}(\boldsymbol{nv}) - a_3\boldsymbol{k}k(\boldsymbol{nv}) + \mathrm{i}\frac{1-\lambda}{2}\boldsymbol{n}(\boldsymbol{kh}) - \mathrm{i}\frac{1+\lambda}{2}\boldsymbol{h}(\boldsymbol{nk}) = 0\,. \tag{1}$$

(Die Funktionen $a_1(\Theta)$ und $a_2(\Theta)$ wurden in Aufgabe 2 definiert.) Indem wir diese Gleichung (1) mit $\boldsymbol{v}$ multiplizieren, finden wir den Zusammenhang zwischen den Schwingungen von $\boldsymbol{v}$ und $\delta\boldsymbol{n}$, die senkrecht zur von $\boldsymbol{k}$ und $\boldsymbol{n}$ aufgespannten Ebene polarisiert sind:

$$a_1(\boldsymbol{vv}) = -\mathrm{i}\frac{1+\lambda}{2k^2}(\boldsymbol{nk})(\boldsymbol{hv}) = \mathrm{i}\frac{1+\lambda}{2}(\boldsymbol{kn})\,K_\perp(\boldsymbol{v}\,\delta\boldsymbol{n}) \tag{2}$$

mit

$$K_\perp = K_2\sin^2\Theta + K_3\cos^2\Theta\,.$$

Weiterhin benötigen wir die Gleichung (42,6), multipliziert mit $\boldsymbol{v}$:

$$-\mathrm{i}\omega(\boldsymbol{v}\delta\boldsymbol{n}) = \frac{\mathrm{i}}{2}(1+\lambda)\,(\boldsymbol{nk})\,(\boldsymbol{vv}) - \frac{k^2K_\perp}{\gamma}(\boldsymbol{v}\delta\boldsymbol{n})\,.$$

Wir eliminieren aus dieser Gleichung $(\boldsymbol{vv})$ mit Hilfe von (2) und finden das Dispersionsgesetz für senkrecht zur Ebene $\boldsymbol{k}$, $\boldsymbol{n}$ polarisierte Schwingungen:

$$\omega_\perp = k^2K_\perp\left\{\frac{1}{\gamma} + \frac{(1+\lambda)^2\cos^2\Theta}{4a_1}\right\}.$$

Um das Dispersionsgesetz der in dieser Ebene polarisierten Schwingungen aufzufinden, projizieren wir die Gleichung (1) in die Richtung des Vektors $\boldsymbol{k}$ und multiplizieren sie mit $\boldsymbol{n}$. Das ergibt

$$(\boldsymbol{nv})\,(a_1 + a_2\sin^2\Theta) = -\frac{\mathrm{i}}{2}(1 + \lambda\cos 2\Theta)\,K_{\parallel}(\boldsymbol{k}\delta\boldsymbol{n})$$

mit

$$K_{\parallel} = K_1\sin^2\Theta + K_3\cos^2\Theta\,.$$

Führt man die gleiche Operation mit der Gleichung (42,6) aus, so ergibt sich

$$\mathrm{i}\omega(\boldsymbol{k}\delta\boldsymbol{n}) = \frac{\mathrm{i}}{2}k^2(1 + \lambda\cos 2\Theta)\,(\boldsymbol{nv}) + \frac{k^2}{\gamma}K_{\parallel}(\boldsymbol{k}\delta\boldsymbol{n})\,.$$

Das Dispersionsgesetz erhalten wir nun durch Elimination von $(\boldsymbol{nv})$ aus den beiden letzten Gleichungen:

$$i\omega_{\|} = k^2 K_{\|} \left\{ \frac{1}{\gamma} + \frac{(1 + \lambda \cos 2\Theta)^2}{4(a_1 + a_2 \sin^2 \Theta)} \right\}.$$

Die gefundenen Dispersionsgesetzte erfüllen beide die Größenordnungsrelation (42,11).[1])

4. Man bestimme das Dispersionsgesetz von Temperaturschwingungen in ruhenden nematischen Flüssigkeiten.

Lösung. Wir formen die Gleichung (40,8) für inkompressible nematische Flüssigkeiten auf die gleiche Weise wie im Falle gewöhnlicher Flüssigkeiten um (s. VI, § 50) und erhalten die Gleichung

$$\frac{\partial T}{\partial t} = \chi_{ik}\, \partial_i \partial_k T\,, \qquad \chi_{ik} = \frac{\varkappa_{ik}}{\varrho c_p} = \chi_{\|} n_i n_k + \chi_{\perp}(\delta_{ik} - n_i n_k)\,.$$

Für Schwingungen $\delta T \propto \exp i(\boldsymbol{kr} - \omega t)$ folgt daraus das Dispersionsgesetz

$$i\omega = k^2 (\chi_{\|} \cos^2 \Theta + \chi_{\perp} \sin^2 \Theta)\,.$$

## § 43. Mechanik cholesterinischer Flüssigkeiten

*Cholesterinische* flüssige Kristalle (*cholesterinische Flüssigkeiten*) sind im Unterschied zu nematischen nicht invariant unter Inversion. Die Richtungen $\boldsymbol{n}$ und $-\boldsymbol{n}$ des Direktors bleiben aber weiterhin äquivalent (s. V, § 140).

Wegen des fehlenden Symmetriezentrums kann die freie Energie der Deformation ein in den Ableitungen von $\boldsymbol{n}$ lineares Glied, den Pseudoskalar $\boldsymbol{n} \operatorname{rot} \boldsymbol{n}$, enthalten. Ihre allgemeine Gestalt kann in folgender Weise angegeben werden:

$$F_d = \frac{K_1}{2} (\operatorname{div} \boldsymbol{n})^2 + \frac{K_2}{2} (\boldsymbol{n} \operatorname{rot} \boldsymbol{n} + q)^2 + \frac{K_3}{2} [\boldsymbol{n} \operatorname{rot} \boldsymbol{n}]^2\,, \qquad (43,1)$$

wobei $q$ ein Parameter der Dimension $(\text{Länge})^{-1}$ ist. Im Unterschied zu (36,1) führt dieser Ansatz zu einem gänzlich anderen Charakter des Gleichgewichtszustands des Körpers bei Abwesenheit äußerer Einflüsse. Dieser ist nicht mehr räumlich homogen ($\boldsymbol{n} = \text{const}$) wie bei nematischen Flüssigkeiten.

Dem Gleichgewichtszustand einer cholesterinischen Flüssigkeit entspricht eine Richtungsverteilung des Direktors mit

$$\operatorname{div} \boldsymbol{n} = 0\,, \qquad \boldsymbol{n} \operatorname{rot} \boldsymbol{n} = -q\,, \qquad [\boldsymbol{n} \operatorname{rot} \boldsymbol{n}] = 0 \qquad (43,2)$$

und somit dem Minimalwert Null der freien Energie (43,1). Die Gleichungen (43,2) besitzen die Lösung

$$n_x = \cos qz\,, \qquad n_y = \sin qz\,, \qquad n_z = 0\,. \qquad (43,3)$$

Wenn eine nematische Flüssigkeit, deren Direktoren $\boldsymbol{n} = \text{const}$ zunächst in eine Richtung der $xy$-Ebene orientiert sind, um die $z$-Achse rotiert, entsteht gerade eine derartige Struktur. Deshalb bezeichnet man diese auch als *schraubenförmig*. Die Orientierungsverteilung in einer cholesterinischen Flüssigkeit ist periodisch in einer Raumrichtung ($z$-Achse). In $z$-Richtung

[1]) Bei reellen $k$-Werten muß die reelle Größe $i\omega$ positiv sein, d. h., die Schwingungen müssen gedämpft (und nicht sich selbst verstärkend) sein. Alle in den Aufgaben 2 und 3 gefundenen Dispersionsgesetze haben diese Eigenschaft.

hat der Vektor $\boldsymbol{n}$ nach jedem Schritt der Länge $2\pi/q$ denselben Wert. Da jedoch die Richtungen $\boldsymbol{n}$ und $-\boldsymbol{n}$ gleichwertig sind, ist die wahre Periode, nach welcher sich die Struktur wiederholt, nur halb so groß: $\pi/q$. Es versteht sich, daß die makroskopische Beschreibung einer schraubenförmigen Struktur einer cholesterinischen Flüssigkeit durch die Gleichung (43,3) nur dann sinnvoll ist, wenn die Strukturperiode groß gegenüber den Molekülabmessungen ist. In realen cholesterinischen Flüssigkeiten ist die Bedingung erfüllt ($\pi/q \sim 10^{-5}$ cm).

Bei der Ableitung der Gleichgewichtsbedingungen und der Bewegungsgleichungen nematischer Flüssigkeiten wurde die Existenz eines Inversionszentrums nicht benutzt. Deshalb besitzen diese Gleichungen in ihrer allgemeinen Form auch für cholesterinische Flüssigkeiten Gültigkeit. Daneben existieren aber auch eine Reihe von Unterschieden. Vor allem verändert sich mit der Deformationsenergie $F_d$ das aus dieser nach Definition (36,5) berechnete Molekularfeld $\boldsymbol{h}$. Infolge des zusätzlichen Gliedes in der Energie $F_d$, das linear in den Ableitungen von $\boldsymbol{n}$ ist, entsteht außerdem ein Unterschied zwischen dem adiabatischen und dem isothermen Wert des Moduls $K_2$ (s. § 36). In dem hydrodynamischen Gleichungssystem, das in den §§ 40 und 41 hergeleitet wurde, stellen die Dichte und die Entropie die thermodynamischen Grundvariablen dar. Deshalb müssen die adiabatischen Werte der Elastizitätsmoduln (als Funktion von $\varrho$ und $S$) verwendet werden.

Schließlich unterscheiden sich die hydrodynamischen Gleichungen cholesterinischer und nematischer Flüssigkeiten wesentlich in ihren dissipativen Bestandteilen, dem Spannungstensor $\sigma'_{ik}$, dem Wärmestrom $\boldsymbol{q}$ und der Größe $\boldsymbol{N}$ auf der rechten Seite der Gleichung (40,3) (F. M. Leslie, 1968):

$$\begin{aligned} \sigma'_{ik} &= (\sigma'_{ik})_{\text{nem}} + \mu(n_i e_{klm} + n_k e_{ilm})\, n_m\, \partial_l T\,, \\ N_i &= (N_i)_{\text{nem}} + \nu e_{ikl} n_k\, \partial_l T\,, \\ q_l &= (q_l)_{\text{nem}} + \nu_1 e_{lki} n_k h_i + \mu_1 (e_{lmi} n_k + e_{lmk} n_i)\, n_m v_{ik}\,. \end{aligned} \tag{43,4}$$

Die Glieder mit dem Index „nem" bezeichnen die jeweiligen Größen nematischer Flüssigkeiten. Die anderen Glieder in diesen Ausdrücken sind nicht echte, sondern Pseudotensoren und Pseudovektoren. Sie bewirken eine Störung der Symmetrie bei räumlicher Inversion, gerade deshalb sind diese Glieder bei nematischen Flüssigkeiten abwesend. Das Auftreten von analogen Gliedern, die aus echten Vektoren und Tensoren aufgebaut sind, ist wegen der Forderung nach Invarianz der Gleichung gegenüber einer Umkehrung von $\boldsymbol{n}$ unmöglich. Terme der Art const $\cdot\, (n_i\, \partial_k T + n_k\, \partial_i T)$ in $\sigma'_{ik}$ oder const $\cdot\, \boldsymbol{h}$ in $\boldsymbol{q}$ würden gleichzeitig mit $\boldsymbol{n}$ ihr Vorzeichen wechseln, während Spannungstensor und Wärmestrom unabhängig von einer solchen Transformation sein müssen. Ebensowenig ist ein Glied der Art const $\cdot\, \nabla T$ in der Gleichung für $\boldsymbol{N}$ möglich, da es unabhängig von einer Vorzeichenänderung von $\boldsymbol{n}$ ist, während die Größe $\boldsymbol{N}$, welche die Ableitung $d\boldsymbol{n}/dt$ mitbestimmt, ihr Vorzeichen wechselt.

Die in den Gleichungen (43,4) auftretenden Koeffizienten sind durch das Onsager-Prinzip miteinander verknüpft. Für die Anwendung dieses Prinzips (s. § 41) wählen wir als „thermodynamische Ströme" $\dot{x}_a$ die Größen $\sigma'_{ik}$, $q_i$ und $N_i$. Aus der Form der Dissipationsfunktion (40,21) (genauer gesagt, aus der Form der Funktion $2R/T$, welche das Entropiewachstum bestimmt) erkennt man, daß die zugehörigen „thermodynamischen Kräfte" $X_a$ die Größen $-v_{ik}/T$, $\partial_i T/T^2$ und $-h_i/T$ sind. Ferner muß berücksichtigt werden, daß die Größen $\sigma'_{ik}$ gerade, $q_i$ und $N_i$ aber ungerade bezüglich Zeitumkehr sind. Man erkennt diesen Umstand an den Plätzen, die diese Größen in den Gleichungen (40,3),

(40,7) und (40,8) einnehmen. Besitzen zwei Größen $x_a$ und $x_b$ in diesem Sinne die gleiche Parität, so gilt für die entsprechenden kinetischen Koeffizienten $\gamma_{ab} = \gamma_{ba}$, während bei unterschiedlicher Parität $\gamma_{ab} = -\gamma_{ba}$ gilt. Vergleichen wir nun „über Kreuz" die Koeffizienten in den Gleichungen (43,4),[1]) finden wir die Beziehungen

$$\nu_1 = \nu T\,, \qquad \mu_1 = \mu T\,.$$

Damit kann (43,4) in

$$\begin{aligned} \sigma'_{ik} &= (\sigma'_{ik})_{\text{nem}} - \mu(n_i[\boldsymbol{n}\ \nabla T]_k + n_k(\boldsymbol{n}\ \nabla T]_i)\,, \\ \boldsymbol{N} &= \boldsymbol{N}_{\text{nem}} + \nu(\boldsymbol{n}\ \nabla T]\,, \\ \boldsymbol{q} &= \boldsymbol{q}_{\text{nem}} + \nu T[\boldsymbol{n}\boldsymbol{h}] + 2\mu T[\boldsymbol{n}(v\cdot\boldsymbol{n})] \end{aligned} \tag{43,5}$$

umgeformt werden, wobei das Symbol $(v \cdot \boldsymbol{n})$ einen Vektor mit den Komponenten $v_{ik}n_k$ bezeichnet.

Wie man sieht, zeichnet sich die Mechanik cholesterinischer Flüssigkeiten auch dadurch aus, daß sowohl der Spannungstensor als auch der Vektor $\boldsymbol{N}$ vom Temperaturgradienten abhängen. Die Form dieser Abhängigkeit (das Vektorprodukt $[\boldsymbol{n}\ \nabla T]$) zeigt an, daß der Temperaturgradient ein auf den Direktor und die Flüssigkeitsmasse wirkendes Drehmoment verursacht. Gleichzeitig rufen das Molekularfeld (vermöge einer Drehbewegung des Direktors relativ zur Flüssigkeit) und der Geschwindigkeitsgradient Wärmeströme innerhalb der Flüssigkeit hervor.

Eine für cholesterinische Flüssigkeiten charakteristische hydrodynamische Erscheinung kann anschaulich als „Durchsickern" der Flüssigkeit durch die Schraubenstruktur beschrieben werden (W. HELFRICH, 1972). Wir stellen uns zu diesem Zweck eine cholesterinische Flüssigkeit vor, deren schraubenförmige Struktur im Raum festgehalten ist (z. B. infolge bestimmter Kopplungseffekte mit den umgebenden Wänden). Wie im folgenden gezeigt wird, kann unter diesen Bedingungen ein räumlich homogener gleichmäßiger Flüssigkeitsstrom entlang der Strukturachse ($z$-Achse) existieren.

Die Struktur (43,3) entspricht einem Gleichgewichtszustand, weshalb für das Molekularfeld $\boldsymbol{h} = 0$ gilt. Der „durchsickernde" Flüssigkeitsstrom verformt die Struktur etwas und schafft ein Molekularfeld geringer Größe. Wir bestimmen dieses Feld, indem wir von der Bewegungsgleichung des Direktors (40,3) ausgehen. In nullter Näherung ruht das Feld $\boldsymbol{n}(\boldsymbol{r})$, so daß $\partial\boldsymbol{n}/\partial t = 0$ gilt. Weil der Flüssigkeitsstrom als homogen angenommen wurde ($v_z = v = \text{const}$), ist auch $v_{ik} = \Omega_{ik} = 0$. Damit folgt aus (40,3) die Gleichung

$$(\boldsymbol{v}\ \nabla)\ \boldsymbol{n} = v\frac{\mathrm{d}\boldsymbol{n}}{\mathrm{d}z} = \frac{\boldsymbol{h}}{\gamma}.$$

Mit der Funktion $\boldsymbol{n}(z)$ aus (43,3) findet man

$$\boldsymbol{h} = \gamma v[\boldsymbol{q}\boldsymbol{n}]\,, \tag{43,6}$$

wobei der Vektor $\boldsymbol{q}$ (mit dem Betrag $q$) in $z$-Richtung zeigt. Unter den getroffenen Voraussetzungen gilt für die Dissipationsfunktion (40,21) $2R = \boldsymbol{h}^2/\gamma$, und mit $\boldsymbol{h}$ aus (43,6) erhält man

$$2R = \gamma v^2 q^2\,. \tag{43,7}$$

---

[1]) Bei diesem Vergleich muß die Indexreihenfolge im Faktor $e_{ikl}$ beachtet werden.

Damit ist die pro Zeiteinheit in jeder Volumeneinheit der Flüssigkeit dissipierte Energie gegeben. Bei einer stationären Bewegung wird dieser Energieverlust durch die Arbeit äußerer Kräfte, die entlang der $z$-Achse den Druckgradienten $p' = \mathrm{d}p/\mathrm{d}z$ aufrechterhalten, kompensiert. Die Dichte der in der Flüssigkeit wirkenden Volumenkräfte ist gerade dem Gradienten $-\nabla p$ gleich, und die Arbeit dieser Kräfte (pro Zeit- und Volumeneinheit) beträgt $-p'v$. Indem wir diese Arbeit mit $2R$ gleichsetzen, finden wir die Geschwindigkeit des „Durchsickerns", nämlich

$$v = |p'|/\gamma q^2 . \tag{43,8}$$

Der Direktor $\boldsymbol{n}$ eines durch die Schraubenstruktur durchsickernden Flüssigkeitsteilchens rotiert mit der Winkelgeschwindigkeit $vq$. Diese Rotation ist begleitet von einer „Reibung", die durch den Koeffizienten $\gamma$ gekennzeichnet wird. Dieser Koeffizient bestimmt auch die Strömungsgeschwindigkeit.

Unter realen Bedingungen wird die Geschwindigkeit nicht konstant über die ganze Breite des Flüssigkeitsstromes sein. An den begrenzenden Gefäßwänden muß die Strömungsgeschwindigkeit gegen Null gehen. Der Abfall der Geschwindigkeit geht in einer dünnen Schicht der Dicke $\delta$ vonstatten. Der einzige Längenparameter, der die betrachtete Bewegung kennzeichnet, ist die Größe $1/q$. Wenn wir annehmen, daß alle Zähigkeitskoeffizienten der cholesterinischen Flüssigkeit von der gleichen Größenordnung sind, dann gibt es auch keinen dimensionslosen Parameter, der nicht von der Größenordnung 1 wäre. Offensichtlich ist unter diesen Bedingungen nur $\delta \sim 1/q$ möglich. Zutreffen wird somit die Formel (43,8) für die Strömung durch ein Rohr, dessen Radius groß gegen $1/q$ ist, ausgenommen eine sehr dünne grenznahe Schicht (deren Dicke von der Größenordnung eines Schrittes in Richtung der Schraubenstruktur ist).

## § 44. Elastische Eigenschaften smektischer Flüssigkeiten

In der üblichen Terminologie versteht man unter *smektischen Flüssigkristallen* (kurz: *smektischen Flüssigkeiten*) Flüssigkeiten mit verschiedenartigen Schichtstrukturen. Einige von ihnen stellen Körper mit mikroskopischer Moleküldichtefunktion dar, welche nur von einer Koordinate (sagen wir $z$) abhängt und periodisch in ihr ist, $\varrho = \varrho(z)$. Wir erinnern daran (s. V, § 128), daß die Dichtefunktion durch die Wahrscheinlichkeitsverteilung verschiedener Teilchenlagen im Körper bestimmt wird. Im gegebenen Fall kann man von den verschiedenen Lagen der Moleküle als Ganzes sprechen, d. h., $\varrho\,\mathrm{d}V$ ist die Wahrscheinlichkeit, daß das Trägheitszentrum eines einzelnen Moleküls im Volumenelement $\mathrm{d}V$ liegt. Man kann sich vorstellen, daß ein Körper mit solcher Dichtefunktion $\varrho(z)$ aus frei gegeneinander verschiebbaren, in gleichen Abständen liegenden ebenen Schichten besteht. In jeder Schicht sind die Trägheitszentren der Moleküle ungeordnet verteilt, weshalb sie in diesem Sinne eine „zweidimensionale Flüssigkeit" bilden. Die Flüssigkeitsschichten können sowohl isotrop, als auch anisotrop sein. Dieser Unterschied kann mit einer geordneten Orientierung der Moleküle in den Schichten in Verbindung stehen. Im einfachsten Fall ergibt sich die Anisotropie der Orientierungsverteilung lediglich durch eine ausgezeichnete Richtung $\boldsymbol{n}$ (sagen wir, die Richtung der „Längsachse" eines Moleküls). Wenn diese Richtung senkrecht zur Ebene der Schicht ist, so handelt es sich um eine isotrope Schicht, denn die $z$-Achse ist die Symmetrieachse eines axialsymmetrischen Körpers. Flüssigkristalle dieser Struktur heißen *smektisch A*. Ist die Richtung $\boldsymbol{n}$ gegen die $xy$-Ebene geneigt, so treten in dieser Ebene ausgezeichnete Richtungen auf und die Axialsymmetrie ist gestört. Diese Strukturen nennt man *smektisch C*.

Wir werden im weiteren nur die einfachen, smektisch A genannten Flüssigkeiten betrachten und die Bezeichnung des Typs weglassen. In allen smektischen Flüssigkeiten dieses Typs besteht neben der Axialsymmetrie um die $z$-Achse auch die Äquivalenz beider Richtungen der $z$-Achse. Wenn die smektische Flüssigkeit auch noch ein Inversionszentrum besitzt, so ist ihre makroskopische Symmetrie (d. h. Symmetrie-Punktgruppe) die gleiche wie bei nematischen Flüssigkeiten. Die mikroskopische Symmetrie und mit ihr die mechanischen Eigenschaften sind natürlich verschieden.

Aus dem bisher Gesagten ergibt sich folgende wichtige Einschränkung. Die Existenz einer Struktur mit räumlich veränderlicher Dichtefunktion setzt voraus, daß die Verschiebungen, denen kleine Körperteile durch die thermischen Fluktuationen ausgesetzt sind, hinreichend klein bleiben. Indessen wachsen für Strukturen mit $\varrho = \varrho(z)$ diese fluktuierenden Verschiebungen unbegrenzt an, wenn die Körpermaße vergrößert werden (s. V, § 137). Das bedeutet strenggenommen, daß eine eindimensional periodische Struktur in einem unendlich ausgedehnten Medium nicht vorkommen kann. Da aber die Fluktuation nur langsam (logarithmisch) mit den Abmessungen des Körpers wächst, ist diese Aussage nur bedingt gültig. Eine Abschätzung unter Benutzung von typischen Werten der Materialkonstanten bekannter smektischer Flüssigkeiten zeigt, daß eine Zerstörung der eindimensional periodischen Strukturen nur bei unreal großen Körpermaßen eintreten würde. Deshalb erweisen sich bei beliebigen realen Fragestellungen Strukturen $\varrho = \varrho(z)$ als möglich.

Wir unterstreichen aber gleichzeitig, daß selbst ein Körper mit durch Fluktuationen zerstörter Struktur $\varrho(z)$ (in dem bereits $\varrho = \text{const}$ geworden ist) nicht zu einer gewöhnlichen Flüssigkeit wird. Der prinzipielle Unterschied besteht in den Eigenschaften der Korrelationsfunktion der Dichtefluktuation an verschiedenen Raumpunkten $\langle \delta\varrho(\mathbf{r}_1), \delta\varrho(\mathbf{r}_2)\rangle$. Bei gewöhnlichen Flüssigkeiten ist diese Funktion isotrop und fällt für $r = |\mathbf{r}_2 - \mathbf{r}_1| \to \infty$ exponentiell ab (s. V, § 116). In einem System mit $\varrho = \varrho(z)$ bleibt die Korrelationsfunktion bei Vergrößerung der Abmessungen anisotrop und fällt für $r \to \infty$ in geringerem Maße ab, und zwar um so langsamer, je niedriger die Temperatur ist (s. V, § 138).

Um die Mechanik smektischer Flüssigkeiten aufbauen zu können, suchen wir zuerst den Ausdruck für die Dichte der freien Energie ihrer Deformation. Da die Flüssigkeit nur dann zu Energieänderungen führen, wenn sie Dichteänderungen hervorrufen. Eingedenk dessen wählen wir als hydrodynamische Grundvariablen neben der Temperatur, die als konstant im ganzen Körper angenommen wird, die Dichte $\varrho$ und die Verschiebung $u_z = u$ der Punkte in $z$-Richtung. Die Deformationsenergie wird nun von der Dichteänderung $\varrho - \varrho_0$ (mit $\varrho_0$ als der Dichte des undeformierten Körpers) und von den räumlichen Ableitungen der Verschiebung abhängen. Dabei können die ersten Ableitungen $\partial u/\partial x$ und $\partial u/\partial y$ im quadratischen Teil der Entwicklung der freien Energie nicht vorkommen. Denn wenn der ganze Körper um die Achse $x$ oder $y$ gedreht wird, ändern sich diese Ableitungen, während die Energie konstant bleiben soll.[1])

Wie in der Elastizitätstheorie üblich, wird vorausgesetzt, daß die räumliche Änderung aller Größen hinreichend klein ist, so daß die Deformationsenergie durch die ersten nichtverschwindenden Glieder einer Entwicklung nach den räumlichen Ableitungen bestimmt wird. Außerdem wird jedoch eine noch weitergehende Voraussetzung getroffen: Die Ver-

---

[1]) In die elastische Energie eines festen Körpers gehen diese Ableitungen vermittels Kombination von $u_{xz}$ und $u_{yz}$ ein, welche sich bei der betrachteten Rotation nicht ändern.

schiebungen $u$ sollen selbst so klein sein, daß die Schichten fast überall parallel zu ein und derselben $xy$-Ebene bleiben.[1])

Unter diesen Voraussetzungen ergibt sich, wenn man die Symmetrieeigenschaften des Körpers mit in Rechnung stellt, folgender Ausdruck für die freie Energie einer deformierten smektischen Flüssigkeit:

$$F_{\mathrm{d}} = F - F_0(T) = \frac{A}{2\varrho_0}(\varrho - \varrho_0)^2 + C(\varrho - \varrho_0)\frac{\partial u}{\partial z} + B\frac{\varrho_0}{2}\left(\frac{\partial u}{\partial z}\right)^2$$

$$+ \frac{K_1}{2}(\Delta_\perp u), \qquad \Delta_\perp = \frac{\partial^2}{\partial x^2} + \frac{\partial^2}{\partial y^2}. \tag{44,1}$$

Ein Glied der Art[2]) $(\partial u/\partial z)\,\Delta_\perp u$ fehlt wegen der vorausgesetzten Äquivalenz beider Richtungen der $z$-Achse, was einer Symmetrie bezüglich der Abbildungen $u \to -u$, $z \to -z$, $x, y \to x, y$ (Spiegelung an der $xy$-Ebene) und $u \to -u$, $z \to -z$, $y \to -y$, $x \to x$ (Drehung um die $x$-Achse, eine horizontale Achse zweiter Ordnung) gleichkommt. Aus demselben Grund tritt auch ein Glied der Art $(\varrho - \varrho_0)\,\Delta_\perp u$ nicht auf. Die Glieder zweiter Ordnung mit den zweiten Ableitungen müssen (im Gegensatz zur Elastizitätstheorie fester Körper) berücksichtigt werden, weil in $F_{\mathrm{d}}$ die ersten Ableitungen nach $x$ und $y$ fehlen. Die Stabilitätsbedingungen für einen deformationsfreien Zustand, d. h. die Bedingungen dafür, daß die Energie (44,1) positiv ist, lauten

$$A > 0\,, \quad B > 0\,, \quad AB > C^2\,. \tag{44,2}$$

Die Bezeichnung des Koeffizienten $K_1$ in (44,1) stimmt nicht zufällig mit der in (36,1) überein. Die Deformation der Schichtstruktur einer smektischen Flüssigkeit kann man mit einer Verteilung des Direktors $\boldsymbol{n}(\boldsymbol{r})$ beschreiben, der normal zu den durch die Gleichungen $u(\boldsymbol{r}) = \mathrm{const}$ gegebenen deformierten Schichten gerichtet sein soll. Bei kleinen Verformungen der Schichten gilt

$$n_x \approx \frac{\partial u}{\partial x}, \qquad n_y \approx \frac{\partial u}{\partial y}, \qquad n_z = 1 \tag{44,3}$$

und deshalb $(\Delta_\perp u)^2 = (\operatorname{div} \boldsymbol{n})^2$, d. h., die mit dem Koeffizienten $K_1$ verbundenen Größen in den Gleichungen (36,1) und (44,1) stimmen überein. Die Koeffizienten $B$ und $C$ in (44,1) sind kennzeichnend für die spezifische kristalline Natur smektischer Flüssigkeiten, die sie von nematischen Flüssigkeiten unterscheidet.[3])

---

[1]) In diesem Sinne ist der Anwendungsbereich der hier entwickelten Mechanik smektischer Flüssigkeiten enger als der der oben betrachteten Mechanik nematischer Flüssigkeiten, wo Felder $\boldsymbol{n}(\boldsymbol{r})$ zugelassen wurden, die beliebig stark von der undeformierten homogenen Verteilung abweichen konnten.

[2]) Ein solches Glied kommt in V, § 137 vor.

[3]) Wir weisen darauf hin, daß der Direktor $\boldsymbol{n}$, verstanden als ausgewählte Richtung der Molekülorientierung in den Schichten, in smektischen Flüssigkeiten (smektisch A) keine hydrodynamische Variable darstellt. Charakteristisch für die Variable $\boldsymbol{n}$ in der Hydrodynamik nematischer Flüssigkeiten ist, daß eine gleichmäßige Drehung des Feldes $\boldsymbol{n}(\boldsymbol{r})$ im ganzen Körper nicht mit Energieänderungen verbunden ist. Gerade deshalb führen langsame Änderungen von $\boldsymbol{n}$ nur zu geringen Energieänderungen. Die Energie hängt nur von den Ableitungen von $\boldsymbol{n}$ ab und kann nach diesen entwickelt werden. In smektischen Flüssigkeiten ändert jede beliebige derartige Drehung die Orientierung der Schichtstruktur und wäre mit wesentlichen Änderungen der Energie verbunden. In Flüssigkeiten, die smektisch C sind, ist der Direktor in einem bestimmten Winkel gegen die Normale geneigt, und eine gleichmäßige Drehung der Richtungen $\boldsymbol{n}$ um die Normale bei konstantem Neigungswinkel wäre wiederum nicht von Energieänderungen begleitet. Deshalb tritt dann als neue hydrodynamische Variable die Projektion von $\boldsymbol{n}$ in die Schichtebene auf.

Die Näherung (44,3) enthält auch die Aussage $\boldsymbol{n}\operatorname{rot}\boldsymbol{n} \approx \operatorname{rot}_z \boldsymbol{n} = 0$. Deshalb fehlt in der Gleichung der freien Energie smektischer Flüssigkeiten ein Glied der Art $\boldsymbol{n}\operatorname{rot}\boldsymbol{n}$ (und damit auch eine cholesterinische Verformung der Struktur, s. § 43), unabhängig davon, ob ein Inversionszentrum existiert oder nicht.

Die Gleichungen für das Gleichgewicht einer smektischen Flüssigkeit erhalten wir aus der Forderung, daß die gesamte freie Energie hinsichtlich der Variablen $\varrho$ und $u$ unter der Nebenbedingung der Erhaltung der Körpermasse ($\int \varrho \, \mathrm{d}V = \text{const}$) minimal wird. Fordert man, daß die Differenz

$$\int F_{\mathrm{d}} \, \mathrm{d}V - \lambda \int \varrho \, \mathrm{d}V$$

($\lambda$ ist ein konstanter LAGRANGEscher Multiplikator) bezüglich der Variablen $\varrho$ zum Minimum wird, erhält man die Gleichung

$$\frac{A}{\varrho_0}(\varrho - \varrho_0) + C\frac{\partial u}{\partial z} = \lambda ,$$

welche die Dichteänderung mit der Deformation der Schichten verknüpft. Wenn wir annehmen, daß $\varrho_0$ die Dichte bei $\partial u/\partial z = 0$ ist, so haben wir $\lambda = 0$ und damit

$$\varrho - \varrho_0 = -\varrho_0 m \frac{\partial u}{\partial z}, \qquad m = \frac{C\varrho_0}{A} . \tag{44,4}$$

Der dimensionslose Koeffizient $m$ kann mit dem POISSONschen Koeffizienten eines „Stabes", der parallel zur $z$-Achse aus der smektischen Flüssigkeit herausgeschnitten würde, in Verbindung gebracht werden. Denn es gilt

$$\frac{\varrho - \varrho_0}{\varrho_0} = -\frac{V - V_0}{V_0} = -(u_{xx} + u_{yy} + u_{zz})$$

(s. (1,6)) mit $u_{zz} = \partial u/\partial z$ und den Komponenten $u_{xx}$ und $u_{yy}$ des Deformationstensors in der $xy$-Ebene. Angenommen, daß $u_{xx} = u_{yy}$ ist, erhalten wir

$$u_{xx} = -\frac{1 - m}{2} u_{zz}$$

und durch den Vergleich mit der Definition (5,4)

$$\sigma = (1 - m)/2 . \tag{44,5}$$

Für $m = 0$ hat $\sigma$ den für Flüssigkeiten charakteristischen Wert $\sigma = 1/2$.

Eliminieren wir aus (44,1) mit Hilfe von (44,4) die Dichteänderung, so ergibt sich ein Ausdruck für die freie Energie, der nur noch von $u$ abhängt:

$$F_{\mathrm{d}} = \frac{\varrho_0 B'}{2}\left(\frac{\partial u}{\partial z}\right)^2 + \frac{K_1}{2}(\Delta_\perp u)^2 \tag{44,6}$$

mit

$$B' = B - C^2/A . \tag{44,7}$$

Aus der Variation der gesamten freien Energie nach $u$ folgt nach mehrmaliger partieller Integration die Gleichung

$$\delta \int F_{\mathrm{d}} \, \mathrm{d}V = -\int F_z \, \delta u \, \mathrm{d}V \tag{44,8}$$

mit

$$F_z = \varrho_0 B' \frac{\partial^2 u}{\partial z^2} - K_1 \Delta_\perp^2 u\,. \tag{44,9}$$

Offensichtlich ist $F_z$ eine auf das Einheitsvolumen bezogene Kraft, die in der deformierten smektischen Flüssigkeit in $z$-Richtung wirkt, wenn man annimmt, daß sich die deformationsbedingte Dichteänderung schon eingestellt hat.

Im Gleichgewicht ist $F_z = 0$, so daß die Verschiebung $u$ einer linearen Differentialgleichung genügt:

$$\varrho_0 B' \frac{\partial^2 u}{\partial z^2} - K_1 \Delta_\perp^2 u = 0\,. \tag{44,10}$$

Falls auf den Körper äußere Volumenkräfte einwirken, so müssen diese der linken Seite von Gleichung (44,10) hinzugefügt werden (s. (2,8)).

Das Verhältnis $(K_1/B'\varrho_0)^{1/2}$ hat die Dimension einer Länge und kann grob zu $(K_1/B'\varrho_0)^{1/2} \sim a$ abgeschätzt werden, wobei $a$ die Periode der eindimensionalen Struktur (der Schichtabstand) ist. Wenn die smektische Flüssigkeit einer Deformation unterworfen ist, welche sich in der $xy$-Ebene auf einer Länge $l_\perp \gg a$ wesentlich ändert, dann folgt aus (44,10), daß eine merkliche Änderung der Deformation in $z$-Richtung erst in einem Abstand $l_\| \sim l_\perp^2/a \gg l_\perp$ vorhanden ist.

Als Beispiel bestimmen wir die GREENsche Funktion der Gleichung (44,10), d. h. die durch eine im Punkt $\boldsymbol{r} = 0$ in $z$-Richtung wirkende Einheitskraft hervorgerufene Verschiebung $u = G_{zz}(\boldsymbol{r}) \equiv G(\boldsymbol{r})$ (s. Aufgabe zu § 8). Die Funktion erfüllt die Gleichung

$$\varrho_0 B' \frac{\partial^2 G}{\partial z^2} - K_1 \Delta_\perp^2 G + \delta(\boldsymbol{r}) = 0\,. \tag{44,11}$$

Wir führen eine FOURIER-Transformation dieser Gleichung durch (d. h., wir multiplizieren sie mit $e^{-i\boldsymbol{kr}}$ und integrieren über $d^3x$) und erhalten für die FOURIER-Transformierte der Funktion $G(\boldsymbol{r})$ den Ausdruck

$$G_k = [\varrho_0 B' k_z^2 + K_1 k_\perp^4]^{-1}$$

mit $k_\perp^2 = k_x^2 + k_y^2$. Die Rücktransformation gibt die gesuchte Funktion in Form des Integrals

$$G(\boldsymbol{r}) = \int \frac{e^{i\boldsymbol{kr}}}{\varrho_0 B' k_z^2 + K_1 k_\perp^4} \frac{d^3k}{(2\pi)^3}\,. \tag{44,12}$$

Dieses Integral divergiert an der Stelle $k = 0$ logarithmisch. Die Singularität wird beseitigt, wenn starre Verschiebungen des Körpers ausgeschlossen werden, indem man einen ausgewählten Punkt $\boldsymbol{r} = \boldsymbol{r}_0$ festhält. In den Zähler des Ausdrucks unter dem Integral muß dann die Differenz $e^{i\boldsymbol{kr}} - e^{-i\boldsymbol{kr}}$ eingesetzt werden.

Wir wenden uns nochmals der Frage zu, welchen Einfluß Wärmefluktuationen auf die Eigenschaften, in diesem Fall die elastischen Eigenschaften, einer smektischen Flüssigkeit haben. Am klarsten kann man diese Frage folgendermaßen formulieren: Wie ändert sich die durch eine zentrale Kraft hervorgerufene Deformation unter dem Einfluß der Fluktuation, d. h., wie ändert sich die GREENsche Funktion $G(\mathbf{r})$? Es zeigt sich, daß diese Änderung darin besteht, daß in der Beziehung (44,12) $k_z^2$ und $k_\perp^4$ durch die Faktoren

$$k_z^2 \left(\ln \frac{1}{ak_z}\right)^{-4/5} \quad \text{und} \quad k_\perp^4 \left(\ln \frac{1}{ak_\perp}\right)^{2/5}$$

zu ersetzen sind; dabei ist $a$ von der Größenordnung der Strukturperiode[1]). Man kann dieses Resultat als die Änderung der effektiven Werte der elastischen Moduln $B'$ und $K_1$ bei einer Verringerung der charakteristischen Werte des Wellenvektors der Deformation interpretieren (d. h. als eine Vergrößerung ihrer charakteristischen Ausdehnung $\sim 1/k$). Wir sehen, daß der Effektivwert $B'_{\text{eff}}$ für $k_z \to 0$ wie $[\ln(1/ak_z)]^{-4/5}$ abfällt, während $k_{1\text{eff}}$ für $k_\perp \to 0$ wie $[\ln(1/ak_\perp)]^{2/5}$ wächst. Faktisch würden diese Effekte aber nur bei in der Praxis nicht vorkommenden gewaltigen Abmessungen wirksam werden.

Zum Abschluß dieses Paragraphen wollen wir zeigen, wie der Ausdruck (44,6) für die elastische Energie einer smektischen Flüssigkeit etwas verallgemeinert werden kann, indem wir einige Glieder höherer Ordnung in die Betrachtungen einbeziehen, ohne zusätzliche Koeffizienten einzuführen.

Der durch das erste Glied von (44,6) beschriebene Beitrag zur Energie ist physikalisch mit einer Änderung des Abxtandes $a$ zwischen den Schichten verbunden. Bei einer Verschiebung $u_z = u$ stimmt die Ableitung $\partial u/\partial z$ mit der relativen Änderung dieses Abstandes überein, so daß wir das erste Glied aus (44,6) in der Form $1/2\varrho_0 B'(\delta a/a)^2$ schreiben können. Der Schichtabstand kann sich aber auch ändern, falls die Deformation von den Koordinaten $x$, $y$ abhängt. Das ist leicht einzusehen, wenn man sich vorstellt, daß alle Schichten um die $y$-Achse um einen Winkel $\Theta$ derartig gedreht werden, daß die Strukturperiode $a$ in $z$-Richtung erhalten bleibt. Der Abstand zwischen den Schichten, gemessen in Normalenrichtung, ist dann $a \cos \Theta$. Bei kleinen Winkeln gilt für die Änderung des Schichtabstandes

$$\delta a = a(\cos \Theta - 1) \approx -a\Theta^2/2\,.$$

Da gleichzeitig die Verschiebung $u$ bei der betrachteten Drehung durch $u = \text{const} + x \tan \Theta \approx \text{const} + x\Theta$ beschrieben wird, haben wir

$$\frac{\delta a}{a} = -\frac{1}{2}\left(\frac{\partial u}{\partial x}\right)^2.$$

Dieser Ausdruck hat für beliebige Abhängigkeiten $u$ von $x$ Gültigkeit. Falls $u$ auch von $y$ abhängt, muß $(\partial u/\partial x)^2$ durch $(\nabla_\perp u)^2$ ersetzt werden.

Bei Berücksichtigung der beschriebenen Effekte muß demnach die freie Energie in folgender Form angegeben werden:

$$F_d = \frac{\varrho_0 B'}{2}\left[\frac{\partial u}{\partial z} - \frac{1}{2}\left(\frac{\partial u}{\partial x}\right)^2 - \frac{1}{2}\left(\frac{\partial u}{\partial y}\right)^2\right]^2 + \frac{K_1}{2}(\Delta_\perp u)^2\,. \tag{44,13}$$

Dieser Ausdruck wird in der dem Paragraphen nachfolgenden Aufgabe benutzt.

[1]) G. GRINSTEIN, R. A. PELCOVITS, Phys. Rev. Lett. **47** (1981), 856; Phys. Rev. **A26** (1982), 915; E. U. KATZ, ЖЭТФ **83** (1982), 1376. Bei der Herleitung müssen auch Glieder dritter und vierter Ordnung in $u$ bei der Reihenentwicklung der freien Energie berücksichtigt werden.

### Aufgabe

Eine Schicht einer smektischen Flüssigkeit (Dicke $h$), deren Grenzebenen parallel zu den Ebenen der Schichtstruktur sind, wird einer gleichmäßigen Dehnung in der zu ihr senkrechten $z$-Richtung ausgesetzt. Man bestimme den kritischen Dehnungswert, bei dessen Übersteigung die Schichtstruktur der smektischen Flüssigkeit instabil gegen transversale Störungen wird (W. HELFRICH, 1971).[1]

Lösung. Eine gleichmäßige Dehnung ist eine Deformation $u = \gamma z$ mit konstantem $\gamma > 0$. Für die Stabilitätsuntersuchung nehmen wir $u = \gamma z + \delta u(x, z)$ an, wobei $\delta u$ eine kleine Störung darstellt, die die Randbedingungen $\delta u = 0$ bei $z = \pm h/2$ erfüllt. (Die $xy$-Ebene soll in der Mitte der Schicht liegen.) Mit einer Genauigkeit bis zu Gliedern zweiter Ordnung ist die gesamte elastische Energie der Störung (bezogen auf die Längeneinheit in $y$-Richtung)

$$\int \delta F_{\mathrm{d}}\,\mathrm{d}x\,\mathrm{d}z = \frac{1}{2}\int\left\{B'\varrho_0\left(\frac{\partial\,\delta u}{\partial z}\right)^2 - B'\varrho_0\gamma\left(\frac{\partial\,\delta u}{\partial x}\right)^2 + K_1\left(\frac{\partial^2\,\delta u}{\partial x^2}\right)^2\right\}\mathrm{d}x\,\mathrm{d}z\,. \tag{1}$$

(Wegen der Randbedingungen fällt das Glied mit $\gamma\,\partial\delta u/\partial z$ bei der Integration über $z$ heraus.) Wir betrachten Störungen der Art

$$\delta u = \mathrm{const}\cdot\cos k_z z\cdot\cos k_x x\,,\qquad k_z = \pi n/h\,,\qquad n = 1, 2, \ldots,$$

das sind senkrechte Modulationen der Schichtstruktur. Stabilität besteht, wenn die Energie (1) positiv ist. Indem wir alle zu integrierenden Faktoren $\sin^2$ und $\cos^2$ durch ihre Mittelwerte 1/2 ersetzen, erhalten wir die Stabilitätsbedingung in der Form

$$f(k_x^2) \equiv B'\varrho_0(k_z^2 - \gamma k_x^2) + K_1 k_x^4 > 0\,.$$

Die Stabilitätsgrenze (hinsichtlich der Größe $\gamma$) wird durch das Auftreten einer reellen Wurzel $k_x^2$ der Gleichung $f(k_x^2) = 0$ bestimmt. (Komplexe Werte von $k_x$ erfüllen nicht die Forderung, daß die Störung in der ganzen $xy$-Ebene endlich sein muß.) Erstmalig ist das für eine Störung mit $n = 1$ der Fall. Für die kritische Dehnung und den zugehörigen Wert $k_x = k_{\mathrm{kr}}$[2]) finden wir

$$\gamma_{\mathrm{kr}} = \frac{2\pi}{h}\left(\frac{K_1}{\varrho_0 B'}\right)^{1/2},\qquad k_{\mathrm{kr}} = \frac{\pi}{4}\left(\frac{\varrho_0 B'}{K_1}\right)^{1/2}.$$

## § 45. Versetzungen in smektischen Flüssigkeiten

Der Begriff der Versetzung hat in smektischen Flüssigkeiten die gleiche Bedeutung wie in gewöhnlichen Kristallen. Ein Unterschied besteht lediglich darin, daß auf Grund der eindimensionalen Periodizität (in $z$-Richtung) der mikroskopischen Struktur smektischer Flüssigkeiten der BURGERS-Vektor einer Versetzung immer in $z$-Richtung zeigt und dem Betrag nach ein ganzzahliges Vielfaches der Strukturperiode $a$ ist.

Daher behält die in § 27 ermittelte Formel (27,10) für die Deformation in der Umgebung einer Versetzung in einer smektischen Flüssigkeit ihre Gültigkeit, wenn ein bestimmter Tensor der elastischen Moduln $\lambda_{iklm}$ zugrunde gelegt wird. Den Spannungstensor $\sigma_{ik}$ einer smektischen Flüssigkeit führen wir in Übereinstimmung mit der üblichen Definition ein, nämlich durch die Formel

$$F_z = \partial_k \sigma_{zk}\,. \tag{45,1}$$

[1]) Diese Instabilität ist analog zu der in § 21 betrachteten Instabilität eines komprimierten geraden Stabes.

[2]) Der Wert $k_{\mathrm{kr}}$ bestimmt nur den Betrag des „Wellenvektors“ der Störung in der $xy$-Ebene, aber nicht das vollständige Symmetrieverhalten der entstehenden Deformation. Die Bestimmung des letzteren erfordert, über die Näherung hinauszugehen, welche den bezüglich $\delta u$ linearisierten Gleichgewichtsbedingungen entspricht. (Diese Situation gibt es auch bei der konvektiven Instabilität der flächenparallelen Schicht einer Flüssigkeit, s. VI, § 57.) S. J. M. DELRIEU, Journ. Chem. Phys. **60** (1974), 1081.

Hier ist $F_z$ eine Volumenkraft, die „Kraft der inneren Spannungen" (44,9). Der einer Verschiebung $u_z = u$ entsprechende Verzerrungstensor besitzt folgende von Null verschiedene Komponenten:

$$u_{zz} = \frac{\partial u}{\partial z}, \quad u_{xz} = \frac{1}{2}\frac{\partial u}{\partial x}, \quad u_{yz} = \frac{1}{2}\frac{\partial u}{\partial y}. \tag{45,2}$$

Die Kraft (44,9) kann in die Form (45,1) gebracht werden, wenn der Spannungstensor mit Hilfe der Formel $\sigma_{ik} = \lambda_{iklm}u_{lm}$ durch den Verzerrungstensor dargestellt wird. Ein einfacher Vergleich führt auf folgende Komponenten, die z. T. Operatoren sind[1]):

$$\lambda_{zzzz} = \varrho_0 B', \quad \lambda_{zxzx} = \lambda_{zyzy} = -K_1 \Delta_\perp,$$
$$\lambda_{zxzy} = \lambda_{zxzz} = \lambda_{zyzz} = 0. \tag{45,3}$$

Die Formel (27,10) für eine Verschiebung $u_z = u$ hat jetzt die Form

$$u(\boldsymbol{r}) = -\lambda_{zklz} b \int\limits_{S_D} n_l \frac{\partial}{\partial x_k} G(\boldsymbol{r} - \boldsymbol{r}')\, \mathrm{d}f', \tag{45,4}$$

wobei $G \equiv G_{zz}$ die Funktion (44,12) ist.

Wir untersuchen zwei Spezialfälle, die geradlinige Schraubenversetzung und die geradlinige Stufenversetzung. Im ersten Fall liegt der Burgers-Vektor, und damit die $z$-Achse, auf der Versetzungsachse. Deshalb sind keine neuen Rechnungen notwendig. Es ist von vornherein klar, daß die Deformation $u$ nur von den Koordinaten $x$, $y$ abhängen wird. Da aber der Körper in der $xy$-Ebene isotrop ist, kann sofort das Ergebnis von Aufgabe 2, § 27, genutzt werden. Danach gilt

$$u = b\varphi/2\pi \tag{45,5}$$

mit dem polaren Winkel $\varphi$ des Radiusvektors in der $xy$-Ebene.

Wenden wir uns nun dem zweiten, weitaus komplizierteren Fall der Stufenversetzung zu (P. G. de Gennes, 1972). In diesem Fall ist die Achse der Versetzung senkrecht zum Burgers-Vektor. Sie möge mit der $y$-Richtung zusammenfallen. Dann kann die Fläche $S_D$ im Integral (45,4) mit der rechten Halbebene $x$,$y$ identifiziert werden, wobei deren Normalenvektor $\boldsymbol{n}$ in die negative $z$-Richtung zeigt. Von allen Komponenten $\lambda_{zkzz}$ ist nur $\lambda_{zzzz} = B'\varrho_0$ ungleich Null, weshalb (45,4) folgende Gestalt annimmt:

$$u(\boldsymbol{r}) = bB'\varrho_0 \int\limits_{-\infty}^{\infty} \int\limits_{0}^{\infty} \frac{\partial G(\boldsymbol{r} - \boldsymbol{r}')}{\partial z}\, \mathrm{d}x'\, \mathrm{d}y'.$$

Wir setzen nun die Funktion $G$ aus (44,12) ein. Differentiation nach $z$ ergibt den Faktor i $k_z$. Die Integration über d$y'$ liefert den Term $2\pi\delta(ky)$, weshalb das Integral über d$k_y$ de facto entfällt. In dem Integral

$$\int\limits_0^\infty \mathrm{e}^{-\mathrm{i}k_x x'}\, \mathrm{d}x'$$

---

[1]) Die übrigen Komponenten $\lambda_{iklm}$ können so gewählt werden, daß $F_x = F_y = 0$ gilt. In die Gleichung (45,4) gehen sie nicht ein.

muß man $k_x$ wie $k_x - \mathrm{i}\,0$ auffassen, damit Konvergenz gesichert ist. Somit erhalten wir nach der Ausführung der Integration über $\mathrm{d}x'\,\mathrm{d}y'\,\mathrm{d}k_y$

$$u(\boldsymbol{r}) = -b \int_{-\infty}^{\infty} \frac{\mathrm{e}^{\mathrm{i}k_x x}}{k_x - \mathrm{i}0}\, I(k_x, z)\, \frac{\mathrm{d}k_x}{2\pi}$$

mit

$$I(k_x, z) = \int_{-\infty}^{\infty} \frac{k_z\, \mathrm{e}^{\mathrm{i}k_z z}}{k_z^2 + \lambda^2 k_x^4}\, \frac{\mathrm{d}k_z}{2\pi}, \qquad \lambda^2 = \frac{K_1}{B'\varrho_0}.$$

Das letzte Integral kann berechnet werden, indem der Integrationsweg über einen unendlich weit entfernten Halbkreis in der oberen ($z > 0$) oder unteren ($z < 0$) Halbebene der komplexen Variablen $k_z$ geschlossen und das Residuum in den Polstellen $k_z = \mathrm{i}\,\lambda k_y^2$ oder $k_z = -\mathrm{i}\,\lambda k_y^2$ genommen wird:

$$I = \pm \frac{\mathrm{i}}{2} \exp(-\lambda k_x\, |z|)\,.$$

Das obere Vorzeichen gilt für $z > 0$, das untere für $z < 0$. Wir erhalten auf diese Weise für die Verschiebung

$$u(x, z) = \pm \frac{b}{4\pi \mathrm{i}} \int_{-\infty}^{\infty} \exp\{-\lambda k_x^2 |z| + \mathrm{i}k_x x\}\, \frac{\mathrm{d}k_x}{k_x - \mathrm{i}0}\,. \tag{45,6}$$

Interessanter als die Verschiebungen selbst sind jedoch deren Ableitungen nach den Koordinaten. Für die Ableitung nach $x$ ergibt sich

$$\frac{\partial u}{\partial x} = \pm \frac{b}{4\pi} \int_{-\infty}^{\infty} \exp\{-\lambda k_x^2 |z| + \mathrm{i}k_x x\}\, \mathrm{d}k_x = \pm \frac{b}{4(\pi\lambda\, |z|)^{1/2}} \exp\left\{-\frac{x^2}{4\lambda |z|}\right\}. \tag{45,7}$$

Wie man anhand (45,6) leicht sieht, sind die Ableitungen nach $z$ und nach $x$ durch die folgende Beziehung verknüpft:

$$\frac{\partial u}{\partial z} = \pm \lambda \frac{\partial^2 u}{\partial x^2}\,,$$

woraus

$$\frac{\partial u}{\partial z} = -\frac{bx}{8(\pi\lambda)^{1/2}\, |z|^{3/2}} \exp\left\{-\frac{x^2}{4\lambda |z|}\right\} \tag{45,8}$$

folgt. Während für $|x| \to \infty$ die Deformation sehr schnell (exponentiell) gegen Null strebt, fällt sie für $|z| \to \infty$ (nach einem potentiellen Gesetz) wesentlich langsamer ab.

## § 46. Bewegungsgleichungen smektischer Flüssigkeiten

Genauso wie die Mechanik der nematischen Flüssigkeiten ist die Mechanik smektischer Flüssigkeiten im Vergleich zu derjenigen gewöhnlicher Flüssigkeiten eine Hydrodynamik mit zusätzlichen Variablen. Im Falle nematischer Flüssigkeiten stellt der Direktor $\boldsymbol{n}$ die zusätzliche Variable dar, bei smektischen Flüssigkeiten ist es die Verschiebung $u$ der Schichten (O. Parodi, P. C. Martin, P. S. Pershan, 1972). Letzteres erfordert eine Erläuterung. In der Hydrodynamik wird die Geschwindigkeit als Impuls des Stoffes pro Masseneinheit verstanden. Ihre Komponente $v_z$ braucht aber im betrachteten Fall durchaus nicht mit der Ableitung $\partial u/\partial t$ übereinzustimmen. Zum Massentransport kann in einer smektischen Flüssigkeit neben der Deformation der Schichten auch das „Durchsickern" von Materie durch die ruhende eindimensionale Struktur beitragen (ähnlich wie bei dem in § 43 beschriebenen analogen Effekt in cholesterinischen Flüssigkeiten). Eine solche Erscheinung ist nicht nur flüssigen Kristallen eigen, sie kommt auch in Festkörperkristallen vor, wo sie mit der Defektdiffusion (siehe Fußnote auf Seite 108) verbunden ist. Aber in smektischen Flüssigkeiten ist diese Erscheinung wegen der großen „Verwaschenheit" der periodischen Struktur (so als würde sie eine große Anzahl von Leerstellen enthalten) und der großen Beweglichkeit der Moleküle im Prinzip nicht vermeidbar.

Bei einer adiabatischen Bewegung transportiert jedes Flüssigkeitselement seinen konstanten Entropiewert $s$ (bezogen auf die Masseneinheit). Wenn die Entropie $s$ zu einem beliebigen Zeitpunkt konstant im ganzen Körpervolumen war, bleibt sie es auch im weiteren. Weil die Bedingung $s = \text{const}$ gerade für eine Masseneinheit gilt, ist es angebracht, auch die innere Energie $\mathscr{E}$ als massenspezifische Größe zu behandeln. Für eine deformierte smektische Flüssigkeit kann diese Größe durch einen zu (44,1) analogen Ausdruck beschrieben werden:

$$\mathscr{E}_{\mathrm{d}} = \mathscr{E} - \mathscr{E}_0(s) = \frac{A}{2\varrho_0^2}(\varrho - \varrho_0)^2 + \frac{C}{\varrho_0}(\varrho - \varrho_0)\frac{\partial u}{\partial z} + \frac{B}{2}\left(\frac{\partial u}{\partial z}\right)^2 + \frac{K_1}{2\varrho_0}(\Delta_\perp u)^2 ; \tag{46,1}$$

dabei ist $\varrho_0$ die Dichte des undeformierten Mediums. Die Koeffizienten $A$, $B$ und $C$ sind adiabatische Werte der Elastizitätsmoduln (und werden als Funktionen von $s$ aufgefaßt). Deshalb sind sie nicht identisch mit den Moduln gleicher Bezeichnung in (44,1), welche isotherme Werte dieser Größen darstellen. Was den Koeffizienten $K_1$ betrifft, so fallen sein adiabatischer und sein isothermer Wert aus dem gleichen Grund wie für nematische Flüssigkeiten (siehe Ende des § 36) zusammen.[1])

Eine Masseneinheit des Körpers besitzt das Volumen $1/\varrho$. Für das totale Differential der Energie gilt deshalb

$$\mathrm{d}\mathscr{E} = T\,\mathrm{d}s - p\,\mathrm{d}V = T\,\mathrm{d}s + \frac{p}{\varrho^2}\,\mathrm{d}\varrho\,.$$

Folglich findet man den Flüssigkeitsdruck durch Differentiation des Ausdrucks (46,1) gemäß

$$p = \varrho^2\left(\frac{\partial \mathscr{E}}{\partial \varrho}\right)_s \approx A(\varrho - \varrho_0) + \varrho_0 C\frac{\partial u}{\partial z}\,. \tag{46,2}$$

[1]) Strenggenommen hätte in (46,1) anstelle von $\partial u/\partial z$ die Differenz $\partial u/\partial z - \delta_0(s)$ stehen müssen, wobei $\delta_0(s)$ der Wert von $\partial u/\partial z$ bei der Entropie $s$ in Abwesenheit äußerer Kräfte ist. Wir können für die betrachtete Bewegung bei gegebenem $s$ gerade diesen Zustand als deformationsfrei ansehen und $\delta_0(s) = 0$ annehmen. Es ist dann aber schon nicht mehr zulässig, z. B. den Ausdruck (46,1) nach $s$ zu differenzieren, mit dem Ziel, die Temperatur nach der Formel $T = (\partial\mathscr{E}/\partial s)_\varrho$ zu bestimmen.

Im weiteren folgen wir den Gedankengängen der in § 40 durchgeführten Ableitung der Bewegungsgleichungen nematischer Flüssigkeiten. Um die Analogie klarer hervortreten zu lassen, werden wir, wie in § 40, die volumenspezifischen Größen Energie $E = \varrho\mathscr{E}$ und $S = \varrho s$ benutzen.

Die Kontinuitätsgleichung hat die allgemeine Form[1])

$$\frac{\partial\varrho}{\partial t} + \operatorname{div}(\varrho\boldsymbol{v}) = 0\,. \tag{46,3}$$

Die Geschwindigkeit genügt der dynamischen Gleichung

$$\varrho\,\frac{\partial v_i}{\mathrm{d}t} = \partial_k\sigma_{ik} \tag{46,4}$$

(siehe (40,7)). Der Spannungstensor wird weiter unten konkretisiert.

Die Existenz einer zusätzlichen Variablen und den Unterschied zwischen $v_z$ und $\partial u/\partial t$ berücksichtigen wir durch die Gleichung

$$\frac{\partial u}{\partial t} - v_z = N\,. \tag{46,5}$$

Die Größe $N$ ist die „Sickergeschwindigkeit“, d. h., die Geschwindigkeit der Flüssigkeit relativ zum eindimensionalen Gitter. Sie ist kinetischer Natur und wird weiter unten bestimmt werden.

Schließlich kann die dissipative Prozesse beschreibende Entropiegleichung in der Form (40,8) angegeben werden:

$$\frac{\partial S}{\partial t} + \operatorname{div}\left(S\boldsymbol{v} + \frac{\boldsymbol{q}}{T}\right) = \frac{2R}{T}\,. \tag{46,6}$$

Wie in § 40 berechnen wir jetzt die Zeitableitungen der gesamten Energie pro Volumeneinheit, die im Energieerhaltungsgesetz (40,11) auftritt. Ein Unterschied entsteht nur gegenüber dem letzten Glied von (40,12). Wir erhalten jetzt[2])

$$\left(\frac{\partial E_\mathrm{d}}{\partial t}\right)_{\varrho,S} = \left(\frac{\partial E_\mathrm{d}}{\partial(\partial_z u)}\right)_{\varrho,S}\frac{\partial}{\partial z}\frac{\partial u}{\partial t} + K_1(\Delta_\perp u)\left(\Delta_\perp\frac{\partial u}{\partial t}\right) = -h\,\frac{\partial u}{\partial t} + \operatorname{div}\{\ldots\} \tag{46,7}$$

mit

$$h = \frac{\partial}{\partial z}\left(\frac{\partial E_\mathrm{d}}{\partial(\partial_z u)}\right)_{\varrho,S} - K_1\,\Delta_\perp^2 u = \varrho_0 B\,\frac{\partial^2 u}{\partial z^2} + C\,\frac{\partial(\varrho-\varrho_0)}{\partial z} - K_1\,\Delta_\perp^2 u\,. \tag{46,8}$$

(Wie in § 40 schreiben wir die Glieder unter der vollständigen Divergenz nicht aus.) Wenn man $h$ als $z$-Komponente eines Vektors $\boldsymbol{h} = \boldsymbol{n}h$ ($\boldsymbol{n}$ ist der Einheitsvektor in $z$-Richtung) auffaßt, kann man sich leicht davon überzeugen, daß dieser Vektor in Form einer Divergenz

$$h_i = \partial_k\sigma_{ik}^{(\mathrm{r})} \tag{46,9}$$

---

[1]) Obwohl wir uns letztlich nur für die linearisierten Bewegungsgleichungen interessieren, werden wir nicht in jedem Ableitungsschritt eine Linearisierung durchführen. Das würde die aufzuschreibenden Formeln komplizieren.

[2]) Wir setzen hier wie im weiteren die Elastizitätsmoduln als konstant im ganzen Medium voraus.

geschrieben werden kann. Der symmetrische Tensor $\sigma_{ik}^{(r)}$ hat folgende Komponenten:

$$\sigma_{xx}^{(r)} = \sigma_{yy}^{(r)} = K_1 \, \Delta_\perp \frac{\partial u}{\partial z}, \qquad \sigma_{zz}^{(r)} = \varrho_0 B \frac{\partial u}{\partial z} + C(\varrho - \varrho_0),$$

$$\sigma_{xz}^{(r)} = -K_1 \, \Delta_\perp \frac{\partial u}{\partial x}, \qquad \sigma_{yz}^{(r)} = -K_1 \, \Delta_\perp \frac{\partial u}{\partial y}, \qquad \sigma_{xy}^{(r)} = 0. \tag{46,10}$$

Wir setzen $\partial u/\partial t$ aus (46,5) in (46,7) ein und ändern die vollständige Divergenz um ein geeignetes Glied ab, so daß wir

$$\left(\frac{\partial E_d}{\partial t}\right)_{\varrho, S} = -hN - v_i \, \partial_k \sigma_{ik}^{(r)} + \operatorname{div}\{\ldots\} = -hN + v_{ik}\sigma_{ik}^{(r)} + \operatorname{div}\{\ldots\}$$

erhalten. Der Unterschied zwischen diesem Ausdruck und (40,17) besteht in der verschiedenartigen Bedeutung der Bezeichnungen $h$ und $N$ [1]). Wir verfahren weiter in der in § 40 erklärten Art und Weise der Argumentation und gelangen zu dem bekannten Ausdruck (40,21) für die Dissipationsfunktion:

$$2R = \sigma'_{ik} v_{ik} + Nh + \frac{q}{T} \nabla T. \tag{46,11}$$

Dabei ist $\sigma'_{ik}$ der viskose Teil des Spannungstensors

$$\sigma_{ik} = -p\delta_{ik} + \sigma_{ik}^{(r)} + \sigma'_{ik}. \tag{46,12}$$

Unter Verwendung dieses Spannungstensors wird die dynamische Gleichung (46,4) linearisiert (das Glied $(\boldsymbol{v}\nabla)\,\boldsymbol{v}$ wird vernachlässigt), und wir erhalten

$$\varrho_0 \frac{\partial v_i}{\partial t} = -\partial_i p + h_i + \partial_k \sigma'_{ik} \tag{46,13}$$

mit dem durch (46,8) definierten Vektor $\boldsymbol{h} = \boldsymbol{n}h$.

Der viskose Spannungstensor $\sigma'_{ik}$, der Wärmestrom $\boldsymbol{q}$ und die Sickergeschwindigkeit $N$ sind, aufgefaßt als „thermodynamische Flüsse", lineare Funktionen der „thermodynamischen Kräfte" $-v_{ik}/T$, $T^{-2}\,\partial_i T$, $-h/T$. Die in den entsprechenden Gleichungen auftretenden Koeffizienten sind durch die ONSAGER-Relationen miteinander verknüpft. Ohne die in den §§ 41 und 43 angestellten Überlegungen noch einmal zu wiederholen, geben wir hier nur das Resultat an. Dabei gehen wir von der bisher noch nicht benutzten, aber für smektische Flüssigkeiten üblichen Annahme aus, daß ein Inversionszentrum vorhanden ist. Dann wird die viskose Spannungstensor durch dieselbe Formel (41,4), die für nematische Flüssigkeiten abgeleitet wurde, bestimmt, wenn man unter $\boldsymbol{n}$ den Einheitsvektor in $z$-Richtung versteht. Der Wärmestrom und die Sickergeschwindigkeit werden durch die Gleichungen

$$q_z = -\varkappa_\parallel \frac{\partial T}{\partial z} + \mu h, \qquad q_\perp = -\varkappa_\perp \nabla_\perp T, \qquad N = \lambda_p h - \frac{\mu}{T}\frac{\partial T}{\partial z} \tag{46,14}$$

---

[1]) Außerdem fehlt das Glied $v_i(\partial_i E)$, welches im gegebenen Fall eine kleine Größe dritter Ordnung wäre, die gegenüber den Größen zweiter Ordnung vernachlässigt werden kann.

beschrieben. Weil die Dissipationsfunktion stets positive Werte annimmt, müssen die Koeffizienten von (46,14) die folgenden Ungleichungen erfüllen:

$$\varkappa_{\|}, \varkappa_{\perp}, \lambda_p > 0\,, \qquad \mu^2 < T\lambda_p \varkappa_{\|}\,. \tag{46,15}$$

Wegen der Erscheinung des „Durchsickerns" von Flüssigkeitsanteilen kann in smektischen Flüssigkeiten ein ähnlicher Effekt entstehen, wie er am Ende des § 43 für cholesterinische Flüssigkeiten beschrieben worden ist. Wenn die periodische Struktur einer smektischen Flüssigkeit irgendwie im Raum festgehalten wird, ist ein gleichmäßiger stationärer Flüssigkeitsstrom in $z$-Richtung möglich. Aus (46,13) folgt für eine solche Strömung $\mathrm{d}p/\mathrm{d}z = h$, und mit $N$ aus (46,14) erhält man mit Hilfe von (46,5)

$$v_z = -\lambda_p h = -\lambda_p \frac{\mathrm{d}p}{\mathrm{d}z}\,. \tag{46,16}$$

Die weiter oben gemachten Aussagen über die kinetischen Koeffizienten smektischer Flüssigkeiten unterliegen noch einer wichtigen Einschränkung. Das bereits in § 44 erwähnte große Anwachsen thermischer Fluktuationen entwickelt sich in smektischen Flüssigkeiten besonders stark und kann den Charakter der kinetischen Koeffizienten wesentlich verändern.[1])

## § 47. Schall in smektischen Flüssigkeiten

In nematischen Flüssigkeiten trifft man, wie in gewöhnlichen Flüssigkeiten, nur schwach gedämpft longitudinale Schallwellen an. In kristallinen und amorphen Festkörpern gibt es drei verschiedene lineare Dispersionsgesetze und damit drei Arten akustischer Wellen (s. §§ 22, 23). Die smektischen Flüssigkeiten als eindimensionale Kristalle nehmen auch hier eine Mittelstellung ein. In ihnen existieren zwei Arten von Schallwellen (P. G. DE GENNES, 1969). Wir interessieren uns nicht für die Dämpfungskoeffizienten dieser Wellen. Deshalb können wir bei der Berechnung der Ausbreitungsgeschwindigkeit in den Bewegungsgleichungen alle dissipativen Glieder vernachlässigen. Das vollständige System der linearisierten Bewegungsgleichungen besteht damit aus der Kontinuitätsgleichung

$$\frac{\partial \varrho'}{\partial t} + \varrho \operatorname{div} \boldsymbol{v} = 0\,, \tag{47,1}$$

der Gleichung (46,5), die bei Vernachlässigung des Durchsickerns

$$v_z = \frac{\partial u}{\partial t}$$

lautet, und der dynamischen Gleichung (46,13), die sich hier

$$\varrho \frac{\partial \boldsymbol{v}}{\partial t} = -\nabla p' + \boldsymbol{n} h \tag{47,3}$$

---

[1]) S. E. I. KATZ, W. W. LEBEDEW, ЖЭТФ **85** (1983), 2019.

liest. Der Index bei $\varrho_0$ wird hier und im folgenden weggelassen, $\varrho'$, $p'$ bezeichnen die variablen Anteile der Dichte und des Druckes. Entsprechend der Beziehung (46,2) gilt für den Druck

$$p' = A\varrho' + \varrho C \frac{\partial u}{\partial z}. \tag{47,4}$$

In dem Ausdruck (46,8) für $h$ kann das Glied $K_1\, \Delta_\perp^2 u$ entfallen, welches von höherer Ordnung im Wellenvektor $\boldsymbol{k}$ wäre, der in Schallwellen als kleine Größe betrachtet werden muß. Man erhält somit

$$h = \varrho B \frac{\partial^2 u}{\partial z^2} + C \frac{\partial \varrho'}{\partial z}. \tag{47,5}$$

In realen smektischen Flüssigkeiten sind die Größen $B$ und $C$ meist klein im Vergleich zu $A$. Unter diesen Bedingungen läßt sich die Natur der beiden Wellenarten, die in smektischen Flüssigkeiten vorkommen, anschaulich darstellen.

Vernachlässigen wir in den Bewegungsgleichungen alle Glieder mit $B$ und $C$, so erscheint die Bewegungsgleichung einer gewöhnlichen Flüssigkeit mit der Zustandsgleichung $p' = A\varrho'$, d. h. mit der Kompressibilität $(\partial p'/\partial \varrho')_s = A$. Diesem Fall können die gewöhnlichen akustischen Longitudinalwellen, d. h. Komprimieren und Expandieren der Flüssigkeit, zugeordnet werden. Ihre Ausbreitungsgeschwindigkeit

$$c_1 = A^{1/2} \tag{47,6}$$

ist in der betrachteten Näherung richtungsunabhängig. Die Phasengeschwindigkeit $c_2$ der zweiten Art akustischer Wellen ist, wie wir sehen werden, klein im Verhältnis zu $c_1$: $\omega/k = c_2 \ll c_1$. Bezüglich dieser Schwingungen kann das Medium deshalb als inkompressibel angesehen werden (s. die Bemerkung auf S. 198). Dann führt die Kontinuitätsgleichung auf die Imkompressibilitätsbedingung $\operatorname{div} \boldsymbol{v} = 0$. In (47,5) können wir das zweite Glied vernachlässigen, so daß die Gleichung (47,3) folgende Gestalt annimmt:

$$\varrho \frac{\partial \boldsymbol{v}}{\partial t} = -\nabla p' + \boldsymbol{n} \varrho B \frac{\partial^2 u}{\partial z^2}. \tag{47,7}$$

Differenzieren wir die $z$-Komponente dieser Gleichung nach $z$ und setzen $v_z = \partial u/\partial t$, so erhalten wir

$$\varrho \frac{\partial^2 \sigma}{\partial t^2} = -\frac{\partial^2 p'}{\partial z^2} + \varrho B \frac{\partial^2 \sigma}{\partial z^2},$$

wobei zur Abkürzung $\delta = \partial u/\partial z$ eingeführt wurde. Wenn man die Divergenz (div) der Gleichung (47,7) bildet, folgt wegen der Inkompressibilitätsbedingung

$$\Delta p' = \varrho B \frac{\partial^2 \delta}{\partial z^2}.$$

Durch Elimination von $p'$ aus den letzten beiden Gleichungen ergibt sich dann eine Bewegungsgleichung für die Größe $\delta$:

$$\frac{\partial^2}{\partial t^2} \Delta \delta = B \left\{ -\frac{\partial^4 \delta}{\partial z^4} + \frac{\partial^2}{\partial z^2} \Delta \delta \right\}. \tag{47,8}$$

Die $z$-Abhängigkeit der Verschiebung $u$ bedeutet, daß der Abstand $a$ zwischen benachbarten Schichten eine Änderung $(\partial u/\partial z)\, a$ erfährt. Die Größe $\delta = \partial u/\partial z$ gibt demnach die *relative* Änderung dieses Abstandes an. Somit beschreibt die Gleichung (47,8) die Ausbreitung transversaler Wellen ($\boldsymbol{kv} = 0$), in denen der Schichtabstand bei konstanter Dichte schwingt. Für eine ebene Welle, $\delta \propto \exp\{\mathrm{i}\, \boldsymbol{kr} - \mathrm{i}\, \omega t\}$ folgt aus (47,8)

$$\omega^2 k^2 = B k_\perp^2 k_z^2 ,$$

woraus wir für die Geschwindigkeit den Ausdruck

$$c_2 = B^{1/2} \sin\theta \cos\theta \tag{47,9}$$

finden. Dabei bezeichnet $\theta$ den Winkel zwischen $\boldsymbol{k}$ und der $z$-Achse. Diese Geschwindigkeit ist anisotrop. Sie geht gegen Null für Wellen, die sich in $z$-Richtung ($\theta = 0$) oder in der $xy$-Ebene ($\theta = \pi/2$) ausbreiten. Für Winkel, die diesen Werten nahekommen, spielen dissipative Effekte eine größere Rolle (s. Aufgaben 2 u. 3 dieses Paragraphen).

## Aufgaben

1. Man bestimme die Phasengeschwindigkeit akustischer Wellen in smektischen Flüssigkeiten, wenn die Moduln $A$, $B$, $C$ beliebige Werte annehmen.

Lösung. Durch Differenzieren der Gleichung (47,3) nach $t$ und Eliminieren der Ableitungen $\partial\varrho'/\partial t$ und $\partial u/\partial t$ mit Hilfe von (47,1—2) erhalten wir

$$\frac{\partial^2 \boldsymbol{v}}{\partial t^2} = A\, \nabla \operatorname{div} \boldsymbol{v} - C\, \nabla \frac{\partial v_z}{\partial z} + \boldsymbol{n}\left[-C \frac{\partial}{\partial z} \operatorname{div} \boldsymbol{v} + B \frac{\partial^2 v_z}{\partial z^2}\right].$$

Für eine ebene Welle $\boldsymbol{v} \sim \exp(\mathrm{i}\boldsymbol{kr} - \mathrm{i}\omega t)$ führt diese Gleichung auf

$$-\omega^2 \boldsymbol{v} = -A\boldsymbol{k}(\boldsymbol{kv}) + C\boldsymbol{k} k_z v_z + \boldsymbol{n}[C k_z(\boldsymbol{kv}) - B k_z^2 v_z] . \tag{1}$$

Legen wir den Vektor $\boldsymbol{k}$ in die $xy$-Ebene, so liegt wegen (1) auch der Geschwindigkeitsvektor $\boldsymbol{v}$ in dieser Ebene. Die $x$- und die $z$-Komponente genügen folgendem Gleichungssystem:

$$v_z[c^2 - (A + B - 2C)\cos^2\Theta] + v_x(C - A)\sin\Theta\cos\Theta = 0 ,$$

$$v_z(C - A)\sin\Theta\cos\Theta + v_x(c^2 - A\sin^2\Theta) = 0$$

mit der Wellengeschwindigkeit $c = \omega/k$ und $\Theta$ als Winkel zwischen $\boldsymbol{k}$ und der $z$-Achse. Die Dispersionsgleichung erhalten wir mittels der Lösbarkeitsbedingung dieses Gleichungssystems, derzufolge die Koeffizientendeterminante verschwinden muß:

$$c^4 - c^2[A + (B - 2C)\cos^2\Theta] + (AB - C^2)\sin^2\Theta\cos^2\Theta = 0 .$$

Die Wurzeln dieser in $c^2$ quadratischen Gleichung ergeben die Geschwindigkeiten $c_1$ und $c_2$. Wir erhalten z. B.

$$c_1 = \begin{cases} A^{1/2} & \text{für} \quad \Theta = \pi/2 , \\ (A + B - 2C)^{1/2} & \text{für} \quad \Theta = 0 . \end{cases}$$

Die Geschwindigkeit $c_2$ ist in diesen Richtungen gleich Null.

2. Welches Dispersionsgesetz besitzen akustische Wellen zweiter Art, die sich in den Schichtebenen ($\vartheta = \pi/2$) ausbreiten, wenn Dissipation berücksichtigt wird?

Lösung. Unter den gegebenen Bedingungen weist die Geschwindigkeit $\boldsymbol{v}$ in $z$-Richtung, und alle Größen hängen von $x$ ab. Die $z$-Komponente der Vektorgleichung (46,13) liest sich daher (unter Berücksichtigung von (46,8))

$$-\mathrm{i}\omega\varrho v = -K_1 k^4 u + \mathrm{i}k\sigma'_{zx} . \tag{2}$$

Mit Hilfe von (41,7) finden wir

$$\sigma'_{zx} = \frac{ik\eta_3}{2} v .$$

Man kann die linke Seite von (2) vernachlässigen, wenn berücksichtigt wird, daß der Parameter $K_1 \varrho/\eta_3^2$ klein ist (s. (42,7)). Da Sickereffekte unwesentlich sind, gilt $v = -i\omega u$ und somit das Dispersionsgesetz

$$i\omega = \frac{2K_1}{\eta_3} k^2 .$$

3. Man bestimme das Dispersionsgesetz für Wellen, die sich senkrecht zu ebenen Schichten ausbreiten ($\vartheta = 0$), unter den Bedingungen von Aufgabe 2.

Lösung. Wegen der Inkompressibilitätsbedingung gilt in diesem Fall $\mathbf{v} = 0$, und die einzige Bewegung ist das Sickern. Aus (46,5) und (46,14) erhalten wir dann

$$\frac{\partial u}{\partial t} = \lambda_p \varrho B \frac{\partial^2 u}{\partial z^2}$$

oder

$$i\omega = \lambda_p \varrho B k^2 .$$

Wir haben dabei in (46,14) das Glied mit dem Temperaturgradienten vernachlässigt. Das ist möglich, wenn die Temperatur schneller als die Verschiebung relaxiert, d. h., wenn die Temperaturleitfähigkeit $\chi$ sehr viel größer als $\lambda_p \varrho B$ ist. In diesem Fall muß allerdings $B$ als isothermer elastischer Modul betrachtet werden.

# SACHVERZEICHNIS

L. D. Landau · E. M. Lifschitz

## LEHRBUCH DER THEORETISCHEN PHYSIK

Band 1:
**Mechanik**
Bewegungsgleichungen – Erhaltungssätze – Integration der Bewegungsgleichungen – Zusammenstoß von Teilchen – Kleine Schwingungen – Bewegung des starren Körpers – Die kanonischen Gleichungen

unveränderter Nachdruck der 14., korrigierten Auflage 1997, 2022,
231 Seiten, 56 Abbildungen, gebunden,
ISBN 978-3-8085-5612-2

Band 2:
**Klassische Feldtheorie**
Das Relativitätsprinzip – Die relativistische Mechanik – Ladungen im elektromagnetischen Feld – Die Gleichungen des elektromagnetischen Feldes – Das zeitunabhängige elektromagnetische Feld – Elektromagnetische Wellen – Die Lichtausbreitung – Das Feld bewegter Ladungen – Ausstrahlung elektromagnetischer Wellen – Teilchen im Gravitationsfeld – Die Gleichungen des Gravitationsfeldes – Das Feld gravitierender Körper – Gravitationswellen – Relativistische Kosmologie

unveränderter Nachdruck der 12. Auflage 1992, 2022, 496 Seiten, 25 Abbildungen, gebunden,
ISBN 978-3-8085-5562-0

Band 3:
**Quantenmechanik**
Die Grundbegriffe der Quantenmechanik – Energie und Impuls – Die SCHRÖDINGER-Gleichung – Der Drehimpuls – Die Bewegung im kugelsymmetrischen Feld – Störungstheorie – Der quasiklassische Fall – Der Spin – Identische Teilchen – Das Atom – Das zweiatomige Molekül – Die Theorie der Symmetrie – Mehratomige Moleküle – Die Addition von Drehimpulsen – Die Bewegung im Magnetfeld – Die Struktur des Atomkerns – Elastische Stöße – Inelastische Stöße

unveränderter Nachdruck der 9. Auflage 1986, 2021, 660 Seiten, 57 Abbildungen, gebunden,
ISBN 978-3-8085-5636-8

Band 4:
**Quantenelektrodynamik**
Das Photon – Bosonen – Fermionen – Ein Teilchen in einem äußeren Feld – Strahlung – Streuung von Licht – Die Streumatrix – Invariante Störungstheorie – Wechselwirkung von Elektronen – Wechselwirkung von Elektronen mit Photonen – Exakte Propagatoren und Eckteile – Strahlungskorrekturen – Asymptotische Formeln für die Quantenelektrodynamik – Elektrodynamik der Hadronen

unveränderter Nachdruck der 7., berichtigten Auflage 1991, 2020,
628 Seiten, 25 Abbildungen, gebunden,
ISBN 978-3-8085-5632-0

Band 5:
**Statistische Physik Teil 1**
Die Grundprinzipien der Statistik – Die thermodynamischen Größen – Die GIBBSsche Verteilung – Das ideale Gas – Die FERMI- und BOSE-Verteilungen – Festkörper – Reale Gase – Das Phasengleichgewicht – Lösungen – Chemische Reaktionen – Eigenschaften der Materie bei sehr hohen Dichten – Fluktuationen – Symmetrie der Kristalle – Phasenübergänge zweiter Art und kritische Phänomene – Oberflächen

unveränderter Nachdruck der 8., berichtigten Auflage 1991, 2025,
535 Seiten, 78 Abbildungen, 3 Tabellen, gebunden,
ISBN 978-3-8085-5654-2

Band 6:
**Hydrodynamik**
Ideale Flüssigkeiten – Zähe Flüssigkeiten – Turbulenz – Grenzschichten – Wärmeleitung in Flüssigkeiten – Diffusion – Oberflächenerscheinungen – Der Schall – Stoßwellen – Eindimensionale Gasströmung – Der Schnitt von Unstetigkeitsflächen – Ebene Gasströmung – Die Strömung um endliche Körper – Hydrodynamik der Verbrennung – Relativistische Hydrodynamik – Hydrodynamik der superfluiden Flüssigkeit

unveränderter Nachdruck der 5., überarbeiteten Auflage 1991, 2025,
705 Seiten, 136 Abbildungen, gebunden,
ISBN 978-3-8085-5554-5

Band 7:
**Elastizitätstheorie**
Grundgleichungen – Gleichgewicht von Stäben und Platten – Elastische Wellen – Versetzungen – Wärmeleitung und Zähigkeit fester Körper – Mechanik flüssiger Kristalle

unveränderter Nachdruck der 7. Auflage 1991, 2025, 223 Seiten, 32 Abbildungen, gebunden,
ISBN 978-3-8085-5498-2

Band 8:
**Elektrodynamik der Kontinua**
Elektrostatik von Leitern – Elektrostatik von Nichtleitern – Konstante Ströme – Zeitunabhängige Magnetfelder – Ferromagnetismus und Antiferromagnetismus – Supraleitfähigkeit – Das quasistationäre elektromagnetische Feld – Magnetohydrodynamik – Elektromagnetische Wellengleichungen – Ausbreitung elektromagnetischer Wellen – Elektromagnetische Wellen in anisotropen Medien – Räumliche Dispersion – Nichtlineare Optik – Durchgang schneller Teilchen durch Substanzen – Streuung elektromagnetischer Wellen – Beugung von Röntgenstrahlen in Kristallen

unveränderter Nachdruck der 5., ergänzten Auflage 1990, 2020,
565 Seiten, 65 Abbildungen, gebunden,
ISBN 978-3-8085-5500-2

Band 9:
**Statistische Physik Teil 2**
Die normale FERMI-Flüssigkeit – GREENsche Funktionen eines FERMI-Systems bei $T = 0$ – Die Superfluidität – GREENsche Funktionen bei endlichen Temperaturen – Die Supraleitfähigkeit – Elektronen im Kristallgitter – Der Magnetismus – Elektromagnetische Fluktuationen – Hydrodynamische Fluktuationen

unveränderter Nachdruck der 4., berichtigten Auflage 1992, 2025,
404 Seiten, 18 Abbildungen, gebunden,
ISBN 978-3-8085-5656-6

Band 10:
**Physikalische Kinetik**
Kinetische Gastheorie – Die Diffusionsnäherung – Das stoßfreie Plasma – Stöße im Plasma – Das Plasma im Magnetfeld – Theorie der Instabilitäten – Dielektrika – Quantenflüssigkeiten – Metalle – Diagrammtechnik für Nichtgleichgewichtssysteme – Supraleiter – Kinetik von Phasenübergängen

unveränderter Nachdruck der 2. Auflage 1990, 2025,
480 Seiten, 35 Abbildungen, gebunden,
ISBN 978-3-8085-5624-5

Das Gesamtwerk ist auch zum günstigen Satzpreis erhältlich:
L. D. Landau · E. M. Lifschitz, **Lehrbuch der Theoretischen Physik**
ISBN 978-3-8085-5588-0